仪器分析

（第二版）

主　编	孙延一　　许　旭
副主编	张景强　曹雨诞　黄朝表　温红珊
参　编	谢　辉　徐康宁　韩疏影　朱　静
	杨　蕾　卢　青　胡　佳　郭　伟
	王文婷

华中科技大学出版社

中国·武汉

内 容 提 要

本书共分 12 章,包括绪论、光谱分析法概论、紫外-可见吸收光谱法、红外光谱法、荧光分析法和化学发光分析法、原子发射光谱法、原子吸收光谱法、电分析化学法、色谱分析法概论、气相色谱法、高效液相色谱法、其他分析技术简介等内容。

本书可作为应用型本科院校化学、应用化学、化工、轻工、材料、生物、医药、环境、地质、农林、食品等专业的仪器分析教材及考研参考书,也可供分析测试工作者、自学者阅读参考。

图书在版编目(CIP)数据

仪器分析/孙延一,许旭主编. —2 版. —武汉:华中科技大学出版社,2019.1(2023.1重印)
全国应用型本科院校化学课程统编教材
ISBN 978-7-5680-4836-1

Ⅰ.仪… Ⅱ.①孙… ②许… Ⅲ.①仪器分析-高等学校-教材 Ⅳ.①O657

中国版本图书馆 CIP 数据核字(2019)第 012570 号

仪器分析(第二版)
Yiqi Fenxi

孙延一 许旭 主编

策划编辑:王新华
责任编辑:王新华
封面设计:原色设计
责任校对:李 琴
责任监印:周治超
出版发行:华中科技大学出版社(中国·武汉) 电话:(027)81321913
　　　　　武汉市东湖新技术开发区华工科技园 邮编:430223
录　排:武汉正风天下文化发展有限公司
印　刷:武汉中科兴业印务有限公司
开　本:787mm×1092mm　1/16
印　张:19
字　数:497 千字
版　次:2023 年 1 月第 2 版第 3 次印刷
定　价:42.00 元

第二版前言

仪器分析课程在应用型本科院校中对相关专业学生综合能力和科技创新精神的培养起着重要作用。本书第一版从 2012 年出版以来,得到广大师生的认可,为进一步突出应用型人才培养的特色,编者对第一版进行了修订。

此次修订再版主要进行了以下几方面的工作:

(1) 根据各院校的推荐和建议,对编写人员进行了调整。

(2) 编者对本书编写大纲的制订、内容的增减和编排等进行了充分的讨论,其结果是基本保留第一版原有的特色、风格和体系。

(3) 对第一版内容进行了适当的修改、增减和调整。例如,"紫外-可见吸收光谱法"中,将"显色反应及显色条件的选择"并入基本原理中,"分析测量条件"并入分析方法中;"电分析化学法"中的伏安分析法增加了线性扫描伏安法、循环伏安法等内容;"原子发射光谱法"中仪器部分作了较大幅度的调整;"高效液相色谱法"中删除原来的经典色谱法内容,增补了超高效液相色谱法的内容简介;"其他分析技术简介"中,除对质谱法仪器部分作了修改外,还对联用技术作了较多的补充。

本书由孙延一和许旭主编,张景强、黄朝表、曹雨诞、温红珊为副主编。参加此次修订的有电子科技大学中山学院孙延一(第1、8章)、张景强(第9、10章)、谢辉(第11章),上海应用技术大学许旭(第12章),浙江师范大学黄朝表(第7章),南京中医药大学曹雨诞(第4、5章)、韩疏影(第10章),南京中医药大学翰林学院杨蕾(第3章)、朱静(第11章),吉林工商学院温红珊(第2章),河套学院徐康宁(第6章)、郭伟(第8章),聊城大学东昌学院卢青(第3章),武汉工商学院胡佳(第6章),宿州学院王文婷(第3章)等。全书由孙延一、许旭整理定稿。

由于编者水平有限,书中不足之处在所难免,敬请读者批评指正。

编 者

2018 年 10 月 20 日

第一版前言

本书是根据教育部理工科化学教育指导委员会和化学与化工学科教学指导委员会等拟定的化学、应用化学、医药学及环境科学等专业化学教学基本内容的要求和有关专业综合应用与创新人才的培养需要而编写的。根据应用型本科院校学生的特点,本书突出了仪器分析方法的实用性,力求使学生在对仪器分析方法、原理全面了解的基础上,学会选择方法和应用方法。

本书按照绪论、分子光谱法、原子光谱法、电分析化学法、色谱分析法、其他分析技术的顺序编写,全书共分12章,各章基本由原理、仪器、方法、应用等四个部分所组成,在内容上力求简单明了。为扩展学生视野,选编了部分示例。

本书由孙延一和吴灵主编,黄朝表、池玉梅为副主编,参加本书编写的有电子科技大学中山学院孙延一(第1、8章)、张景强(第9、10章)、谢辉(第11章),北京理工大学珠海学院吴灵(第6、12章),浙江师范大学黄朝表(第7章),南京中医药大学池玉梅(第2、4章)、邓海山(第3章)、曹雨诞(第4、5章)。最后统稿由孙延一和吴灵共同完成。

在编写过程中,编者参阅了大量相关文献和资料,并借鉴和吸纳了多种教材的优秀成果,在此真诚地向有关作者表示深深的谢意。华中科技大学出版社的编辑们为本书的出版付出了大量的心血,在此致以衷心的感谢。

由于编者水平有限,尽管对本书进行多次研讨修改,但是不足之处在所难免,恳请读者批评指正。

编　者
2011 年 9 月

目　　录

第 1 章 绪 论

分析化学是物质表征和测量的科学和技术,不仅提供物质组成、结构以及含量的信息,也研究各种分析测试方法。它包括化学分析和仪器分析两类。前者是利用化学反应及其计量关系进行分析的方法,发展较早,是经典的分析方法;后者则通常是用精密分析仪器测量、表征物质的某些物理或物理化学性质的参数,以确定其化学组成、含量及化学结构的一类分析方法。与化学分析相比,仪器分析不仅能进行物质的定性和定量分析,而且可以进行物质的状态、价态和结构的分析,具有重现性好、分析速度快、灵敏度高、试样用量少等特点。随着科学技术的发展,各种新的仪器分析方法相继涌现,从而使仪器分析在分析化学中的分量越来越重,并在研究和解决化学、材料、环境和生命等科学领域中的理论和实际问题中发挥了不可替代的作用。目前,仪器分析的基本原理和实验技术已成为自然科学领域的工作者必备的手段。

1.1 仪器分析方法的内容和分类

仪器分析的方法不仅很多,而且各种方法往往又有其各自相对独立的原理和体系。仪器分析方法一般根据所测量的特征、性质进行分类。表 1-1 列出了仪器分析方法及其运用的化学和物理性质。

表 1-1　仪器分析方法分类与物质性质的关系

分 类	性质特征	分 析 方 法
光学分析法	辐射的发射	原子发射光谱分析法、原子荧光光谱分析法、X 射线荧光光谱分析法、分子发光(荧光、磷光、化学发光)光谱分析法、电子能谱
	辐射的吸收	原子吸收光谱分析法、X 射线吸收光谱分析法、紫外-可见吸收光谱分析法、红外吸收光谱分析法、核磁共振波谱分析法、电子自旋共振波谱分析法
	辐射的衍射	X 射线衍射分析法、电子衍射分析法
	辐射的散射	拉曼光谱分析法、浊度分析法
	辐射的转动	旋光色散分析法、偏振分析法、圆二色分析法
	辐射的折射	折射分析法、干涉分析法
电分析化学法	电位	电位分析法、电位滴定分析法、计时电位法
	电流	伏安分析法、极谱分析法、计时电流法
	电阻	电导分析法
	电量	库仑分析法
色谱分析法	两相间的分配	气相色谱分析法、液相色谱分析法、薄层色谱、超临界流体色谱、离子色谱
其他分析法	质荷比	质谱分析法
	热性质	热重分析法、差热分析法
	核性质	中子活化分析

1.1.1　光学分析法

光学分析法是根据物质与光波相互作用产生的辐射信号的变化来进行分析的一类仪器分析法。通常根据辐射信号变化是否与能级跃迁有关,将光学分析法分为光谱法和非光谱法两类。

光谱法依据物质与光波相互作用后,引起能级跃迁产生辐射信号变化进行分析。测量辐射波长可以进行物质的定性分析,测量辐射强度可以进行物质的定量分析。按辐射作用的本质,将光谱法分为原子光谱法和分子光谱法两类。按辐射能量传递的方式,又将光谱法分为发射光谱分析法、吸收光谱分析法、荧光光谱分析法、拉曼光谱分析法等。

非光谱法依据物质与光波相互作用后,不涉及能级跃迁的辐射信号变化进行分析。如折射、反射、衍射、色散、散射、干涉及偏振等。

光学分析法是常用的一类仪器分析方法,它正向着联用、原位、在体、实时、在线的多元多参数的检测方向迈进。本书按辐射作用的本质首先介绍分子光谱,如紫外-可见吸收光谱、分子发光光谱、红外吸收光谱等,然后介绍原子光谱,如原子发射光谱、原子吸收光谱等。

1.1.2　电分析化学法

电分析化学法是根据物质在溶液中的电化学性质及其变化来进行分析的方法。依据测量的参数,电分析化学法可分为电位分析法、伏安分析法、库仑分析法、电导分析法等。电化学生物传感器、化学修饰电极、超微电极等是电分析化学十分活跃的研究领域。

1.1.3　色谱分析法

色谱分析法是根据物质在两相(固定相和流动相)间的分配差异进行混合物分离的分析方法,特别适合于结构和性质十分相似的化合物的快速高效分离分析。根据流动相和固定相的使用,可分为气相色谱、液相色谱、薄层色谱、纸色谱、离子色谱等。复杂样品组成-结构-功能的多模式多柱色谱以及联用技术的多维分析是色谱分析法研究的焦点。

1.1.4　其他分析法

质谱分析法是根据离子或分子离子的质量与电荷的比值(质荷比)来进行分析的,质谱与色谱技术、光谱技术、生物技术的联用形成了分析仪器自动化、微型化、特征化、传感化和仿生化的趋势。

热分析法是通过测定物质的质量、体积、热导或反应热与温度之间的变化关系来进行分析的方法。热分析法可用于成分分析、热力学分析和化学反应机理研究。

1.2　分析仪器

从广义上讲,分析仪器的作用是把通常不能被人直接检测和理解的信号转变成可以被人检测和理解的形式。因此,可以认为分析仪器是被研究体系和科学工作者之间的通信器件。不同的分析方法对应于不同的分析仪器。不管它们的复杂程度如何,分析仪器一般含有四个基本组件,即信号发生器、信号检测器、信号处理器和信号显示与记录装置,如图1-1所示。信号发生器的作用是从试样组分产生分析信号。它可以是试样本身,但是在许多仪器中,信号发生器都比较复杂，如紫外分光光度计的信号发生器，除了试样以外，还有紫外辐射源、单色器、切光器等。信号检测器是将一种类型的信号转变成另一种类型的信号的器件，如在分光光度计中的光电管，是将光能转变成电能的元件。信号处理器将从检测器检测出的信号进行加工，如对电信号进行放大、衰减、积分、微分、相加、差减等；也可通过整流使其变为直流信号，或将其转变成交流信号。信号显示与记录装置将从信号处理器输出的放大信号转变成一种可以被人读出的信号，它的形式有表头、记录仪、示波器、指针或标尺和数字器件等。

图 1-1　分析仪器的基本组件

1.3　仪器分析方法的主要性能指标

从表 1-1 可以看出，仪器分析的方法体系十分庞大。这无疑为解决分析问题提供了多种途径，但是也为选择一种合适的分析方法带来一定的困难。因此，在着手进行分析前，不仅要了解试样的基本情况及对分析的要求，更重要的是要了解选用分析方法的基本性能指标，如精密度、灵敏度、准确度、检出限、线性范围等。

1.3.1　精密度

分析数据的精密度（precision）是指用同样的方法所测得的数据间相互一致性的程度，有时也称为重现性。它是表征随机误差大小的一个量。按照国际纯粹与应用化学联合会（简称 IUPAC）的有关规定，精密度通常用相对标准偏差 S_r（也有记为 RSD%）来量度，相关计算式为

$$\overline{x} = \frac{\sum\limits_{i=1}^{n} x_i}{n}$$

$$S = \sqrt{\frac{\sum\limits_{i=1}^{n} (x_i - \overline{x})^2}{n-1}}$$

$$S_r = \frac{S}{\overline{x}} \times 100\% \tag{1-1}$$

式中：S 为标准偏差（standard deviation）；x_i 为测量值；$\overline{x}$ 为平行测定的平均值；n 为测量次数。

1.3.2　灵敏度

一般认为，仪器或者方法的灵敏度（sensitivity）是指它区别具有微小差异浓度分析物能力的度量。通常可表达为

$$B = \frac{信号变化量}{浓度（质量）变化量} = \frac{\Delta Y}{\Delta c (\Delta m)} \tag{1-2}$$

灵敏度受到两个因素的限制，即校正曲线的斜率和测量设备的重现性或精密度。在相同精密度的两种方法中，校正曲线的斜率较大，则方法较灵敏。同样，在校正曲线有相等斜率的两种方法中，精密度好的有高的灵敏度。

根据 IUPAC 的规定,灵敏度的定量定义是校正灵敏度,它是指在测定范围内校正曲线的斜率。在分析化学中使用的许多校正曲线都是线性的,一般是通过测量一系列标准溶液来求得。

1.3.3 准确度

准确度(accuracy)是指分析数据与真实值接近的程度。常用相对误差(relative error)表示。实际工作中,以多次平行测量的算术平均值与真实值接近程度的百分比判断准确度的大小。一种分析方法的准确度常用加样回收率(recovery)衡量。

$$加样回收率 = \frac{加标试样测定值 - 试样测定值}{加标重} \times 100\% \tag{1-3}$$

1.3.4 检出限

检出限(detection limit)又称检测下限。在误差分布遵从正态分布的条件下,由统计的观点出发,可以对检出限作如下的定义:检出限是指能以适当的置信概率被检出的组分的最小量或最小浓度。检出限(D)可表示为

$$D = \frac{A_\mathrm{L} - \overline{A}_0}{B} = \frac{3S_0}{B} \tag{1-4}$$

式中:$\overline{A}_0$ 为空白信号(即测定的仪器噪声)的平均值;A_L 为样品在检出限时的响应信号;S_0 为空白信号的标准偏差;B 为分析方法的灵敏度,即标准曲线的斜率。

各种类型分析方法的检出限可参照以上方法确定,但有些分析方法也有自己的特殊规定。检出限是分析方法的灵敏度和精密度的综合指标,方法的灵敏度和精密度越高,则检出限就越低。

评价一种分析方法还有很多指标,但其中精密度、准确度及检出限是评价分析方法的最主要技术指标。

1.3.5 线性范围

线性范围(linear range)是指从定量测定的最低浓度扩展到校正曲线偏离线性浓度的范围。在实际应用中,线性范围至少应有两个数量级,某些方法的应用浓度可达 5～6 个数量级。线性范围越宽,样品测定的浓度适用性越强。

1.3.6 选择性

分析方法的选择性(selectivity)是指该方法不受试样基体(matrix,指试样中除待测组分以外的整体组成)中所含其他类物质干扰的程度。然而,没有一种分析方法能完全不受其他物质的干扰,并常常需要若干步骤来减少这些干扰效应。选择性系数用来表征分析方法的选择性,然而,除离子选择性电极外,选择性系数并没有广泛地应用于仪器分析。

1.4 仪器分析方法的校正

在仪器分析中将仪器产生的响应信号值转变为被测物质的质量或浓度的过程称为仪器分析的校正。除重量分析法和库仑分析法外,所有的分析方法都需要与被分析物质相同的标准试样进行校正,建立测定的响应信号与被分析物浓度之间的线性关系,即

$$Y = Kc \tag{1-5}$$

式中：Y 为测得的响应信号；c 为被测物质的浓度（或含量）；K 为条件常数。该式是仪器分析定量的基础。

　　仪器分析中最常用的校正方法有四种，即标准比较法、标准曲线法、标准加入法和内标法，其中后三者最为常用。根据仪器和分析对象的条件选择适当的校正方法，以保证分析结果的准确度。

1.4.1　标准曲线法

　　标准曲线法（standard calibration method）又称工作曲线法和外标法（external standard method）。首先绘制相应的 Y-c 标准曲线（图1-2），然后在相同条件下测定试样的响应信号值。有线性响应关系时，可从标准曲线上找到待测组分对应的含量。标准曲线法适用范围较广，是常用的仪器分析校正方法，也是常用的仪器分析定量方法。使用标准曲线法时，待测组分的含量应在标准曲线线性范围之内，绘制工作曲线的条件应与测定试样的条件尽量保持一致，否则不能用此法。

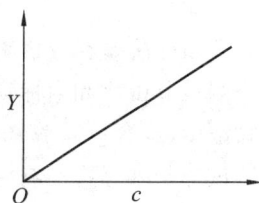

图 1-2　Y-c 标准曲线

1.4.2　标准加入法

　　标准加入法又称添加法、增量法。为了减小待测试样中基体效应带来的影响，不仅标准试样的浓度应与待测试样浓度相近，而且在基体组成上应尽量与待测试样相似。但是当测定矿物、土壤、植物等试样时，配制与待测试样相似的基体物是极其困难，甚至是不可能的。因此，常采用标准加入法来减小或消除基体效应的影响。

　　总的来说，标准加入法是将已知量的标准试样加入一定量的待测试样中后，测得待测试样量和标准试样量的总响应值（或其函数），进行定量分析。标准试样加入待测试样中的方法有多种方式。最常用的一种是在数个等分的试样中分别加入成比例的标准试样，然后稀释到一定体积，根据测得的净响应值 Y，绘制 Y（或其函数）-c（或添加量）曲线，用外推法即可求出稀释后待测试样中待测物的浓度（或含量），如图 1-3 所示。

图1-3　标准加入法校正曲线

　　显然，根据式（1-5）有

$$Y_x = Kc_x$$

$$Y_{x,s} = K(c_x + c_s)$$

式中：c_x 为稀释后试样中待测物的浓度；c_s 为所加标准试样的浓度；Y_x 和 $Y_{x,s}$ 分别为所测得的待测物和加入标准试样后的待测物的响应。将两式合并得

$$c_x = \frac{c_s Y_x}{Y_{x,s} - Y_x} \tag{1-6}$$

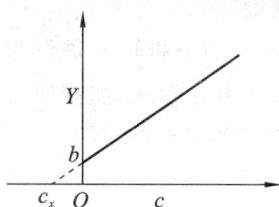

当 $Y_{x,s} = 0$ 时，有 $c_x = -c_s$。即浓度的外延线与横坐标相交的一点是稀释后试样的浓度（或含量）。若已证实上述方法得到的校正曲线是直线，则在分析其他试样时，只需测定一份加入了标准试样的试液和未加入标准试样的试液，在测得其对应的响应值 $Y_{x,s}$ 和 Y_x 后，参考式（1-6），可求得 c_x。此时要注意加入标样试液对样品溶液浓度的稀释效应，可自行推导其计算公式。

　　常用的另一种加入法是在把大浓度、小体积的标准试样逐次加入同一份待测试液中,分别测定其对应的净响应值。与上述方式一样,可以逐次加入标准试样以绘制工作曲线,也可只加入一次,然后仿照式(1-6)的推导过程,得到相应的关系式,进而通过计算得到所需结果。显然,多次加入的方法可以提高精度。

　　在大多数方式的标准加入法中,每次添加标准试液后,试样的基体几乎都是相同的,仅仅是分析物的浓度不同,或者因添加过量的分析试剂,而使试剂的浓度不同。本法特别适用于原子吸收和火焰发射光谱法以及伏安分析法等方法的定量分析。

1.4.3　内标法

　　内标法是在分析物含量不同的一系列标准试样中,分别加入固定量的纯物质,即内标物。当测得分析物和内标物对应的响应后,以分析物和内标物的响应比(或其函数)Y_i/Y_s 对分析物浓度(或含量)c 作图,即可得到相应的 Y_i/Y_s-c 校正曲线,如图 1-4 所示。最后用测得的待测试样与内标物的响应比(或其函数)在校正曲线上获得对应于待测试样的浓度(或含量)。不难看出,内标法实际上是外标法的一种改进。

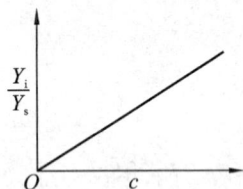
图 1-4　内标法校正曲线

　　在内标法的测定过程中,即使影响响应的一个或几个参数发生了变化,由于内标物和待测试样受到同等的影响,响应比仍取决于待测试样的浓度。使用内标法时,正确选择内标物的类型及浓度是十分重要的。一般来说,内标物在物理和化学性质上要类似于分析物,其信号既不能干扰分析物,又不被试样中其他组分干扰,并且具有易于测量的信号。为了减小响应比的误差,内标物的浓度和分析物的浓度应控制在同一数量级上。在影响响应参数较多的仪器分析方法中,为了获得精确的结果,宜采用内标法,如气相色谱法和发射光谱法等。

1.5　仪器分析的工作过程

　　一项完整的仪器分析工作应包括采样与样品处理、仪器测定、数据处理、结果表达和分析报告等步骤。

　　进行仪器分析工作时,首先要根据分析的目的了解样品的性质,选取适当的分析仪器,建立合理的分析方法,按照相应要求实施采样和样品处理,然后根据所选用的分析仪器进行测定,获取被测物的分析信息,并将其中有用的信息转变为分析者所需要的表达形式,如物质的组成、含量、结构等信息,最后对此有用信息进一步研究、解释和利用,以达到分析的目的。

第2章 光谱分析法概论

根据物质发射的电磁辐射或物质与辐射的相互作用建立起来的一类仪器分析方法,统称为光学分析法。光学分析法种类很多,但均包含三个主要过程:①能源提供能量;②能量与被测物质相互作用;③产生被检测信号。根据物质与辐射能相互作用时是否涉及内能的变化,将光学分析法分为光谱法与非光谱法。随着光学、电子学、数学和计算机技术的发展,各种光谱分析方法已成为分析化学中的主要组成部分,越来越多地应用于物理、化学、生命科学等各个领域。

2.1 电磁辐射及其与物质的相互作用

2.1.1 电磁辐射和电磁波谱

光从本质上讲是电磁辐射(又称电磁波),是一种不需要任何物质作为传播媒介就可以高速通过空间的光子流(量子流),具有波粒二象性(波动性与微粒性),如图 2-1 所示。

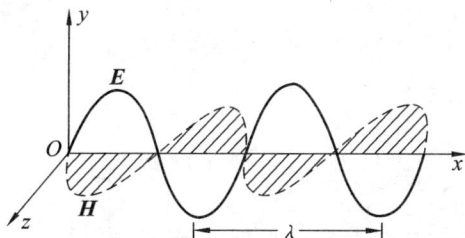

图 2-1 电磁波的传播

1. 波动性

光的波动性体现在反射、折射、干涉、衍射以及偏振等现象。在描述光的波动性时,经常用波长 λ、波数 σ 和频率 ν 来表征。λ 是光在波的传播路线上具有相同振动相位的相邻两点之间的线性距离,如图 2-1 所示,单位常用 nm。波数 σ 是每厘米长度中波的数目,单位为 cm^{-1}。频率 ν 是每秒内的波动次数,单位为 Hz。它们的相互关系为

$$\nu = \frac{c}{\lambda} \tag{2-1}$$

$$\sigma = \frac{1}{\lambda} = \frac{\nu}{c} \tag{2-2}$$

式中:c 为光在真空中的传播速度,所有电磁辐射在真空中的传播速度均相同,$c = 2.998 \times 10^{10}$ cm/s,也常用于空气。

2. 微粒性

光的微粒性体现在吸收、发射、热辐射、光电效应、光压现象以及光化学作用等方面,用每个光子具有的能量 E 作为表征。光子的能量与频率成正比,与波长成反比,关系式为

$$E = h\nu = \frac{h\upsilon}{\lambda} = h\upsilon\sigma \qquad (2\text{-}3)$$

式中:h 为普朗克常量(Plank constant),其值等于 6.626×10^{-34} J·s;能量 E 的单位常用电子伏特(eV)和焦耳(J)。

根据式(2-3)可以计算不同波长或频率电磁辐射光子的能量。

【例 2-1】 试计算 254 nm 的 1 mol(6.022×10^{23} 个)光子的能量。光速为 2.998×10^{10} cm/s。

解　　$E = \dfrac{nh\upsilon}{\lambda} = \dfrac{6.022 \times 10^{23} \times 6.626 \times 10^{-34} \times 2.998 \times 10^{10}}{254 \times 10^{-7}}$ J/mol $= 4.71 \times 10^{5}$ J/mol

从 γ 射线一直到无线电波都是电磁辐射,光是电磁辐射的一部分,它们体现的性质完全相同,区别在于波长或频率不同,即光子所具有的能量不同。

若把电磁辐射按照波长或频率的顺序排列起来,就可得到电磁波谱(electromagnetic spectrum),如表 2-1 所示。

应该说,电磁波谱的波长或能量是没有边际的,表 2-1 所示的电磁波谱只是排列出了已被人们认识的几个主要波段。

表 2-1　电磁波谱分区示意表

能量/eV	频率/Hz	辐射区段	波长	波数/cm^{-1}	光谱类型	跃迁类型
4.1×10^{6}	1×10^{21}	γ 射线	0.0003 nm	3.3×10^{10}	γ 射线发射	核反应
4.1×10^{4}	1×10^{19}	X射线	0.03 nm	3.3×10^{8}	X 射线吸收发射	电子(内层)
410	1×10^{17}		3 nm	3.3×10^{6}	真空紫外吸收	
4.1	1×10^{15}	紫外	300 nm	3.3×10^{4}	紫外可见 吸收发射荧光	电子(外层)
		可见			红外吸收	分子振动
4.1×10^{-2}	1×10^{13}	红外	30 μm	3.3×10^{2}		分子转动
4.1×10^{-4}	1×10^{11}	微波	3 mm	3.3×10^{0}	微波吸收 电子自旋共振	磁场诱导电子自旋能级跃迁
4.1×10^{-6}	1×10^{9}		30 cm	3.3×10^{-2}	核磁共振	磁场诱导核自旋能级跃迁
4.1×10^{-8}	1×10^{7}	无线电波	30 m	3.3×10^{-4}		

2.1.2　电磁辐射与物质的相互作用

电磁辐射与物质的相互作用是普遍发生的复杂物理现象。不同能量的电磁辐射,与物质间发生作用的机理不同,所产生的物理现象也不同,有涉及物质内能变化的,也有不涉及物质内能变化的。以下是常见的电磁辐射与物质相互作用现象。

(1) 吸收　吸收是原子、分子或离子吸收能量(等于基态和激发态能量之差),从基态跃迁至激发态的现象。

(2) 发射　发射是物质从激发态跃迁回基态,并以光的形式释放出能量的现象。

(3) 散射　散射是光通过介质时光子与介质分子之间发生碰撞,光子运动方向发生改变的现象。若是弹性碰撞,没有能量变换,光频率不变,则称为瑞利(非拉曼)散射;若是非弹性碰撞,有能量的交换,光频率发生变化,则称为拉曼散射。

(4) 折射和反射　当光从介质 1 照射到介质 1 与介质 2 的界面时,一部分光在界面上改变方向返回介质 1,称为光的反射;另一部分光则改变方向,以一定的折射角度进入介质 2,此现象称为光的折射。

(5) 干涉　干涉是在一定条件下光波相互作用叠加成合成波,其强度加强或减弱的现象。当两个波长的相位差 180°时,发生最大相消干涉;当两个波同相位时,则发生最大相长干涉。

(6) 衍射　衍射是光波绕过障碍物或通过狭缝,以约 180°的角度向外辐射,波前进的方向发生弯曲的现象。

2.1.3　可见光与物质的相互作用

波长在 360~800 nm 范围的光称为可见光,具有同一波长的光称为单色光,由不同波长的光组合成的光称为复合光。如人眼可以感觉到的太阳光或白炽灯发出的光是波长在 400~700 nm 范围内的复合光,颜色可分解为紫—蓝—青—绿—黄—橙—红。

复合光在与物质相互作用时,往往表现为其中某些波长的光被物质所吸收,而另一些波长的光则透过物质或被物质所反射,透过物质的光(或反射光)能被人眼观察到的即为物质所呈现的颜色。不同波长的光具有不同的颜色,因此,物质的颜色由透射光(或反射光)的波长所决定。图 2-2 所示为透射光与吸收光之间的关系。

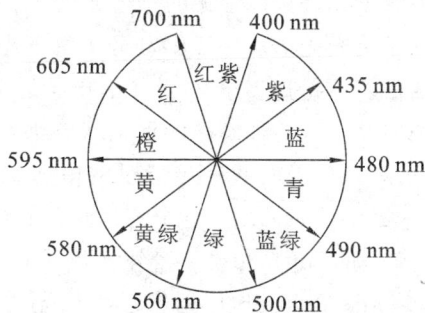

图 2-2　透射光与吸收光关系示意图

图中两端箭头分别指向透射光和吸收光,两者按一定比例混合成白光,互为补色。物质呈现不同颜色,是它对不同波长的光选择性吸收的结果。如果溶液对白光中各种颜色的光都不吸收,则此溶液为无色透明。如果各种颜色的光都被吸收,则呈黑色。例如,高锰酸钾溶液呈现紫红色,吸收的光是白光中的绿色光(500~560 nm),因绿色与紫红色互为补色。

2.2　光谱分析法分类

2.2.1　光谱法与非光谱法

1. 光谱法

当物质与辐射能相互作用时,其内部的电子、质子等粒子发生能级跃迁,对所产生的辐射能强度随波长(或相应单位)变化作图,所得到的谱图称为光谱(也称波谱)。利用物质的光谱进行定性、定量和结构分析的方法称为光谱分析法或光谱法。光谱法种类很多,吸收光谱法、发射光谱法和散射光谱法是三种基本类型,应用甚广,是现代分析化学的重要组成部分。

2. 非光谱法

非光谱法是当物质与辐射能相互作用时,不涉及物质内部能级跃迁,即不以光的波长为特征信号,而是测量电磁辐射的某些基本性质(反射、折射、干涉、衍射和偏振)变化的分析方法。非光谱法主要有折射法、旋光法、浊度法、X 射线衍射法和圆二色分析法等。

2.2.2　原子光谱法与分子光谱法

1. 原子光谱法

以测量气态原子或离子外层或内层电子能级跃迁所产生的原子光谱为基础的成分分析方法称为原子光谱法,常见的原子光谱法有原子发射光谱法(AES)、原子吸收光谱法(AAS)、原子荧光光谱法(AFS)以及 X 射线荧光光谱法(XFS)等。

原子光谱是由一条条明锐的彼此分立的谱线组成的线状光谱,每一条光谱对应于一定的波长,只反映原子或离子的性质,而与原子或离子来源的分子状态无关,所以原子光谱可以确定试样物质的元素组成和含量,但不能给出物质分子结构的信息。

2. 分子光谱法

由分子中电子能级(n)、振动能级(V)和转动能级(J)的变化而产生的光谱为基础的定性、定量和物质结构分析方法称为分子光谱法。常见的分子光谱法有紫外-可见分光光度法(UV-Vis)、红外吸收光谱法(IR)、分子荧光光谱法(MFS)和分子磷光光谱法(MPS)等。

分子光谱比原子光谱复杂得多,因为在分子中除了有电子运动外,还有组成分子的各原子间的振动以及分子作为整体的转动。这三种不同的运动状态都对应于一定的能级,不同的能级都是量子化的,如图 2-3 所示。当分子吸收一定能量的电磁辐射时,分子就由较低的能级 E_0 跃迁到较高的能级 E,吸收辐射的能量 ΔE 与分子的这两个能级差相等,其中电子能级的能量差 ΔE_n 一般为 1~20 eV(1250~60 nm),相当于紫外光和可见光的能量;振动能级间的能量差 ΔE_V 一般为 0.05~1 eV(25000~1250 nm),相当于红外光的能量;转动能级间的能量差 ΔE_J 一般为 0.005~0.05 eV(250~25 μm),相当于远红外至微波的能量。

$$\Delta E = \Delta E_n + \Delta E_V + \Delta E_J$$

有意义的能级跃迁包括吸收外来的辐射和把吸收的能量再以光发射形式放出而回到基态这两个过程。由于分子能级的精细结构关系,实际上,无法获得纯粹的振动光谱和电子光谱,只有用远红外光或微波照射分子时才能得到纯粹的转动光谱。因此,分子光谱皆为带状或有一定宽度的谱线。因为在同一电子能级上还有许多间隔较小的振动能级和间隔更小的转动能级,当用紫外-可见光照射时,则不仅发生电子能级的跃迁,同时又有许多不同振动能级的跃迁和转动能级的跃迁,因此在一对电子能级间发生跃迁时,得到的是很多光谱带,这些光谱带都对应于同一个 E_n 值,但是包含许多不同的 E_V 和 E_J 值,形成一个光谱带系。对于一种分子来说,可以观察到相当于许多不同电子能级跃迁的许多个光谱带系,所以电子光谱实际上是电子-振动-转动光谱,是复杂的带状光谱。图 2-4 所示为四氮杂苯的紫外吸收光谱,光谱呈现出明显的振动和转动精细结构,在非极性溶剂环己烷中可以观察到振动(含转动)效应的谱带,而在强极性溶剂水中,精细结构完全消失,呈现宽的谱带包封。

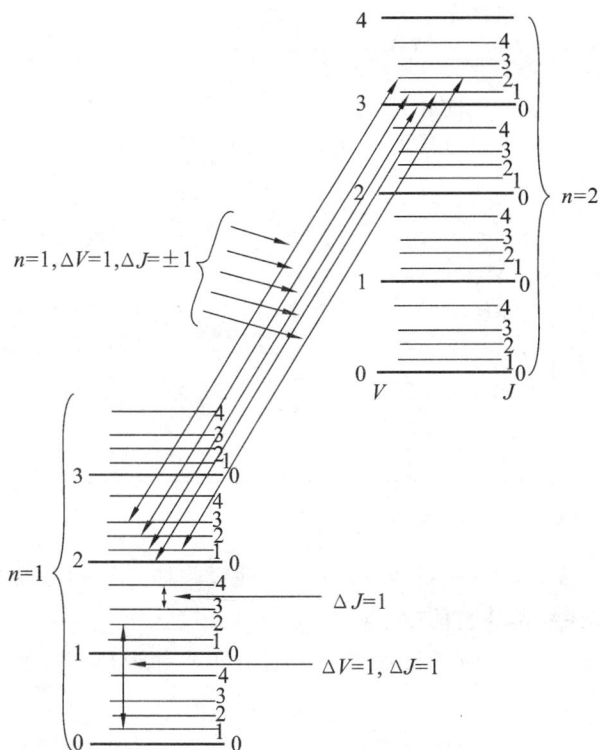

图 2-3　分子能级跃迁示意图

n—主量子数;V—振动量子数;J—转动量子数

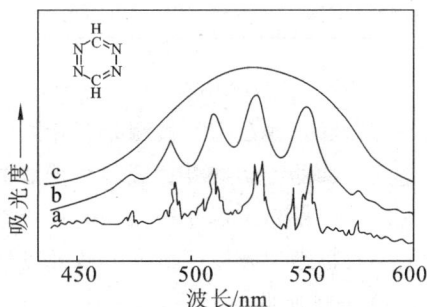

图 2-4　四氮杂苯的吸收光谱

a—蒸气;b—溶于环己烷中;c—溶于水中

2.2.3　吸收光谱法与发射光谱法

1. 吸收光谱法

吸收光谱是指物质吸收相应的辐射能而产生的光谱。其产生的必要条件是所提供的辐射能量恰好满足该吸收物质两能级间跃迁所需的能量。$\Delta E = h\nu$ 时,将产生吸收光谱。

$$M + h\nu \longrightarrow M^*$$

利用物质的吸收光谱进行定性、定量及结构分析的方法称为吸收光谱法。根据分析物质对不同波长的辐射能的吸收,建立了各种吸收光谱法(表 2-2)。根据分析物质的类型,将吸收光谱法分为原子吸收光谱法和分子吸收光谱法。

表 2-2 常见的吸收光谱法

方法名称	辐射源	作用对象	检测信号
穆斯堡尔谱法	γ射线	原子核	吸收后的γ射线
X射线吸收光谱法	X射线放射线同位素	重金属原子的内层电子	吸收后透过的X射线
原子吸收光谱法	紫外-可见光	气态原子外层电子	吸收后透过的紫外-可见光
紫外-可见吸收光谱法	远紫外光 10～200 nm	具有共轭结构的有机分子外层电子和有色无机物价电子	吸收后透过的紫外-可见光
	近紫外光 200～360 nm		
	可见光 360～800 nm		
红外吸收光谱法	近红外光 0.76～2.5 μm (13000～4000 cm^{-1})	波长小于 1000 nm 的为分子价电子,波长大于 1000 nm 的为分子基团振动	吸收后透过的红外光
	中红外光 2.5～25 μm (4000～400 cm^{-1})	分子振动	
	远红外光 25～1000 μm (400～10 cm^{-1})	分子转动	
电子自旋共振波谱法	10000～800 MHz 微波	未成对电子	磁共振信号
核磁共振波谱法	60～500 MHz 射频	原子核磁量子	磁共振信号

1) 穆斯堡尔(Mössbauer)谱法

穆斯堡尔谱是由与被测元素相同的同位素作为γ射线的发射源,使吸收体(样品)原子核产生无反冲的γ射线共振吸收所形成的光谱,光谱波长在γ射线区。

从穆斯堡尔谱可获得原子的氧化态和化学键、原子核周围电子云分布或邻近环境电荷分布的不对称性以及原子核处的有效磁场等信息。

2) 原子吸收光谱法

原子中的电子总是处于某一种运动状态之中,每一种状态具有一定能量,属于一定的能级。当原子蒸气吸收紫外-可见区中一定能量光子时,其外层电子就从能级较低的基态跃迁到能级较高的激发态,从而产生原子吸收光谱。通过测量处于气态的基态原子对辐射能吸收程度来测量样品中待测元素含量的方法,称为原子吸收光谱法。

一般利用待测元素气态原子对共振线的吸收进行定量测定,波长在紫外、可见和近红外区。

3) 分子吸收光谱法

分子吸收光谱产生的机理与原子吸收光谱相似,也是在辐射能的作用下,由分子内的能级跃迁所引起。

(1) 紫外吸收光谱法又称紫外分光光度法(ultraviolet spectrophotometry, UV),波长范围为 10～360 nm,其中 10～200 nm 为远紫外区,又称真空紫外区,200～360 nm 为近紫外区。与之对应的方法有远紫外分光光度法和近紫外分光光度法。远紫外线能被空气中的氧气和水强烈地吸收,利用其进行分光光度分析时需将分光光度计抽真空,因此远紫外分光光度法的研究与应用不多。通常所说的紫外分光光度法指的是近紫外分光光度法,近紫外线光子能量为 6.2~3.1 eV,能引起分子外层电子(价电子)的能级跃迁并伴随振动能级与转动能级的跃迁,吸收光谱表现为带状光谱。

(2) 可见分光光度法(visible spectrophotometry,Vis)的波长范围为 360~800 nm,光子能量为 3.1~1.6 eV。能引起具有长共轭结构的有机物或有色无机物的价电子能级跃迁,同时伴随分子振动和转动能级跃迁,吸收光谱也为带状。

紫外分光光度计上一般具有可见光波段,因此常把紫外分光光度法和可见分光光度法合称为紫外-可见分光光度法(UV-Vis),主要用于定量分析及官能团的验证。

(3) 红外吸收光谱法又称红外分光光度法(infrared spectrophotometry,IR),简称红外光谱法。红外线分近、中、远三个波段,其中中红外区(2.5~25 μm)最为常用,通常所指的红外分光光度法即中红外分光光度法(MIR)。中红外光子能量为 0.5~0.05 eV,可引起分子振动能级跃迁并伴随转动能级跃迁,其吸收光谱属于振-转光谱,为带状光谱。红外光谱由基团中原子间振动引起,主要用于分析有机化合物所含基团类型及相互之间的关系。

(4) 核磁共振波谱法是在强磁场作用下,核自旋磁矩与外磁场相互作用分裂为能量不同的核磁能级,核磁能级之间的跃迁吸收或发射射频区的电磁波。主要有氢核磁共振波谱(HMNR)、碳核磁共振波谱(CMNR),用于有机化合物结构解析。

利用吸收光谱还可以进行有机化合物结构鉴定,以及分子的动态效应、氢键的形成、互变异构反应等化学研究。

2. 发射光谱法

发射光谱是指构成物质的原子、离子或分子受到辐射能(光致激发)、热能(热致激发)、电能(电致激发)或化学能的激发,跃迁到激发态 M* 后,由激发态回到基态时以辐射的方式释放能量,而产生的光谱。

$$M^* \longrightarrow M + h\nu$$

物质发射的光谱有三种:线状光谱、带状光谱和连续光谱。线状光谱是由气态或高温下物质在离解为原子或离子时被激发而发射的光谱。带状光谱是由分子被激发而发射的光谱。连续光谱是由炽热的固体或液体所发射的光谱。

利用测量物质的发射光谱的波长和强度进行定性、定量的方法称为发射光谱法。

(1) γ 射线光谱法是指天然或人工放射性物质的原子核在衰变的过程中发射 α 和 β 粒子后,使自身的核激发,然后核通过发射 γ 射线回到基态。测量这种特征 γ 射线的能量(或波长),可以进行定性分析;测量 γ 射线的强度(检测器每分钟的计数),可以进行定量分析。

(2) X 射线荧光分析法是指原子受高能辐射激发,其内层电子能级跃迁,发射出特征 X 射线(称为 X 射线荧光),测量 X 射线的能量(或波长)进行定性分析,测量其强度进行定量分析。用 X 射线管发生的一次 X 射线来激发 X 射线荧光是最常用的方法。

(3) 原子发射光谱分析法是指气态金属原子与高能量粒子(电子、原子或分子)碰撞受到激发,使分子外层电子由能量较低的基态跃迁到能量较高的激发态,处于激发态的电子十分不稳定,在极短时间内便返回到基态或其他较低的能级,在返回过程中,特定元素的原子可发射出一系列不同波长的特征光谱线,这些谱线按波长排列,并保持一定强度比例,通过这些谱线的特征来识别元素,测量谱线的强度来进行定量。

常用火焰、电弧、等离子炬等作为激发源,使气态原子或离子的外层电子受激发发射特征光谱,波长范围在 190~900 nm。

(4) 原子荧光分析法是指气态的自由原子吸收特征波长的辐射后,原子的外层电子从基态或低能态跃迁到较高能态,约经 10^{-8} s,又跃迁至基态或低能态,同时发射出与原激发波长相同(共振荧光)或不同(非共振荧光,如直跃线荧光、阶跃线荧光、阶跃激发荧光、敏化荧光等)的辐射(这种二次辐射称为原子荧光),测量由原子发射的荧光强度和波长所建立的方法。

用在与激发光源成一定角度(通常为 90°)的方向测量荧光的强度,可以进行定量分析。波长在紫外和可见光区。

(5) 分子荧光分析法是指某些物质被紫外光照射后,物质分子吸收辐射而成为激发态分子,然后回到基态并发射出比入射波长更长的荧光,测量荧光的强度和波长进行定性、定量分析的方法。波长在紫外到红外的光学光谱区。

(6) 分子磷光分析法是指物质吸收光能后,基态分子中的一个电子被激发跃迁至第一激发单重态轨道,由第一激发单重态的最低能级,经系统间交叉跃迁至第一激发三重态(系间窜跃),并经过振动弛豫至最低振动能级,由此激发态跃迁回至基态时,便发射磷光,根据磷光强度进行分析的方法。主要用于环境分析、药物研究等方面的有机化合物的测定。

分子荧光和分子磷光的发光机制不同,荧光是由单线态-单线态跃迁产生的。由于激发三线态的寿命比单线态长,在分子三线态寿命期间更容易发生分子间碰撞导致磷光淬灭,所以测定磷光光谱时需要用刚性介质"固定"三线态分子或特殊溶剂,以减少无辐射跃迁,从而达到定量测定的目的。

原子荧光光谱法、分子荧光光谱法和分子磷光光谱法这三种方法同样作为发射光谱法,与原子发射光谱法的不同之处是以辐射能(一次辐射)作为激发源,然后以辐射跃迁(二次辐射)的形式返回基态。

(7) 化学发光分析法是由化学反应提供足够的能量,使其中一种反应的分子的电子被激发,形成激发态分子。激发态分子跃迁回基态时,发出一定波长的光。其发光强度随时间变化。在合适的条件下,峰值与被分析物浓度呈线性关系,可用于定量分析。由于化学发光反应类型不同,发射光谱范围一般为 400～1400 nm。

2.2.4　其他方法

1. 拉曼光谱法

散射光的频率与入射光的频率差异称为拉曼位移,利用拉曼位移研究物质结构的方法称为拉曼光谱法,拉曼位移的大小与分子的振动和转动的能级有关,拉曼光谱信息可作为 IR 光谱的补充。

2. 质谱法

分子离子和碎片离子依其质荷比(m/z)大小依次进行排列形成质谱(mass spectrum)。根据质谱的分析,来确定分子的原子组成、相对分子质量、分子式和分子结构的方法称为质谱法(mass spectroscopy,MS),它是未知物结构解析中不可缺少的一环,经常与 UV、IR 及 NMR 等光谱法配合运用,关系密切。

2.3　光吸收定律及光度法的误差

2.3.1　光吸收的表示

1. 透光率与百分透光率

当一束波长为 λ 的平行单色光(强度为 I_0)通过任何均匀、非散射的固体、液体或气体介质时,

光的强度由 I_0 减弱为 I_t，如图 2-5 所示。定义 I_t 与 I_0 的比值为透光率 (transmittance, T)，其百分数为百分透光率 (percentage transmittance, $T\%$)。

$$T = \frac{I_t}{I_0} \tag{2-4}$$

$$T\% = \frac{I_t}{I_0} \times 100 \tag{2-5}$$

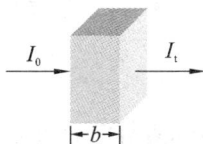

图 2-5　紫外-可见光辐射吸收示意图

2. 吸光度及其加和性

透光率的负对数称为吸光度 (absorbance, A)，可用于表示入射光被吸收的程度。

$$A = -\lg T = \lg \frac{I_0}{I_t} \tag{2-6}$$

溶液的透光率越大，吸光度越小，表示它对光的吸收越弱；反之，透光率越小，吸光度越大，表示它对光的吸收越强。

吸光度具有加和性，即当溶液中有多种吸光物质时，其吸光度为各吸光物质的吸光度之和，即

$$A = A_1 + A_2 + \cdots \tag{2-7}$$

【例 2-2】　在 254 nm 波长处测得两份透明溶液的透光率分别为 20.0% 和 60.0%，则吸光度分别为多少？

解

$$A_1 = -\lg T_1 = -\lg 0.200 = 0.699$$

$$A_2 = -\lg T_2 = -\lg 0.600 = 0.222$$

2.3.2　朗伯-比尔定律

1. 朗伯-比尔定律的表示形式

当一束平行的单色光通过均匀溶液时，溶液的吸光度与液层厚度和吸光物质浓度的乘积成正比，这一规律称为朗伯-比尔定律 (Lambert-Beer 定律，简称 L-B 定律)，即为光吸收定律。

当溶液中只有一种吸光物质存在时，朗伯-比尔定律的数学表达式为

$$A = abc \tag{2-8}$$

式中：a 为吸收系数；b 为液层厚度；c 为浓度。

朗伯-比尔定律定量地描述了物质对单色光吸收的强弱与溶液的浓度和厚度之间的关系。其中，朗伯定律说明了吸光度与溶液的液层厚度成正比，比尔定律说明了吸光度与溶液的浓度成正比。

2. 吸收系数

吸收系数 a 为吸光物质在单位浓度、单位液层厚度时的吸光度。在给定单色光、溶剂和温度等条件下，吸收系数是物质的特性常数，表明物质对某一特定波长光的吸收能力。不同物质对同一波长的单色光有不同的吸收系数，吸收系数越大，表明该物质在该波长下的吸光能力越强，灵敏度越高，所以吸收系数可以作为吸光物质定性分析的依据和定量分析灵敏度的估量指标。吸收系数随浓度 c 所取单位不同而不同。

(1) 摩尔吸收系数是指当物质浓度以物质的量浓度 (mol/L) 表示时的吸收系数，以 ε 表示，式(2-8)可以表示为

$$A = \varepsilon b c \tag{2-9}$$

其中，摩尔吸收系数 ε 的单位为 L/(mol·cm)，即溶液浓度为 1 mol/L，液层厚度为 1 cm 时的吸光度。物质的摩尔吸收系数一般不超过 10^5 数量级，通常大于 10^4 时为强吸收，小于 10^3 时为弱吸收，介于两者之间时为中强吸收。

（2）百分吸收系数是指当浓度以 g/100 mL 为单位时的吸收系数,常以 $E_{1\,cm}^{1\%}$ 表示,式(2-8)可以表示为

$$A = E_{1\,cm}^{1\%} bc \tag{2-10}$$

其中,百分吸收系数 $E_{1\,cm}^{1\%}$ 的单位为 $100\ mL/(g \cdot cm)$,即当溶液浓度为 1%($1\ g/100\ mL$),液层厚度为 1 cm 时的吸光度。百分吸收系数特别适用于摩尔质量未知的待测组分。

（3）两种吸收系数表示方式之间的关系为

$$\varepsilon = \frac{M}{10} E_{1\,cm}^{1\%} \tag{2-11}$$

【例 2-3】 已知某化合物的相对分子质量为 300,用乙醇配制成 0.0080％的溶液,用 1 cm 比色皿在 307 nm 波长处,测得 A 值为 0.400,其百分吸收系数和摩尔吸收系数分别为多少?

解
$$A = E_{1\,cm}^{1\%} bc$$

$$E_{1\,cm}^{1\%} = \frac{A}{bc} = \frac{0.400}{1 \times 0.0080} = 50$$

$$\varepsilon = \frac{M}{10} E_{1\,cm}^{1\%} = \frac{300}{10} \times 50\ L/(mol \cdot cm) = 1500\ L/(mol \cdot cm)$$

2.3.3 光度法的误差

1. 偏离比尔定律的因素

根据比尔定律,当入射光的波长和强度及液层厚度一定时,吸光度 A 与待测物质的浓度 c 应成正比,即 A-c 曲线应为一条通过原点的直线。但在实际工作中,A-c 曲线常会出现偏离直线的情况,即偏离朗伯-比尔定律(图 2-6)。若所测试的溶液浓度在 A-c 曲线的弯曲部分,则按比尔定律计算的浓度必将产生较大的误差。引起偏离比尔定律的因素主要有化学因素与光学因素。

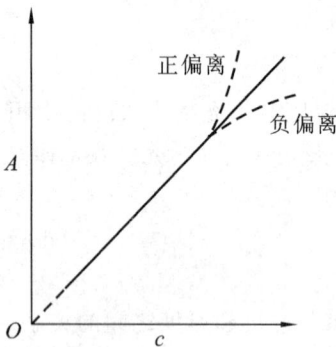

1）化学因素

比尔定律成立的前提通常应是稀溶液,随着溶液浓度增大,溶液中的待测物质可发生离解、缔合、溶剂化或生成配合物等,由于其存在形式发生变化,对一定波长的光的吸收能力也相应地受到影响,因而发生对比尔定律的偏离。

图 2-6 对比尔定律的偏离

如重铬酸钾在水溶液中存在平衡:$Cr_2O_7^{2-} + H_2O \rightleftharpoons 2H^+ + 2CrO_4^{2-}$,对于 $K_2Cr_2O_7$ 的中性水溶液,若加水将溶液严格地稀释 1 倍,则溶液中 $Cr_2O_7^{2-}$ 的浓度不是恰好减小为原来的一半,而是受上述平衡向右移动的影响,$Cr_2O_7^{2-}$ 浓度的减小多于原来的一半,结果导致偏离比尔定律而产生误差。

由化学因素引起的对比尔定律的偏离,常可通过严格控制溶液的条件,使待测组分以一种固定形式存在而加以克服。例如在强酸性溶液($1.75\ mol/L\ H_2SO_4$ 溶液)中,$Cr_2O_7^{2-}$ 是主要存在形式,在强碱性溶液($0.05\ mol/L\ KOH$ 溶液)中,CrO_4^{2-} 是主要存在形式,因此,若在上述条件下分别测定 $Cr_2O_7^{2-}$ 和 CrO_4^{2-},则可避免偏离现象。

2）光学因素

（1）非单色光 比尔定律只适用于入射光为单色光的情况,但事实上真正的单色光是难以得到的。实际工作中,光源发出连续光谱,利用单色器将所需要的波长从连续光谱中分离出来,其波长宽度取决于单色器的狭缝宽度和分辨率。由于制作技术的限制,同时为了保证光

的强度,狭缝需要保持一定的宽度,因此分离出来的光实际上同时包含所需波长的光和附近波长的光,即实际应用于测量的光为具有一定波长范围的复合光。吸光物质对不同波长的光的吸收能力不同,从而导致了对比尔定律的偏离。如图 2-7 所示,常以半峰宽 S(即最大透光度一半处曲线的宽度)来表示单色光的谱带宽度。S 的值越小,单色性越好。

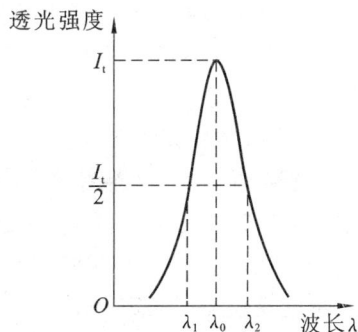
图 2-7 单色光的谱带宽度

假定入射光是两种单色光 λ_1 和 λ_2 组成的复合光,两种光的强度分别为 I_{0_1} 和 I_{0_2},待测物质对两种光的吸收系数分别为 a_1 和 a_2,则有

$$A_1 = \lg \frac{I_{0_1}}{I_{t_1}} = a_1 bc, \quad A_2 = \lg \frac{I_{0_2}}{I_{t_2}} = a_2 bc$$

因此

$$I_{t_1} = I_{0_1} \times 10^{-a_1 bc}, \quad I_{t_2} = I_{0_2} \times 10^{-a_2 bc}$$

则透光率为

$$T = \frac{I_{t_1} + I_{t_2}}{I_{0_1} + I_{0_2}} = \frac{I_{0_1} \times 10^{-a_1 bc} + I_{0_2} \times 10^{-a_2 bc}}{I_{0_1} + I_{0_2}}$$

$$= 10^{-a_1 bc} \times \frac{I_{0_1} + I_{0_2} \times 10^{(a_1 - a_2) bc}}{I_{0_1} + I_{0_2}}$$

吸光度为

$$A = -\lg T = a_1 bc - \lg \frac{I_{0_1} + I_{0_2} \times 10^{(a_1 - a_2) bc}}{I_{0_1} + I_{0_2}} \tag{2-12}$$

式(2-12)显示,当吸收系数 $a_1 = a_2$ 时,有 $A = a_1 bc = a_2 bc$;当 $a_1 \neq a_2$ 时,A 与 c 之间不呈线性关系,即比尔定律不适用。

如果 λ_1 是测量所需的波长,那么,当 $a_1 < a_2$ 时,波长为 λ_2 的光将使吸光度偏大,产生正偏差;反之,当 $a_1 > a_2$ 时,波长为 λ_2 的光将使吸光度偏小,产生负偏差;a_2 与 a_1 相差越大,偏差越显著。因此,在无法获得严格的单色光的现实情况下,设法减小入射光谱带范围内吸收系数的差异可减小由非单色光引起的偏离,选择被测物质的最大吸收波长作为入射光波长,如图 2-8 所示,选择波长 a 能够较好地满足这一要求。

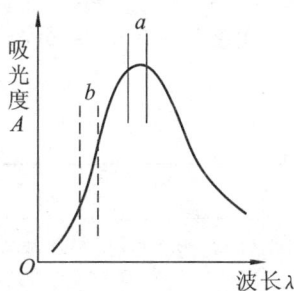
图 2-8 测定波长的选择

(2)杂散光 杂散光是指一些不在入射光谱带范围内的与所需波长相隔甚远的光,常因仪器光学系统的缺陷或光学元件受灰尘、霉蚀的影响而产生。杂散光的存在也可导致对比尔定律的偏离,特别是在透光率很小的情况下,会产生明显的作用。随着仪器制造工艺的提高,在大多数情况下,杂散光的影响已可以忽略不计。但在接近末端吸收处,杂散光的影响增强,有时会因此而出现假峰。

(3)反射光和散射光 入射光通过比色皿内外界面之间时,界面产生反射作用;入射光通过被测试液时,吸光质点在吸收一定强度光的同时也可产生散射作用。反射作用和散射作用均导致透射光强度减弱。因此,在紫外-可见分光光度法中,通常将被测试液和参比溶液(空白溶液)分别置于同样质料及厚度的比色皿中,测量其透射光的强度之差,以抵消反射作用和散射作用的影响。但当参比溶液与被测试液的折射率有较大差异时,反射作用无法完全用空白对比补偿,可导致吸光度产生偏差;当试液是胶体、乳浊液或含有悬浮物质时,相应的参比液不易制得,散射作用不能完全抵消,常使测得的吸光度偏高。

(4)非平行光 比尔定律适用的另一个条件是平行光,但在实际工作中,通过比色皿的光不是真正的平行光。倾斜光通过比色皿的实际光程将比垂直照射的平行光的光程长,相当于增加了厚度 b 而使吸光度增大。这是同一物质用不同仪器测定吸收系数时,产生差异的主要原因之一。

2. 透光率测量误差

一般来说,作为仪器测量中的随机误差,分光光度计透光率 T 的测量误差 ΔT 对于同一台仪器近似为一定值。但是,由于吸光度 A 及待测溶液浓度 c 与透光率 T 为负对数关系,因此,不同的透光率 T 下,相同的测量误差 ΔT 引起的吸光度误差和浓度误差是不同的。

浓度或吸光度测定结果的相对误差与透光率测量误差之间的关系可根据朗伯-比尔定律导出。

$$c = \frac{A}{ab} = -\frac{\lg T}{ab}$$

微分后并除以上式,可得浓度的相对误差 $\frac{\Delta c}{c}$ 为

$$\frac{\Delta c}{c} = \frac{\Delta A}{A} = \frac{0.434 \Delta T}{T \lg T} \tag{2-13}$$

式(2-13)表明,浓度或吸光度测量的相对误差取决于透光率 T 和透光率测量误差 ΔT 的大小。表 2-3 为不同 T 或 A 时的浓度相对误差,若 $\Delta T = \pm 0.5\%$,以浓度的相对误差 $\Delta c/c$ 对透光率 T 作图,可得到图 2-9。由表 2-3 和图 2-9 可见,透光率很大或很小时,浓度测量的相对误差都很大。只有中间一段,即透光率 T 在 $20\% \sim 65\%$ 或吸光度 A 在 $0.2 \sim 0.7$ 时,浓度测量的相对误差较小,是测量的适宜范围。其中,透光率 $T = 36.8\%$(或吸光度 $A = 0.434$,可从式(2-13)求极值得到)时,浓度测量的相对误差最小。

表 2-3　不同 T 或 A 时的浓度相对误差

$T/(\%)$		95	90	80	70	65	60	50	40	30	20	10	5
A		0.022	0.046	0.097	0.155	0.187	0.222	0.301	0.398	0.523	0.699	1.000	1.30
$\frac{\Delta c}{c} \times 100$	$\Delta T = 1\%$	20.5	10.5	5.60	4.00	3.57	3.26	2.88	2.73	2.77	3.10	4.34	6.67
	$\Delta T = 0.5\%$	10.3	5.27	2.80	2.00	1.78	1.63	1.44	1.36	1.38	1.55	2.17	3.34

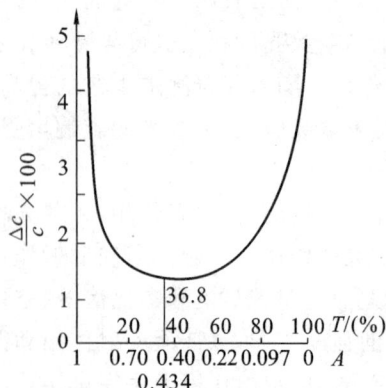

图 2-9　浓度测量的相对误差与透光率和吸光度的关系

实际工作中,不必去寻求 $T = 36.8\%$ 的最小误差点,只要测量的吸光度 A 在 $0.2 \sim 0.7$ 的范围内即可。高精度的分光光度计,透光率的测量误差 ΔT 较小,能使适宜测量的透光率(或吸光度)范围扩大,应根据仪器性能说明和实际测量结果确定适宜的测量范围。

2.4　光谱分析发展概况

在各种分析方法中,光谱分析法是研究最多和最广的分析技术之一。

物理学、电子技术向分析化学的渗透,使光谱仪器有了很大的发展;计算机技术的引入及数理统计的应用又

使光学分析法正在走向一个新的境界。

　　干扰成分的排除是光谱分析研究的重要内容。近年来,各种色谱与光谱联用技术如 GC-FTIR、GC-MS、HPLC-UV、HPCE-MS,以及光声色谱、褶合光谱的出现,使复杂混合物的分析比较容易解决。正如仪器分析本身的发展一样,学科渗透、扬长避短是光谱分析的发展途径。

思考题与习题

　　1. 光谱分析法有哪些类型?

　　2. 吸收光谱法和发射光谱法有何异同?

　　3. 什么是分子光谱法? 什么是原子光谱法?

　　4. 列出以发射为原理的光谱分析法,并将其分类。

　　5. 简述下列术语的含义:电磁波谱、发射光谱、吸收光谱、荧光光谱。

　　6. 试述朗伯-比尔定律的物理意义、数学表达式及适用条件。

　　7. 试述吸收系数的物理意义及表示形式。

　　8. 试述影响比尔定律的因素及浓度测量误差。

　　9. 试述选择最大吸收波长作为测量波长的依据。

　　10. 将下列各透光率(T)换算成吸光度(A):

(1)36%;(2)7.6%;(3)66%;(4)56%;(5)0.06%。

　　11. 1.0×10^{-4} mol/L 的重铬酸钾($M_r = 294.2$)硫酸溶液在 350 nm 波长处,液层厚度为 1 cm 时测得吸光度为 0.313,计算其透光率、摩尔吸光系数和百分吸光系数。

第3章 紫外-可见吸收光谱法

紫外-可见吸收光谱法(ultraviolet-visible absorption spectrometry,UV-Vis),又称紫外-可见分光光度法,是利用分子吸收紫外-可见光辐射所产生的吸收光谱进行定性、定量及结构分析的方法。紫外-可见吸收光谱主要产生于分子中价电子在电子能级间的跃迁,属于电子光谱。该方法灵敏度较高,一般可达 $10^{-4} \sim 10^{-6}$ g/mL,部分可达 10^{-7} g/mL;准确度较高,相对误差可达 $0.5\% \sim 0.2\%$;仪器简单,操作便捷,它是化学、药学、环境科学和临床等科研、生产、监测最广泛应用的定量分析技术之一。

3.1 基 本 原 理

3.1.1 光谱的产生

分子的总能量(E)由内能($E_内$)、平动能($E_平$)、振动能(E_V)、转动能(E_J)及外层价电子跃迁能(E_n)之和决定,即

$$E = E_内 + E_平 + E_V + E_J + E_n \tag{3-1}$$

$E_内$ 是分子固有的内能,$E_平$ 是连续变化的,不具有量子化特征,它们的改变均不会产生光谱。因此,当分子吸收了电磁辐射的能量之后,其能量变化(ΔE)仅是振动能、转动能和价电子跃迁能变化之总和,如图 2-3 所示,即

$$\Delta E = \Delta E_V + \Delta E_J + \Delta E_n \tag{3-2}$$

其中,ΔE_n 最大,一般为 $1 \sim 20$ eV,相应的波长范围为 $1250 \sim 60$ nm。因此,价电子跃迁所产生的吸收光谱恰位于紫外-可见光区域,为紫外-可见吸收光谱。

对于分子,每一个电子能级一般都存在数个可能的振动能级,每一个振动能级又存在许多转动能级,故分子内部运动所涉及的能级变化较复杂。在紫外-可见光的激发下,分子的电子能级发生跃迁的同时,总是伴随着振动能级和转动能级的跃迁,所以紫外-可见吸收光谱常形成带状光谱,谱带较宽。

3.1.2 跃迁类型

电子围绕分子或原子运动的概率分布称为轨道。分子轨道理论认为,当两个原子相互靠近结合成分子时,两个原子的原子轨道可以线性组合成两个分子轨道。其中,能量低于相应原子轨道能量的分子轨道称为成键分子轨道,以 σ 或 π 表示;能量高于相应原子轨道能量的分子轨道称为反键分子轨道,以 σ* 或 π* 表示;分子中能量基本上保持原子轨道能量的未成键轨道称为非键轨道,以 n 表示。处于不同轨道上的电子,其能量高低顺序为 σ<π<n<π*<σ*。

处于能量较低的轨道中的电子吸收一定能量后,可以跃迁到能量较高的轨道,图 3-1 为各种电子跃迁类型及其所需能量示意图。在紫外和可见光范围内,有机化合物的吸收光谱主要由 σ→σ*、π→π*、n→π*、n→σ* 跃迁以及电荷迁移跃迁等产生,无机化合物的吸收光谱主要

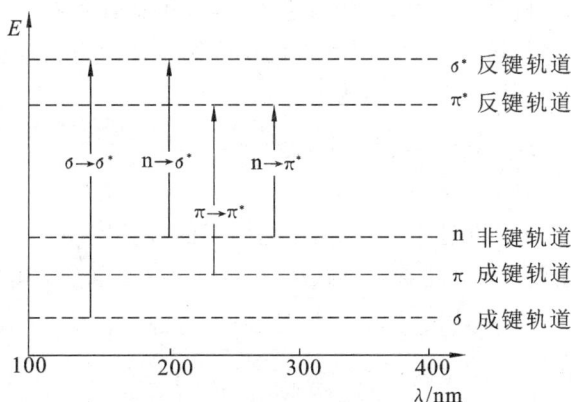

图 3-1　分子的电子跃迁类型示意图

由电荷迁移跃迁和配位场跃迁等产生。

1. σ→σ* 跃迁

处于 σ 成键轨道上的电子吸收电磁辐射的能量后跃迁到 σ* 反键轨道,称为 σ→σ* 跃迁。分子中 σ 键较为牢固,跃迁所需的能量较大,因而吸收光的波长较短,处于远紫外区。饱和烃类分子中只含有 σ 键,只产生 σ→σ* 跃迁,吸收光的波长一般小于 150 nm,在紫外-可见分光光度法的常规仪器测量范围之外,常作为溶剂使用。例如,乙烷的最大吸收波长为 135 nm。

2. π→π* 跃迁

处于 π 成键轨道上的电子跃迁到 π* 反键轨道上,称为 π→π* 跃迁。具有 $\diagdown C=C \diagup$ 或 —C≡C— 、$\diagdown C=N—$ 等基团的不饱和有机化合物都能产生 π→π* 跃迁。一般该跃迁所需能量小于 σ→σ* 跃迁所需的能量,孤立 π 键的 π→π* 跃迁吸收光的波长在 200 nm 附近,并具有吸收强度大的特征,如乙烯的最大吸收波长为 162 nm。当分子中具有共轭双键时,π→π* 跃迁所需能量降低,并且共轭体系越长,π→π* 跃迁所需能量越低,吸收光的波长可增大至210 nm以上。

3. n→π* 跃迁

有机化合物中若含有杂原子的不饱和基团(如 $\diagdown C=O$ 、$\diagdown C=S$ 、—N=N—、—N=O 等),其未成键轨道中的 n 电子吸收电磁辐射的能量后,可向 π* 反键轨道跃迁,称为 n→π* 跃迁。这种跃迁所需能量较低,吸收光的波长通常处于近紫外区或可见光区,吸收强度弱(ε 在 10～100 L/(mol·cm))。如丙酮的最大吸收波长为 275 nm(ε=30 L/(mol·cm)),亚硝基丁烷(C_4H_8—N=O)的最大吸收波长为 665 nm。

4. n→σ* 跃迁

含有—OH、—NH_2、—X、—S 等基团的化合物,其杂原子中的 n 电子吸收电磁辐射的能量后,可向 σ* 反键轨道跃迁,称为 n→σ* 跃迁。这种跃迁随各种化合物的不同,吸收光的波长可处于近紫外区或远紫外区,吸收强度也较弱,如甲胺(CH_3—NH_2)的最大吸收波长为 213 nm。

5. 电荷迁移跃迁

在电磁辐射的能量激发下,配合物的电荷可发生重新分布,电子从该化合物的一部分(给予体)迁移至与另一部分(接受体)相联系的轨道上,称为电荷迁移跃迁,相应的吸收光谱称为电荷迁移吸收光谱。许多无机配合物及某些有机化合物可产生电荷迁移跃迁,其特征是吸收谱带较宽,吸收强度较大。其过程可表示为

$$M^{n+} - L^{b-} \xrightarrow{h\nu} M^{(n-1)+} - L^{(b-1)-}$$

其中,M 是电子接受体,L 是电子给予体。

一般在配合物的电荷迁移跃迁中,金属离子是电子的接受体,配位体是电子的给予体。如 Fe^{3+} 与 SCN^- 生成的配合物可产生电荷迁移跃迁,在可见光区呈强烈的电荷迁移吸收而显红色。

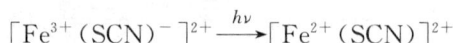

$$\left[Fe^{3+}(SCN)^-\right]^{2+} \xrightarrow{h\nu} \left[Fe^{2+}(SCN)\right]^{2+}$$

其中,Fe^{3+} 是电子接受体,SCN^- 是电子给予体。

许多水合无机离子也可产生电荷迁移跃迁。例如:

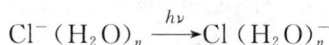

$$Cl^-(H_2O)_n \xrightarrow{h\nu} Cl(H_2O)_n^-$$

其中,H_2O 是电子接受体,Cl^- 是电子给予体。

有机化合物中,某些取代芳烃可产生电荷迁移跃迁。苯环可以是电子接受体,也可以是电子给予体。例如:

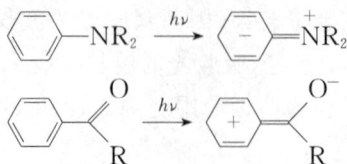

电荷迁移跃迁可视为化合物分子的内氧化还原过程。一般中心离子的氧化能力越强或配位体的还原能力越强,电荷迁移所需的能量越小,吸收光的波长向长波长方向移动。

6. 配位场跃迁

过渡金属元素均含有 d 轨道,镧系和锕系元素均含有 f 轨道。在配位体存在的情况下,过渡金属元素的 5 个能量相等的 d 轨道及镧系和锕系元素的 7 个能量相等的 f 轨道分别发生分裂,成为几组能量不等的 d 轨道和 f 轨道。当其离子吸收电磁辐射的能量后,处于低能态的 d 轨道或 f 轨道上的电子可以跃迁至高能态的 d 轨道或 f 轨道,分别称为 d-d 跃迁和 f-f 跃迁。由于这两类跃迁必须在配位体的配位场作用下才会发生,故统称为配位场跃迁。

配位场跃迁的吸收光谱一般位于可见光区。由于选择规则的限制,其吸收强度通常较弱,较少用于定量分析,常用于配合物结构的研究。

(1) d-d 跃迁　　d 电子层尚未充满的第一、第二过渡元素的紫外-可见吸收光谱主要由 d-d 跃迁产生。d-d 跃迁的吸收谱带较宽,并且易受环境因素的影响,例如 Cu^{2+} 与 H_2O 形成的配合物 $\left[Cu(H_2O)_4\right]^{2+}$ 为蓝色,与 Cl^- 形成的配合物 $\left[CuCl_4\right]^{2-}$ 为绿色,与 NH_3 形成的配合物 $\left[Cu(NH_3)_4\right]^{2+}$ 则为深蓝色。

(2) f-f 跃迁　　大多数镧系和锕系元素的离子均可由 f-f 跃迁产生紫外-可见吸收光谱。由于 f 轨道被已充满电子的具有较高量子数的外层轨道所屏蔽而免受外界影响,故 f-f 跃迁的吸收谱带较窄,且不易受环境因素的影响。

3.1.3　常用术语

1. 紫外-可见吸收曲线

紫外-可见吸收曲线又称紫外-可见吸收光谱,是用单色器选择单色光进行连续扫描,测不

同波长 λ 下的吸光度 A 得到的曲线,如图 3-2 所示。其特征常用以下术语描述。

(1) 最大吸收波长　曲线上的峰(吸收峰)所对应的波长,以 λ_{max} 表示。

(2) 最小吸收波长　曲线上的谷(吸收谷)所对应的波长,以 λ_{min} 表示。

(3) 肩峰　在吸收峰旁边存在一个曲折,对应的波长以 λ_{sh} 表示。

(4) 末端吸收　在 200 nm 附近,吸收曲线呈现强吸收却不成峰形的部分。

2. 生色团

生色团(chromophore)是指分子中在紫外-可见波长范围内可以吸收光子而产生电子跃迁的原子基团,也称为发色团,特点是有机化合物分子结构中含有 $\pi \rightarrow \pi^*$ 或 $n \rightarrow \pi^*$ 跃迁的基团,如 $\diagdown C = C \diagup$ 、 $\diagdown C = O$ 、 $\diagdown C = S$ 、 $-N = N-$ 、 $-N = O$ 等。如果分子中含有

图 3-2　紫外-可见吸收光谱示意图
1—吸收峰;2—吸收谷;3—肩峰;4—末端吸收

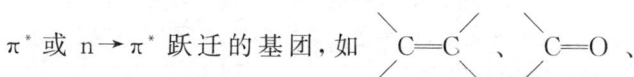

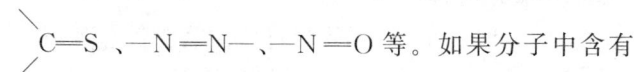

多个生色团,但各生色团之间未发生共轭,则其吸收光谱理论上是各生色团吸收曲线的简单加和;如果各生色团之间发生共轭,则将有一个新的吸收峰取代原来的各孤立生色团的吸收峰,其 λ_{max} 通常向长波长方向移动,并伴有吸收强度的增强。

3. 助色团

助色团(auxochrome)是指含有非键电子的杂原子饱和基团,如 $-OH$、$-SH$、$-OR$、$-SR$、$-NH_2$、$-Cl$、$-Br$、$-I$ 等,它们本身不能吸收波长大于 200 nm 的光,但当它们与生色团相连时,能使该生色团的吸收峰向长波长方向移动,并使吸收强度增强。助色团的作用本质是其与生色团中的电子发生相互作用,形成 n-π 共轭,从而降低了 $\pi \rightarrow \pi^*$ 跃迁所需的能量。

4. 红移和蓝移

化合物常因结构的变化(发生共轭作用、引入助色团等)或溶剂的改变而导致吸收峰的最大吸收波长 λ_{max} 发生移动。λ_{max} 向长波长方向移动称为红移(red shift),有时也称为长移(bathochromic shift);λ_{max} 向短波长方向移动称为蓝移(blue shift)或紫移,有时也称为短移(hypsochromic shift)。

5. 增色效应和减色效应

因化合物的结构改变或其他原因而导致吸收强度增强的现象称为增色效应(hyperchromic effect),有时也称为浓色效应;反之,导致吸收强度减弱的现象称为减色效应(hypochromic effect),有时也称为淡色效应。

3.1.4　吸收带

紫外-可见吸收光谱为带状光谱,故也将其吸收峰称为吸收带(absorption band)。电子跃迁和分子轨道的种类不同,在紫外-可见光谱中吸收带的特征也不同,它们与化合物的结构密切相关,因此,根据各种跃迁及吸收带的特点,可以预测一个化合物的紫外-可见吸收带可能出现的波长范围及吸收带的类型。常见吸收带分为 6 种类型。

1. R 带

R 带是由 $n \rightarrow \pi^*$ 跃迁引起的吸收带,由德文"radikal"(基团)得名。R 带是杂原子的不饱

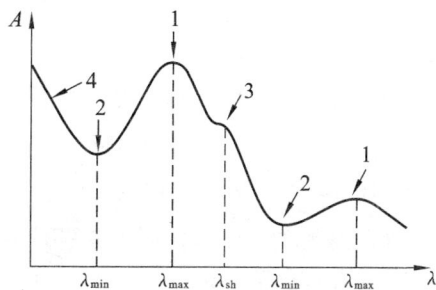

和基团($\diagdown C{=}O$ 、—NO、—NO$_2$、—N $=$ N—等)的特征,其特点是吸收峰处于较长波长范围 (250～500 nm),吸收强度弱($\varepsilon<100$ L/(mol·cm))。当有强吸收峰在其附近时,R 带有时红移,有时被掩盖。

2. K 带

K 带是由共轭双键中 $\pi{\rightarrow}\pi^*$ 跃迁引起的吸收带,由德文"konjugation"(共轭作用)得名。K 带的特点是吸收峰通常出现在 200 nm 以上,吸收强度大($\varepsilon>10^4$ L/(mol·cm))。随着共轭体系的延长,K 带吸收峰红移,吸收强度有所增加。

3. B 带

B 带是苯等芳香族(包括杂芳香族)化合物的特征吸收带之一,由苯环的骨架伸缩振动与苯环内的 $\pi{\rightarrow}\pi^*$ 跃迁叠加引起,由"benzenoid"(苯的)得名。

B 吸收带主要位于 230～270 nm 波长处,中心波长在 256 nm 附近。在蒸气状态下,分子间相互作用弱,分子的振动、转动能级跃迁能够在图谱中得到反映,故苯及其同系物的 B 吸收带呈现精细结构,也称苯的多重吸收带(图 3-3)。

当苯溶解在溶剂中时,B 吸收带的精细结构会受到溶剂的影响,溶剂分子将溶质分子包围,限制了溶质分子的自由转动,导致转动光谱精细结构消失(比较图 3-3(a)和(b))。

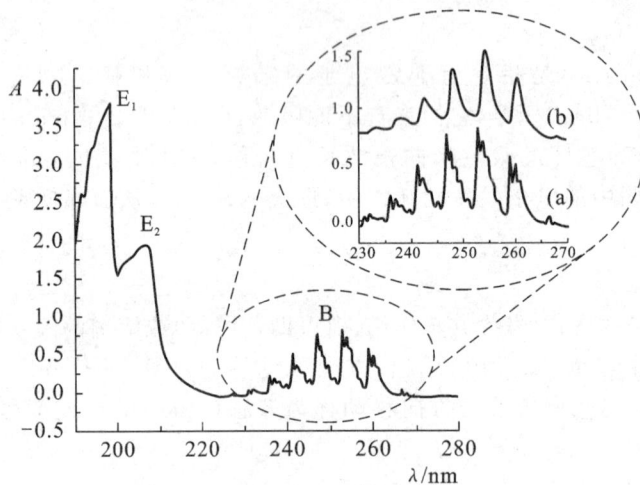

图 3-3　苯的紫外吸收光谱

(a)苯蒸气;(b)苯的乙醇溶液

4. E 带

E 带也是芳香族化合物的特征吸收带,分为 E$_1$ 及 E$_2$ 两个吸收带(图 3-3),E$_1$ 带是由苯环上孤立乙烯基的 $\pi{\rightarrow}\pi^*$ 跃迁引起的吸收带,E$_2$ 带是由苯环上共轭二烯基的 $\pi{\rightarrow}\pi^*$ 跃迁引起的吸收带。E$_1$ 带的吸收峰约在 180 nm(远紫外区),E$_2$ 带的吸收峰则在 200 nm 以上,均为强吸收。当苯环上有生色团取代并与苯环发生共轭时,E$_2$ 带便与 K 带合并,且吸收带红移,同时 B 带也发生红移;当苯环上有助色团取代时,E$_2$ 带发生红移,但波长一般不超过 210 nm。

5. 电荷迁移跃迁引起的吸收带

许多无机物(如碱金属卤化物)及一些有机物混合后可生成分子配合物,在电磁辐射激发下,能够强烈地吸收紫外-可见光,从而呈现出紫外-可见吸收带。例如,在乙醇介质中,醌与氢醌混合后可获得醌氢醌暗绿色结晶,其吸收峰在可见光范围内。

6. 配位场跃迁引起的吸收带

过渡金属的水合离子或过渡金属离子与显色剂形成的配合物能够吸收一定波长的紫外-可见光,从而呈现出相应的吸收带。例如,$[Ti(H_2O)_6]^{3+}$ 水合离子在 490 nm 波长处的吸收峰即属于该吸收带。

3.1.5　影响吸收带的主要因素

分子结构和测定条件(如溶剂极性、体系的 pH 值)等多种因素均会影响紫外-可见光谱的吸收带,其核心是对分子中电子共轭结构的影响,可表现为吸收带的位移、吸收强度的变化及谱带精细结构的出现或消失等。

1. 分子结构

1) 共轭效应

共轭效应是指化合物中有两个或多个生色团形成共轭体系,吸收带红移,且吸收强度增大的现象。共轭体系越长,共轭效应越显著。

例如,β-鸢尾酮( )是 α-鸢尾酮( )的同分异构体,与 α-鸢尾酮相比,β-鸢尾酮的共轭体系延长,故吸收带红移,吸收强度增大。

2) 位阻效应

位阻效应是指空间位阻妨碍形成共轭的生色团处于同一平面上,导致共轭效果变差,吸收带蓝移,吸收强度减弱的现象,如表 3-1 所示。

表 3-1　位阻效应

结　构　式			
λ_{max}/nm	247	237	231
$\varepsilon/[L/(mol \cdot cm)]$	17 000	10 250	5 600

再如,图 3-4 是二苯乙烯顺反异构体的紫外吸收光谱,反式二苯乙烯的苯环在双键两侧,可与双键处于同一平面上,能更好地形成共轭体系。

3) 跨环效应

跨环效应是指非共轭基团之间的相互作用,在环状体系中,分子中非共轭的两个生色团因为空间位置的关系,发生轨道间的相互作用,使吸收带红移,并使吸收强度增强的现象。与共轭效应不同的是,两个生色团仍各自呈现吸收峰。例如:

$$H_2C = \boxed{} = O$$

虽然双键与羰基不形成共轭体系,但环内的立体排列可使羰基中氧的孤电子对和双键的 π 电子发生相互作用,从而导致由 $n \rightarrow \pi^*$ 跃迁产生的 R 吸收带红移,吸收强度同时增强,结果在 214 nm 处显示一个中等强度的吸收带,同时在 284 nm 处出现一个 R 吸收带。

顺式二苯乙烯

$(\lambda_{max}=280 \text{ nm}, \varepsilon=10500 \text{ L/(mol·cm)})$

反式二苯乙烯

$(\lambda_{max}=295 \text{ nm}, \varepsilon=29000 \text{ L/(mol·cm)})$

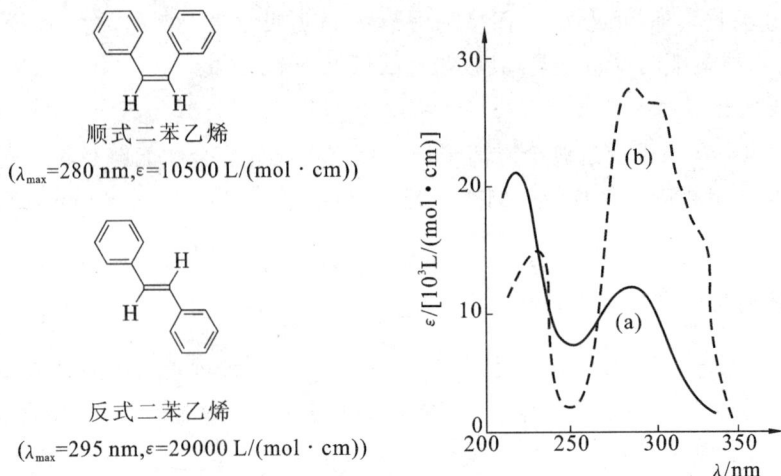

图 3-4　二苯乙烯顺反异构体的紫外吸收光谱

(a)顺式;(b)反式

2. 溶剂效应

溶剂效应是指溶剂对吸收峰的位置和吸收强度的影响。一般溶剂极性增大会使 $\pi \rightarrow \pi^*$ 跃迁红移,而使 $n \rightarrow \pi^*$ 跃迁蓝移,且后者的移动一般比前者的移动大,因为在 $\pi \rightarrow \pi^*$ 跃迁中,分子激发态的极性大于基态,与极性溶剂之间的静电作用更强,故在极性溶剂中,激发态能量降低的程度大于基态,跃迁所需能量减小,吸收带向长波长方向移动;在 $n \rightarrow \pi^*$ 跃迁中,n 电子可与极性溶剂形成氢键,故基态能量降低程度更大,跃迁所需能量增大,因此吸收带向短波长方向移动(图 3-5)。随着溶剂极性的增大,溶剂效应更为显著。例如:异丙叉丙酮在不同极性溶剂中的溶剂效应(如表 3-2 所示)。

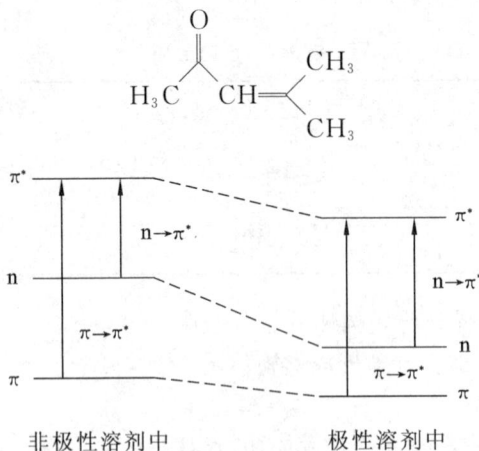

非极性溶剂中　　　　极性溶剂中

图 3-5　溶剂极性对两种跃迁能级差的影响

表 3-2　异丙叉丙酮的溶剂效应

溶　剂	正己烷	三氯甲烷	甲　醇	水
$\lambda_{\pi \rightarrow \pi^*}$ /nm	230	238	237	243
$\lambda_{n \rightarrow \pi^*}$ /nm	329	315	309	305

因此,在定性分析中选择溶剂时,可在溶解度允许范围内尽可能选用非极性溶剂或极性小的溶剂。同时由于溶剂对化合物的紫外-可见吸收光谱影响较大,所以一般应在吸收光谱图上或数据表中注明所用的溶剂;若要与已知化合物的谱图进行对照,应注意所用的溶剂是否相同。

3. 体系 pH 值的影响

对于酸性或碱性的化合物,体系的 pH 值会影响其离解情况,从而影响其紫外-可见吸收光谱。例如,酚类和胺类化合物在不同 pH 值下将产生不同的吸收光谱。

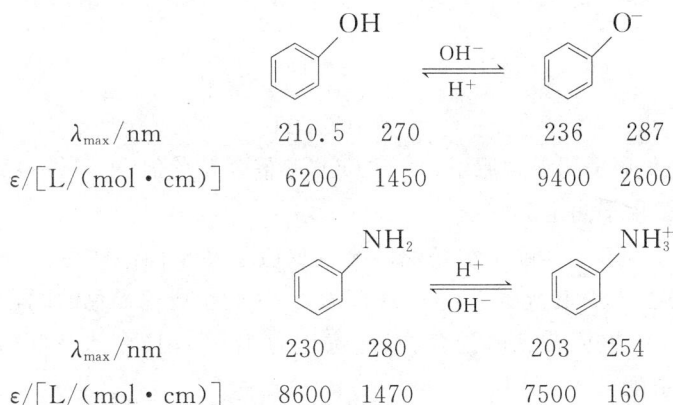

$$\text{OH} \underset{\text{H}^+}{\overset{\text{OH}^-}{\rightleftharpoons}} \text{O}^-$$

λ_{max}/nm	210.5	270	236	287
$\varepsilon/[L/(mol \cdot cm)]$	6200	1450	9400	2600

$$\text{NH}_2 \underset{\text{OH}^-}{\overset{\text{H}^+}{\rightleftharpoons}} \text{NH}_3^+$$

λ_{max}/nm	230	280	203	254
$\varepsilon/[L/(mol \cdot cm)]$	8600	1470	7500	160

3.1.6 显色反应及显色条件的选择

1. 显色反应

在紫外-可见光区,除某些物质对紫外-可见光有吸收外,尚有很多物质本身无吸收或只有弱吸收,需在一定条件下加入试剂,经过适当的化学反应定量转变为有色化合物后再行测定。这种选用适当的试剂与不吸收或较弱地吸收紫外-可见光的被测物质定量反应生成对紫外-可见光有较强吸收的物质的反应称为显色反应,反应中所加试剂称为显色剂。

1) 对显色反应的要求

常见的显色反应类型有配位反应、氧化还原反应和缩合反应等,其中配位反应应用最为广泛。显色反应一般应满足下列要求。

(1) 灵敏度较高。显色产物应在测定的波长范围内有较强的吸收,通常要求 $\varepsilon = 10^3 \sim 10^5$ L/(mol·cm)。

(2) 定量关系确定。待测物质与显色产物之间必须有确定的定量关系,才能利用显色反应进行定量分析。

(3) 选择性好。要求显色反应的干扰较少或干扰容易消除。

(4) 显色产物稳定性好。显色产物的化学性质必须足够稳定,至少在测定时限内吸光度基本恒定,才能保证测定结果的重现性。因此,一般要求显色产物不受日光照射、空气中的氧等的影响。

(5) 显色剂与显色产物之间应有显著的颜色差别。显色反应中通常加入过量的显色剂;若显色剂本身有色,为了避免显色剂对测定产生影响,要求显色产物与显色剂的最大吸收波长的差别应在 60 nm 以上。

2) 显色剂

显色剂分为无机显色剂和有机显色剂两大类。无机显色剂生成的配合物常不够稳定,灵敏度和选择性也不高,故可用于实际工作的较少,主要是硫氰酸钾、钼酸铵和过氧化氢等。硫氰酸钾作为显色剂可用于测定铁、钼、钨和铌等元素,钼酸铵作显色剂常用于测定硅、磷和钒等元素,过氧化氢则主要用于钛元素的测定。

大多数有机显色剂可与金属离子生成稳定的螯合物,故显色反应的选择性和灵敏度都较高,在紫外-可见分光光度法中应用较广泛。有机显色剂种类很多,常用的有如下几种。

(1) 磺基水杨酸。

$$HO_3S \overset{\text{OH}}{\underset{\text{COOH}}{\diagup}}$$

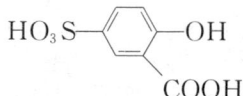

磺基水杨酸以两个氧原子为键合原子,属于"OO"型螯合显色剂,可与许多高价金属离子生成稳定的螯合物,主要用于测定 Fe^{3+}。

随着溶液酸度的不同,Fe^{3+} 与磺基水杨酸的显色反应呈现不同的颜色。pH 值为 1.8～2.5 时生成紫红色的配合物,配位比为 1:1;pH 值为 4～8 时生成棕褐色的配合物,配位比为 1:2;pH 值为 8～11.5 时生成黄色的配合物,配位比为 1:3;pH 值大于 12 时,Fe^{3+} 生成 $Fe(OH)_3$ 沉淀,不能生成配合物。

(2) 丁二酮肟。

$$\overset{H_3C}{\underset{H_3C}{\diagdown}} \overset{NOH}{\underset{NOH}{\diagup}}$$

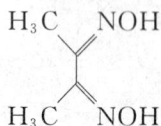

丁二酮肟通过两个氮原子与金属离子相键合,属于"NN"型螯合显色剂,常用于测定 Ni 元素。在 NaOH 碱性溶液中,氧化剂(如过硫酸铵)将 Ni^{2+} 氧化为 Ni^{4+},丁二酮肟与 Ni^{4+} 生成可溶性红色配合物。

(3) 邻二氮菲。

邻二氮菲也称邻菲罗啉,也属于"NN"型螯合显色剂,主要用于测定微量 Fe^{2+}。测定时,用还原剂(如盐酸羟胺)将 Fe^{3+} 还原为 Fe^{2+},在 pH 值为 3～9(一般取 pH 值为 5～6)的条件下,邻二氮菲与 Fe^{2+} 作用生成稳定的橘红色配合物。

(4) 二苯硫腙。

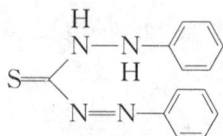

二苯硫腙又称二硫腙或双硫腙,为含硫显色剂,可用于测定 Cu^{2+}、Zn^{2+}、Pb^{2+}、Cd^{2+}、Hg^{2+} 等多种重金属离子,测定时常采取溶剂萃取光度法。

(5) 铬天青 S。

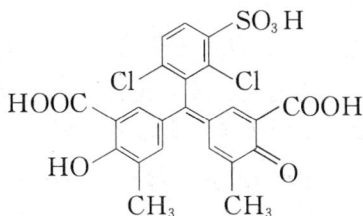

铬天青 S 为三苯甲烷类螯合显色剂,是测定铝的很好的试剂,在 pH 值为 5～5.8 的条件下显色。

3) 生成多元配合物的显色反应

紫外-可见分光光度法中,除了利用一种金属离子与一种配位体反应生成简单有色配合物的显色反应之外,还常应用由一种金属离子与两种或两种以上配位体形成多元配合物的显色反应。其中,应用较多的是由一种金属离子与两种配位体所组成的配合物,称为三元配合物,有三元混配配合物、离子缔合物和金属离子-配位剂-表面活性剂体系等多种类型。

(1) 三元混配配合物。

金属离子先与一种配位剂形成未饱和的配合物,再与另一种配位剂结合,即形成三元混合配位化合物,简称三元混配配合物。

形成三元混配配合物,要求金属离子与两种配位剂都能够形成配合物,同时,金属离子要有较高的配位数,这样易于形成未饱和的配合物。例如,Ca^{2+}、Mg^{2+} 的配位数为 6,较易形成三元混配配合物,而 Ag^+ 的配位数为 2,就不容易形成三元混配配合物。此外,所用的配位剂中,通常第一种配位剂的体积较小,如 H_2O_2、NH_2OH、F^- 等,以避免对第二种配位剂的配位构成空间阻碍。

三元混配配合物用于金属离子的测定,具有灵敏度高、选择性好、生成的配合物稳定性高等优点。例如:钒的测定可利用 V(V) 与 H_2O_2、吡啶偶氮间苯二酚(PAR)形成 1:1:1 的紫红色三元混配配合物,灵敏度比 V-H_2O_2 配合物提高 2 个数量级;铌和钽均能与邻苯三酚形成配合物,但只有钽能够与草酸、邻苯三酚形成三元混配配合物,故利用该显色反应测定钽,可提高检测的选择性;钛的测定可利用 H_2O_2、EDTA 与其形成 Ti-EDTA-H_2O_2 三元混配配合物,稳定性比 Ti-EDTA 配合物提高约 1000 倍。

(2) 离子缔合物。

金属离子首先与一种配位剂形成配阳离子或配阴离子,然后与带相反电荷的离子生成离子缔合物。利用生成离子缔合物的显色反应可提高测定的灵敏度和选择性。

与三元混配配合物不同,离子缔合物中的第一种配位体已满足金属离子的配位数要求,但形成的配合物不是电中性的,故可通过静电作用与第二种配位体离子缔合,形成离子缔合物。其中,阳离子配位体多为有机碱,如吡啶、喹啉、邻二氮菲、甲基紫、乙基紫、亚甲蓝等;阴离子配位体通常是电负性配位体,如 X^-、SCN^-、SO_4^{2-}、水杨酸、邻苯二酚、无机杂多酸等。

例如,Se^{4+} 与 SCN^- 形成 $[Se(SCN)_6]^{2-}$ 配位离子后,在酸性溶液中可与甲基紫(MV)的阳离子 MV^+ 形成不溶于水的蓝色离子缔合物,用苯萃取后可在 600 nm 波长处进行分光光度法测定,灵敏度高($\varepsilon = 1.18 \times 10^5$ L/(mol·cm)),选择性好,Ca^{2+}、Al^{3+}、Pb^{2+}、Fe^{2+} 等均不干扰

测定,Zn^{2+}、Fe^{3+}、Cd^{2+}、Ni^{2+}、Cu^{2+}等的干扰可用 EDTA 作掩蔽剂消除。

　　(3) 金属离子-配位剂-表面活性剂体系。

　　金属离子与显色剂反应时,加入某些表面活性剂,可以形成胶束化合物。由于表面活性剂具有两亲(亲水、亲油)的结构特征,故生成的胶束化合物具有增溶作用,使一些不溶于水的螯合物得以直接在水相中进行测定。又因为胶束相的介质性质与水相不同,引起吸收光谱进一步变化,使吸收峰红移,并使吸收强度增大,从而起到增敏作用,测定的灵敏度可显著提高。利用金属离子-配位剂-表面活性剂体系进行分光光度法测定,常称为胶束增溶分光光度法或胶束增敏分光光度法。

　　常用的表面活性剂有十二烷基硫酸钠、十六烷基吡啶、十四烷基二甲基苄胺、十六烷基三甲基铵等。

　　例如测定微量铝时,可用铬天青 S(CAS)为显色剂,在该显色体系溶液中加入氯化十六烷基吡啶(CPC),可使吸收峰发生明显红移,并使摩尔吸收系数增大 3 倍。

　　需要说明,生成多元配合物的显色反应并不局限用于测定金属离子,能够生成上述各类型多元配合物的物质均可测定。例如可用胶束增敏分光光度法测定三聚氰胺等。

　　2. 显色条件的选择

　　影响显色反应的主要因素有显色剂用量、溶液酸度、反应时间、温度、溶剂等。这些影响因素的最佳取值均须通过实验加以确定,通常采用单因素变化法,即在固定其他影响因素的条件下,改变待考察因素,测定并绘制吸光度变化的曲线,根据曲线的形状及相关测定数据来确定最佳取值范围。

　　1) 显色剂用量

　　为了使显色反应能够进行得完全,常需要加入过量的显色剂。但显色剂用量过大,可能发生副反应,生成不同组成的显色物质,从而影响测定的准确性。为了确定合适的显色剂用量,通常将被测组分浓度及其他条件固定,加入不同量的显色剂,测定相应的吸光度,绘制吸光度(A)-显色剂浓度(c_R)曲线(图 3-6)。通常有可能出现三种情况,其中(a)、(b)是比较常见的。曲线(a)表示,初始时吸光度 A 随着显色剂浓度的增加而逐渐增大,当显色剂浓度达到 c_1 时,吸光度不再增大,意味着显色剂浓度已足够,因此只需选择浓度大于 c_1 的显色剂用量即可进行测定。曲线(b)的平坦区域较窄,当显色剂浓度大于 c_2 时,继续增大显色剂用量,吸光度反而下降。例如,Mo(V)与一定浓度的 SCN^- 配位生成橙红色的 $Mo(SCN)_5$,但如果 SCN^- 浓度太高,则生成浅红色的 $[Mo(SCN)_6]^-$,即出现吸光度下降的现象。此时,须将显色剂的用量控制在曲线平坦部分,通常选择 c_1 与 c_2 的中间值,不仅具有较高的灵敏度,而且稳定性好,测定结果准确度高。曲线(c)与前两种情况不同,曲线不呈现平坦区域,随着显色剂浓度的增加,吸

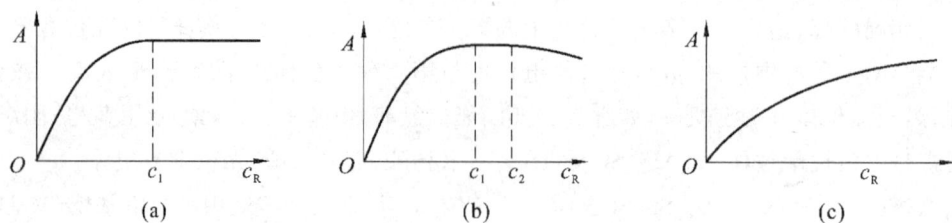

图 3-6　吸光度与显色剂浓度的关系

光度不断增大。例如,以 SCN^- 为显色剂测定 Fe^{3+} 时,随着 SCN^- 浓度的增大,生成颜色越来越深的高配位数配合物,溶液颜色由橙黄色逐渐变为血红色,吸光度不断增大。对于这种情况,必须严格控制显色剂的用量,或使显色剂过量很多,才能得到准确的测定结果。

2) 溶液酸度

溶液酸度对显色反应有多方面的影响。首先,很多显色剂是有机弱酸或弱碱,溶液的酸度会影响显色剂的离解平衡,从而影响显色反应的完全程度;其次,许多显色剂本身就是酸碱指示剂或金属指示剂,在不同的酸度下呈现不同的颜色,使用时要求配位反应后显色产物的颜色应与显色剂本身的颜色有显著区别。例如,二甲酚橙作为一种三苯甲烷类的显色剂,常用于钢材中微量铌元素的测定,也可用于测定铅、钴、锆等,但二甲酚橙与金属离子形成的配合物为红色,而 pH>6 时其自身呈紫红色,两者没有明显区别,故以二甲酚橙作为显色剂时,应控制溶液酸度为 pH<6,此时二甲酚橙自身呈黄色,可与配合物的颜色相区别。

溶液酸度对被测金属离子的存在状态也有影响。当溶液的酸度降低时,许多金属离子会发生水解,其水溶液中除了存在简单的离子形式之外,还将形成一系列的羟基配位离子,甚至生成碱式盐或氢氧化物沉淀。显然,水解反应的存在对显色反应的进行是不利的;若生成沉淀,则显色反应将无法进行。

此外,对于某些生成逐级配合物的显色反应来说,溶液酸度还会影响配合物的组成。组成不同的配合物,其颜色也不同。例如 Fe^{3+} 与磺基水杨酸的显色反应。

显色反应的适宜酸度也是通过实验绘制 A-pH 曲线来确定的,如图 3-7 所示。通常,可利用相应的缓冲溶液来控制溶液酸度处于曲线的平坦区域。

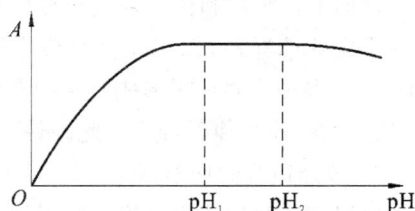

图 3-7　吸光度与溶液酸度的关系

3) 显色时间

各种显色反应的反应速率不同,生成的显色产物稳定性也不一样,所以待测溶液呈现稳定颜色的时间存在较大差异。有的显色反应可在瞬间完成,显色产物也能够保持较长时间不变;有的显色产物颜色会逐渐减退或加深;也有的显色反应进行缓慢,需要经过一定时间才能稳定显色。因此,必须通过实验,绘制一定条件下显色产物吸光度与时间的关系曲线,以确定适宜的显色时间进行测定。

4) 显色温度

与任何化学反应一样,温度对显色反应有较大影响。一般情况下,显色反应在室温下进行。但有些显色反应在室温下进行缓慢,需加热至一定温度后才能快速完成。例如,采用硅钼蓝法测定硅时,先用钼酸铵与 H_4SiO_4 反应生成硅钼黄,再用抗坏血酸将硅钼黄还原为硅钼蓝。其中,生成硅钼黄的反应在室温下至少需要 10 min 才能完成,在沸水浴中则只需 30 s 即可完成。也有些显色反应,在室温下显色产物的产量较低,加热至一定温度后产量显著提高,溶液颜色明显加深,从而提高了检测的灵敏度。例如,酸性介质中,原花青素在硫酸亚铁铵的催化下水解为红色的花青素,该显色反应在室温下生成的花青素浓度很小,显色后溶液的吸光度极低,但在沸水浴(100 ℃)中,生成的花青素浓度大大提高,显色后溶液颜色非常明显。

因此,同样需要通过实验确定显色反应的适宜温度。同时,还需注意,温度较高也可能引起副反应,或导致某些有色化合物分解。

5）溶剂

溶剂的性质可直接影响被测组分的颜色、溶解度及稳定性等。相同的物质溶于不同的溶剂中，可能呈现不同的颜色。例如，苦味酸在水中呈黄色，而在氯仿中则呈无色。有机配位剂与金属离子形成的有色配合物在水中溶解度通常比较小，采用适当的有机溶剂萃取后测定，可大大提高灵敏度和选择性。例如，用偶氮氯膦Ⅲ法测定 Ca^{2+} 时，加入乙醇可使吸光度显著增大。由于溶解度的增大，有机溶剂还可能提高显色反应的速率。例如，用氯代磺酚 S 法测定 Nb，在水溶液中需数小时才能显色，加入丙酮后则只需 30 min。此外，显色产物的稳定性也与溶剂有关。例如，硫氰酸铁红色配合物在正丁醇中比在水溶液中稳定。

3. 干扰及其消除

干扰物质本身有色，或与显色剂反应后生成有色产物，会使测得的吸光度偏高，使测量结果产生正误差。如果干扰物质与待测组分或显色剂反应生成比显色产物更稳定且在测量条件下无吸收的物质，则会导致测得的吸光度偏低，产生负误差。如果干扰物质在显色条件下发生水解，析出沉淀，就会使溶液混浊而导致测定无法进行。为了得到准确的测定结果，通常可采取以下措施消除干扰。

1）控制酸度

根据干扰物质和待测物质与显色剂反应的产物的稳定性差异，可以利用控制酸度的方法提高反应的选择性，保证显色反应进行完全。例如，二苯硫腙能与 Hg^{2+}、Pb^{2+}、Cu^{2+}、Ni^{2+}、Cd^{2+} 等十多种金属离子形成有色配合物，其中与 Hg^{2+} 形成的配合物最稳定，在强酸介质中仍能稳定存在，而其他配合物在此条件下被酸分解，从而消除干扰。

2）选择适当的掩蔽剂

使用掩蔽剂是消除干扰的常用且有效的方法。选取的掩蔽剂应不与待测物质作用，同时，其自身以及与干扰物质反应的产物在测量条件下均应无吸收。例如，用 SCN^- 作为显色剂测定钴时，可用 F^- 作掩蔽剂消除 Fe^{3+} 的干扰。

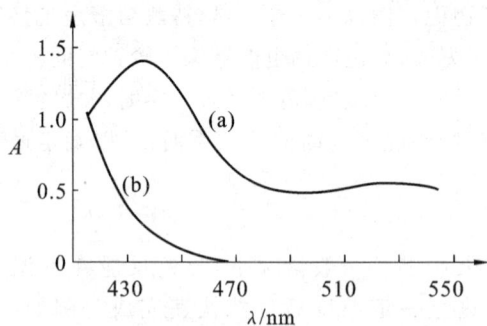

图 3-8　丁二酮肟光度法测定不锈钢中的镍
(a)丁二酮肟镍配合物的吸收曲线；
(b)柠檬酸铁配合物的吸收曲线

3）选择适当的测量波长

一般情况下，选择显色产物的最大吸收波长作为测量波长。但是，如果最大吸收波长处有干扰，而显色产物又有多个吸收峰，则可选择次强的吸收峰，以牺牲一部分灵敏度为代价来避开干扰，只要灵敏度能够达到检测要求，这种方法是可行的。例如，用丁二酮肟光度法测定不锈钢中的镍，在碱性介质(氨水)和氧化剂存在下，镍与丁二酮肟生成酒红色可溶配合物。如图 3-8 所示，在 410～550 nm 范围内，丁二酮肟镍配合物有两个吸收峰，最大吸收波长为 440 nm。但试样中大量的铁干扰测定，加入柠檬酸三铵作为掩蔽剂后，黄色的柠檬酸铁配合物在 440 nm 处仍有较大吸收。为了得到准确的测定结果，可选择无干扰的吸收峰 530 nm 作为测量波长，因溶液中 Ni^{2+} 浓度较高，故灵敏度虽有一定损失，但还是能够满足检测要求。

4）利用适当的参比溶液消除干扰

例如，用二苯氨基脲光度法测定 Cr(Ⅲ)电镀液中的 Cr(Ⅵ)杂质时，Cr(Ⅵ)经二苯氨基脲显色后在 530 nm 波长处进行测定。但是,Cr(Ⅲ)电镀液本身的蓝绿色在该波长处也有一定程度的吸收,为此,采用不加显色剂二苯氨基脲的电镀液作为参比溶液,从而消除其干扰。

5) 用数学校正法消除干扰

对于杂质含量已知的样品的批量分析,用数学校正法消除干扰是比较便捷的。例如,用磷铋钼蓝光度法测定镍铁中的磷,Ni(Ⅱ)虽不与显色剂发生反应,但其色泽对显色产物磷铋钼蓝配合物的吸光度测定产生干扰。经实验得知,1 mg Ni(Ⅱ)的吸光度与 0.084 μg P 生成的磷铋钼蓝的吸光度相当,故在镍的质量分数已知的情况下(试样中镍的质量分数也可采用 EDTA 滴定法测定),从磷的测量结果中将镍的干扰因素按比例扣除,就可以得到试样中磷的质量分数,即

$$w_P = w_{P,校正前} - 8.4 \times 10^{-5} w_{Ni}$$

6) 分离

在上述方法均不奏效的情况下,可考虑采用将干扰物质预先分离的手段,如沉淀、萃取、蒸馏及色谱法等。分离手段通常比较烦琐、耗时,易造成准确度和精密度的降低。

此外,还可以利用导数光谱法、双波长分光光度法等分析方法来消除干扰,也可以利用化学计量学的方法进行多组分的同时测定。

3.2　紫外-可见分光光度计

分光光度计是在紫外-可见光波长范围内测定吸收光谱并可选择一定波长的光测定吸光度的仪器。按照测定波长的不同,可分为测可见光区的分光光度计(如 721 型)和测紫外-可见光区的紫外-可见分光光度计。二者基本组成和结构原理相似,一般由五个主要部件构成,即光源、单色器、比色皿、检测器和信号显示系统(图 3-9)。

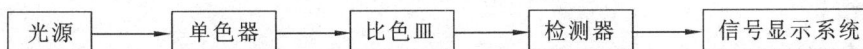

$$\boxed{光源} \rightarrow \boxed{单色器} \rightarrow \boxed{比色皿} \rightarrow \boxed{检测器} \rightarrow \boxed{信号显示系统}$$

图 3-9　紫外-可见分光光度计的结构框图

3.2.1　主要部件

1. 光源

对光源的基本要求是在仪器操作所需的光谱范围内能够发射足够强度而且稳定的连续辐射,在整个光谱区内,辐射强度随波长的变化应尽可能小,使用寿命长。常用光源有热辐射光源和气体放电光源两类。热辐射光源用于可见光区,包括钨灯和卤钨灯等;气体放电光源用于紫外光区,包括氢灯和氘灯等。

1) 钨灯和卤钨灯

钨灯又称白炽灯,发射光谱的波长覆盖范围较宽,但辐射能量随波长不同有较大变化,特别是紫外光区很弱。通常取其波长大于 350 nm 的光作为可见光区的光源。卤钨灯的灯泡内含碘和溴的低压蒸气,可延长钨丝的寿命,且发光强度比钨灯高。白炽灯的发光强度与供电电压的 3～4 次方成正比,故必须严格控制电压以确保光源稳定。

2) 氢灯和氘灯

氢气在低压下能够以电激发方式发射 160～375 nm 范围内连续而稳定的光谱。氘灯比氢灯昂贵,但发光强度比氢灯高 2～3 倍,且使用寿命更长。气体放电发光需先激发,同时应控

制稳定的电流,所以都配有专用的电源装置。

2. 单色器

图 3-10 为单色器工作原理示意图。聚焦于入射狭缝的光,由准直镜转变成平行光,投射于色散元件,由色散元件将平行的复合光分解为根据波长以不同角度偏转的单色光,再经与准直镜相同的聚焦镜将色散后的平行光聚焦于出射狭缝,形成按波长排列的光谱。转动色散元件或准直镜,可在一个很宽的范围内任意选择所需波长的光从出射狭缝分出。

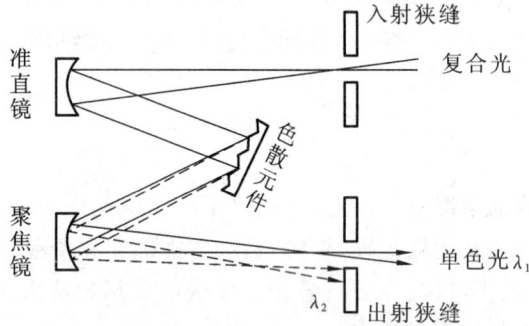

图 3-10　单色器工作原理示意图

在单色器中,最重要的是色散元件。早期生产的仪器多用棱镜,其色散作用是依据棱镜材料对不同波长的光有不同的折射率,将复合光中所包含的各个波长的光依次分散成为一个连续光谱。棱镜材料有玻璃和石英,因玻璃吸收紫外光,故只能用于可见光的色散。经棱镜分光后的光谱,其分布是不均匀的,长波长区域分布较密,短波长区域则分布稀疏。

光栅是在一个高度抛光的表面上刻出大量平行且等距离的槽而制成,其光谱的产生是多狭缝干涉和单狭缝衍射联合作用的结果。光栅色散后的光谱,各谱线间距离相等,构成均匀分布的连续光谱。

3. 比色皿

分光光度法中,测定的试样一般为液体,需用比色皿(也称为吸收池)盛装后置于分光光度计的相应槽口中。比色皿材料为普通光学玻璃或石英玻璃,其规格根据厚度(光程)有 $0.5\ \mathrm{cm}$、$1\ \mathrm{cm}$、$2\ \mathrm{cm}$、$3\ \mathrm{cm}$,典型的为 $1\ \mathrm{cm}$ 比色皿。玻璃比色皿只能用于可见光区,石英比色皿则不受限制。在分析测定时,用于盛放样液和参比液的比色皿必须相互匹配,即规格和透光性应一致($\Delta T < 0.5\%$),否则应进行校正。比色皿的两个光面易划伤,应注意保护。

4. 检测器

将待测光强转变为电信号并进行测量的装置称为检测器。紫外-可见光区的检测器一般用光电效应检测器,即将接收到的辐射功率转换成电流的转换器,有光电池、光电管和光电倍增管检测器,以及光电二极管阵列等光学多道检测器。

1) 光电池

光电池由光敏半导体制成,光照射时即产生光电流,在一定范围内光电流的大小与照射光强成正比。当用强光长时间照射时,光电池易"疲劳",灵敏度下降。

2) 光电管

光电管是由一个阳极和一个半圆柱形的光敏阴极组成的真空(或充少量惰性气体)二极管,在阴极的凹面镀有碱金属或碱金属氧化物等光敏材料。当阴极内表面接受光照射时,即发射出电子。当两极间有电位差时,发射出的电子流向阳极而产生电流,电流的大小取决于照射光的强度。与光电池相比,光电管具有灵敏度较高、光敏范围宽、不易"疲劳"等优点。

3) 光电倍增管

光电倍增管的原理和光电管相似,结构上的差别是在光敏阴极和阳极之间增加了数个电子倍增极(一般是九个)。阴极接受辐射后发射出电子,该电子被电压高于阴极的第一倍增极吸引加速,当电子打击此倍增极时,每个电子均可使其发射出数个额外电子。这些电子再被电压高于第一倍增极的第二倍增极吸引加速,每个电子又使该倍增极发射出数个额外电子。如此多次重复,从最后一个倍增极发射出的电子比第一倍增极发射出的电子数目大大增加,最终被阳极收集即可产生较强的电流。因此,光电倍增管检测器可显著提高仪器测量灵敏度。

4) 光电二极管阵列检测器

光电二极管阵列检测器(photo-diode array detector)是一种光学多道检测器,近年来已经用于紫外-可见分光光度计中,可以得到三维谱图。这种检测器是在晶体硅上紧密排列一系列光电二极管,每一个二极管相当于一个出射狭缝。当光透过晶体硅时,二极管输出的电信号强度与光强度成正比。采用同时并行数据采集方法,光电二极管阵列检测器可在 0.1 s 的极短时间内测得若干不同波长下的数据。两个二极管中心距离的波长单位为采样间隔,二极管数目越多,检测器的分辨率越高。当二极管数目足够多时,光电二极管阵列检测器就可以快速获得 190~820 nm 范围内的全光光谱。

5. 信号显示系统

检测器输出的电信号很弱,需经过放大才能将测量结果显示出来。现代的分光光度计多具有荧屏显示、结果打印及吸收曲线扫描等功能,显示方式通常有透光率与吸光度可供选择,有的还可转换成浓度、吸收系数等。

3.2.2　分光光度计的光学性能与类型

1. 分光光度计的光学性能

分光光度计的型号很多,改进也很快。近年来,很多仪器已配备计算机和光电二极管阵列检测器,仪器的质量、功能及自动化程度都有了很大的提高。不论何种型号的分光光度计都会列出其光学性能和规格,供使用者参考。现以国产中档分光光度计为例,说明仪器的主要光学性能。

(1) 波长范围:仪器能够测量的波长范围为 195~820 nm。

(2) 波长准确度:仪器显示的波长数值与单色光的实际波长之间的误差不大于 ±0.5 nm。

(3) 波长重现性:重复使用同一波长数值,单色光实际波长的变动不大于 0.5 nm。

(4) 透光率测量范围:仪器能够测量的透光率范围为 0%~150%。

(5) 吸光度测量范围:仪器能够测量的吸光度范围为 −0.173~+2.00。

(6) 光度准确度:以透光率测量值的误差表示,透光率满量程误差不大于 ±0.5%。

(7) 光度重复性:同样情况下重复测量透光率的变动范围不大于 ±0.5%。

(8) 分辨率:单色器分辨两条邻近谱线的能力在 260 nm 处为 0.3 nm。

(9) 杂散光:通常以测光信号较弱的波长(如 200 nm 或 220 nm 及 310 nm 或 340 nm)处所含杂散光的强度百分比为指标,220 nm 处 NaI(0.01 g/mL)不大于 0.5%。

2. 分光光度计的类型

按照仪器的光路系统,紫外-可见分光光度计一般可分为单光束、双光束、双波长和光电二极管阵列等几种类型。

1) 单光束分光光度计

在单光束光学系统中,采用一个单色器,获得一束固定波长的单色光,依次通过参比溶液和试样溶液进行测量,如图 3-11 所示。测量时,先将装有参比液的比色皿放入光路,调零,再将装有样液的比色皿放入光路,即可读数。

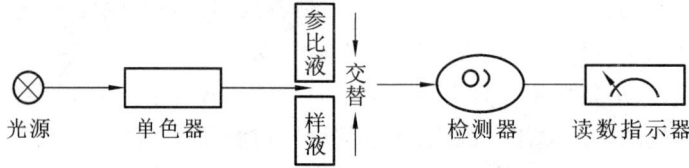

图 3-11　单光束分光光度计的光路示意图

单光束紫外-可见分光光度计的优点是具有较高的信噪比,光学、机械及电子线路结构都比较简单,价格比较便宜。该类型的仪器主要适用于仅在一个给定波长处进行吸光度测定,而直接扫描绘制吸收光谱则较烦琐。由于测量结果易受电源波动的影响,故应配备一个良好的稳压电源以保证光源和检测系统具有较高的稳定性。

2) 双光束分光光度计

双光束分光光度计是将经单色器分光后的单色光分成两束,分别通过参比池和样品池,再交替通过检测器。两束光强度的比值即为透光率,故一次测量即可得到试样溶液的吸光度(或透光率),其光路如图 3-12 所示。

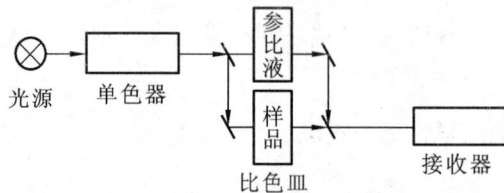

图 3-12　双光束分光光度计的光路示意图

双光束分光光度计的特点是便于进行自动记录,可在较短的时间内获得全波段的扫描吸收光谱。由于两束光基本同时通过样品池和参比池,因而可消除光源不稳定、放大器增益变化以及光学、电子元件等的影响。

3) 双波长分光光度计

就测量波长而言,单光束和双光束分光光度计都属于单波长检测。它们都是由一个单色器分光后,将相同波长的光束分别通过样品池和参比池,测得样品池和参比池吸光度之差。

双波长分光光度计则将同一光源发出的光分为两束,分别经过两个单色器,从而可以同时得到两个波长(λ_1 和 λ_2)的单色光,如图 3-13 所示。这两个波长的单色光交替地照射同一份样液,再经检测器检测,得到的信号是同一份样液在两个波长处吸光度的差值 $\Delta A = A_{\lambda_1} - A_{\lambda_2}$。若两个波长保持 1～2 nm 的固定间隔进行扫描,则可得到一阶导数光谱。

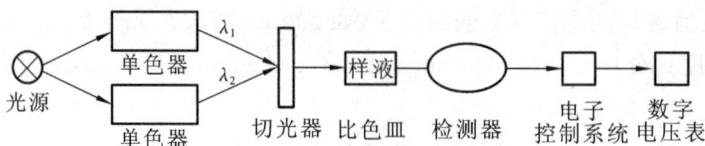

图 3-13　双波长分光光度计的光路示意图

双波长分光光度计测量时不需要参比液。它不仅能测定高浓度试样和多组分混合试样，而且能测定一般分光光度计不宜测定的混浊试样。用双波长法测量时，两个波长的光通过同一比色皿，故可消除比色皿的参数不同、位置不同、污垢及制备参比溶液等带来的误差，使测定的准确度显著提高。另外，双波长分光光度计是用同一光源得到的两束单色光，故也可以减小因光源电压变化产生的影响，得到高灵敏度和低噪声的信号。

4）光电二极管阵列检测的分光光度计

光电二极管阵列检测的分光光度计是一种具有全新光路系统的仪器，其光路原理如图3-14 所示。由光源发出的复合光通过比色皿后，经全息光栅表面色散，投射到光电二极管阵列检测器上，可在极短的时间内（0.1～1 s）获得 190～820 nm 处紫外-可见光区的全光光谱。

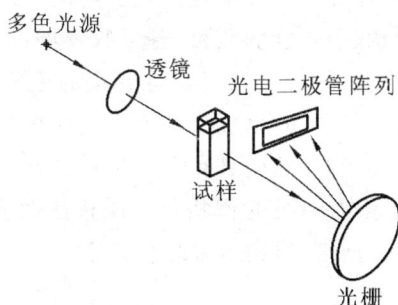

图 3-14　光电二极管阵列检测的分光光度计的光路示意图

3.2.3　分光光度计的校正

在正式使用分光光度计之前以及使用一段时间后，均需要对其重要的性能指标如波长的准确度、吸光度的准确度以及比色皿的光学性能等进行检查或校正。

1. 波长的校正

氢灯或氘灯的发射谱线中有几根原子谱线（氢灯：486.13 nm、656.28 nm。氘灯：486.00 nm、656.10 nm），可作为波长校正用。

镨钕玻璃、钬玻璃等稀土玻璃在相当宽的波长范围内有特征吸收峰，也可用于波长的检查或校正。镨钕玻璃适用于可见光区，钬玻璃在紫外光区和可见光区均适用。

苯蒸气在紫外光区的吸收峰具有很强的特征性，是检查或校正波长的一种很实用的方法。只需在比色皿内滴入一滴液体苯，盖上比色皿盖，待苯挥发充满整个比色皿后，即可测绘苯蒸气的吸收光谱。

2. 吸光度的校正

硫酸铜、硫酸钴铵、铬酸钾等盐类的标准溶液可用于检查或校正分光光度计的吸光度，其中以铬酸钾溶液最为常用。在 25 ℃下，将 0.040 0 g $K_2Cr_2O_7$ 溶于 1 L 0.05 mol/L NaOH 溶液中，以 1 cm 比色皿测定其在不同波长下的吸光度，以此吸光度作为标准。

3. 比色皿的校正

将比色皿编号标记，装上空白溶液（或蒸馏水），在测定波长处比较各比色皿的透光率，要求相互间不超过 0.5% 即为配对。若有显著差异，则将比色皿重新洗涤后再装空白溶液测试（可多次洗涤，使透光率一致）。若难以通过洗涤校正，则以透光率最大的比色皿为 100% 透光,测定其余各比色皿的透光率,分别以吸光度方式显示,作为各比色皿的校正值。测定溶液时,以上述透光率最大的比色皿作参比池,用其他比色皿装样品溶液,测得的吸光度减去其相应的校正值。

3.3 分析方法

3.3.1 定性分析

1. 定性鉴别

1) 鉴别的依据

紫外-可见分光光度法主要适用于不饱和有机化合物的鉴别,尤其是共轭体系的鉴定,其主要依据是吸收光谱的曲线形状、吸收峰的数目、各吸收峰的波长和吸收系数等。其中,最大吸收波长(λ_{max})和相应的摩尔吸收系数(ε_{max})是定性鉴定的主要依据。有机化合物的紫外-可见吸收光谱特征主要取决于其分子中的生色团、助色团及其共轭情况,同类基团的吸收光谱基本相同,所以结构完全相同的化合物固然应具有完全相同的吸收光谱,但吸收光谱相同的化合物未必是同一种化合物。因为紫外-可见光谱相对来说特征性不是很强,一般只有 2～3 个宽峰,还应结合红外光谱、核磁共振波谱、质谱等来综合判定。

2) 鉴别的方法

(1) 对比法 这是利用紫外-可见吸收光谱对化合物进行定性分析的常用方法,即在相同条件下分别测得未知试样和标准样品的紫外-可见吸收光谱,将两者进行对照、比较,如果它们完全相同,则待测试样与标准样品可能是同一种化合物;反之,如果存在明显差别,则肯定不是同一种化合物。如果没有标准样品,也可以利用已有的各种有机化合物的紫外-可见光谱标准谱图进行核对。

应用对比法进行定性分析时,并不总是需要比较全部吸收光谱曲线的一致性,也可以仅比较最大吸收波长 λ_{max} 和相应的摩尔吸收系数 ε_{max} 或 $E_{1\,cm}^{1\%}$ 等特征数据,或将不同吸收峰(或峰与谷)处的吸光度或吸收系数的比值用于定性鉴别。

(2) 计算法 Woodward 和 Fieser 在大量观测结果的基础上,提出了计算共轭体系和 α,β-不饱和醛酮类化合物的最大吸收波长的经验规则,称为 Woodward-Fieser 规则。芳香族羰基的衍生物在乙醇中的最大吸收波长则可采用 Scott 规则进行计算。根据这些经验规则,可计算化合物的最大吸收波长,与实测值进行比较,并结合其他物理或化学方法,可以确认被测物质的结构。

2. 滴定分析终点的确定

紫外-可见分光光度法可被用于确定滴定分析的终点,即根据滴定过程中溶液在一定波长下吸光度的变化来确定滴定终点,这种方法称为光度滴定法(photometric titration)。只要滴定剂、被测物质或生成物质中的任何一种在紫外-可见光区有吸收,并遵守朗伯-比尔定律,就可以直接利用光度滴定法来确定终点,这称为直接光度滴定法。滴定过程中,随着滴定剂的加入,溶液中的吸光物质(被测物质、生成物质或滴定剂)浓度不断变化,测得的吸光度也随之而变化,以吸光度 A 对滴定剂加入的体积 V 作图,绘制光度滴定曲线(图 3-15)。光度滴定曲线是一条折线,两条线段或其延长线的交点就是滴定终点。

如果滴定剂是主要的吸光物质,被测物质和生成物质均无吸收,光度滴定曲线如图 3-15

(a)所示。如果主要的吸光物质是被测物质,滴定剂和生成物质无吸收,则光度滴定曲线如图 3-15(b)所示。图 3-15(c)是生成物质为主要吸光物质,而滴定剂与被测物质无吸收的光度滴定曲线。图 3-15(d)为滴定剂和被测物质均有吸收,而生成物质无吸收的光度滴定曲线。

与通过目视指示剂颜色变化确定终点的滴定法相比,光度滴定法具有以下优点:

(1) 即使滴定反应不能进行完全,光度滴定法仍能实现准确滴定;

(2) 由于紫外-可见分光光度法的灵敏度较高,因此光度滴定法可以用于稀溶液的滴定分析;

(3) 当被测溶液底色较深时,目视指示剂颜色变化确定终点较困难,而用光度滴定法,通过选择合适的测量波长,仍有可能进行测定。

除了直接光度滴定法之外,也可以加入指示剂,根据指示剂的吸光度变化来确定滴定终点,这种方法称为间接光度滴定法,适用于滴定剂、被测物质和生成物质均无吸收的情况。

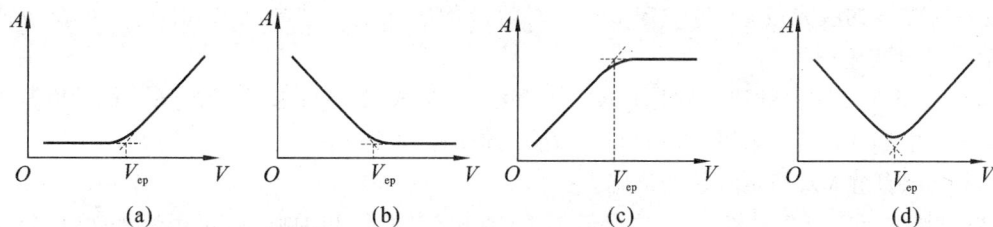

图 3-15 光度滴定曲线

3. 常数的测定

1) 弱酸碱离解常数

如果有机弱酸或弱碱的酸式体和碱式体在紫外-可见光区有吸收,并且吸收曲线不重叠,就有可能用紫外-可见分光光度法测定其离解常数。这种方法对于溶解度较小的有机弱酸或弱碱特别适用。

以一元弱酸 HA 为例,离解反应平衡为

$$HA \rightleftharpoons H^+ + A^-$$

先配制一系列不同 pH 值的浓度均为 c 的 HA 溶液,用酸度计测得各溶液的 pH 值,并在某一确定波长处测定各溶液的吸光度。吸光度与酸式体和碱式体的平衡浓度之间存在如下关系:

$$A = \varepsilon_{HA}[HA] + \varepsilon_{A^-}[A^-] \tag{3-3}$$

由于 HA 与 A^- 互为共轭酸碱,并且它们的平衡浓度之和等于总浓度 c,故有

$$A = \varepsilon_{HA}\delta_{HA}c + \varepsilon_{A^-}\delta_{A^-}c = \varepsilon_{HA}\frac{[H^+]}{K_a+[H^+]}c + \varepsilon_{A^-}\frac{K_a}{K_a+[H^+]}c \tag{3-4}$$

在强酸性溶液中,可认为该弱酸全部以酸式体 HA 存在,此时测得的吸光度为

$$A_{HA} = \varepsilon_{HA}c$$

即

$$\varepsilon_{HA} = \frac{A_{HA}}{c} \tag{3-5}$$

在强碱性溶液中,可认为该弱酸全部以碱式体 A^- 存在,此时测得的吸光度为

$$A_{A^-} = \varepsilon_{A^-}c$$

即

$$\varepsilon_{A^-} = \frac{A_{A^-}}{c} \tag{3-6}$$

将式(3-5)和式(3-6)代入式(3-4),可得

$$A = A_{HA}\frac{[H^+]}{K_a + [H^+]} + A_{A^-}\frac{K_a}{K_a + [H^+]}$$

整理得
$$K_a = \frac{A_{HA} - A}{A - A_{A^-}}[H^+]$$

或
$$pK_a = pH + \lg\frac{A - A_{A^-}}{A_{HA} - A} \tag{3-7}$$

式(3-7)也可以改写为

$$\lg\frac{A - A_{A^-}}{A_{HA} - A} = pK_a - pH \tag{3-8}$$

式(3-7)和式(3-8)是利用紫外-可见分光光度法测定一元弱酸离解常数的基本公式,式中:A_{HA} 和 A_{A^-} 分别为弱酸完全以酸式体(以 H_2SO_4 作介质测定)和碱式体(以 NaOH 作介质测定)存在时溶液的吸光度;A 为一定 pH 值时溶液的吸光度。吸光度 A_{HA}、A_{A^-}、A 及溶液的 pH 值均可由实验测得。

由 n 个不同 pH 值的浓度均为 c 的 HA 溶液,根据式(3-7)可求得 n 个 pK_a,最后取其平均值,也可以根据式(3-8),采用线性回归分析法或作图法求得 pK_a。

2) 配合物组成及稳定常数的测定

根据配位反应中金属离子 M 被配位剂 L(或相反)所饱和的原则,可用紫外-可见分光光度法测定配合物的组成,这种方法称为摩尔比法或饱和法。

配合物 ML_n 的配位反应方程式为

$$M + nL \Longrightarrow ML_n$$

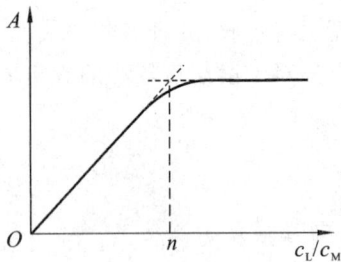

图 3-16　摩尔比法测定配合物的组成

假定在配合物 ML_n 的最大吸收波长处,M 和 L 均无干扰,在该波长下测定溶液的吸光度。固定金属离子 M 的分析浓度为 c_M,逐渐改变配位剂 L 的分析浓度 c_L,并以测得的吸光度 A 对 c_L/c_M 作图(图 3-16)。当配位剂 L 的量较小时,金属离子 M 没有被完全配位;随着配位剂 L 的量逐渐增加,生成的配合物 ML_n 的量不断增大,测得的吸光度 A 也随之而增大,曲线呈上升趋势。当金属离子 M 被完全配位后,继续增大配位剂 L 的浓度 c_L,生成的配合物 ML_n 不再增多,曲线呈水平直线。曲线上升阶段和水平阶段的转折点或两线段延长线的交点对应的 c_L/c_M 即为配合物的配位比 n。曲线上升阶段和水平阶段的转折点明显,说明配合物较稳定;反之,则不稳定。因此,利用摩尔比法还可以求得配合物的稳定常数。

【例 3-1】 金属离子 M 与配位体 L 生成 ML_3 配合物。当 M 的浓度为 5.0×10^{-4} mol/L、L 的浓度为 0.20 mol/L 时,以 1 cm 比色皿测得吸光度为 0.80。当 M 的浓度为 5.0×10^{-4} mol/L,L 的浓度为 0.00250 mol/L 时,在同样条件下测得吸光度为 0.64。已知 L 的浓度为 0.20 mol/L 时,金属离子 M 被完全配位,生成 ML_3,试求 ML_3 的总稳定常数。

解　配位反应方程式为

$$M + 3L \Longrightarrow ML_3$$

配合物 ML_3 的总稳定常数

$$\beta_{ML_3} = \frac{[ML_3]}{[M][L]^3}$$

L 的浓度为 0.20 mol/L 时,金属离子 M 被完全配位,故可求得 ML_3 的摩尔吸收系数

$$\varepsilon_{ML_3}=\frac{A_1}{bc}=\frac{0.80}{1\times5.0\times10^{-4}}\ L/(mol\cdot cm)=1.60\times10^3\ L/(mol\cdot cm)$$

据此,可求得 L 的浓度为 0.00250 mol/L 时,生成的配合物 ML_3 的平衡浓度

$$[ML_3]=\frac{A_2}{\varepsilon_{ML_3}b}=\frac{0.64}{1.60\times10^3\times1}\ mol/L=4.0\times10^{-4}\ mol/L$$

此时,溶液中金属离子 M 和配位剂 L 的平衡浓度分别为

$$[M]=(5.0\times10^{-4}-4.0\times10^{-4})\ mol/L=1.0\times10^{-4}\ mol/L$$

$$[L]=(2.50\times10^{-3}-3\times4.0\times10^{-4})\ mol/L=1.3\times10^{-3}\ mol/L$$

故

$$\beta_{ML_3}=\frac{4.0\times10^{-4}}{1.0\times10^{-4}\times(1.3\times10^{-3})^3}=1.8\times10^9$$

4．结构分析

不饱和有机化合物分子的 $\pi\rightarrow\pi^*$ 和 $n\rightarrow\pi^*$ 跃迁的吸收带可以提供这些化合物的共轭体系和某些生色团、助色团的特征信息,从而用来推断化合物的骨架结构和官能团、判断异构体等。但由于紫外-可见吸收光谱的特征性不强,所提供的结构信息并不多,许多简单官能团在近紫外区无吸收或只有微弱吸收,因此,在结构分析中的应用具有一定的局限性,仅仅依赖紫外-可见吸收光谱尚难以推断化合物的分子结构。在结构分析中,紫外-可见吸收光谱通常用于配合红外光谱、核磁共振波谱和质谱等其他仪器分析方法,是一种有用的辅助手段。

1) 化合物骨架结构和官能团的初步推断

(1) 在 220~800 nm 无吸收峰($\varepsilon<1$ L/(mol·cm)),说明该化合物不含直链或环状共轭体系,也没有醛、酮等基团,可能是饱和烃或其衍生物,或者是单烯烃或孤立多烯烃。

(2) 在 210~250 nm 有强吸收峰($\varepsilon\geqslant10^4$ L/(mol·cm)),说明该化合物可能有共轭二烯或 α,β-不饱和醛酮结构。

(3) 在 260~300 nm 有强吸收峰,说明该化合物可能存在由 3~5 个双键构成的共轭体系。

(4) 在 250~300 nm 有中等强度的吸收峰($\varepsilon=200\sim2000$ L/(mol·cm)),并具有精细结构,说明该化合物含有苯环。

(5) 在 250~300 nm 有弱吸收峰($\varepsilon=10\sim100$ L/(mol·cm)),说明该化合物含有羰基。

(6) 在可见光区有吸收,即化合物为有色物质,则该化合物可能含有 5 个以上的共轭生色团。

2) 异构体的判断

(1) 顺反异构体　一般反式异构体的空间位阻较小,共轭程度较高,因此,与顺式异构体相比,其最大吸收波长 λ_{max} 较长,并且相应的摩尔吸收系数 ε_{max} 较大。例如:顺-1-苯基丁二烯 $\lambda_{max}=265$ nm,$\varepsilon_{max}=14000$ L/(mol·cm),而反-1-苯基丁二烯 $\lambda_{max}=280$ nm,$\varepsilon_{max}=28300$ L/(mol·cm);顺-β-胡萝卜素 $\lambda_{max}=449$ nm,$\varepsilon_{max}=92500$ L/(mol·cm),反-β-胡萝卜素 $\lambda_{max}=452$ nm,$\varepsilon_{max}=152000$ L/(mol·cm)。

(2) 互变异构体　某些有机化合物具有两种官能团异构体,两者互相迅速变换而处于动态平衡之中。例如,乙酰乙酸乙酯具有酮式和烯醇式间的互变异构:

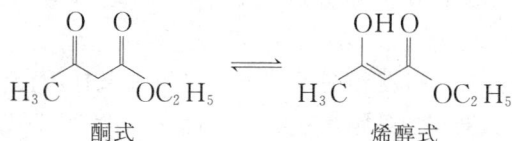

$$\underset{\text{酮式}}{H_3C\overset{O}{\overset{\|}{\diagup}}\overset{O}{\overset{\|}{\diagdown}}OC_2H_5}\ \rightleftharpoons\ \underset{\text{烯醇式}}{H_3C\overset{OH}{\diagup}\overset{O}{\overset{\|}{\diagdown}}OC_2H_5}$$

在极性溶剂中,该化合物主要以酮式存在,酮式异构体只有孤立的羰基,所以其紫外吸收光谱仅有 R 吸收带,在 280 nm 左右呈弱吸收峰;在非极性溶剂中,该化合物以烯醇式为主,由于质

子和相应双键的迁移形成共轭体系,紫外吸收光谱在 245 nm 波长处出现强的 K 吸收带。

3.3.2　定量分析

1. 分析条件的选择

紫外-可见分光光度法的主要应用是根据朗伯-比尔定律进行定量分析,方法是在选定波长下测定被测物质溶液的吸光度,进而计算被测物质的含量。为减小测量误差,应选择合理的测量条件。

1) 测量波长的选择

在不存在干扰的情况下,测量波长的选择遵循"最大吸收原则",即选择被测物质的最大吸收波长作为测量波长。在最大吸收波长处进行测定,不仅灵敏度高,而且能够减小非单色光引起的对比尔定律的偏离。

当最大吸收波长处存在其他吸光物质干扰测定时,则应根据"吸收最大、干扰最小"的原则来选择测量波长。例如,测定溶液中的 $KMnO_4$ 时,一般应选择其最大吸收波长 525 nm。但若溶液中同时存在 $K_2Cr_2O_7$,它在该波长处也有一定吸收,干扰 $KMnO_4$ 的测定。此时,可选择 545 nm 或 575 nm 波长进行 $KMnO_4$ 的测定,虽然测定的灵敏度有所降低,但在很大程度上消除了 $K_2Cr_2O_7$ 的干扰。

2) 吸光度范围的选择

根据仪器透光率的测量误差,为了减小吸光度或浓度测定结果的相对误差,使测量获得较高的准确度,应控制吸光度在 0.2~0.7 范围内,最好在 0.434 左右。可以通过调节待测溶液的浓度或选择适当厚度的比色皿等方式来满足这个条件。当然,如果仪器性能优越,透光率测量准确度提高,则可适当增大吸光度范围。

3) 参比溶液的选择

吸光度的准确测定是定量分析的基础。通常,试样是以溶液状态装入比色皿中进行测定的。溶液中的吸光物质除待测组分外,尚有溶剂、相关试剂及干扰物质等,根据吸光度的加和性,被测溶液的总吸光度为

$$A_{总} = A_{待测组分} + A_{溶剂} + A_{其他试剂} + A_{干扰物质}$$

因此,测量时常用空白溶液作参比,故也称参比溶液,以消除溶剂、试剂及干扰物质的影响,其吸光度为

$$A_{参比} = A_{溶剂} + A_{其他试剂} + A_{干扰物质}$$

两者相减则为待测组分的吸光度,即

$$A_{待测组分} = A_{总} - A_{参比}$$

此外,使用参比溶液还可以消除比色皿和溶液对入射光的反射和散射作用等的影响。

4) 常见空白溶液的选择

(1) 溶剂空白　在测定波长下,溶液中只有被测组分对光有吸收,而显色剂或其他组分对光没有吸收,或虽有少许吸收,但所引起的测定误差在允许范围内,在此种情况下可用溶剂(如蒸馏水)作为空白溶液。

(2) 试剂空白　试剂空白是指在相同条件下只是不加试样溶液,而依次加入各种试剂和溶剂所得到的空白溶液。试剂空白适用于在测定条件下,显色剂或其他试剂、溶剂等对待测组分的测定有干扰的情况。

(3) 试样空白　试样空白是指在与显色反应同样条件下取同样量试样溶液,只是不加显

色剂所制备的空白溶液。试样空白适用于试样基体有色并在测定条件下有吸收，而显色剂溶液不干扰测定，也不与试样基体显色的情况。

此外，还可采用不显色空白（通过加入适当的掩蔽剂，使被测组分不与显色剂作用；或改变加入试剂的顺序，使被测组分不发生显色反应等）、平行操作空白来消除干扰因素的吸收。

2. 单组分分析

1）吸收系数法

许多化合物的摩尔吸收系数 ε 或 $E_{1\,cm}^{1\%}$ 可以从有关手册和文献中查到。当被测组分的摩尔吸收系数 ε 或 $E_{1\,cm}^{1\%}$ 已知，可根据朗伯-比尔定律，测得吸光度 A，求出试样溶液中被测组分的浓度。

$$C_{样} = \frac{A_{样}}{E_{1\,cm}^{1\%}b} \quad 或 \quad c_{样} = \frac{A_{样}}{\varepsilon b} \tag{3-9}$$

【例 3-2】 维生素 B_{12} 的水溶液在 361 nm 波长处的 $E_{1\,cm}^{1\%}$ 是 207，盛于 1 cm 比色皿中，若测得溶液的吸光度为 0.621，求溶液的浓度。

解
$$C = \frac{A}{E_{1\,cm}^{1\%}b} = \frac{0.621}{207 \times 1}\ g/100\ mL = 0.003\ 00\ g/100\ mL$$

吸收系数法也可用于测定固体样品中被测组分的质量分数，待测样品经溶剂溶解配制成溶液后测定吸光度，将测得的吸光度换算成样品的百分吸收系数，计算样品与标准物质的百分吸收系数之比，即得。

【例 3-3】 精密称取含维生素 B_{12} 的样品 20.0 mg，用水溶解并稀释至 1 000 mL，盛于 1 cm 比色皿中，在 361 nm 波长处测得吸光度 A 为 0.409，试求样品中维生素 B_{12} 的质量分数。

解 先由测得的吸光度计算样品的百分吸收系数，即

$$(E_{1\,cm}^{1\%})_{样} = \frac{A}{Cb} = \frac{0.409}{0.002\ 0 \times 1} = 204.5$$

由此，可求得样品中维生素 B_{12} 的质量分数为

$$w_{B_{12}} = \frac{(E_{1\,cm}^{1\%})_{样}}{(E_{1\,cm}^{1\%})_{对}} \times 100\% = \frac{204.5}{207} \times 100\% = 98.79\%$$

2）对照法

若被测组分的吸收系数查不到，或测定条件与手册中不尽相同，或仪器性能差异较大，可采用对照法进行测定。即在相同条件下配制对照品溶液和样品溶液，在选定波长处分别测定吸光度。根据朗伯-比尔定律，有

$$A_{对} = \varepsilon b c_{对}, \quad A_{样} = \varepsilon b c_{样}$$

因对照品溶液和样品溶液中的被测组分是同种物质，且在同一台仪器、相同条件下进行测定，故摩尔吸收系数 ε 及液层厚度 b 均相等，所以

$$\frac{A_{对}}{A_{样}} = \frac{c_{对}}{c_{样}} \tag{3-10}$$

或
$$c_{样} = \frac{A_{样}\ c_{对}}{A_{对}} \tag{3-11}$$

需要注意，当应用对照法时，一般要求对照品溶液与样品溶液的浓度尽可能接近，否则可能产生较大误差。

【例 3-4】 将 1.00 g 钢样溶于硝酸后，以 KIO_4 将锰氧化成 MnO_4^-，并定容至 250 mL，测得吸光度为 0.001 00 mol/L $KMnO_4$ 溶液的 1.5 倍。试计算钢样中锰的质量分数。

解
$$c_{样} = \frac{A_{样}\ c_{对}}{A_{对}} = 1.5 \times 0.001\ 00\ mol/L = 0.00150\ mol/L$$

$$w_{Mn} = \frac{0.00150 \times 250 \times 54.94}{1.00 \times 1\,000} \times 100\% = 2.06\%$$

3) 标准曲线法

当测定大批量样品,并且样品浓度有较大差异时,通常采用标准曲线法(也称工作曲线法或校正曲线法)进行测定。

制作一条标准曲线一般需要 5~7 个点,待测溶液的浓度必须落在标准溶液浓度范围内,标准曲线不得随意延长。理想的标准曲线应该是一条通过原点的直线,但实际上,多数情况下的标准曲线不通过原点。

4) 标准加入法

若试样组成复杂,可采用标准加入法进行测定,能够消除试样基体对测定的影响。缺点是操作比较烦琐,一般仅在样品数量较少时采用。

5) 示差分光光度法

若试样中被测组分的浓度较高,直接测定时,吸光度可能超出适宜的测量范围,以致产生较大的测量误差。采用示差分光光度法可克服这一缺点。

示差分光光度法采用比试样浓度(c_x)略低且浓度已知的标准溶液(c_s)作为参比溶液。根据朗伯-比尔定律,有

$$A_x - A_s = \varepsilon b(c_x - c_s)$$

分光光度计测定的是样品溶液与参比溶液的吸光度之差 $\Delta A = A_x - A_s$,故

$$\Delta A = \varepsilon b \Delta c \tag{3-12}$$

ΔA 与 Δc 成正比是示差分光光度法用于定量分析的基础。以 c_s 作为参比溶液,测定一系列已知 Δc 的标准溶液的 ΔA,绘制 ΔA-Δc 标准曲线,再测定样品溶液的 ΔA,根据标准曲线得到其 Δc,即可求得被测组分的浓度 $c_x = c_s + \Delta c$。

示差分光光度法不仅可用于高浓度试样的测定,也可用于低浓度或中等浓度试样的测定,可显著提高测定的准确度。在示差分光光度法中,试样浓度的测量误差为 $\dfrac{\Delta(\Delta c)}{c_s + \Delta c}$,由于 c_s 是一个较大且准确的数值,故大大减小了测量误差。如果参比溶液选择适当,该法的准确度几乎可以与滴定分析法相媲美。

【例 3-5】 用硅钼蓝法测定 SiO_2,以含 SiO_2 0.020 mg/mL 的标准溶液作为参比溶液,测得含 0.100 mg/mL SiO_2 的标准溶液吸光度为 0.842。在相同条件下,测得未知溶液的吸光度为 0.498。求该溶液中 SiO_2 的浓度。

解

$$\frac{\Delta A_0}{\Delta A_x} = \frac{\Delta \rho_0}{\Delta \rho_x}$$

$$\Delta c_x = \frac{\Delta A_x}{\Delta A_0} \Delta c_0 = \frac{0.498}{0.842} \times (0.100 - 0.020) \text{ mg/mL} = 0.0473 \text{ mg/mL}$$

$$\rho_{SiO_2} = (0.0473 + 0.020) \text{ mg/mL} = 0.067 \text{ mg/mL}$$

3. 多组分分析

当样品中有两种或两种以上的组分共存时,可根据吸收光谱相互重叠的情况分别采用不同的测定方法。

第一种是最简单的情况,各组分的吸收峰不重叠,如图 3-17(a)所示。可按单组分的测定方法分别在 λ_1 处测 x 组分的浓度而在 λ_2 处测 y 组分的浓度。

第二种情况是 x、y 两组分的吸收光谱有部分重叠,如图 3-17(b)所示。在 x 组分的吸收峰 λ_1 处 y 组分没有吸收,而在 y 组分的吸收峰 λ_2 处 x 组分有吸收。可先在 λ_1 处按单组分测定法测出混合物中 x 组分的浓度 c_x,然后在 λ_2 处测得混合物的吸光度,最后根据吸光度具有

加和性的原理计算出 y 组分的浓度 c_y。

$$A_2^{x+y}=A_2^x+A_2^y=\varepsilon_2^x bc_x+\varepsilon_2^y bc_y$$

$$c_y=\frac{1}{\varepsilon_2^y b}(A_2^{x+y}-\varepsilon_2^x bc_x) \tag{3-13}$$

第三种情况是在混合物的测定中最常见的情况,各组分的吸收光谱间相互重叠,如图 3-17(c)所示。原则上,根据吸光度具有加和性的原理,只要各组分的吸收光谱有一定的差异,都可以设法进行测定。特别是近年来随着分光光度法的推广运用及计算机技术的普及,各种测定新技术不断出现,为定量分析提供了行之有效的测试手段和方法。

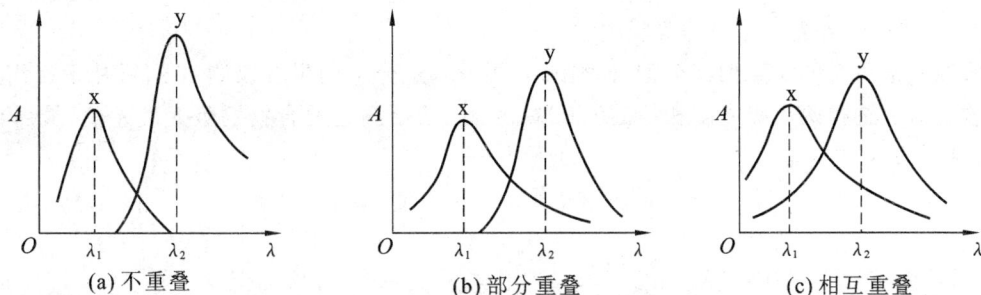

图 3-17　混合组分吸收光谱的三种情况

1)解线性方程组法

吸收光谱相互重叠的两组分,若事先测出 λ_1 与 λ_2 处两组分各自的吸收系数 $E_{1\text{cm}}^{1\%}$ 或 ε,再在两波长处分别测得混合溶液吸光度 A_1^{x+y} 与 A_2^{x+y},当液层厚度 b 为 1 cm 时,即可通过解线性方程组法计算出两组分的浓度。

λ_1 处:
$$A_1^{x+y}=A_1^x+A_1^y=\varepsilon_1^x c_x+\varepsilon_1^y c_y \tag{3-14}$$

λ_2 处:
$$A_2^{x+y}=A_2^x+A_2^y=\varepsilon_2^x c_x+\varepsilon_2^y c_y \tag{3-15}$$

解得
$$c_x=\frac{A_1^{x+y}\varepsilon_2^y-A_2^{x+y}\varepsilon_1^y}{\varepsilon_1^x\varepsilon_2^y-\varepsilon_2^x\varepsilon_1^y} \tag{3-16}$$

$$c_y=\frac{A_2^{x+y}\varepsilon_1^x-A_1^{x+y}\varepsilon_2^x}{\varepsilon_1^x\varepsilon_2^y-\varepsilon_2^x\varepsilon_1^y} \tag{3-17}$$

采用这种方法进行定量分析时,要求两个组分浓度相近,且两组分在两波长处的吸收系数相差较大,否则误差较大,因此这种方法应用不多。

【例 3-6】 已知 5.00×10^{-4} mol/L 的 A 物质的溶液,在 440 nm 波长处测得吸光度为 0.683,590 nm 波长处测得吸光度为 0.139。8.00×10^{-5} mol/L 的 B 物质的溶液,在 440 nm 波长处测得吸光度为 0.106,590 nm 波长处测得吸光度为 0.470。今有一含 A、B 两种物质的未知溶液,在 440 nm 和 590 nm 波长处测得的吸光度分别为 1.022 和 0.414。以上吸光度均用 1 cm 比色皿进行测定。试求该未知溶液中 A 和 B 的浓度。

解
$$\varepsilon_{A,440}=\frac{A_{A,440}}{bc_A}=\frac{0.683}{1\times5.00\times10^{-4}}\ \text{L/(mol · cm)}=1.366\times10^3\ \text{L/(mol · cm)}$$

$$\varepsilon_{A,590}=\frac{A_{A,590}}{bc_A}=\frac{0.139}{1\times5.00\times10^{-4}}\ \text{L/(mol · cm)}=0.278\times10^3\ \text{L/(mol · cm)}$$

$$\varepsilon_{B,440}=\frac{A_{B,440}}{bc_B}=\frac{0.106}{1\times8.00\times10^{-5}}\ \text{L/(mol · cm)}=1.325\times10^3\ \text{L/(mol · cm)}$$

$$\varepsilon_{B,590}=\frac{A_{B,590}}{bc_B}=\frac{0.470}{1\times8.00\times10^{-5}}\ \text{L/(mol · cm)}=5.875\times10^3\ \text{L/(mol · cm)}$$

因此

$$c_A = \frac{A_{440}\varepsilon_{B,590} - A_{590}\varepsilon_{B,440}}{\varepsilon_{A,440}\varepsilon_{B,590} - \varepsilon_{A,590}\varepsilon_{B,440}}$$

$$= \frac{1.022 \times 5.875 \times 10^3 - 0.414 \times 1.325 \times 10^3}{1.366 \times 10^3 \times 5.875 \times 10^3 - 0.278 \times 10^3 \times 1.325 \times 10^3} \text{ mol/L}$$

$$= 7.13 \times 10^{-4} \text{ mol/L}$$

$$c_B = \frac{A_{590}\varepsilon_{A,440} - A_{440}\varepsilon_{A,590}}{\varepsilon_{A,440}\varepsilon_{B,590} - \varepsilon_{A,590}\varepsilon_{B,440}}$$

$$= \frac{0.414 \times 1.366 \times 10^3 - 1.022 \times 0.278 \times 10^3}{1.366 \times 10^3 \times 5.875 \times 10^3 - 0.278 \times 10^3 \times 1.325 \times 10^3} \text{ mol/L}$$

$$= 3.68 \times 10^{-5} \text{ mol/L}$$

2) 双波长分光光度法——等吸收法

吸收光谱重叠的 x、y 两组分混合物中,若要消除组分 y 的干扰以测定 x,可从干扰组分 y 的吸收光谱上选择两个吸光度相等的波长 λ_1 和 λ_2,然后测定混合物的吸光度差值,最后根据 ΔA 值来计算 x 的含量。

$$A_1 = A_1^x + A_1^y, \quad A_2 = A_2^x + A_2^y$$

因为
$$A_1^y = A_2^y$$

所以
$$\Delta A = A_2 - A_1 = A_2^x - A_1^x = (\varepsilon_2^x - \varepsilon_1^x)c_x b \tag{3-18}$$

该法的关键之处是两个测定波长的选择,必须符合以下两个基本条件:

(1) 干扰组分 y 在这两个波长处应具有相同的吸光度,即 $\Delta A^y = A_2^y - A_1^y = 0$;

(2) 被测组分 x 在这两个波长处的吸光度差值 ΔA^x 应足够大。

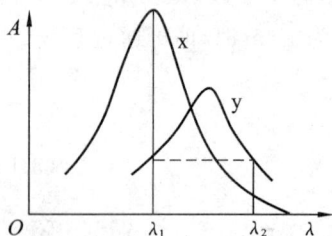

图 3-18　作图法选择等吸收点波长

用作图法说明两个波长的选定方法,如图 3-18 所示。x 为待测组分,可以选择组分 x 的最大吸收波长作为测定波长 λ_1,在这一波长位置作横坐标的垂线,此直线与干扰组分 y 的吸收光谱相交于某一点,再从这一点作一条平行于横坐标的直线,此直线可与干扰组分 y 的吸收光谱相交于一点或数点,则选择与这些交点相对应的波长作为参比波长 λ_2。当 λ_2 有若干波长可供选择时,应当选择使待测组分的 ΔA^x 尽可能大的波长。若待测组分的最大吸收波长不适合作为测定波长 λ_1,也可以选择吸收光谱上其他波长,关键是要能满足上述两个基本条件。

根据式(3-18),被测组分 x 在两波长处的 ΔA^x 值越大越有利于测定。同样方法可消去组分 x 的干扰,测定组分 y 的含量。

3.4　应用与示例

3.4.1　定性分析

紫外-可见分光光度分析可用于物质定性鉴别及纯度检查,如果某种化合物在紫外-可见光区没有吸收峰,而所含杂质有较强吸收,则可以利用紫外-可见分光光度法检出该化合物中的痕量杂质。

【示例 3-1】　《中国药典》(2015 年版)二部维生素 B_{12} 的鉴别。利用 361 nm 与 278 nm 波长处的吸光度比值为 $1.70\sim1.88$ 以及 361 nm 与 550 nm 波长处的吸光度比值为 $3.15\sim3.45$ 进行鉴别。

【示例 3-2】　饱和醇类及烷烃类有机溶剂纯度的检查。苯的 B 吸收带在 254 nm 波长处,甲醇、乙醇或环己烷等有机溶剂在此波长处几乎无吸收,故可以采用紫外-可见分光光度法检查这些有机溶剂中是否混入少量杂质苯。

【示例 3-3】　肾上腺素中杂质肾上腺酮的检查。肾上腺酮是肾上腺素合成过程中的一个中间体,肾上腺酮经还原生成肾上腺素,若还原反应进行得不完全,肾上腺酮就有可能被带入最终产品中而成为杂质。在 0.05 mol/L HCl 溶液中,肾上腺素的紫外-可见吸收光谱仅显示孤立苯环的吸收特征,300 nm 波长以上没有吸收峰,而肾上腺酮在 310 nm 波长处有最大吸收(图 3-19)。因此,可以在 310 nm 波长处检查肾上腺酮杂质的含量。

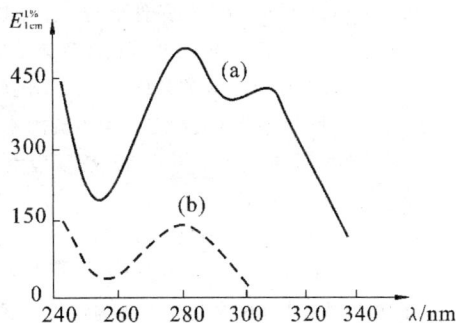

图 3-19　肾上腺素和肾上腺酮的紫外吸收光谱
(a)肾上腺酮;(b)肾上腺素

3.4.2　定量分析

许多不饱和有机化合物在紫外-可见光区有较强的吸收,可以直接应用紫外-可见分光光度法测定含量,也可以通过显色反应测定本身不具有对紫外-可见光有吸收或弱吸收的基团的物质。其中用于测定能吸收可见光的有色溶液的可见分光光度法,有时也称为比色法。

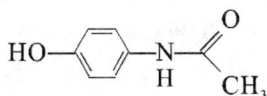

图 3-20　对乙酰氨基酚的结构

【示例 3-4】　《中国药典》(2015 年版)二部测定对乙酰氨基酚的含量。对乙酰氨基酚的化学名为 N-(4-羟基苯基)乙酰胺(图 3-20),是一种常用的解热镇痛药,又名扑热息痛。对乙酰氨基酚的分子中含有苯环及酰氨基等不饱和基团,在 0.4% NaOH 溶液中,于 257 nm 波长处有最大吸收,百分吸收系数 $E_{1cm}^{1\%}$ 为 715,采用紫外-可见分光光度法直接测定,用吸收系数法求得其含量。

【示例 3-5】　标准曲线法测定蛋白质的含量。蛋白质及其降解产物(胨、肽、氨基酸等)对 280 nm 波长的光有选择性吸收作用,吸光度与蛋白质浓度在一定范围内(3～8 mg/mL)呈线性关系。因此,通过测定蛋白质溶液在 280 nm 波长处的吸光度,采用已知蛋白质含量的标准样品绘制标准曲线,即可求出待测样品的蛋白质含量。

本法操作简便迅速,常用于生物化学研究工作,也可用于牛乳、小麦粉、糕点及肉制品等的蛋白质含量测定。许多非蛋白质成分在紫外光区也有吸收作用,使本法的应用受到局限。

【示例 3-6】　目视比色法测定饮用水的色度。

目视比色法是用眼睛观察、比较溶液颜色深浅,以确定物质含量的方法。该法不需要专门的仪器,操作简单方便,但准确度较差,相对误差为 5%～20%,主要适用于大批试样初筛,或者对准确度要求不高的情况。

水的色度是指被测水样与特别制备的一组有色标准溶液的颜色比较值,常用目视比色法测定。纯净的水是无色透明的,有色的水往往是受污染的水,水的颜色深浅反映了水质的好坏,洁净的天然水的色度一般为 15～25 度,自来水的色度大多在 5～10 度。

本法出自国家标准《GB 11903—89 水质:色度的测定》。化学试剂的色度也可采用类似方法进行测定,详细内容请参阅国家标准《GB/T 605—2006 化学试剂色度测定通用方法》。

【示例 3-7】　钼蓝比色法测定食品样品中的磷。

食品样品中的磷经灰化或消化后以磷酸根形式进入样品溶液,在酸性条件下与钼酸铵作用生成淡黄色的磷钼酸铵。

$$24(NH_4)_2MoO_4+2H_3PO_4+21H_2SO_4 \longrightarrow 2[(NH_4)_3PO_4 \cdot 12MoO_3]+21(NH_4)_2SO_4+24H_2O$$

其中高价的钼具有氧化性,可被抗坏血酸、氯化亚锡还原成蓝色的钼蓝($(Mo_2O_5 \cdot 4MoO_3)_2 \cdot H_3PO_4$)。

$$(NH_4)_3PO_4 \cdot 12MoO_3+SnCl_2+7HCl \longrightarrow (Mo_2O_5 \cdot 4MoO_3)_2 \cdot H_3PO_4+SnCl_4+3NH_4Cl+2H_2O$$

在 650 nm 波长下测定吸光度,即可得到样品中磷的含量。

【示例 3-8】　溶剂萃取光度法测定铅、锌、汞的含量。

显色剂与金属离子反应生成的螯合物通常极性较小,在水中的溶解度较小,可利用与水不相溶的有机溶剂萃取后进行紫外-可见分光光度法测定,这种方法称为溶剂萃取光度法。

Pb²⁺在 pH＝8.5～9.0 的条件下与二苯硫腙反应生成红色配合物,可用氯仿等有机溶剂萃取,于 510 nm 波长处测定吸光度。为了消除铁、铜、锌等离子的干扰,可加入盐酸羟胺、氰化钾、柠檬酸铵等掩蔽剂。

Zn²⁺在 pH＝4.0～5.5 的条件下与二苯硫腙反应生成紫红色配合物,用 CCl_4 萃取后,可在 530 nm 波长处进行紫外-可见分光光度法测定。加入硫代硫酸钠可消除铜、汞、铅、铋、银和镉等离子的干扰。

汞离子在酸性溶液中可与二苯硫腙反应生成橙红色配合物,用氯仿萃取后,可在 490 nm 波长处进行紫外-可见分光光度法测定。

测定方法可分别参见国家标准《GB/T 5009.12—2017 食品中铅的测定》、《GB/T 5009.14—2017 食品中锌的测定》和《GB/T 5009.17—2014 食品中总汞及有机汞的测定》。

【示例 3-9】 三元配合物光度法测定化学试剂中痕量铜。

与二元配合物相比,三元配合物比较稳定,可提高测定的准确度和重现性。此外,三元配合物的显色反应具有更好的选择性,比色测定的灵敏度也更高。

在聚乙烯醇胶体保护下,Cu(Ⅱ)可与茜素红 S 及甲基紫形成稳定的三元配合物,pH＝8～11 范围内,在 516 nm 波长处有最大吸收,$\varepsilon=1.12\times10^4$ L/(mol·cm),显色反应灵敏度高,可用于测定化学试剂中痕量的铜。可用 NH_4F 为掩蔽剂消除 Fe(Ⅲ) 的干扰,用酒石酸为掩蔽剂消除 Sb(Ⅴ)、Sn(Ⅳ)、Mo(Ⅵ) 的干扰。

【示例 3-10】 胶束增敏分光光度法测定乳制品中的三聚氰胺。

在阴离子表面活性剂十二烷基硫酸钠形成的胶束体系中,茜素红阴离子与三聚氰胺阳离子反应生成缔合物,在 516 nm 波长处进行分光光度法测定,十二烷基硫酸钠对缔合物有显著的增稳、增敏效应。

【示例 3-11】 比色法测定中药中总黄酮含量。

由于同一类成分一般具有相似的化学结构,因此,往往具有相同的显色反应和相似的紫外-可见吸收光谱特征。所以,比色法常用于测定食品、药品、天然产物或中药中某一类成分的总量,如总黄酮、总皂苷、总生物碱、总有机酸等。

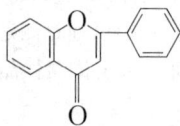

图 3-21 黄酮类化合物的基本母核(2-苯基色原酮)

黄酮类化合物泛指两个苯环通过 3 个碳原子相互连接而成的一类化合物(图 3-21),是中药中一类主要有效成分。黄酮类化合物具有交叉共轭体系,在紫外-可见光区具有两个特征吸收峰:一个位于 300～400 nm,另一个位于 240～285 nm。提纯的黄酮类化合物可直接于最大吸收波长处测定含量,但复方药物或中药提取物中,其他成分可能干扰测定,可利用显色反应消除干扰。方法如下:①在待测样品溶液中依次加入一定量 5% $NaNO_2$ 溶液、10% $Al(NO_3)_3$ 溶液及 1 mol/L NaOH 溶液反应,在 510 nm 波长处有最大吸收;②采用 $AlCl_3$-KAc 作为显色剂,显色后 420 nm 波长附近有最大吸收;③使待测样品溶液在 0.5% 三乙胺溶液中,在 400 nm 波长处出现最大吸收。制作标准曲线时,可用单体黄酮(如芦丁)或总黄酮作为对照品配制对照品溶液,一般以芦丁等对照品计算总黄酮的含量。

思考题与习题

1. 什么是生色团、助色团? 并举例说明。

2. 有机化合物与无机化合物的吸收光谱分别主要由哪些跃迁产生? 并举例说明。

3. 利用紫外-可见吸收光谱法进行定量分析时,为什么尽可能选择被测物质的最大吸收波长作为测量波长? 如果最大吸收波长处存在其他吸光物质干扰测定怎么办?

4. 什么是参比溶液? 常见的参比溶液有哪几种? 如何选择参比溶液?

5. 显色反应一般应满足哪些要求? 影响显色反应的主要因素有哪些? 如何选择显色条件?

6. 试说明紫外-可见吸收光谱法中,标准曲线不通过原点的可能原因。

7. 简述示差分光光度法的原理,并说明为何它能提高测定的准确度。

8. 双波长分光光度法的原理是什么? 两个测量波长应如何选择?

9. 某有色溶液在 1 cm 比色皿中测得吸光度为 0.500。将该溶液稀释到原浓度的一半,并转移到 3 cm 比色皿中,试计算在相同波长下测得的吸光度和透光率。

10. 测定电镀废水中的铬(Ⅵ)。取 500 mL 水样,经浓缩及预处理后,转移至 100 mL 容量瓶中定容,移取 20 mL 试液,调节酸度后,加入二苯碳酰二肼溶液显色,并定容为 25 mL。在 5 cm 比色皿中于 540 nm 波长处测得吸光度为 0.680。已知 $\varepsilon = 4.2 \times 10^4$ L/(mol·cm)。求水样中铬(Ⅵ)的质量浓度。

11. 用硅钼蓝比色法测定钢中硅的含量。根据下列数据绘制标准曲线:

硅标准溶液的浓度/(mg/mL)	0.050	0.100	0.150	0.200	0.250
吸光度 A	0.212	0.419	0.630	0.841	1.011

测定试样时,称取钢样 0.500 g,溶解后转移至 50 mL 容量瓶中,用与标准溶液相同的测量条件测得吸光度为 0.521。求试样中硅的质量分数。

12. 用磺基水杨酸比色法测铁,以 1.000 g 铁铵矾($NH_4Fe(SO_4)_2 \cdot 12H_2O$)溶于 500 mL 水制成铁的标准溶液。取 6.0 mL 该标准溶液,置于 50 mL 容量瓶中,显色,加水稀释至 50 mL,测得吸光度为 0.480。吸取 5.00 mL 待测试液,稀释至 250 mL,移取 2.00 mL 至 50 mL 容量瓶中,与标准溶液同样显色,加水稀释至 50 mL,用 1 cm 比色皿测得吸光度为 0.500。求试液中铁的质量浓度。

13. 称取维生素 C 试样 0.050 0 g,溶于 100 mL 0.02 mol/L H_2SO_4 溶液中,精密吸取此溶液 2.00 mL,定容至 100 mL,以 1 cm 石英比色皿于 243 nm 波长处测得吸光度为 0.551。已知维生素 C 的百分吸收系数 $E_{1cm}^{1\%} = 560$。求维生素 C 的质量分数。

14. 甲基红的酸式体(HIn)和碱式体(In^-)的最大吸收波长分别为 528 nm 和 400 nm,在不同实验条件下以 1 cm 比色皿测得吸光度如下,求甲基红的浓度 c_x。

浓度/(mol/L)	酸　度	A_{528}	A_{400}
1.22×10^{-5}	0.1 mol/L HCl	1.783	0.077
1.09×10^{-5}	0.1 mol/L $NaHCO_3$	0.00	0.753
c_x	pH=4.18	1.401	0.166

15. 某药物浓度为 1.0×10^{-3} mol/L,在 270 nm 波长下测得吸光度为 0.400,在 345 nm 波长下测得吸光度为 0.010。已知此药物在人体内的代谢产物浓度为 1.0×10^{-4} mol/L 时,在 270 nm 波长处无吸收,而在 345 nm 波长下吸光度为 0.460。现取尿样 10 mL,稀释至 100 mL,同样条件下,在 270 nm 波长下测得吸光度为 0.325,在 345 nm 波长下测得吸光度为 0.720。以上吸光度均以 1 cm 比色皿测定。试计算 100 mL 尿样稀释液中代谢产物的浓度。

16. 以示差分光光度法测定高锰酸钾溶液的浓度,用含锰 10.0 mg/mL 的标准溶液作为参比溶液,该溶液对水的透光率为 20.0%。测得未知浓度高锰酸钾溶液的透光率为 40%。求该溶液中 $KMnO_4$ 的浓度。

17. 2-硝基-4-氯酚是一种有机弱酸,准确称取 3 份相同量的该物质,置于相同体积的 3 种不同介质中,配制成 3 份试液,在 25 ℃ 时于 427 nm 波长处分别测量其吸光度。在 0.01 mol/L HCl 溶液中,该酸不离解,吸光度为 0.062;在 0.01 mol/L NaOH 溶液中,该酸完全离解,吸光度为 0.855;在 pH=6.22 的缓冲溶液中吸光度为 0.356。试计算该酸在 25 ℃ 时的离解常数。

18. 配合物 ML_2 的最大吸收波长为 480 nm。当配位剂 5 倍以上过量时,吸光度只与金属离子的总浓度有关,并遵守朗伯-比尔定律,金属离子和配位剂在 480 nm 波长处无吸收。今有一含 M^{2+} 0.000230 mol/L 和 L^- 0.00860 mol/L 的溶液,在 480 nm 波长处用 1 cm 比色皿测得吸光度为 0.690。另有一含 M^{2+} 0.000230 mol/L 和 L^- 0.000500 mol/L 的溶液,在同样条件下测得吸光度为 0.540。试计算该配合物的稳定常数。

第4章 红外光谱法

红外线(infrared ray)是波长为 0.76～1000 μm 的电磁波。红外光谱法(infrared spectrometry,IR)是依据物质对红外辐射的特征吸收而建立的一种分析方法。与紫外-可见吸收光谱一样,红外光谱也属于分子吸收光谱,但光谱起源不同,因而在性质、应用等方面存在差异。

习惯上根据红外线的波长,将红外光谱区划分成三个区域(表 4-1)。

表 4-1 红外光区分类

区域名称	波长/μm	波数/cm⁻¹	能级跃迁类型
近红外	0.76～2.5	13000～4000	O—H、N—H 及 C—H 键的倍频吸收
中红外	2.5～25	4000～400	分子中原子的振动及分子转动
远红外	25～1000	400～10	分子转动、晶格振动

其中,中红外区是分析化学研究、应用最多的区域。通常,红外光谱就是指中红外吸收光谱,它是由分子中原子的振动能级跃迁和分子的转动能级跃迁所产生的光谱,故为振动-转动光谱,简称振-转光谱。近年来,近红外光谱(NIR)分析技术越来越受到国内外分析专家的重视,目前 NIR 研究日益增多,应用扩展到许多领域,如制药工业及临床医学等领域,近红外光谱更适用于对原料药纯度、包装材料等的分析与检测,以及生产工艺的监控,利用不同的光纤探头可实现生产工艺的在线连续分析监控。本章主要介绍中红外吸收光谱的内容。

红外光谱又称红外吸收曲线,其表示方法与紫外吸收光谱的表示方法有所不同,红外光谱多用透光率-波数(T-σ)曲线或透光率-波长(T-λ)曲线来描述,一般使用前者居多,所谓吸收峰实际上是曲线的"谷"。

通常红外光谱的横坐标都有波长及波数两种标度,但以一种为主,光栅光谱以波数为等间距,棱镜光谱以波长为等间距。同一样品,以波数为等间距和以波长为等间距的两张光谱图除峰的位置一致外,峰的强度和形状往往不同。如图 4-1 所示,(a)为 T-λ 曲线,呈"前密后疏",(b)为 T-σ 曲线,呈"前疏后密",因为前者是波长等距,后者是波数等距。

在红外光谱中,由于在低波数区峰多而密,高波数区峰少而疏,因此,为了防止 T-σ 曲线在高波数端(短波长)区过分扩张,光谱的横坐标以 2000 cm⁻¹ 为界,有两种不同的比例尺,2000～400 cm⁻¹ 波数区为 100 cm⁻¹/大格,4000～2000 cm⁻¹ 波数区为 200 cm⁻¹/大格。

波数是波长的倒数,常用 σ 表示,单位是 cm⁻¹,表示每厘米长光波中波的数目。在红外光谱中波长以 μm 为单位,则波数与波长的关系是

$$\sigma/\mathrm{cm^{-1}} = \frac{10^4}{\lambda/\mu\mathrm{m}} \tag{4-1}$$

比较式(4-1)与式(2-2),为了方便,在红外光谱中总是用波数 σ 描述频率 ν。

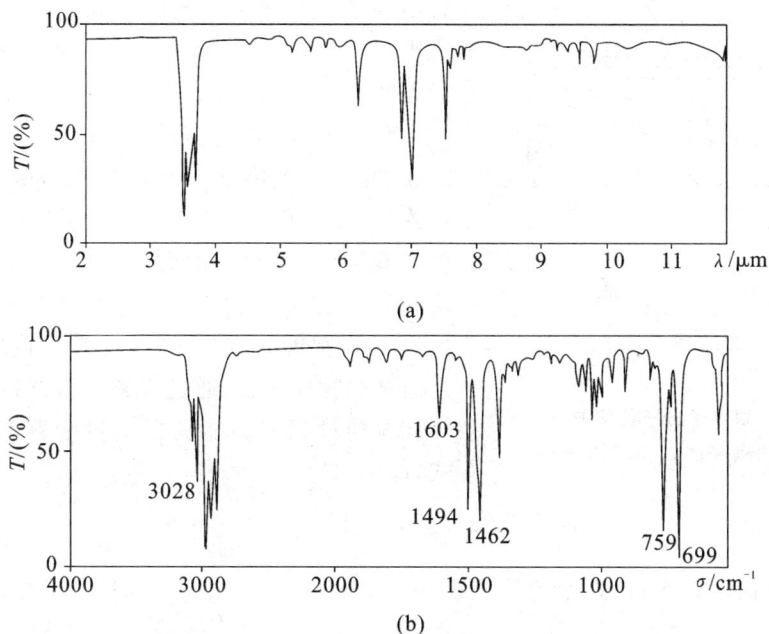

图 4-1　仲丁基苯的红外光谱

4.1　基 本 原 理

一条红外吸收曲线的特征主要由吸收峰的位置(λ_{max}、σ_{max})、吸收峰的个数及吸收峰的强度来描述。本节主要讨论吸收峰产生原因、峰位、峰数、峰强及其影响因素。

4.1.1　红外光谱起源

当红外光辐射物质时,只要 ΔE 满足分子的振动、转动跃迁所需能量,则引起分子振-转能级跃迁。

分子振动是指分子中的原子在其平衡位置附近做周期性的往复运动,而振幅小于核间距。分子的振动能级差($0.05 \sim 1.0$ eV)大于转动能级差($0.0001 \sim 0.025$ eV),因此在分子发生振动能级跃迁时,不可避免地有转动能级的跃迁,因而无法测得纯振动光谱。为了便于学习,在此先讨论双原子分子的纯振动光谱。

1. 振动能级与振动光谱

若把双原子分子中 A 与 B 两个原子视为两个小球,其间的化学键看成质量可以忽略不计的弹簧,则两个原子间的伸缩振动可近似地看成沿键轴方向的简谐振动,双原子分子可视为谐振子(具有简谐振动性质的振子),如图 4-2 所示。

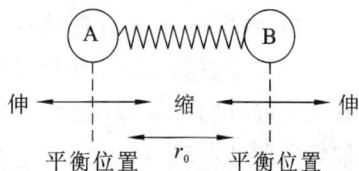

图 4-2　谐振子振动

分子中原子以平衡点为中心、以非常小的振幅做周期性的振动,即所谓简谐振动。D 为离解能,r_0 为平衡时两原子之间的距离,r 为振动时某瞬间两原子之间的距离,U 为谐振子位能,相互之间的关系为

$$U = \frac{1}{2} k \ (r - r_0)^2 \tag{4-2}$$

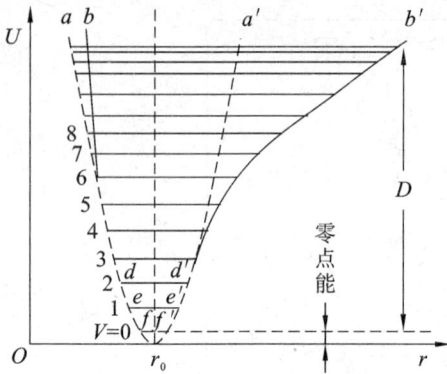

图 4-3　双原子分子位能曲线

a-a'—谐振子；b-b'—真实分子

式中：k 为化学键力常数（N/cm）。当 $r=r_0$ 时，$U=0$；当 $r>r_0$ 或 $r<r_0$ 时，$U>0$。谐振子模型的位能曲线如图 4-3 中 a-a' 所示。

分子在振动时总能量 $E_V=U+T$，T 为动能。当 $r=r_0$ 时，$U=0$，则 $E_V=T$。在 A、B 两原子距离平衡位置最远时，$T=0$，$E_V=U$。为了讨论的方便，首先将微观物体宏观化，然后用经典力学的理论来研究宏观物体在振动过程中势能随 r 的变化，并按式(4-2)绘制势能曲线。再把宏观物体应用量子力学理论向微观物体逼近，通过解薛定谔方程，得到微观物体在振动过程中势能随振动量子数 V 的变化关系式，即

$$E_V=\left(V+\frac{1}{2}\right)h\nu \tag{4-3}$$

式中：ν 为分子振动频率；V 为振动量子数，$V=0,1,2,\cdots$。当 $V=0$ 时，分子振动能级处于基态，$E_V=\frac{1}{2}h\nu$，为振动体系的零点能；当 $V\neq0$ 时，分子的振动能级处于激发态。双原子分子(非谐振子)的振动位能曲线如图 4-3 中 b-b' 所示。

分子吸收适当频率的红外辐射($h\nu_L$)后，可以由基态跃迁至激发态，其所吸收的光子能量必须等于分子振动能量之差，即 $h\nu_L=\Delta E_V=\Delta Vh\nu$，则有

$$\nu_L=\Delta V\nu \quad \text{或} \quad \sigma_L=\Delta V\sigma \tag{4-4}$$

由式(4-4)可知，若把双原子分子视为谐振子，吸收红外线而发生能级跃迁时所吸收的红外线频率(ν_L)只能是谐振子振动频率的 ΔV 倍，这是产生红外吸收峰的必要条件之一。若光子频率与化学键振动频率相同($\nu_L=\nu$)，则产生基频峰，为红外吸收光谱主要吸收峰。如 HCl 分子的振动频率为 8.658×10^{13} s^{-1}($\sigma=2886$ cm^{-1})，在发生 $\Delta V=1$ 的能级跃迁时，吸收频率为 8.658×10^{13} s^{-1}($\sigma=2886$ cm^{-1})的红外线，而形成峰位在 2886 cm^{-1} 的基频峰。

2. 振动形式

讨论振动形式可以了解吸收峰是由何类振动形式的能级跃迁所引起的。由振动形式及其数目，可以了解化合物的红外吸收光谱峰多、复杂的原因，振动形式的讨论有助于了解红外吸收光谱的最基本内容。

双原子分子只有一类振动形式，即伸缩振动；多原子分子有两类振动形式，即伸缩振动和弯曲振动。

1) 伸缩振动(拉伸振动)

键长沿键轴方向发生周期性的变化称为伸缩振动(stretching vibration)，即分子中原子沿着化学键方向的振动，是键长改变、键角不变的振动。凡含 2 个或 2 个以上键的基团，都有两种伸缩振动形式。

(1) 对称伸缩振动(symmetrical stretching vibration)，是指振动时，各键同时伸长或缩短(基团沿键轴的运动方向相同)，表示符号为 ν_s 或 ν^s。

(2) 不对称伸缩振动(asymmetrical stretching vibration)，或称反称伸缩振动，是指振动时某些键伸长而另外的键缩短(基团沿键轴的运动方向相反)，表示符号为 ν_{as} 或 ν^{as}。

表 4-2 为亚甲基(三原子基团)和甲基(四原子基团)的对称伸缩振动与不对称伸缩振动形式。同一基团的两种伸缩振动其频率表现为不对称大于对称。

表 4-2 亚甲基和甲基的伸缩振动形式

基　团	对称伸缩振动 v^s	不对称伸缩振动 v^{as}
CH_2	$v^s_{CH_2}$ ~2850 cm^{-1}	$v^{as}_{CH_2}$ ~2925 cm^{-1}
CH_3	$v^s_{CH_3}$ ~2870 cm^{-1}	$v^{as}_{CH_3}$ ~2960 cm^{-1}

另外,化合物中含有两个相邻的相同官能团,也出现对称伸缩振动和不对称伸缩振动两种形式。如乙酸酐羰基的对称伸缩振动与不对称伸缩振动分别在 1760 cm^{-1} 和 1800 cm^{-1} 处。

2)弯曲振动

使键角发生周期性变化的振动称为弯曲振动(bending vibration),又称为变角振动,是键长不变、键角变化的振动形式。弯曲振动分为面内弯曲振动、面外弯曲振动及变形振动等形式。弯曲振动的吸收频率相对较低,受分子结构影响十分敏感。

(1)面内弯曲振动(in-plane bending vibration,β)　在由几个原子构成的平面内进行的弯曲振动称为面内弯曲振动,分为剪式振动及面内摇摆振动两种。组成为 AX$_2$ 的基团或分子易发生此类振动,亚甲基的面内弯曲振动如图 4-4 所示。

① 面内摇摆振动(rocking vibration,ρ)　基团作为一个整体,在平面内摇摆。

② 剪式振动(scissoring vibration,δ)　在振动过程中键角的变化类似剪刀的开、闭的振动。

(2)面外弯曲振动(out-of-plane bending vibration,γ)　在垂直于几个原子所构成的平面外进行的弯曲振动称为面外弯曲振动,分为面外摇摆振动和扭曲振动两种,亚甲基的面外弯曲振动如图 4-4 所示。

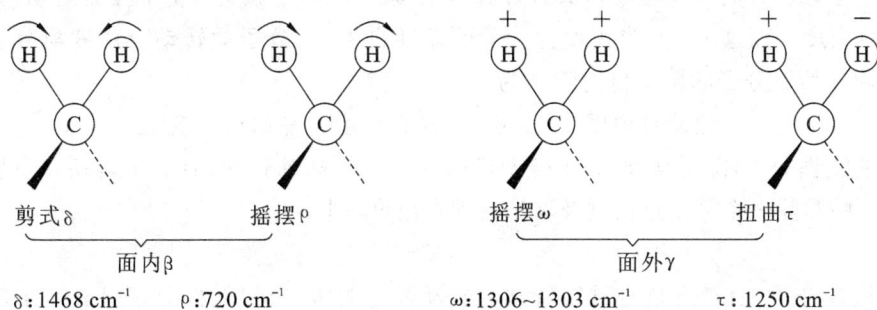

剪式δ　　摇摆ρ　　　　摇摆ω　　　扭曲τ

面内β　　　　　　面外γ

δ:1468 cm^{-1}　　ρ:720 cm^{-1}　　ω:1306~1303 cm^{-1}　　τ:1250 cm^{-1}

图 4-4 CH$_2$ 基团的各种弯曲振动示意图

① 面外摇摆振动(wagging vibration,ω)　两个原子同时向面上(＋)或同时向面下(－)的振动。

② 扭曲振动(twisting vibration,τ)　一个原子向面上(＋),另一个原子向面下(－)的来回扭动。

3) 变形振动

AX_3 基团或分子的弯曲振动,有对称变形振动和不对称变形振动两种形式,如图 4-5 所示。

(1) 对称变形振动(symmetrical deformation vibration,δ_s 或 δ^s)　在振动过程中,3 个 A—X 键与轴线组成的夹角对称地缩小或增大,形如花瓣开、闭的振动。

(2) 不对称变形振动(asymmetrical deformation vibration,δ_{as} 或 δ^{as})　在振动过程中,两个夹角中,一个夹角缩小,另一个夹角增大。

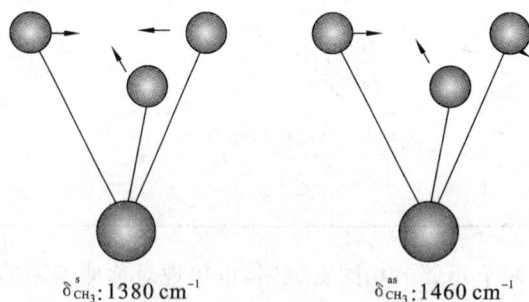

$$\delta^s_{CH_3}: 1380\ cm^{-1} \qquad \delta^{as}_{CH_3}: 1460\ cm^{-1}$$

图 4-5　甲基的对称变形振动与不对称变形振动

3. 振动的自由度

讨论振动形式的数目,有助于了解基频峰的可能数目。

振动自由度(f)是分子基本振动的数目,即分子的独立振动数。双原子分子只有一种振动形式,组成分子的原子越多,基本振动的数目就越多。多原子分子虽然复杂,但可以分解为许多简单的基本振动(伸缩振动和弯曲振动)来讨论。

在中红外区,光子的能量较小,不足以引起分子的电子能级跃迁,所以只有分子中的三种运动形式,即平动、振动与转动的能量变化。分子的平动能改变,不产生振-转光谱;分子的转动能级跃迁产生远红外光谱。因此,应扣除平动与转动两种运动形式,即在中红外区,只考虑分子的振动能级跃迁。

在含有 N 个原子的分子中,若先不考虑化学键的存在,则在三维空间内,每个原子都能向 x、y、z 三个坐标轴方向独立运动。那么含有 N 个原子的分子就有 $3N$ 个独立运动的方向,即有 $3N$ 个自由度。而这个 $3N$ 自由度为分子的振动自由度、分子的转动自由度与分子的平动自由度之和。所以分子的振动自由度 f 为

$$振动自由度\ f = 3N - 转动自由度 - 平动自由度$$

对于非线性分子,除平动外,整个分子可以绕三个坐标轴转动,有 3 个转动自由度。从总自由度 $3N$ 中扣除 3 个平动自由度及 3 个转动自由度,则

$$f = 3N - 6$$

对于线性分子,由于绕自身键轴转动的转动惯量为零,所以线性分子只有 2 个转动自由度,则

$$f = 3N - 5$$

【例 4-1】　求 H_2O 分子和 CO_2 分子的振动自由度,并说出其振动形式。

解　(1) H_2O 分子是非线性分子,其振动自由度 $f = 3 \times 3 - 6 = 3$,故 H_2O 有三种基本振动形式,分别为

$$\nu_{OH}^s : 3652 \text{ cm}^{-1} \qquad \nu_{OH}^{as} : 3756 \text{ cm}^{-1} \qquad \delta_{OH} : 1595 \text{ cm}^{-1}$$

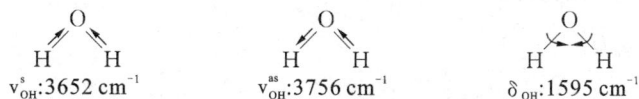

(2) CO_2 分子为线性分子,其振动自由度 $f = 3 \times 3 - 5 = 4$,故 CO_2 有四种基本振动形式,分别为

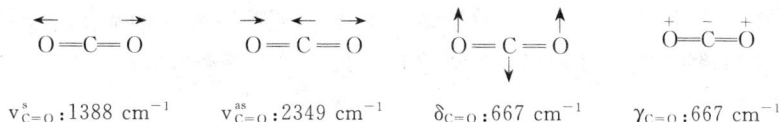

$$\nu_{C=O}^s : 1388 \text{ cm}^{-1} \qquad \nu_{C=O}^{as} : 2349 \text{ cm}^{-1} \qquad \delta_{C=O} : 667 \text{ cm}^{-1} \qquad \gamma_{C=O} : 667 \text{ cm}^{-1}$$

4.1.2　产生红外吸收的条件

是否每个基团的基本振动都产生基频峰,产生红外吸收的条件是什么,振动自由度数与基频峰数是否相等,是学习红外吸收光谱法必须了解的内容。

1. 简并与红外非活性振动

以 CO_2 为例,CO_2 的振动自由度为 4,但实际上在其红外吸收光谱图上只能够看到 2349 cm^{-1} 及 667 cm^{-1} 两个基频峰,体现为基频峰数小于基本振动数。

(1) 简并　CO_2 分子的面内和面外弯曲振动虽然振动形式不同,但振动频率相等,因此,它们的基频峰在红外吸收光谱图上在同一位置(667 cm^{-1})重叠,只观察到一个吸收峰,这种振动形式不同而振动频率相等的现象称为简并。

(2) 红外非活性振动　CO_2 有对称伸缩(1388 cm^{-1}),但实际上在红外光谱图上无此峰存在,这说明 CO_2 的对称伸缩振动并不吸收频率为 1388 cm^{-1} 的红外线而发生能级跃迁,因而不呈现相应的基频峰。这种有振动频率但不能吸收红外线而发生能级跃迁的振动称为红外非活性振动;反之,则为红外活性振动。

2. 红外非活性振动的形成原因

以 CO_2 为例说明。比较 CO_2 对称和不对称伸缩振动,可以发现,两者在振动过程中分子的偶极矩 μ 变化有差别。偶极矩是电荷 q 与正、负电荷重心之间距离 r 的乘积,即 $\mu = qr$。CO_2 是线性分子,虽然两个键的偶极矩都不为零,但由于分子的偶极矩是键偶极矩的矢量和,当 CO_2 处于振动平衡位置时,两个键的偶极矩大小相等,方向相反,正、负电荷中心重合,$r = 0$,此时分子的偶极矩 $\mu = 0$;在对称伸缩振动中,正、负电荷中心仍然重合,$r = 0$,$\mu = 0$,与平衡位置相比,分子的偶极矩没有变化,$\Delta\mu = 0$;在不对称伸缩振动中,一个键伸长,另一个键缩短,使正、负电荷中心不重合,$r \neq 0$,$\mu \neq 0$,所以 $\Delta\mu \neq 0$。因此,在 2349 cm^{-1} 处可观察到由不对称伸缩振动所产生的吸收峰。

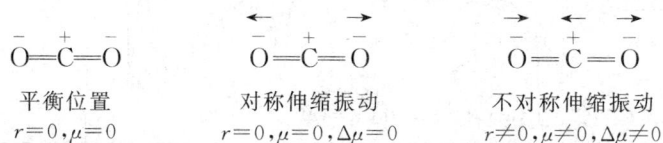

平衡位置	对称伸缩振动	不对称伸缩振动
$r = 0, \mu = 0$	$r = 0, \mu = 0, \Delta\mu = 0$	$r \neq 0, \mu \neq 0, \Delta\mu \neq 0$

3. 产生红外吸收的条件

综上所述,只有偶极矩有变化的振动过程,才能吸收红外线而发生能级跃迁。这是因为红外线是具有交变电场与磁场的电磁波,不能激发非电磁分子或基团。

在红外光谱中,某一基团或分子的基本振动能吸收红外线而发生能级跃迁,必须满足两个

基本条件:①振动过程中,$\Delta\mu\neq0$;②$\nu_L=\Delta V\nu$。两者缺一不可。

4.1.3 红外吸收峰的峰数

1. 基频峰与泛频峰

1) 基频峰

分子吸收红外辐射后,由振动能级的基态($V=0$)跃迁至第一激发态($V=1$)时所产生的吸收峰称为基频峰。此时 $\Delta V=1$,$\nu_L=\nu$,对于多基团分子,吸收红外线的频率等于振动频率。基频峰的强度一般都较大,因而基频峰是红外光谱上最主要的一类吸收峰。

2) 泛频峰

分子吸收红外辐射后,由振动能级的基态($V=0$)跃迁至第二激发态($V=2$)、第三激发态($V=3$)等,所产生的吸收峰依次为二倍峰、三倍峰等,统称为倍频峰。

由于分子的非谐振性质,位能曲线中的能级差并非等距,V 越大,间距越小(图4-3)。因此倍频峰的频率并非是基频峰的整数倍,而是略小一些。

此外,尚有组频峰,包括合频峰($\nu_1+\nu_2$,$2\nu_1+\nu_2$,…)和差频峰($\nu_1-\nu_2$,$2\nu_1-\nu_2$,…)。倍频峰、合频峰与差频峰统称为泛频峰。泛频峰多为弱峰(跃迁概率小),一般谱图上不易辨认。泛频峰的存在增加了光谱的特征性,对结构分析有利。如取代苯在 $2000\sim1667\ \mathrm{cm}^{-1}$ 区间的泛频峰主要由苯环上碳氢键面外弯曲的倍频峰构成,特征性很强,可用于鉴别苯环上的取代位置。

2. 特征峰与相关峰

1) 特征峰

凡能证明某官能团的存在又易辨认的吸收峰称为特征吸收峰(characteristic absorption band),简称特征峰。如正癸烷、正癸腈和1-正癸烯的红外光谱如图4-6所示。与正癸烷相比,正癸腈在 $2247\ \mathrm{cm}^{-1}$ 处有吸收峰,为 $-C\equiv N$ 的伸缩振动所产生的基频峰,记为 $\nu_{C\equiv N}$,是 $-C\equiv N$ 的特征峰。

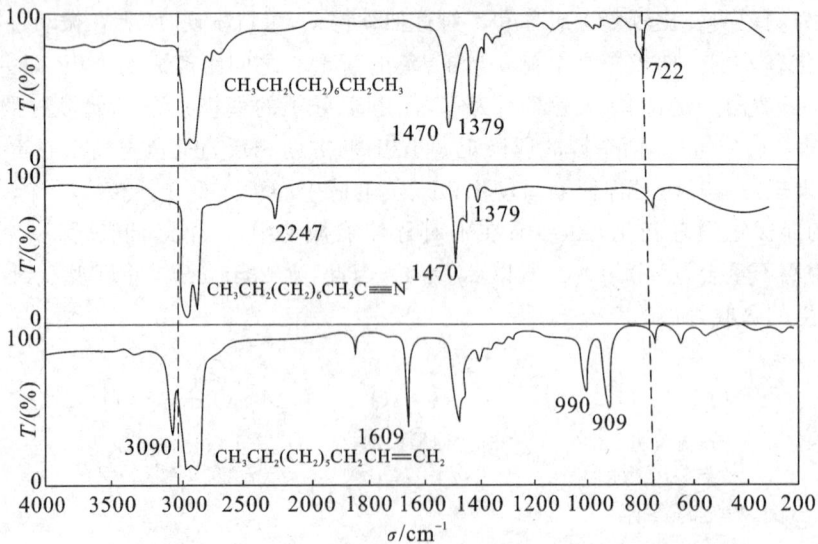

图 4-6 正癸烷、正癸腈、1-正癸烯的红外吸收光谱图

对比正癸烷与1-正癸烯的光谱,后者由于有 $-CH=CH_2$ 基团的存在,能明显观察到比前

者多了 3090 cm^{-1}、1609 cm^{-1}、990 cm^{-1}、909 cm^{-1}四个特征峰,分别起源于 1-正癸烯的烯基的 $\nu_{=CH_2}$、$\nu_{C=C}$、$\gamma_{=CH}$ 及 γ_{CH_2}。

对比说明,官能团(基团)的存在与吸收峰的存在相对应,可用一些易辨认,又具代表性的吸收峰来鉴定官能团的存在。

2)相关峰

由一个官能团所产生的一组相互依存的特征峰,称为相关吸收峰(correlation absorption band),简称相关峰。上述 —CH=CH$_2$ 基团的 4 个相互依存的特征峰即组成一组相关峰。

通常用一组相关峰来确定一个官能团的存在,这是光谱解析的一条重要原则。图 4-7 所示为一些主要官能团的相关峰,相关峰的数目与基团的活性振动数及光谱的波数范围有关。

3. 振动耦合与费米共振

1)振动耦合

振动耦合是当分子中 2 个或 2 个以上相同的基团靠得很近或共用 1 个原子时,其相应的特征吸收峰常发生分裂,形成双峰的现象。振动耦合分为伸缩振动耦合、弯曲振动耦合、伸缩与弯曲振动耦合三类。基团的对称与不对称伸缩振动频率就是耦合的典型例子,如 IR 谱中在 1380 cm^{-1} 和 1370 cm^{-1} 附近的双峰是由 C(CH$_3$)$_2$ 面内弯曲振动耦合引起的。酸酐、丙二酸、丁二酸及其酯类,由于两个基频羰基振动的耦合,其羰基吸收峰分裂成双峰,如丙二酸二乙酯吸收峰在1750 cm^{-1} 和 1735 cm^{-1} 附近,是 C=O 伸缩振动耦合引起的。

2)费米共振

费米共振(Fermi resonance)是当强度很弱的倍频峰或组频峰位于某一强基频峰附近时,弱的倍频峰或组频峰与基频峰之间发生耦合,倍频峰或组频峰的吸收强度常常被增强,发生分裂振动耦合的现象。这种现象常常出现在不饱和内酯、醛、环酮、苯酰卤等化合物中。

4. 吸收峰的峰数

谱图中实际观察到的红外吸收峰数目不等于基本振动数的主要原因如下:

(1)泛频峰的出现使吸收峰数多于基本振动数;

(2)红外非活性振动使基频峰数少于基本振动数;

(3)吸收峰简并使基频峰数少于基本振动数;

(4)仪器的灵敏度和分辨率的影响。由于仪器分辨率不高,吸收峰太弱时仪器灵敏度不够,也会使观察到的基频峰数少于基本振动数,特别是复杂的分子。

4.1.4　吸收峰的位置(峰位)

吸收峰的位置(或称峰位)通常用 σ_{max}(或 ν_{max}、λ_{max})表示,对基频峰而言,$\sigma_{max}=\sigma$,基频峰的峰位即是基团或分子的基本振动频率。对于其他峰,则有 $\sigma_{max}=\Delta V\sigma$。图 4-7 显示,每种基频峰的峰位都在一段区间内,因为同一种基团、同一种振动形式跃迁会受不同化学环境的影响,从而有所差异。基频峰的位置主要由四个方面的因素决定:化学键两端原子的质量、化学键力常数、分子内部影响因素和外部影响因素。

1. 基本振动频率

在常温下,分子的振动能级都处于基态,在受到外能作用时,振动量子数发生变化,但也很小(通常 ΔV 为 1~3)。由图 4-3 可见,当势能变化不大时,两条曲线的重合性较好,因此,仍然可用经典力学的理论与方法来处理微观物体所遇到的问题,如分子中每个谐振子的振动频率(ν)可由胡克(Hooke)定律导出,即

| 2.5 | 3 | 4 | 5 | 6 | 7 | 8 | 9 | 10 | 15 | 25 $\lambda/\mu m$ |

烷　　ν_{C-H}　s—m　　　　β_{C-H}　m　　ν_{C-C}　w

烯　　ν_{C-H}　w—m　　$\nu_{C=C}$　w—m　　β_{C-H}　m　　γ_{C-H}　s

芳烃　ν_{Ar-H}　w—m　　泛频　w　　$\nu_{C=C}$　　β_{Ar-H}　w—m　　γ_{Ar-H}　s

炔　　ν_{C-H}　m　　$\nu_{C=C}$　　$\nu_{C=N}$　m　　β_{C-H}　w—m　　γ_{C-H}　s

腈
醇　　ν_{O-H}　m　　β_{O-H}　w　　ν_{C-O}　s—m　　γ_{O-H}　s
酚

醚　　ν_{C-H}、ν_{OCH_3}　w—m　　ν_{C-O-C}　s

醛　　ν_{C-H}　w　　$\nu_{C=O}$　s　　其他　m—s　　γ_{C-H}　m

酮　　$\nu_{C=O}$　s　　其他　m—s

酸　　ν_{O-H}　w—m　　$\nu_{C=O}$　s　　β_{O-H}　w　　ν_{C-O}　w　　γ_{O-H}　w

酯　　$\nu_{C=O}$　s　　ν_{C-O-C}　s

胺　　ν_{N-H}　m　　β_{N-H}　w—s　　ν_{C-N}　s　　γ_{N-H}　m—w

硝基化合物　　$\nu_{NO_2}^{as}$　s　　$\nu_{NO_2}^{s}$　s　　ν_{C-N}　m

| 4000 | 3600 | 3200 | 2800 | 2400 | 2000 | 1900 | 1800 | 1700 | 1600 | 1500 | 1400 | 1300 | 1200 | 1100 | 1000 | 900 | 800 | 700 | 600 | 500 | 400 σ/cm^{-1} |

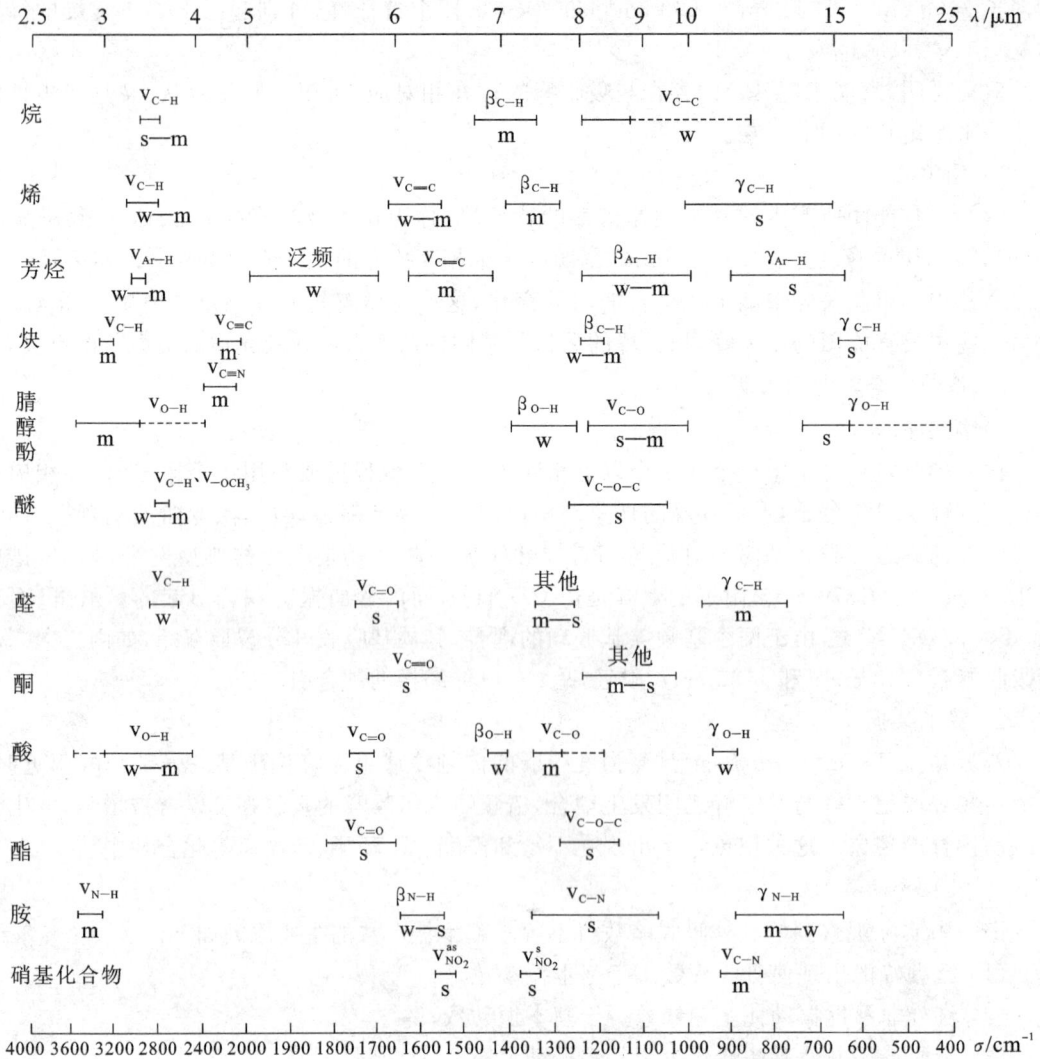

图 4-7　主要基团相关图

$$\nu = \frac{1}{2\pi}\sqrt{\frac{k}{\mu}}\ (s^{-1}) \tag{4-5}$$

式中：ν 为化学键的振动频率(s^{-1})；k 为化学键力常数，即两原子由平衡位置伸长 0.1 nm 后的恢复力；μ 为双原子的折合质量，即 $\mu = \dfrac{m_A m_B}{m_A + m_B}$，$m_A$、$m_B$ 分别为化学键两端的原子 A、B 的质量。

因为

$$\sigma = \frac{1}{\lambda} = \frac{\nu}{c}$$

所以

$$\sigma = \frac{1}{2\pi c}\sqrt{\frac{k}{\mu}}$$

为应用方便计算，用原子 A、B 的折合相对原子质量 μ' 代替折合质量 μ，于是可得

$$\sigma = 1307\sqrt{\frac{k}{\mu'}}\ (cm^{-1}) \tag{4-6}$$

式(4-6)说明双原子基团的基本振动频率的大小取决于键两端原子的折合相对原子质量

和化学键力常数,即取决于分子的结构特征。一些键的伸缩力常数见表 4-3。

表 4-3　某些键的伸缩力常数

化 学 键	分　子	$k/(N/cm)$	化 学 键	分　子	$k/(N/cm)$
H—F	HF	9.7	H—C	CH_2=CH_2	5.1
H—Cl	HCl	4.8	C—Cl	CH_3Cl	3.4
H—Br	HBr	4.1	C—C		4.5～5.6
H—I	HI	3.2	C=C		9.5～9.9
H—O	H_2O	7.8	C≡C		15～17
H—S	H_2S	4.3	C—O		5.0～5.8
H—N	NH_3	6.5	C=O		12～13
C—H	CH_3X	4.7～5.0	C≡N		16～18

【例 4-2】　由表 4-3 中查知 C=C 键的 $k=9.5～9.9$ N/cm,令其为 9.6 N/cm,计算波数。

解　　　　　$\sigma=1307\sqrt{\dfrac{k}{\mu'}}=1307\times\sqrt{\dfrac{9.6}{12\times12/(12+12)}}$ cm$^{-1}=1650$ cm^{-1}

正己烯中 C=C 键伸缩振动频率实测值为 1652 cm^{-1}。

2. 基频峰分布略图

由式(4-6)可知,折合相对原子质量相同时,化学键力常数越大,则基本振动频率越大。化学键相同时,随着折合相对原子质量 μ' 的增大,其吸收频率变低。如 $\mu_{C≡C}=\mu_{C=C}=\mu_{C-C}$,而 $k_{C≡C}>k_{C=C}>k_{C-C}$,则 $\sigma_{C≡C}>\sigma_{C=C}>\sigma_{C-C}$,分别约为 2060 cm^{-1}、1680 cm^{-1} 和 1190 cm^{-1}。

由于氢原子的相对原子质量最小,故所有含氢原子单键的基频峰都出现在中红外光谱的高频区。图 4-8 是一些主要基团的基频峰峰位分布图。由图横向比较可得:

(1)折合质量越小,伸缩振动频率越高;

(2)折合质量相同时,化学键力常数越大,伸缩振动频率越高;

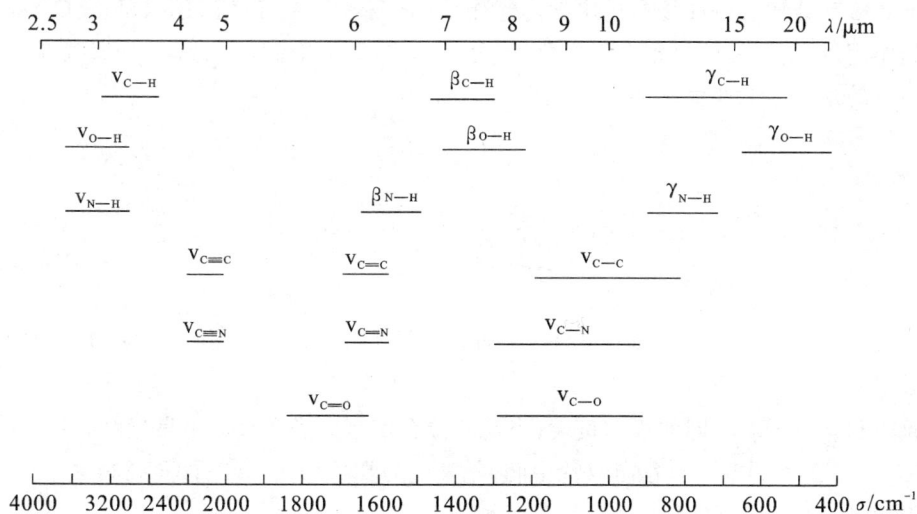

图 4-8　基频峰分布略图

（3）同一基团的各种振动形式,伸缩振动频率 $\nu_v > \nu_\beta > \nu_\gamma$。

3. 影响峰位的因素

根据式(4-6),吸收峰峰位可由化学键两端的相对原子质量和化学键力常数来预测,一般简单的基团或分子其计算值与实测值差异不大,但在比较复杂的分子中,基团间存在相互影响,可使峰位产生 $10 \sim 100\ \mathrm{cm}^{-1}$ 的位移。这是受内部及外部因素影响所致。

1）诱导效应

诱导效应(induction effect,I 效应)沿分子中化学键(σ 键、π 键)传递,与分子的几何形状无关,和取代基的电负性有关。不同取代基具有不同的电负性,通过静电诱导作用,引起电荷分布的变化,从而引起化学键力常数的改变,导致峰位改变。

如 R—CO—X,当电负性较强的元素与羰基相连时,由于诱导效应,氧原子上的电子转移,电子云密度增大,化学键力常数增大,随着 X 基团电负性的增大,诱导效应增强,C =O 的伸缩振动向高波数(高频)方向移动。

X 基团	R'	H	OR'	Cl	F
$\sigma_{\nu_{C=O}}/\mathrm{cm}^{-1}$	1715	1730	1740	1800	1850

2）共轭效应

共轭效应(conjugation effect,M 效应)是指共轭体系使电子云密度平均化,使双键的吸收峰向低波数(低频)方向移动。

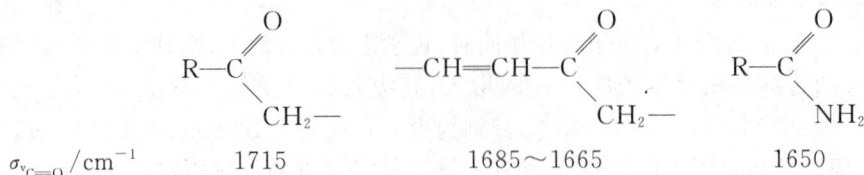

$\sigma_{\nu_{C=O}}/\mathrm{cm}^{-1}$	1715	1685~1665	1650

π-π 共轭、n-π 共轭均使羰基的 π 电子离域,其双键性减弱,化学键力常数减小,使羰基向低频方向移动。

3）场效应

诱导效应和共轭效应都是通过化学键起作用的,而场效应(field effect,F 效应)则通过空间排列起作用,使电子云的分布发生变化,与分子的空间结构有关,通常只有那些在空间结构上相互靠近的基团才能产生 F 效应。例如:

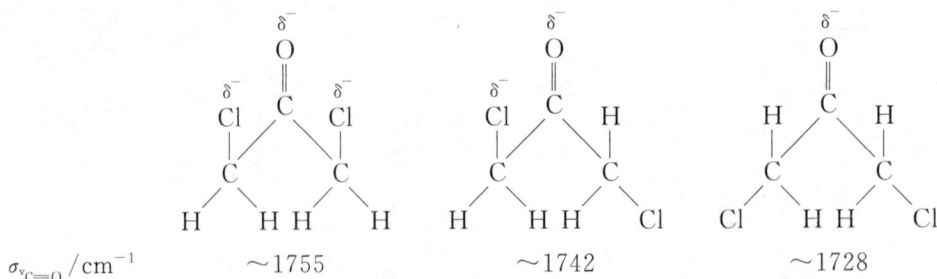

$\sigma_{\nu_{C=O}}/\mathrm{cm}^{-1}$	~1755	~1742	~1728

氧原子和氯原子均为键偶极的负端,当空间位置使氯原子和氧原子靠近时,发生相互排斥作用,使 C =O 键上的电子云移向双键中间,化学键力常数增大,$\nu_{C=O}$ 移向高频。

4）键角效应——环双键

环张力引起 sp^3 杂化的碳-碳 σ 键角及 sp^2 杂化的键角改变,导致相应的振动吸收峰位移。

环张力对环外双键(C =C、C =O)的伸缩振动影响较大,随着环张力的增大,双键性增强,化学键力常数增大,双键的振动向高频方向移动;环内双键的伸缩振动和以上情况相反,随着环内双键张力的增大,双键性减弱,化学键力常数减小,伸缩振动向低频方向位移。

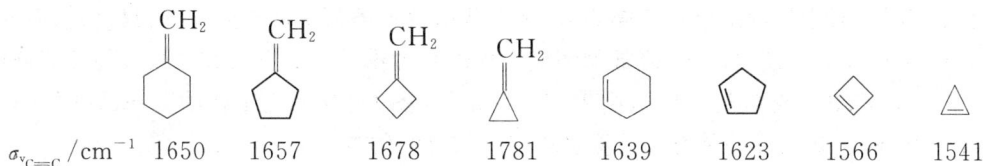

$\sigma_{v_{C=C}}/cm^{-1}$　1650　　1657　　1678　　1781　　1639　　1623　　1566　　1541

5) 空间位阻

由于立体障碍,羰基与烯键或苯环不能处于共平面上,结果使共轭效应减弱,羰基的双键性增强,使 C＝O 的伸缩振动向高频方向移动。

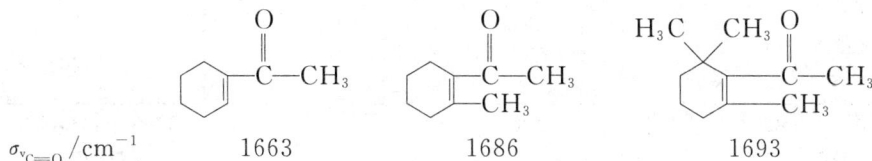

$\sigma_{v_{C=O}}/cm^{-1}$　　　　1663　　　　　　　1686　　　　　　　1693

6) 杂化影响

杂化影响(hybridization affect)是指在碳原子的杂化轨道中 s 成分增加,键能增加,键长变短,C—H 伸缩振动频率增加,见表 4-4。C—H 伸缩振动频率(波数)是判断饱和氢与不饱和氢的重要依据。v_{C-H} 在 3000 cm^{-1} 左右,大体以 3000 cm^{-1} 为界,不饱和碳氢键的伸缩振动 σ_{C-H} 大于 3000 cm^{-1},饱和碳氢键的伸缩振动 σ_{C-H} 小于 3000 cm^{-1}。

表 4-4　杂化对峰位的影响

键	杂化类型	键长/nm	键能/(kJ/mol)	σ_{C-H}/cm^{-1}
—C—H	sp^3	0.112	423	～2900
＝C—H	sp^2	0.110	444	～3100
≡C—H	sp	0.108	506	～3300

7) 氢键

氢键有分子内氢键与分子间氢键,氢键的形成使 $v_{C=O}$、v_{O-H} 向低频方向移动。

分子内氢键对吸收峰位置产生明显影响,其作用不受浓度的影响,有助于结构分析。如 2-羟基-4-甲氧基苯乙酮,由于分子内氢键的存在,羰基和羟基的伸缩振动的基频峰大幅度地向低频方向移动。分子中 v_{O-H} 为 2835 cm^{-1}(通常酚羟基 v_{O-H} 为 3705～3200 cm^{-1}),$v_{C=O}$ 为 1623 cm^{-1}(通常苯乙酮 $v_{C=O}$ 为 1700～1670 cm^{-1})。

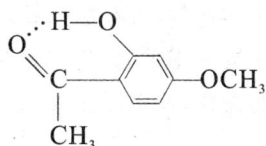

分子间氢键受浓度的影响较大,随着溶液的稀释,吸收峰位置改变。可借观测稀释过程的峰位是否变化,来判断是分子间氢键还是分子内氢键。

如乙醇在极稀溶液中呈游离状态,随着浓度的增加而形成二聚体、多聚体,它们的 v_{O-H} 分别为 3640 cm^{-1}、3515 cm^{-1} 及 3350 cm^{-1}。

8) 外部因素

在测定红外光谱时,由于溶剂种类、溶液浓度和测定时的温度不同,同一物质所得的红外光谱不尽相同。其中溶剂的极性影响最大,极性基团的伸缩频率常随溶剂的极性增大而降低,极性越大,形成氢键的能力越强,降低越明显。如丙酮的羰基伸缩振动在非极性烃类溶剂中为 $1727\ cm^{-1}$,在 $CHCl_3$ 或 CH_3CN 中,则为 $1705\ cm^{-1}$。图 4-9 所示为不同浓度环己醇在 CCl_4 中的 v_{O-H}。此外,色散元件的种类与性能也影响吸收峰的位置。

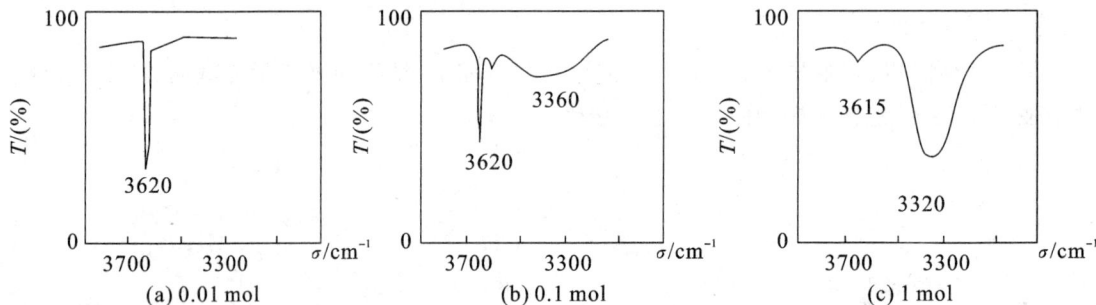

图 4-9 不同浓度环己醇溶液的 $v_{O-H}(CCl_4)$

4.1.5 吸收峰强度

在红外吸收光谱法中,研究吸收峰的强度(intensity of absorption band)时讨论的是一条吸收曲线上吸收峰的相对强度与什么结构因素有关的问题,而不是浓度与吸光度之间的关系。

1. 峰强的表示

红外光谱吸收峰强度的高低用摩尔吸收系数 ε 描述,分为 5 个等级,表示符号见表 4-5。

表 4-5 红外吸收峰强度表示符号

峰 强 度	符 号	$\varepsilon/[L/(mol \cdot cm)]$
很强	vs	＞200
强	s	75～200
中	m	25～75
弱	w	5～25
很弱	vw	0～5

2. 跃迁概率

跃迁过程中激发态分子占总分子的比例(百分数),称为跃迁概率(又叫跃迁几率)。

吸收峰强度与振动过程中的跃迁概率相关,跃迁概率越大,则吸收峰的强度越大。而跃迁概率取决于振动过程中分子偶极矩的变化,偶极矩变化又取决于化学键两端原子的电负性及分子结构的对称性。

两端原子电负性差别越大,对称性越差,偶极矩变化越大,跃迁概率越大,吸收峰越强。

3. 影响分子偶极矩的因素

1) 化学键两端原子的电负性

化学键两端连接的原子,若电负性相差越大,则分子的瞬时偶极矩越大,吸收峰就越强。

如 C=O 和 C=C 的吸收峰的强度,图 4-10 所示为乙酸丙烯酯的红外光谱,图中③号和④号峰的位置很近,是因为 C=O 和 C=C 中碳原子和氧原子的相对原子质量相差不大,而且都是双键相连。但是谱带强度相差悬殊,因为化学键两端原子的电负性差别的不同。C=O 键两端原子的电负性差别大,故振动过程中偶极矩变化大。

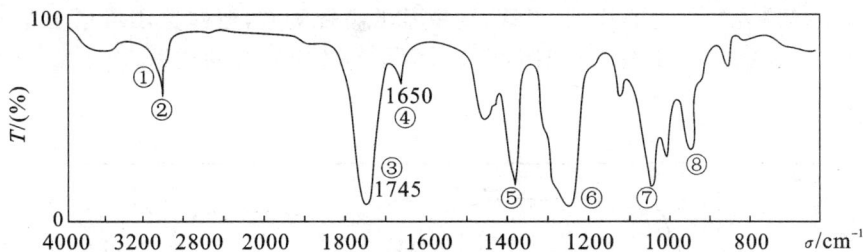

图 4-10　乙酸丙烯酯红外光谱

2）分子结构的对称性

结构对称性越大,振动过程中分子偶极矩变化越小。若分子结构完全对称,在振动过程中偶极矩不发生变化,$\Delta\mu=0$,为红外非活性振动,不吸收红外线,没有吸收峰出现。如三氯乙烯与四氯乙烯的红外光谱(图 4-11),前者结构不对称,C=C 键的偶极矩为零,$v_{C=C}$ 为 1585 cm^{-1},后者结构完全对称,则 $v_{C=C}$ 峰消失。

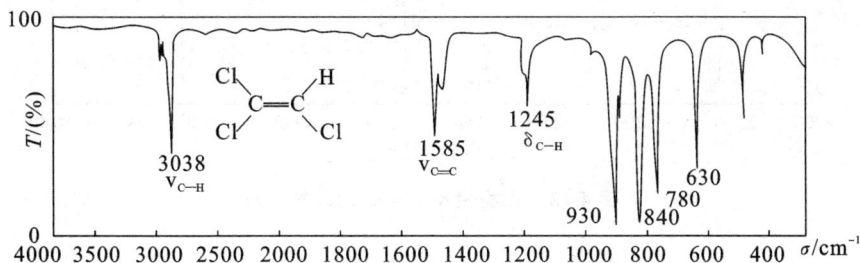

(a) 三氯乙烯

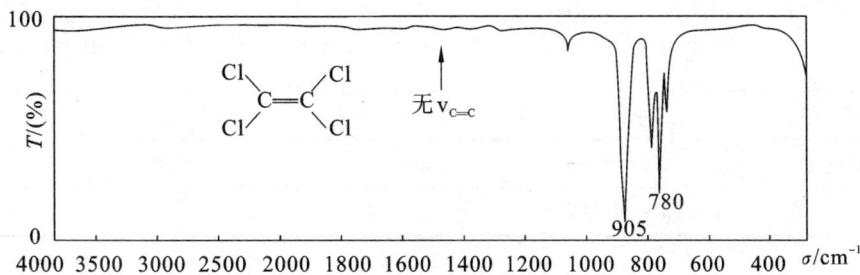

(b) 四氯乙烯

图 4-11　三氯乙烯与四氯乙烯的红外光谱

4.2　典型光谱

由典型光谱了解不同类别化合物的光谱特征,对比典型光谱,可以识别某些基团的特征峰。

4.2.1　脂肪烃类

1. 烷烃类

烷烃的主要特征峰是 v_{C-H}(3000～2850 cm^{-1}(s))和 δ_{C-H}(1465～1355 cm^{-1}(m)),如图 4-12(a)所示。表 4-6 所列为甲基、亚甲基、次甲基的特征吸收,弯曲振动可用于鉴别甲基、亚甲基及次甲基。其中 $\delta^s_{CH_3}$(1380 cm^{-1}附近(w))常作为鉴定甲基的依据,次甲基—CH 无弯曲振动吸收峰。

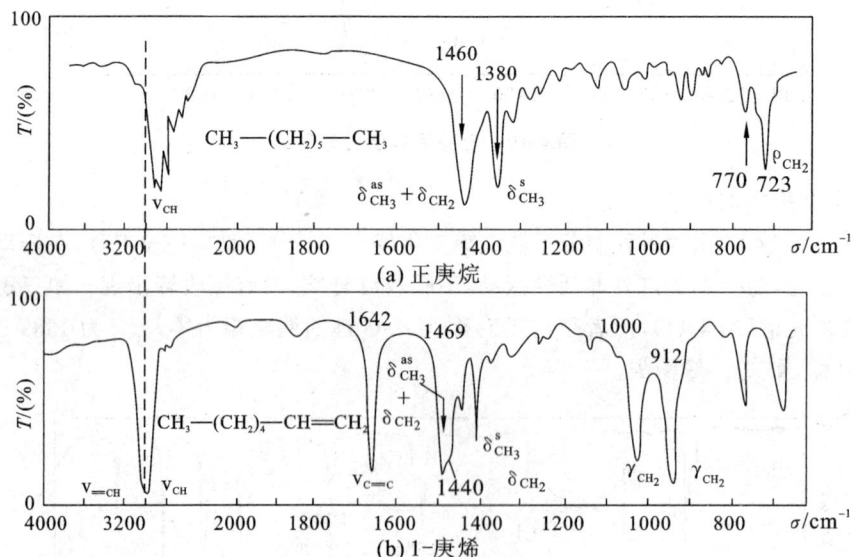

图 4-12　正庚烷及 1-庚烯的红外光谱

表 4-6　甲基、亚甲基、次甲基的特征吸收　　　　　　(单位:cm^{-1})

基　　团	σ_{C-H}		σ_{C-H}	
	v^{as}	v^s	δ^{as}	δ^s
CH$_3$	2960±10	2870±10	1460±10	1375±10
CH$_2$	2926±10	2850±10	1460±10	
CH	2890±10(较弱)			

2. 烯烃类

烯烃的主要特征峰有 $v_{=CH}$、$v_{C=C}$ 及 $\gamma_{=CH}$,如图 4-12(b)所示。

(1)凡是未全部取代的双键在 3100～3000 cm^{-1} 处应有 =CH 键的伸缩振动吸收峰 $v_{=CH}$(m)。

(2)$v_{C=C}$ 大多在 1650 cm^{-1}附近,一般强度较弱。若有共轭效应,则其 C =C 伸缩振动频率降低 10～30 cm^{-1}。若取代基完全对称,则吸收峰消失。

(3)$\gamma_{=CH}$在 1010～650 cm^{-1},受其他基团影响较小,峰较强,具有高度特征性,可用于确定烯烃化合物的取代模式,如 RCH =CH$_2$型在(990±5) cm^{-1}(s)和(910±5) cm^{-1}(s),顺式在(730～650) cm^{-1}(m),反式在(970±10) cm^{-1}(s)。

3. 炔烃类

炔烃的主要特征峰有 $v_{\equiv CH}$、$v_{C\equiv C}$ 及 $\gamma_{\equiv CH}$，图 4-13 是 1-己炔的红外光谱。

（1）$v_{\equiv CH}$　在 3300 cm^{-1} 附近，强度大，形状尖锐，但如果结构中有—OH 或—NH，则 $v_{\equiv CH}$ 会受干扰。

（2）$v_{C\equiv C}$　在 2270～2100 cm^{-1} 区间，在单取代乙炔（R—C$\equiv$C—H）中，吸收峰较强，吸收频率偏低（2140～2100 cm^{-1}）；在双取代乙炔中，吸收带变弱，振动频率升高至 2260～2190 cm^{-1}；在对称结构中，不产生吸收峰。

（3）$\gamma_{\equiv CH}$　在 665～625 cm^{-1} 区间，偶尔在 1250 cm^{-1} 附近出现二倍峰。

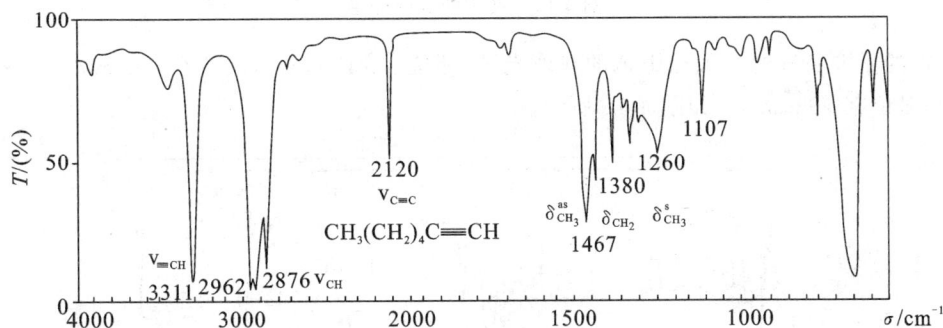

图 4-13　1-己炔的红外光谱

4.2.2　芳香烃类

芳香烃类（Ar）的特征在于有苯环，苯环的主要特征吸收有 v_{Ar-H}、$v_{C=C}$、γ_{Ar-H} 及泛频峰，见表 4-7。

表 4-7　苯环的主要特征吸收

振动形式	σ/cm^{-1}	用　途
v_{Ar-H}	3100～3000（m）	判断苯环存在的主要特征峰
$v_{C=C}$	1600、1500（m～s）、1580、1450	
γ_{Ar-H}	910～665（s）	判断取代位置与数目的特征峰
泛频峰	2000～1667（w，vw）	

1. v_{Ar-H}

苯环 C—H 伸缩振动常和苯环骨架振动的合频峰在一起形成数个吸收峰，尖锐，强度弱至中等。

2. $v_{C=C}$

苯环骨架伸缩振动，在非共轭苯环骨架伸缩振动吸收峰在 1600 cm^{-1} 及 1500 cm^{-1} 附近，一般 1500 cm^{-1} 峰较强。当苯环与不饱和或与含有 n 电子的基团共轭时，由于双键伸缩振动间的耦合，1600 cm^{-1} 峰分裂，在 1580 cm^{-1} 附近出现第三个峰，同时使 1600 cm^{-1} 及 1500 cm^{-1} 峰加强，有时在 1450 cm^{-1} 附近处出现第四个峰。图 4-14 为喹啉的红外光谱。

3. γ_{Ar-H}

苯环氢面外弯曲振动，与取代位置高度相关，而且峰很强，是确定苯环上取代位置及鉴定

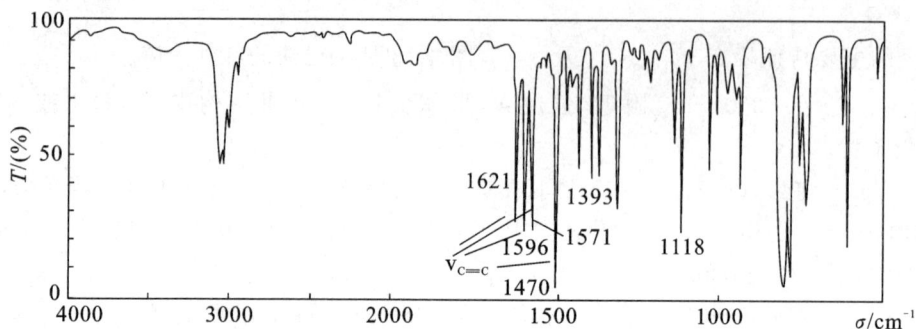

图 4-14　喹啉的红外光谱

苯环存在的重要特征峰。如二甲苯的红外光谱,邻位在 743 cm^{-1},间位在 767 cm^{-1}、692 cm^{-1}(双峰),对位在 792 cm^{-1},如图 4-15 所示。

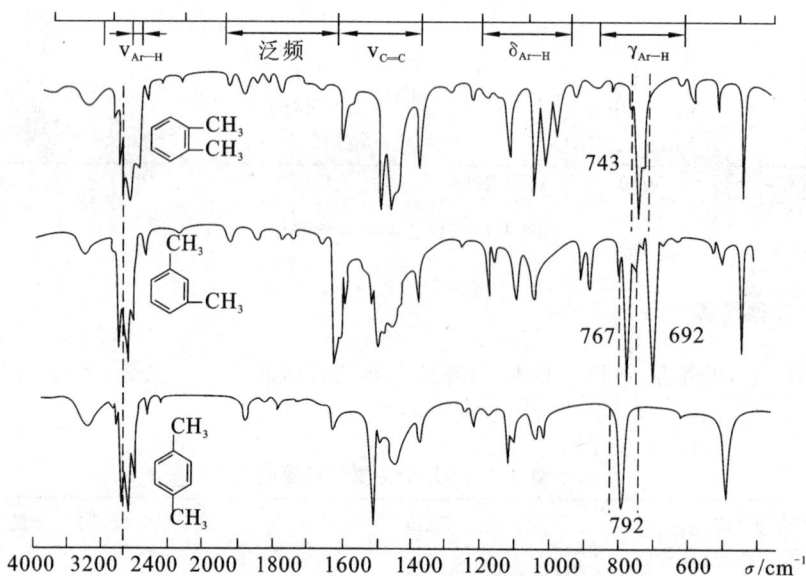

图 4-15　邻、间及对位二甲苯的红外光谱

4. 泛频峰

苯环取代位置的特征峰,峰位和峰形与取代基的位置、数目相关,与取代基的性质关系很小,可结合苯环氢面外弯曲振动判断。但泛频峰一般很弱,在有极性取代基时更弱。图 4-16 所示为一取代和二取代苯环的面外弯曲振动及泛频峰。

4.2.3　醚、醇与酚类

1. 醇与酚

两者均含—OH,相同的特征峰为 v_{OH} 和 v_{C-O},峰位略有差异。醇与酚的主要差别在于酚具有苯环的特征,如图 4-17(b)及(c)所示。

(1) v_{OH}　在气态和非极性稀溶液中以游离方式存在,峰较锐,醇在 3650~3610 cm^{-1}(s),酚在 3650~3590 cm^{-1}(s);在缔合氢键状态下,醇与酚的 v_{OH} 在 3550~3200 cm^{-1}(s 或 m),峰变钝。

(2) v_{C-O}　在 1320~1050 cm^{-1},酚较醇在高频,峰较强,是该区域最强的峰,易识别。

取代类型	σ/cm^{-1}							σ_γ/cm^{-1}
	1900	1800	1700		800	700	600	
								710~690(s) 770~730(vs)
								770~730(s)
								710~690(m) 810~750(s)
								860~800(s)

图 4-16　取代苯环的面外弯曲振动及泛频峰

2. 醇与醚

两者均有 C—O,相同的特征峰为 v_{C-O},醚与醇的主要区别在于醚不具有 v_{OH}。图 4-17(a) 为正戊醚的红外光谱。

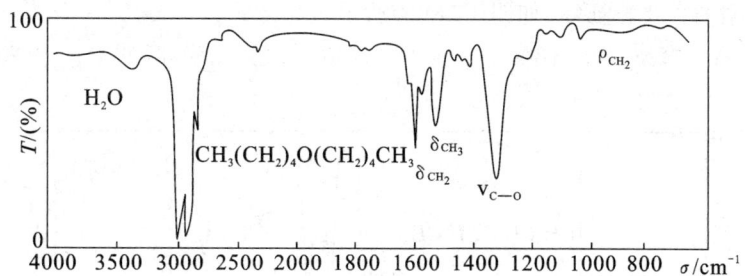

(a) 正戊醚

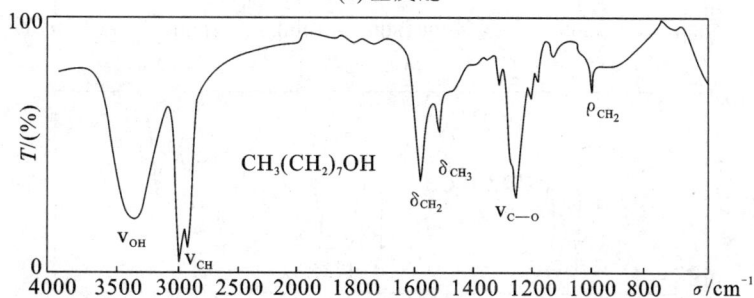

(b) 正辛醇

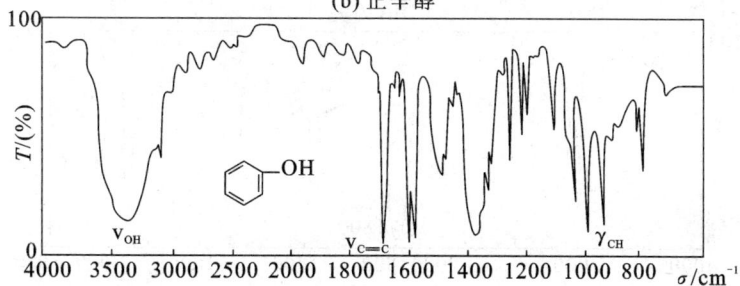

(c) 苯酚

图 4-17　正戊醚、正辛醇与苯酚的红外光谱

醚的 C—O—C 伸缩振动位于 1270～1010 cm^{-1},存在对称和不对称伸缩振动。对称醚一般只出现 v^{as},非对称醚,若有 n-π 共轭,如乙烯醚或芳醚,C—O 键强度增大,C—O—C 的 v^{as} 在高频端 1250 cm^{-1} 附近,v^s 在低频端 1050 cm^{-1} 附近。

环醚在 1260～780 cm^{-1} 出现 2 个或 2 个以上吸收峰,环张力增大,C—O—C 的 v^{as} 向低频方向位移,v^s 向高频方向位移。

4.2.4　羰基化合物

含有羰基的化合物,其 $v_{C=O}$ 强度大,易辨认。含羰基的化合物种类较多,而在核磁共振谱中不呈现羰基峰,因此,在综合波谱解析时,常用红外光谱鉴别羰基。

1. 醛、酮及酰氯类

(1) 酮类化合物　特征峰 $v_{C=O}$ 在 1715 cm^{-1}(s,基准值)附近,如图 4-18(a)所示。若共轭,羰基吸收峰则向低频方向移动。

(2) 醛类化合物　特征峰有 $v_{C=O}$ 和 v_{CHO}。$v_{C=O}$ 在 1725 cm^{-1}(s,基准值)附近,若共轭,羰基吸收峰同样向低频方向移动。醛类化合物中的 v_{CHO} 呈双峰,在 2820 cm^{-1} 及 2720 cm^{-1} 附近,是醛基中 C—H 伸缩振动与其面内弯曲振动(1400 cm^{-1} 附近)的倍频峰发生费米共振所致,是鉴别醛和酮的主要特征峰,如图 4-18(b)所示。

(3) 酰卤　特征峰 $v_{C=O}$ 在 1800 cm^{-1}(s,基准值)附近,比酮、醛的 $v_{C=O}$ 频率大,无干扰,如图 4-18(c)所示。

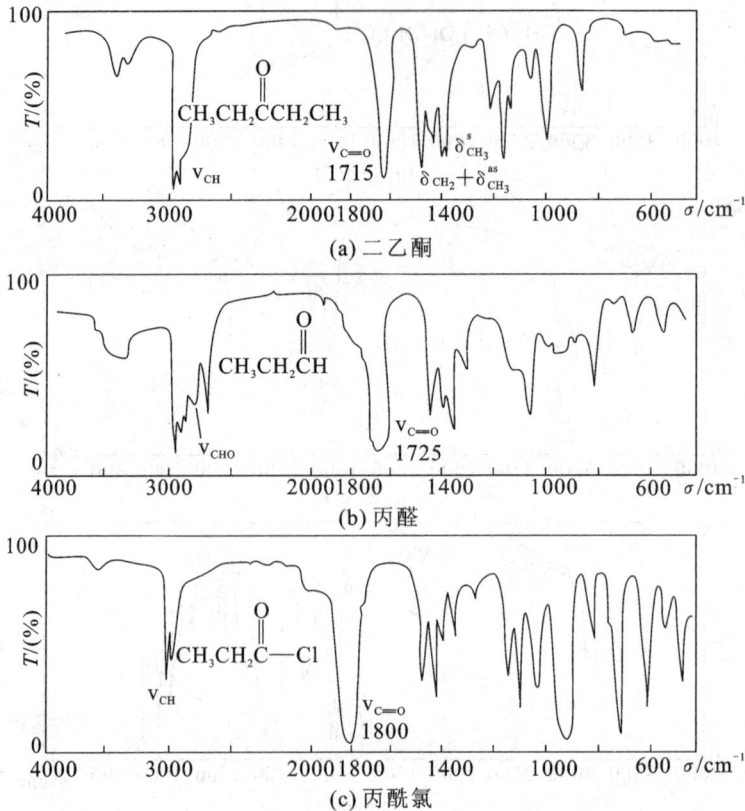

图 4-18　二乙酮、丙醛及丙酰氯的红外光谱

2. 酸、酯及酸酐类

1) 羧酸类化合物

羧酸的主要特征峰有 v_{OH}、$v_{C=O}$ 及 v_{C-O}。

(1) v_{OH}　在 $3600 \sim 2500 \text{ cm}^{-1}$，在气态和非极性稀溶液中，以游离方式存在，其吸收峰为 $3560 \sim 3500 \text{ cm}^{-1}$(s)，峰形尖锐；液态或固态的脂肪酸由于氢键缔合，使羟基伸缩峰变宽，通常呈现以 3000 cm^{-1} 为中心的特征的强宽吸收峰(图 4-19(a))，饱和 C—H 伸缩振动吸收峰常被它淹没，芳香酸则常为不规则的宽强多重峰。

(2) $v_{C=O}$　在 $1740 \sim 1680 \text{ cm}^{-1}$，比酮、醛、酯的羰基峰钝，是较明显的特征。

(3) v_{C-O}　峰较强，出现在 $1320 \sim 1200 \text{ cm}^{-1}$ 区间。

2) 酯类化合物

酯的主要特征峰有 $v_{C=O}$ 及 v_{C-O}。

(1) $v_{C=O}$　在 1735 cm^{-1}(s，基准值)附近，α,β-不饱和酸酯或苯甲酸酯的 π-π 共轭使 $v_{C=O}$ 向低频方向移动，不饱和酯或苯酯因 n-π 共轭，使共轭分散，以诱导为主，使 $v_{C=O}$ 向高频方向移动。

(2) v_{C-O}　在 $1300 \sim 1050 \text{ cm}^{-1}$，有 2～3 个吸收峰，对应于 v_{C-O-C}^{as} 和 v_{C-O-C}^{s}，均为强吸收峰(图 4-19(b))，通常两峰波数差在 $130 \sim 170 \text{ cm}^{-1}$。不饱和酯或苯酯的 v_{C-O-C}^{s} 向高频方向移动，使两峰靠近，$\Delta\sigma$ 减小。

3) 酸酐类化合物

酸酐的主要特征峰为 $v_{C=O}$ 和 v_{C-O}。酸酐与酸相比不含羟基特征峰，如图 4-19(c)所示。

(1) $v_{C=O}$　为双峰，$\Delta\sigma$ 在 $60 \sim 80 \text{ cm}^{-1}$，是鉴别酸酐的主要特征峰。$v_{C=O}^{as}$ 在 $1850 \sim 1800 \text{ cm}^{-1}$(s)，$v_{C=O}^{s}$ 在 $1780 \sim 1740 \text{ cm}^{-1}$(s)。开链酸酐高频峰较强，环酸酐低频峰较强，较易识别。

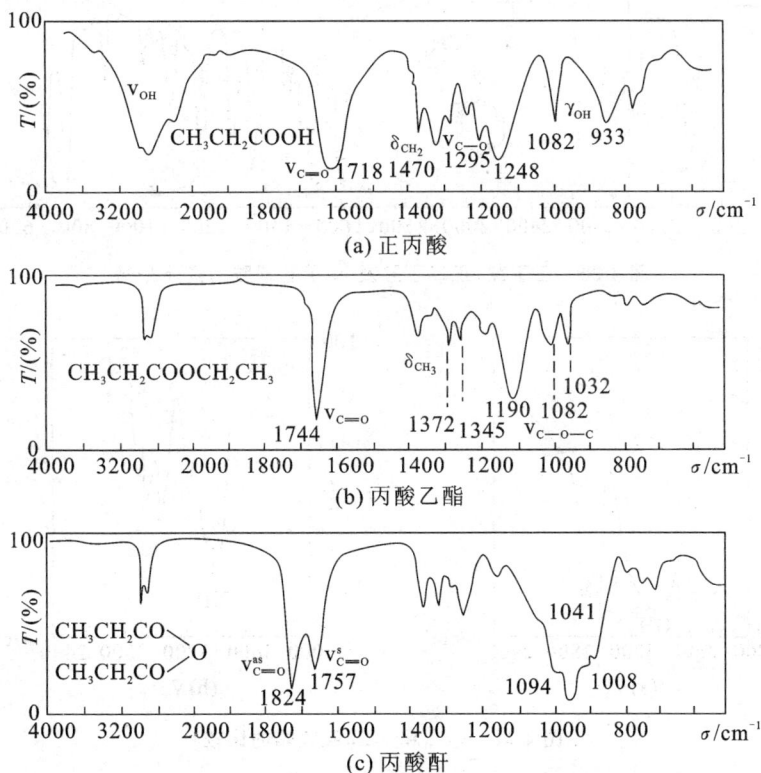

图 4-19　正丙酸、丙酸乙酯及丙酸酐的红外光谱

(2) v_{C-O} 在 1300~1050 cm^{-1}(s),开链酸酐位于 1175~1045 cm^{-1},环酸酐位于 1310~1210 cm^{-1}。

4.2.5 含氮化合物

1. 胺类化合物

胺的主要特征峰为 v_{NH}(3500~3300 cm^{-1})和 β_{NH}、v_{C-N}(1340~1020 cm^{-1})及 γ_{NH}(900~650 cm^{-1})峰。与酰胺相比,胺类化合物在 1700 cm^{-1} 附近无羰基峰。

对于 v_{NH},伯胺(—NH$_2$)为双峰(强度大致相等),仲胺(—NRH)为单峰,叔胺(—NR$_2$)无此峰,如图 4-20 所示。游离或缔合的 N—H 伸缩振动的峰都比相应氢键缔合的 O—H 伸缩振动峰弱而尖锐。O—H 和 N—H 伸缩振动吸收峰的比较如图 4-21 所示。

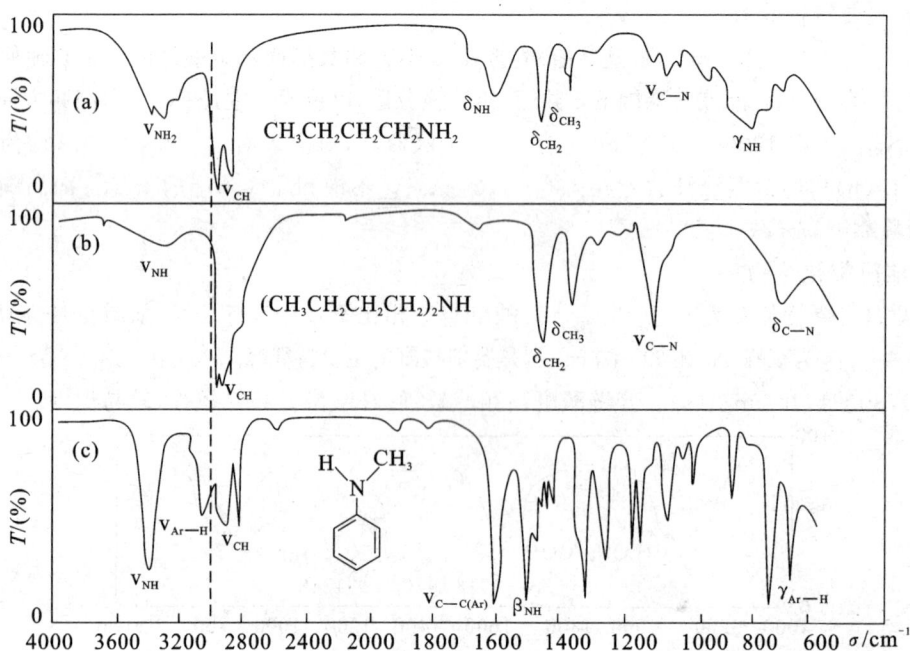

图 4-20　正丁胺、正二丁胺及 N-甲基苯胺的红外光谱

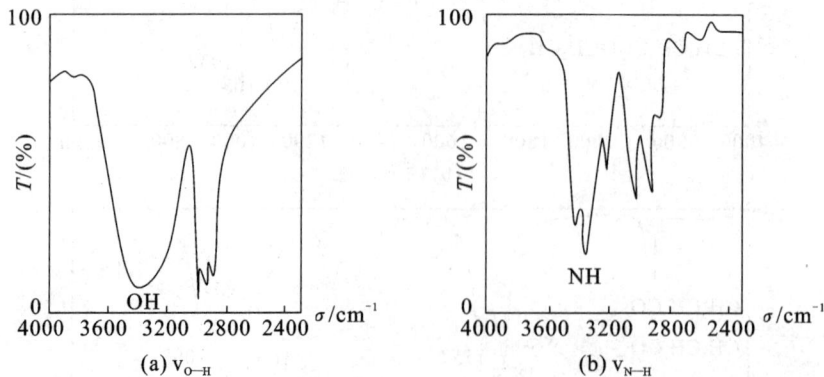

图 4-21　v_{O-H} 和 v_{N-H} 吸收峰的比较

脂肪胺的 v_{C-N} 吸收峰在 1235~1065 cm^{-1} 区域,峰较弱,不易辨别。芳香胺的 v_{C-N} 吸收

峰在 1360～1250 cm^{-1} 区域,其强度比脂肪胺大,较易辨认。

2. 酰胺类化合物

酰胺的主要特征峰如下:

(1) v_{NH}　3500～3100 cm^{-1}(s);

(2) $v_{C=O}$　1680～1630 cm^{-1}(s),称为酰胺谱带 I;

(3) β_{NH}　1640～1550 cm^{-1},称为酰胺谱带 II;

(4) v_{C-N}　1360～1020 cm^{-1},称为酰胺谱带 III。

v_{NH} 峰在稀的非极性溶剂中,酰胺以游离态为主,伯酰胺的 v_{NH} 峰为双峰,v_{NH}^{as} 在 3350 cm^{-1} 附近, v_{NH}^{s} 在 3180 cm^{-1} 附近;仲酰胺的 v_{NH} 峰为单峰,在 3270 cm^{-1} 附近;叔酰胺无 v_{NH} 峰。$v_{C=O}$ 及 v_{C-N} 峰是酰胺的主要特征峰。

3. 硝基类化合物

有两个硝基伸缩振动峰,$v_{NO_2}^{as}$(1600～1500 cm^{-1}(s))及 $v_{NO_2}^{s}$(1400～1300 cm^{-1}(s)),强度很大,很易辨认,芳香族硝基化合物较脂肪族硝基化合物向低频端略有位移。在芳香族硝基化合物中,由于硝基的存在,苯环的 v_{Ar-H} 及 $v_{C=C}$ 峰明显减弱,v_{C-N} 由于强吸电子基的影响,向低频端位移明显,且强度增大。

4.3　红外分光光度计及制样

常见的红外分光光度计的波数范围为 4000～400 cm^{-1}。仪器的发展大体经历了 3 个阶段:

第一代为棱镜红外分光光度计,岩盐棱镜易吸潮损坏,分辨率低,已淘汰;

第二代为光栅型红外分光光度计,对环境要求不高,价格便宜,但扫描速度慢;

第三代为傅里叶变换红外光谱仪,有很高的分辨率,扫描速度极快。

红外分光光度计通常可以分为两类:①色散型,习惯上称为红外分光光度计,目前以光栅型红外分光光度计为主;②干涉型,即傅里叶变换红外光谱仪。

4.3.1　光栅型红外分光光度计

图 4-22 为光栅型双光束红外分光光度计结构示意图,主要包括红外光源、单色器、样品室、检测器和数据记录处理系统五大部分。

1. 红外光源

红外光源是能够发射高强度连续红外辐射的物体。常用的主要有能斯特灯、硅碳棒和特殊线圈。

(1) 能斯特灯是由锆、钇和钍或铈的氧化物烧结制成的中空或实心圆棒,直径 1～3 mm, 长 20～50 mm;两端绕以铂丝作为电极;室温下是非导体,使用前预热到 800 ℃。工作温度在 1500 ℃ 左右,功率为 50～200 W。其特点是发光强度大,尤其在高于 1000 cm^{-1} 的区域,但性脆易碎,机械强度差。

(2) 硅碳棒由碳化硅烧结而成,一般制成两端粗、中间细的实心棒,直径约 5 mm,长 20～ 50 mm;工作温度在 1300 ℃ 左右,功率为 200～400 W,不需预热。它在低波数区发光较强,工作波段为 4000～400 cm^{-1}。其特点是坚固、使用寿命长、发光面积大。

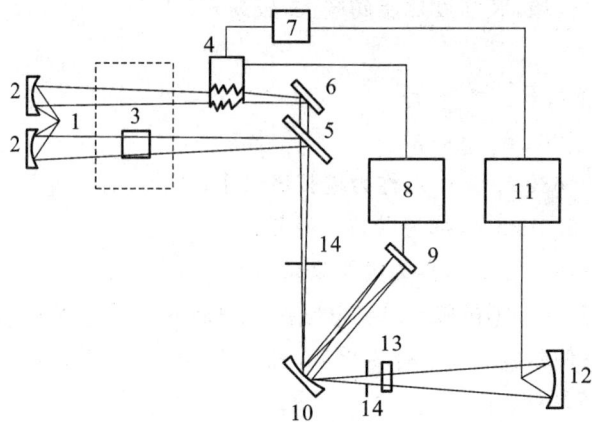

图 4-22　光栅型双光束红外分光光度计结构示意图

1—红外光源；2、10、12—反射镜；3—样品室；4—测试光阑；5—旋光镜；6—平面镜；
7—伺服马达；8—记录仪；9—光栅；11—放大器；13—滤光片；14—狭缝

（3）特殊线圈也称为恒温式加热线圈，由特殊金属丝制成，通电灼热产生红外线。

2．单色器

单色器指从入射狭缝到出射狭缝这段光程所包含的部分，是红外分光光度计的心脏。色散元件有棱镜和光栅。早期用 NaCl、KBr 等的大晶体制作棱镜，因易吸潮变坏，现已淘汰。目前使用的色散型红外分光光度计一般采用光栅单色器，它不仅对环境要求不高，且具有线性色散、分辨率高和光能量损失小等优点。

3．检测器

（1）真空热电偶　利用不同导体构成回路时的温差电现象，将温差转变为电位差，涂黑金箔接受红外辐射。一个好的热电偶检测器可响应 10^{-6} ℃的温度变化。

（2）Golay 池（气胀式检测器）　利用气体膨胀而使软镜膜变形，从而使射向光电管的光强发生改变。

4．吸收池

吸收池分为气体池与液体池两种。

液体池有固定池、密封池和可拆卸池。常用可拆卸池，其窗片间距离不固定，取决于垫片厚度。主要用于测定高沸点液体或糊剂。

使用气体池时，用减压法将气体装入池中测定，主要用于测定气体及沸点较低的液体样品。

固体样品不用吸收池，一般采用压片机压片后直接测定。

5．数据记录处理系统

红外分光光度计一般由记录仪自动记录光谱图。傅里叶变换红外光谱仪用微机处理检测结果并自动显示光谱图。

4.3.2　干涉型红外光谱仪

1．基本组成

傅里叶变换红外光谱仪（Fourier transform infrared spectroscope，简称 FT-IR），是 20 世纪 70 年代出现的一种新型非色散型红外光谱仪。它主要由光源、迈克尔逊（Michelson）干涉仪、检测器和计算机组成,如图 4-23 所示。

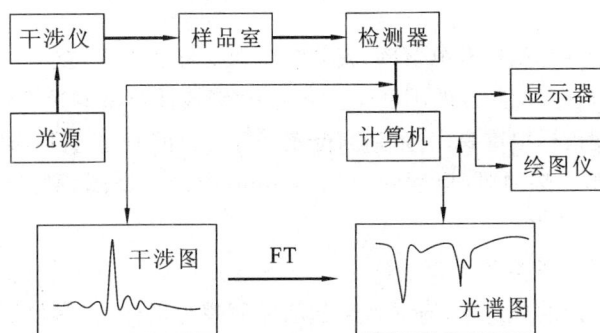

图 4-23　傅里叶变换红外光谱仪基本结构

光源发出的红外辐射,经干涉仪转变为干涉光,再让干涉光照射样品,经检测器得到含样品信息的干涉图。由计算机根据干涉图通过傅里叶余弦变换算出样品的红外光谱。

2. 迈克尔逊干涉仪的工作原理

干涉仪是使光源发出的两束光,经过不同路程后,再聚焦到某一点上,发生干涉现象的仪器。

迈克尔逊干涉仪由固定镜(M_1)、动镜(M_2)及光束分裂器(BS)(或称分束器)组成,如图 4-24 所示。M_2 沿图示方向移动,故称动镜。在 M_1 与 M_2 间放置呈 $45°$ 角的半透明光束分裂器。由光源发出的光,经准直镜后成平行光射到分束器上,分束器可使 50% 的入射光透过,其余 50% 的光反射,光被分裂为光 I 与 II。I 与 II 两束光分别被动镜与固定镜反射而形成相干光。因固定镜的位置固定,而动镜的位置是可变的,因此,通过改变两光束的光程差,即可以得到干涉图。

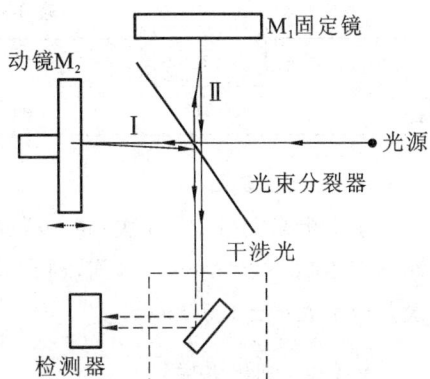

图 4-24　迈克尔逊干涉仪工作原理

3. 检测器

由于 FT-IR 的全程扫描时间小于 1 s,一般检测器的响应时间不能满足要求,因此 FT-IR 多采用热电型硫酸三苷肽单晶(TGS)或光电导型汞镉碲(MCT)检测器,这些检测器的响应时间为 1 μs。

光源、吸收池等部件与色散型仪器通用。

4. FT-IR 的特点

(1) 扫描速度极快。FT-IR 是在整个扫描时间内同时测定所有频率的信息,一般只要 1 s 左右即可。因此,它可用于测定不稳定物质的红外光谱,是实现色谱-光谱联用较为理想的仪器。

(2) 具有很高的分辨率。通常 FT-IR 分辨率达 $0.1 \sim 0.005$ cm^{-1}。

(3) 灵敏度高。因 FT-IR 不用狭缝和单色器,反射镜面又大,故能量损失小,到达检测器的能量大,可检测 10^{-8} g 数量级的样品。光谱范围宽;测量精度高,重复性可达 0.1%;杂散光干扰小;样品不受红外聚焦而产生的热效应的影响;特别适合于与气相色谱联机或研究化学反应机理等。

近年来 FT-IR 技术得到了深入发展,应用非常广泛,可与 GC 联用,是近代化学研究不可缺少的基本设备之一。

4.3.3 仪器性能

红外分光光度计的性能指标有分辨率、波数的准确度与重现性、透光率或吸光度的准确度与重现性、入射光线的平直度、检测器的满度能量输出、狭缝线性及杂散光等项,前两项为仪器的最主要指标。波数准确度指标很重要,关系到测得光谱峰位的正确性,直接影响光谱解析。

一般情况下用聚苯乙烯薄膜(厚度约为 0.04 mm)绘制光谱图,测试傅里叶变换红外光谱仪的性能。

1. 仪器的分辨率(分辨本领)

对于红外分光光度计的分辨率,通常用聚苯乙烯薄膜为试样,正常仪器在 $3110 \sim 2850 \ cm^{-1}$ 范围内应能清晰地分辨出碳氢伸缩振动的 7 个峰,并且 $2924 \ cm^{-1}$ 峰谷与 $2850.7 \ cm^{-1}$ 峰尖之间距应大于 $18\%T$,$1601.4 \ cm^{-1}$ 峰谷与 $1583.1 \ cm^{-1}$ 峰尖之间距大于 $12\%T$。

2. 波数准确度

仪器测定所得的波数与文献值比较之差称为波数准确度,要求在 $3000 \ cm^{-1}$ 附近,波长误差通常应不大于 $\pm 5 \ cm^{-1}$;在 $1000 \ cm^{-1}$ 附近应不大于 $1 \ cm^{-1}$。采用聚苯乙烯薄膜的吸收峰对仪器的波数进行校正,表 4-8 列出了聚苯乙烯主要吸收峰的位置。

表 4-8 聚苯乙烯主要吸收峰位置

σ/cm^{-1}	3062	3027	2925	2851	1946	1802
	1603	1494	1154	1028	906	700

3. 波数重现性

多次重复测量(3~5 次)同一样品,所得同一吸收峰的最大值与最小值之差称为波数重现性。在 $4000 \sim 2000 \ cm^{-1}$ 区间,通常波数误差应不大于 $\pm 3 \ cm^{-1}$,在 $2000 \sim 500 \ cm^{-1}$ 区间波数误差应不大于 $\pm 1.5 \ cm^{-1}$。

4.3.4 制样方法

气、液及固体样品均可测定其红外光谱,但以固体样品最为方便。

1. 对样品的要求

(1) 样品应不含水分。若含水(结晶水、游离水),则对羟基峰有干扰,而且会侵蚀吸收池的盐窗(KBr 光窗用毕应立即放入干燥器中保存)。

样品更不能是水溶液,若需制成溶液,则应使用符合所测光谱波段要求的有机溶剂配制。应在红外灯下将样品与 KBr 在研钵中研细混匀,以尽量减少空气中水分的干扰。

(2) 样品的纯度一般须大于 98%。

2. 样品的制备

1) 气体样品

气体样品可用气体池测定。方法是先将玻璃气槽内空气抽尽,再将试样注入,气体压力约为 666.1 Pa。

2) 液体样品

(1) 夹片法 夹片法适用于挥发性不大的样品,在作定性分析时,此法可代替液体池,方法简易。具体操作如下:压制两片空白 KBr 片,将液体样品滴入其中一片上,再盖上另一片,放入片剂框中夹紧,置于光路中,即可测定样品的红外吸收光谱。空白片在气候干燥时,可用溶剂洗净,再用一两次。

(2) 涂片法 黏度大的液体样品可以直接涂在一片空白片上测定,不必夹片。

(3) 液体池法(溶液法) 将液体样品装入具有岩盐窗片的液体池中,测定样品的吸收光谱。一般沸点较低、挥发性较大的试样,可注入封闭液体池中,液层厚度一般为 $0.01 \sim 1$ mm。所用的溶剂应在测定波段区间无强吸收。常用的有 CCl_4($4000 \sim 1350$ cm^{-1})及 CS_2($1350 \sim 600$ cm^{-1}),CCl_4 在 1580 cm^{-1} 处稍有吸收。对于一些吸收很强的液体,当用调整厚度的方法仍然得不到满意的谱图时,可用适当的溶剂配成稀溶液进行测定。

3) 固体样品

固体样品通常可用三种方法制样,即压片法、糊剂法及薄膜法。当样品量特别少(在 1 mg 以下)或样品面积特别小时,可采用光束聚光器,并配微量液体池、微量固体池和微量气体池,采用全反射系统或用带有卤化碱透镜的反射系统进行测量。

(1) 压片法 将 $1 \sim 2$ mg 试样与 200 mg 光谱纯 KBr 研细均匀,置于模具中,用 $5 \times 10^7 \sim 1.0 \times 10^8$ Pa 压力在油压机上压成透明薄片,即可用于测定。试样和 KBr 都应经干燥处理,研磨到粒度小于 2 μm,以免产生散射光影响。

(2) 糊剂法 取固体样品在玛瑙乳钵中研细,滴加液状石蜡或全氟代烃,研成糊剂,夹于两盐片中,放入光路,即可测定样品的红外光谱。但需注意,液状石蜡适用于 $1300 \sim 400$ cm^{-1},全氟代烃适用于 $4000 \sim 1300$ cm^{-1},两者配合可完成整个波段的测定,否则需扣除它们的吸收。

(3) 薄膜法 薄膜法主要用于高分子化合物的测定。可将它们直接加热熔融后涂制或压制成膜。也可将试样溶解在低沸点的易挥发溶剂中,涂在盐片上,待溶剂挥发后成膜测定。

4.4 分析方法

4.4.1 定性分析

由于每种化合物都有其特定的红外吸收光谱,因此红外吸收光谱是定性分析的有力工具。常用定性分析方法如下。

1. 官能团定性

根据化合物红外光谱的特征吸收峰,确定该化合物含有哪些官能团。如 1700 cm^{-1} 附近有强吸收峰,表示有羰基存在。

2. 与已知物对照

将待测化合物的红外光谱与已知物的红外光谱对照,可用来鉴别待测化合物是否是已知物。应在相同条件下分别测定其红外光谱,核对其光谱的一致性,光谱图完全一致,才可认定是同一物质。

3. 核对标准光谱

将待测化合物的红外光谱与标准红外光谱对照,是常用化合物定性鉴别的常规手段。若化合物的标准光谱已被收载,如 Sadtler 光谱图,则可按名称或分子式查找标准光谱对照判断。判断时,要求峰数、峰位和峰的相对强度均一致。

【例 4-3】 用红外光谱确定化合物是 $CH_3CH_2CH_2CH_2CHO$ 或 $CH_3CH_2COCH_2CH_3$。

解 两种化合物的区别主要在于前者为饱和醛,后者为饱和酮。在 IR 图上前者在 2720 cm^{-1} 和 2820 cm^{-1}

处应有双峰,较弱;后者则无。此外,前者的 $v_{C=O}$ 应在 1725 cm^{-1} 附近,而后者在 1715 cm^{-1} 附近。

4. 结构分析

根据红外光谱的吸收峰位置、强度和形状,利用基团振动频率与分子结构的关系,确定吸收峰的归属,确认分子中所含的基团和化学键,进而推定分子的结构。图谱的解析主要是靠长期的实践、经验的积累,首先需要对整个红外光谱有概括的了解,在此基础上才能较好地进行结构分析。应该指出,即使是简单的化合物,红外光谱也可能比较复杂,单凭红外光谱确定未知物的结构是困难的。

1）特征区与指纹区

绝大多数有机化合物的基频振动出现在红外光谱 4000～400 cm^{-1} 区域。各种基团都有其特征的红外吸收频率,按照光谱特征与分子结构的关系,红外光谱可分为特征区（官能团区或基频区）和指纹区两大区域。

（1）特征区　习惯上将 4000～1250 cm^{-1} 区间称为特征区,又称基频区或官能团区。其特点是吸收峰的数目少,有鲜明特征,易鉴别,可用于鉴定官能团（包括含 H 原子的单键,各种三键、双键伸缩基频峰,部分含 H 单键面内弯曲基频峰）。

（2）指纹区　常将 1250～600 cm^{-1} 的低频区称为指纹区。它主要来源于各种单键（C—C、C—O、C—X）的伸缩振动以及多数基团的弯曲振动,其特点是吸收峰密集,峰位、峰强及形状对分子结构的变化十分敏感,只要在化学结构上存在细小的差异（如同系物、同分异构体和空间异构等）,在指纹区就有明显的反映,犹如人的指纹,因而指纹区能够识别不同的化合物。通常将红外光谱划分为九个区段,见表 4-9。

表 4-9　红外光谱的九个重要区段

$\sigma/$ cm^{-1}	λ/μm	振 动 形 式
3750～3000	2.7～3.3	v_{OH}、v_{NH}
3300～3000	3.0～3.3	$v_{\equiv CH} > v_{=CH} \approx v_{Ar-H}$
3000～2700	3.3～3.7	v_{CH}（—CH$_3$、—CH$_2$、—CH、—CHO）
2400～2100	4.2～4.9	$v_{C\equiv C}$、$v_{C\equiv N}$
1900～1650	5.3～6.1	$v_{C=O}$（酸酐、酰氯、酯、醛、酮、羧酸、酰胺）
1675～1500	5.9～6.2	$v_{C=C}$、$v_{C=N}$
1475～1300	6.8～7.7	β_{CH}、β_{OH}（各种面内弯曲振动）
1300～1000	7.7～10.0	v_{C-O}（酚、醇、醚、酯、羧酸）
1000～650	10.0～15.4	γ_{-CH}（不饱和碳氢面外弯曲振动）

2）光谱解析一般程序

（1）了解样品来源及测试方法。

了解样品来源可以缩小结构推测范围,并要求样品纯度在 98% 以上,以免干扰,可通过物理化学常数鉴定纯度。

谱图测试方式的不同会使吸收峰的位置及形状有所不同,应予以注意。

（2）求分子式和不饱和度。

可由元素组成和质谱数据,确定化合物的分子式,并由此计算不饱和度,可用于估计结构式中是否有双键、三键、芳环或脂环,估计化合物的类别,以验证光谱解析结果的合理性。

不饱和度是表示有机分子中碳原子的不饱和程度。即每缺 2 个一价元素时,不饱和度为一个单位($U=1$)。其计算方法如下:

$$U=1+n_4+\frac{n_3-n_1}{2} \tag{4-7}$$

式中:n_4、n_3、n_1分别为分子中所含的四价、三价和一价元素原子的数目。二价原子(如 S、O 等)不参加计算。

不饱和度与结构的规律如下:若 $U=0$,则表示分子是饱和的,为链状烃及其不含双键的衍生物;若 $U=1$,则表示分子含有双键或饱和环状结构;若 $U=2$,则表示分子中可能含有三键或 2 个双键;若 $U=4$,则表示分子中可能含有苯环;若 $U=5$,则可能含苯环及双键等。

【例 4-4】 计算苯甲酰胺(C_7H_7NO)的不饱和度。

解
$$U=1+n_4+\frac{n_3-n_1}{2}=1+7+\frac{1-7}{2}=5$$

与分子中有一个苯环及一个双键符合。

(3) 解析红外光谱图的方法。

一般解析红外光谱图时,遵循"四先""四后""相关"法。

① 先特征区,后指纹区。先观察特征区,注意分析光谱图上特征峰的位置、形状及强度,推测可能的官能团;后分析指纹区,以判断基团的存在。

② 先最强峰,后次强峰。先确定第一强峰的起源与归属,然后依次解析第二、第三……强峰的起源归属。

③ 先粗查,后细找。先粗查"基频峰分布略图",粗略了解峰的起源,由"相关图"了解相关峰;再由"主要基团的红外特征吸收峰"的有关数据仔细核对,确定峰归属。

④ 先否定,后肯定。利用吸收峰的不存在,可以否定官能团的存在,因此,否定比因吸收峰的存在而肯定官能团的存在更为有力。

⑤ 抓一组相关峰,避免孤立解析。必须遵循"解析一组相关峰"才能确认一个官能团的存在,因为多数官能团在中红外区都有一组相关峰。

⑥ 对照验证。如是已知化合物,查对标准光谱或与标准品的红外光谱图对照。

此外在解析红外光谱时应注意:

① 绘制样品红外光谱图的仪器条件与测定条件应与绘制标准光谱图的条件一致或相近;

② 识别杂质峰,如水峰是水分,或来源于样品,或来源于溴化钾,因溴化钾易吸水,在用含有水分的溴化钾压片制样时,谱图中可能出现水的吸收峰。溶剂峰是洗涤吸收池残留的溶剂或溶液中的溶剂;

③ 不可能解释光谱图中所有吸收峰,有些吸收峰是某些峰的倍频峰或组频峰,有的则是多种振动耦合的结果,还有分子作为一个整体产生吸收而形成的吸收峰。

【例 4-5】 某未知物沸点为 202 ℃,测得分子式为 C_8H_8O。将该样品装入毛细液体池中,测定其红外光谱,如图 4-25 所示,推导其结构并写出各吸收峰的归属。

解
$$U=1+n_4+\frac{n_3-n_1}{2}=1+8+\frac{0-8}{2}=5$$

可能有苯环及一个双键。

分析谱图:特征区最强峰在 1685 cm^{-1},有 C=O 基团;1600 cm^{-1}、1580 cm^{-1}、1450 cm^{-1} 同时出现,证实有苯环,760 cm^{-1}、690 cm^{-1} 的峰与泛频峰 2000~1667 cm^{-1} 表现为单取代模式,说明是一取代苯,1260 cm^{-1} 是芳酮的特征,1430 cm^{-1}、1360 cm^{-1} 是—CH$_3$ 的特征,综合分析结果,推测化合物是苯乙酮,其结构式为

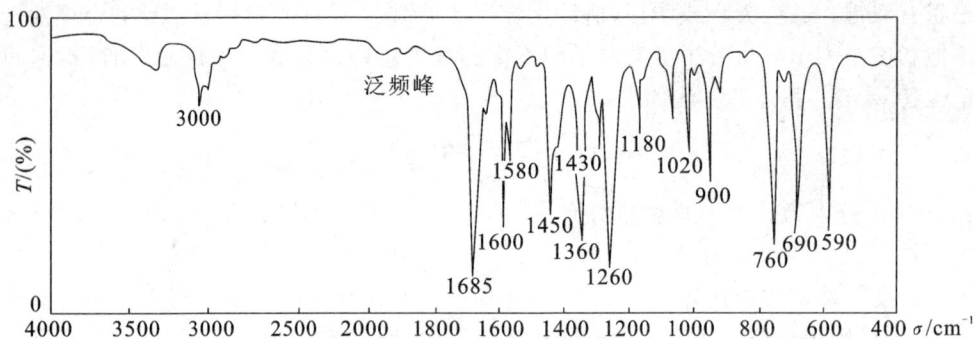

图 4-25　例 4-5 图

$$\begin{array}{c} O \\ \parallel \\ \diagdown\!\!—C—CH_3 \end{array}$$

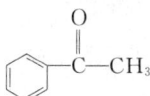

验证:不饱和度为 5,符合。查对标准光谱,与 Sadtler 纯化合物标准红外光谱 8290 K 号苯乙酮的光谱一致。各峰归属如下:

$\sigma\,/cm^{-1}$	振动形式归属	基团归属
1685	$\nu_{C=O}$	$C=O$
1600、1580、1450	$\nu_{C=C(Ar)}$	
760、690	γ_{Ar-H}	
3000	ν_{Ar-H}	
1260	$\nu_{Ar-C=O}$	
1430、1360	$\delta_{CH_3}^{as}$、$\delta_{CH_3}^{s}$	$—CH_3$

【例 4-6】　某化合物分子式为 $C_4H_6O_2$,其红外光谱如图 4-26 所示,试推断该化合物的结构,并写出各主要吸收峰的归属。

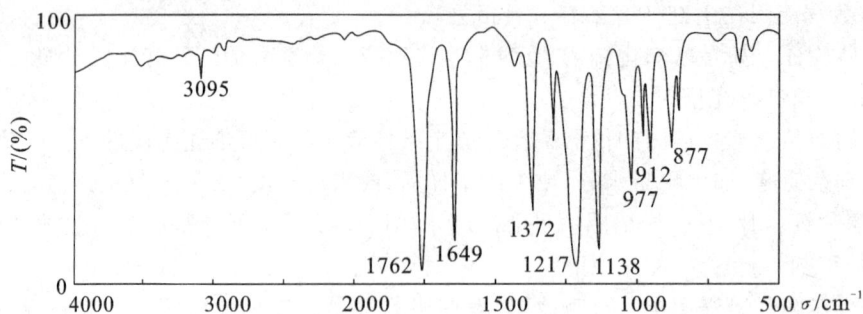

图 4-26　例 4-6 图

解
$$U = 1 + n_4 + \frac{n_3 - n_1}{2} = 1 + 4 + \frac{0 - 6}{2} = 2$$

可能有 2 个双键。

分析谱图:特征区最强峰为 1762 cm^{-1},应有 C=O 基团,结合指纹区 1217 cm^{-1}、1138 cm^{-1},可能为 C—O—C 的不对称与对称伸缩振动,推测分子中有酯基存在;1649 cm^{-1} 可能是 C=C,结合 3095 cm^{-1}、977 cm^{-1}、912 cm^{-1},是 CH$_2$=CH—结构的特征吸收,C=O 的伸缩振动体现向高频方向位移,说明 C=O 与 C=C 未共轭,C=C 的伸缩振动吸收强度增大,说明 C=C 与氧原子相连,1372 cm^{-1} 是 —CH$_3$ 的对称变形,

因与 C═O 相连,强度增大。综合分析结果,该化合物是乙酸乙烯酯,其结构式为

$$H_2C{=}CH{-}O{-}\overset{\overset{\displaystyle O}{\|}}{C}{-}CH_3$$

验证:不饱和度为 2,符合。各峰归属如下:

σ /cm^{-1}	振动形式归属	基团归属
1762	$v_{C=O}$	C═O(非共轭)
1372	$\delta_{CH_3}^s$	$CH_3CO\ \ CH_3COO$
1217、1138	v_{C-O-C}^{as}、v_{C-O-C}^s	C—O—C
1649	$v_{C=C}$	$CH_2{=}CH{-}O$
977、912	$\gamma_{=CH}$	$CH_2{=}CH{-}$
3095	$v_{=CH}$	

4.4.2　定量分析

红外光谱定量分析的理论基础与紫外-可见光谱相同。由于有机物均有红外吸收,理论上红外定量的应用很广泛,但红外定量方法有其固有的缺点,因而影响了它的应用。其原因如下:一是红外辐射较紫外光及可见光能量小,检测器灵敏度低,光源强度低,因而仪器的单色器必须使用较宽的狭缝,而且红外吸收峰较窄,因而导致对比尔定律的偏离,即吸光度和浓度间呈非线性关系;二是红外吸收池光程较短,加之吸收池窗口易被腐蚀、吸收池厚度难以调节准确,所以实际上不可能用参比池完全抵消掉吸收池、溶剂等的影响;三是样品的红外吸收峰往往较多,不易找到不受干扰的检测峰。

4.5　应用与示例

4.5.1　定性鉴别

红外光谱法是一种专属性很强、应用较广的定性鉴别方法,适用于组分单一、结构明确的各种原料药,也可用于简单的药物制剂鉴别。

1. 原料药的鉴别

2015 版《中国药典》(二部)收载的红外光谱图,分辨率为 2 cm^{-1},波数范围为 4000 ～ 400 cm^{-1}。

【示例 4-1】　2015 版《中国药典》二部阿司匹林的鉴别,采用标准谱图对照法。

本品的红外光谱应与对照的图谱(光谱集 5 图)一致。

2. 制剂的鉴别

【示例 4-2】　2015 版《中国药典》二部布洛芬片的鉴别,采用标准谱图对照法。

取本品 5 片,研细,加丙酮 20 mL 使布洛芬溶解,过滤,取滤液挥干,真空干燥后测定。本品的红外光谱应与对照的图谱(光谱集 943 图)一致。

4.5.2　杂质检查

红外光谱法在药物杂质检查中主要用于药物中无效或低效晶型的检查。某些多晶型药物由于其晶型结构不同,一些化学键的键长、键角等发生不同程度的变化,从而导致红外光谱中某些特征峰的频率、峰形和强度出现显著差异。利用这些差异,可以检查药物中低效(或无效)

晶型杂质,结果可靠,方法简便。

【示例 4-3】 2015 版《中国药典》二部甲苯咪唑中 A 晶型的检查。

取本品与 A 晶型含量为 10% 的甲苯咪唑对照品各约 25 mg,分别加液状石蜡 0.3 mL,研磨均匀,制成厚度约 0.15 mm 的石蜡糊片,同时制作厚度相同的空白液状石蜡糊片作参比,按照红外光谱法测定,并调节供试品与对照品在 803 cm^{-1} 波数处的透光率为 90%～95%,分别记录 803～620 cm^{-1} 波数处的红外光谱。在约 620 cm^{-1} 和 803 cm^{-1} 波数处的最小吸收峰间连接一条基线,再在约 640 cm^{-1} 和 662 cm^{-1} 波数处的最大吸收峰之顶处作垂线与基线相交,用基线吸光度法求出相应吸收峰的吸光度值,供试品在约 640 cm^{-1} 和 662 cm^{-1} 波数处吸光度之比,不得大于 A 晶型含量为 10% 的甲苯咪唑对照品在该波数处的吸光度之比。

4.5.3　结构分析

【示例 4-4】 从某植物中分离得一未知化合物,通过分别进行 UV、IR、NMR、MS 等测定,得各谱的信息,根据 IR 推定基团的存在,结合 UV 的共轭、顺反信息,MS 的相对分子质量、组成和基团裂解信息,NMR 的碳、氢及其相关性信息,推测得到化合物的结构。

【示例 4-5】 在青霉素结构确定中,因青霉素($C_{16}H_{18}N_2SO_4$)的水解产物($C_{16}H_{20}N_2SO_5$)的结构式为

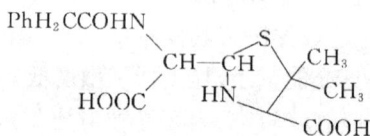

由此结构推测青霉素的结构可能为 A 或 B。

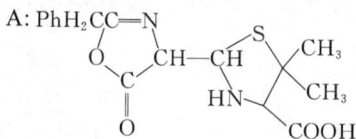

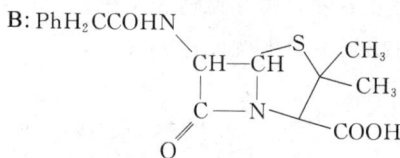

在青霉素的红外光谱出现 1700 cm^{-1} 及 1770 cm^{-1} 两个强吸收峰,五元环内酯的 C=O 伸缩振动为 1780～1760 cm^{-1},四元环内酰胺的 C=O 伸缩振动为 1780～1770 cm^{-1},两者水解均可得到青霉素水解产物。通过合成三种分子模拟物 C、D 及 E,测得 E 的 C=O 伸缩振动为 1770 cm^{-1},从而确定青霉素的结构是 B 而不是 A。

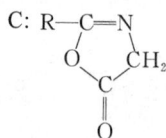

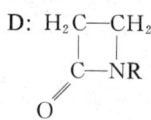

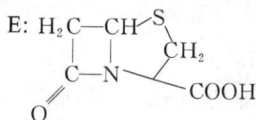

$\sigma_{v_{C=O}}/cm^{-1}$:1800　　　　　　　　1740　　　　　　　　1770

思考题与习题

1. 红外光谱法与紫外光谱法的主要区别是什么?
2. 产生红外光谱的条件是什么?
3. 为什么红外光谱图上基频峰数少于基本振动形式数而吸收峰数又多于基本振动形式数?
4. 如何利用红外光谱区别①脂肪族与芳香族化合物;②脂肪族饱和与不饱和碳氢化合物?
5. 如何利用红外光谱区别①醇、酚与醚;②羧酸、酯与酸酐;③醛与酮;④伯、仲、叔醇;⑤伯、仲、叔胺?
6. 测定样品的紫外光谱时,甲醇是良好的常用溶剂,而测定红外光谱时,不能用甲醇做溶剂,为什么?
7. 了解样品的来源和相关性质对结构解析有什么意义?

8. 什么是红外非活性振动、简并?

9. 什么是基频峰、相关峰? 什么是特征峰、泛频峰?

10. 什么是伸缩振动、弯曲振动?

11. 影响红外吸收峰峰位的因素有哪些? 分别如何影响?

12. 影响红外吸收峰峰强的因素有哪些?

13. 红外光谱图的特征区和指纹区分别有何特点?

14. 下列化合物分别可能有哪些红外吸收峰?

A：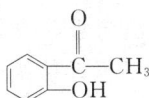　　　　B：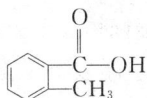　　　　C：　　　OHC——⟨　⟩——$CONH_2$

15. 某物质的分子式为 C_7H_8O,红外光谱如下,推导其结构,并说明各特征吸收峰的归属。

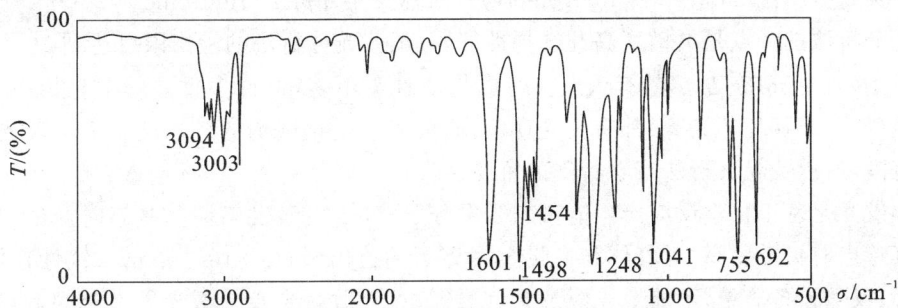

16. 某物质的分子式为 C_8H_7N,红外光谱如下,推导其结构,并说明各特征吸收峰的归属。

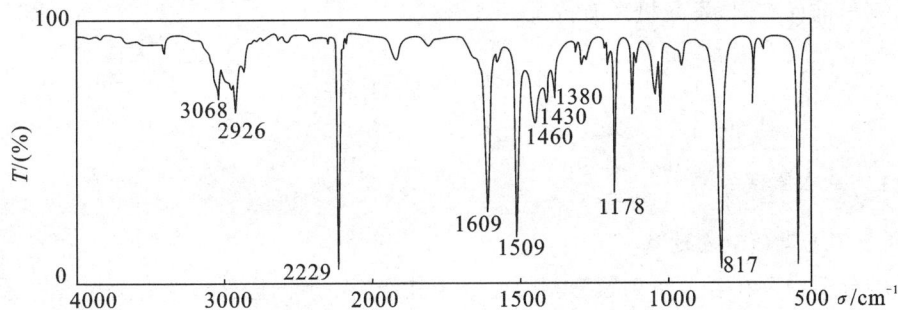

17. 已知某液体样品的相对分子质量为 124.16,分子式为 $C_6H_9N_3$。用微量液体池测得其红外光谱如下。试由光谱解析,判断其化学结构式,并说明各特征吸收峰的归属。

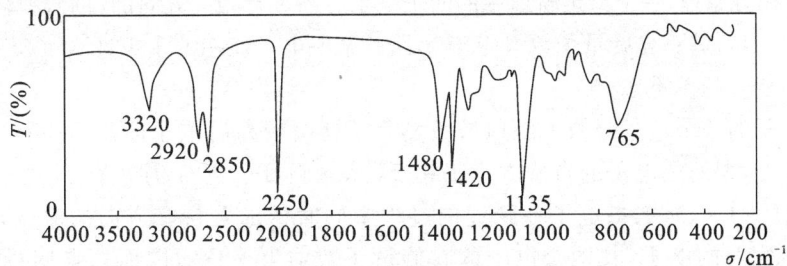

第5章　荧光分析法和化学发光分析法

分子荧光(molecular fluorescence)、分子磷光(molecular phosphorescence)、化学发光(chemiluminescence)等均属于分子发光。

荧光和磷光属光致发光,是分子、原子吸收光辐射时被激发,然后发射出与吸收光相同或不同波长光的现象。荧光是物质分子吸收光子能量被激发后从激发态的最低振动能级返回到基态时所发射出的光。依据物质分子的荧光谱线位置及强度进行物质鉴定和含量测定的方法称为分子荧光分析法(molecular fluorometry),简称荧光分析法(fluorometry)。

荧光分析法的特点是灵敏度高和选择性好,一般荧光分析法的检出限可达到 10^{-10} g/mL,甚至可达 10^{-12} g/mL。虽然具有天然荧光的物质种类不多,但许多重要的生化物质、药物及致癌物质(如许多稠环芳烃等)都有荧光现象,而荧光衍生化试剂的使用又扩大了荧光分析法的应用范围,所以荧光分析法有着特殊的重要性。

化学发光是基于化学反应产生能量来激发分子,分子由激发态回到基态时产生的光辐射现象。其特点有灵敏度高,对气体和痕量金属离子的检出限可达 10^{-9} g/mL;线性范围宽;分析速度快;仪器设备简单,不需要光源及单色器等;没有散射光及杂散光等引起的背景值。在痕量分析、环境科学、生命科学及临床医学上得到越来越广泛的应用。本法的局限性是可供发光用的试剂目前尚有限,发光机理有待进一步研究。

5.1　荧光分析法

5.1.1　基本原理

1. 分子中电子的激发过程

物质的分子中存在着一系列紧密相隔的电子能级,而每个电子能级中又包含一系列的振动能级和转动能级。

大多数分子含有偶数个电子,在基态时,这些电子成对地填充在能量最低的各轨道中。根据泡利(Pauli)不相容原理,一个给定轨道中的两个电子应当具有相反方向的自旋,即自旋量子数分别为+1/2 和−1/2,其总自旋量子数 S 等于 0,因此基态电子能态的多重性 $M=2S+1=1$,此时分子处于电子能态的单重态。

当基态分子的一个电子吸收光辐射被激发而跃迁至较高的电子能态时,通常电子不发生自旋方向的改变,即两个电子的自旋方向仍相反,总自旋量子数 S 仍等于 0,分子处于激发的单重态($M=2S+1=1$);如果电子在跃迁的过程中同时伴随着自旋方向的改变,这时分子具有两个自旋不配对的电子,其两个电子的自旋量子数均为+1/2,因而总自旋量子数 S 等于1($S=1/2+1/2$),这时分子处于激发的三重态($M=2S+1=3$)。

图 5-1 中,S_0、S_1、S_2 分别表示分子的基态、第一和第二电子激发单重态,T_1、T_2 分别表示第一和第二电子激发的三重态。激发单重态与相应三重态的区别在于电子自旋方向不同,以及三重态的能级稍低一些,因此单重态至三重态跃迁所需能量较单重态至单重态的跃迁小,但因

单重态至三重态是禁阻跃迁,因而其摩尔吸收系数常常很小。图 5-2 表示了单重态与三重态的差别。

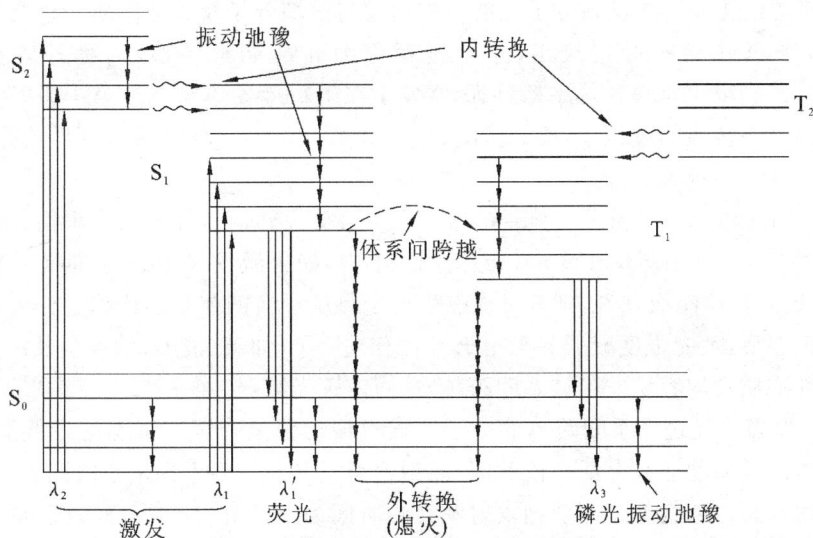

图 5-1　荧光和磷光产生能级图

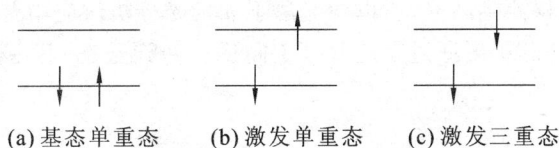

(a) 基态单重态　　　(b) 激发单重态　　　(c) 激发三重态

图 5-2　单重态和三重态示意

2. 分子荧光的产生

根据玻耳兹曼分布,分子在室温时基本上处于电子能级的基态。当吸收了紫外-可见光后,基态分子中的电子只能跃迁到激发单重态的各个不同振动-转动能级。

处于激发态的分子是不稳定的,它可以通过辐射跃迁和无辐射跃迁等多种过程释放多余的能量而返回至基态,具体过程主要包括以下几种。

(1) 振动弛豫　在溶液中,激发态分子通过与溶剂分子的碰撞而将部分振动能量传递给溶剂分子,其电子返回到同一电子激发态的最低振动能级的过程称为振动弛豫(vibrational relaxation)。由于能量是以热的形式损失,故振动弛豫属于无辐射跃迁,振动弛豫只能在同一电子能级内进行,其发生时间为 $10^{-13} \sim 10^{-11}$ s 数量级。

(2) 内部能量转换　当两个电子激发态之间的能量差较小以致其振动能级有部分重叠时,激发态分子常由高电子能级以无辐射跃迁方式转移至低电子能级的过程称为内部能量转换,简称内转换(internal conversion)。图 5-1 中,激发态 S_1 的较高振动能级的势能与激发态 S_2 的较低振动能级非常接近,因此极易发生内转换过程。

(3) 荧光发射　无论分子最初处于哪一个激发单重态,通过内转换及振动弛豫,均可返回到第一激发单重态的最低振动能级,然后以辐射形式向外发射光量子而返回到基态的任一振动能级上,此过程即为荧光发射。由于振动弛豫和内转换损失了部分能量,因此荧光的能量小于激发能量,发射荧光的波长总比激发光波长要长。荧光发射的时间为 $10^{-9} \sim 10^{-7}$ s。由于电子返回到基态时可以停留在任一振动能级上,此后再通过进一步的振动弛豫,而回到基态的最低振动能级,因此得到的荧光谱线有时呈现几个非常靠近的峰。

(4) 外部能量转换　激发态分子在溶液中通过与溶剂分子及其他溶质分子之间相互碰撞而失去能量,常以热能的形式放出,这个过程称为外部能量转换,简称外转换(external conversion)。外转换也是一种热平衡过程,常发生在第一激发单重态或第一激发三重态的最低振动能级向基态转换的过程中,所需时间也为 $10^{-9} \sim 10^{-7}$ s。外转换可降低荧光强度,甚至产生荧光熄灭(淬灭)现象。

(5) 体系间跨越　处于激发态分子的电子发生自旋反转而使分子的多重性发生变化的过程称为体系间跨越(intersystem crossing)。图 5-1 中,如果激发单重态 S_1 的最低振动能级同三重态 T_1 的最高振动能级重叠,则有可能发生电子自旋反转的体系间跨越。分子由激发单重态跨越到三重态后,荧光强度减弱甚至熄灭。含有重原子(如碘、溴等)的分子及溶液中存在氧分子等顺磁性物质者均容易发生体系间跨越,从而使荧光减弱。

(6) 磷光发射　经过体系间跨越的分子再通过振动弛豫降至三重态的最低振动能级,分子在三重态的最低振动能级存活一段时间,然后返回至基态的各个振动能级而发出光辐射,这种光辐射称为磷光。从紫外光照射到发射荧光的时间为 $10^{-14} \sim 10^{-8}$ s,而发射磷光则更迟一些,在照射后的 $10^{-4} \sim 10$ s。由于荧光物质分子与溶剂分子间相互碰撞等因素的影响,处于三重态的分子常常通过无辐射过程失活转移至基态,因此在室温下溶液很少呈现磷光,必须采用液氮在冷冻条件下才能检测到磷光,所以磷光法不如荧光分析法应用普遍。

总之,处于激发态的分子可通过上述几种不同途径回到基态,其中以速度最快、激发态寿命最短的途径占优势。

3. 荧光光谱的类型和特征

1) 激发光谱和发射光谱

由于荧光属于被激发后发射的光,因此具有两个特征光谱,即激发光谱(excitation spectrum)和发射光谱(emission spectrum)。

荧光激发光谱是指不同激发波长的辐射引起物质发射某一波长荧光的相对效率,是通过固定荧光发射波长,扫描荧光激发波长,以荧光强度(F)为纵坐标,激发波长(λ_{ex})为横坐标,所绘制得到的曲线。

荧光发射光谱通常称为荧光光谱(fluorescence spectrum),表示在所发射的荧光中各种波长组分的相对强度,是通过固定荧光激发波长,扫描荧光发射波长,以荧光强度(F)为纵坐标,发射波长(λ_{em})为横坐标,所绘制得到的曲线。

荧光的激发光谱和发射光谱可用来鉴别荧光物质,并作为进行荧光测定时选择适当测定波长的根据。图 5-3 是萘的荧光激发光谱及发射光谱,萘的激发光谱有两个峰,而发射光谱仅有一个峰。

2) 荧光光谱特征

(1) Stokes 位移　在溶液中,分子荧光发射光谱的波长总是大于激发光谱的波长,即 $\lambda_{em} > \lambda_{ex}$,称为 Stokes 位移。产生位移的原因是发射荧光之前的振动弛豫和内转换过程损失了一定的能量。

(2) 荧光发射光谱的形状与激发波长无关　虽然分子的电子吸收光谱可能含有几个吸收带,但其荧光发射光谱只有一个发射带。因为即使分子被激发到高于 S_1 的电子激发态的各个振动能级,但由于内转换和振动弛豫的速率很大,最终都会降至激发态 S_1 的最低振动能级,所以荧光发射光谱只有一个发射带。由于荧光发射通常发生于第一电子激发态的最低振动能级,而与激发至哪一个电子激发态无关,所以荧光发射光谱的形态通常与激发波长无关。

(3) 荧光发射光谱与荧光激发光谱的镜像关系　将某一物质的荧光激发光谱和它的荧光发射光谱进行比较,可以发现两种光谱之间存在着"镜像"关系。图 5-4 是蒽的荧光激发光谱(b)和荧光发射光谱(c)。

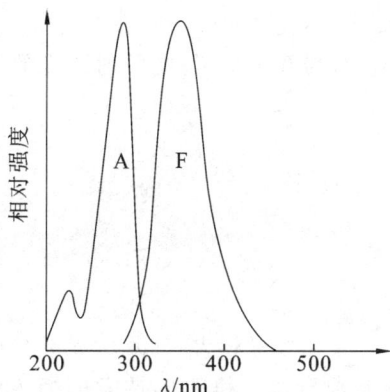

图 5-3　萘的荧光激发光谱和荧光发射光谱
A—荧光激发光谱;F—荧光发射光谱

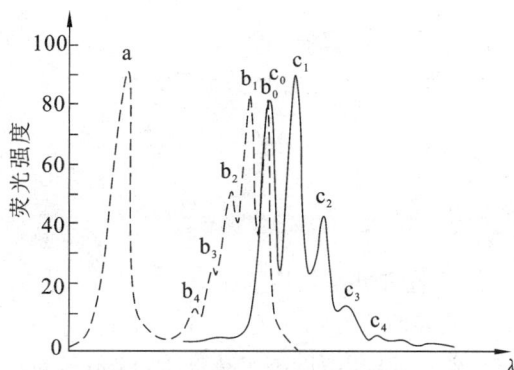

图 5-4　蒽的荧光激发光谱(b)和荧光发射光谱(c)

5.1.2　影响荧光强度的因素

荧光的发生及荧光强度与物质分子的结构密切相关,根据物质的分子结构可以判断物质的荧光特性。

1. 荧光效率与荧光产生的条件

1) 荧光效率

荧光效率(fluorescence efficiency)又称荧光产率(fluorescence quantum yield),是指物质激发态分子发射荧光的光子数与基态分子吸收激发光的光子数之比,常用 φ_f 表示,是荧光物质的重要发光参数。

$$\varphi_f = \frac{发射荧光的光子数}{吸收激发光的光子数}$$

荧光效率 φ_f 在 $0 \sim 1$ 范围内。例如:荧光素钠在水中 $\varphi_f = 0.92$;荧光素在水中 $\varphi_f = 0.65$;蒽在乙醇中 $\varphi_f = 0.30$;菲在乙醇中 $\varphi_f = 0.10$。荧光效率低的物质虽然有较强的紫外吸收,但所吸收的能量以无辐射跃迁形式释放,所以没有荧光发射。

2) 产生荧光的必备条件

物质发射荧光应同时具备两个条件:一是分子必须有强的紫外-可见吸收;二是有一定的荧光效率。分子结构中具有 $\pi \rightarrow \pi^*$ 跃迁或 $n \rightarrow \pi^*$ 跃迁的物质都有紫外-可见吸收,但 $n \rightarrow \pi^*$ 跃迁引起的 R 带是一个弱吸收带,电子跃迁概率小,由此产生的荧光极弱。所以实际上只有分子结构中存在共轭的 $\pi \rightarrow \pi^*$ 跃迁,也就是强的 K 带时,才可能产生荧光。

2. 影响荧光强度的结构因素

1) 共轭效应

绝大多数能产生荧光的物质都含有芳香环或杂环,因为芳香环或杂环分子具有长共轭的 $\pi \rightarrow \pi^*$ 跃迁。π 电子共轭程度越大,荧光强度(荧光效率)越大,而荧光波长也越长。如苯、萘、蒽三种化合物的共轭结构与荧光的关系如下：

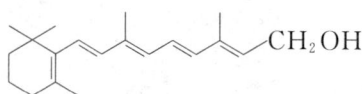

	苯	萘	蒽
λ_{ex}/nm	205	268	356
λ_{em}/nm	278	321	404
φ_f	0.11	0.29	0.36

除芳香烃外,含有长共轭双键的脂肪烃也可能有荧光,如维生素 A 是能发射荧光的脂肪烃之一。但这一类化合物的数目不多。

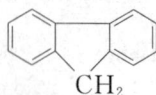

维生素 A

2) 刚性和共平面性效应

在同样的长共轭分子中,分子的刚性和共平面性越大,荧光效率越大,并且荧光波长产生长移。例如,在相似的测定条件下,联苯和芴的荧光效率分别为 0.2 和 1.0,两者的结构差别在于芴的分子中加入亚甲基成桥,使两个苯环不能自由旋转,成为刚性分子,共轭 π 电子的共平面性增加,使芴的荧光效率大大增加。

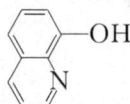　　　　　　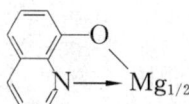

联苯　　　　　　　　　芴

同样如酚酞和荧光素,它们分子中共轭双键长度相同,但荧光素分子中多一个氧桥,使分子的三个环成一个平面,随着分子的刚性和共平面性增加,π 电子的共轭程度增加,因而荧光素有强烈的荧光,而酚酞的荧光很弱。

另外,有些物质本来不产生荧光或只有较弱荧光,但在与金属离子形成配合物后,如果刚性和共平面性增强,则会产生荧光或增强荧光。例如:8-羟基喹啉是弱荧光物质,在与 Mg^{2+}、Al^{3+} 形成配合物后,荧光就增强。

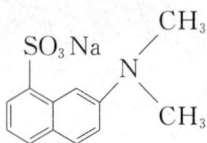　　　　　　　　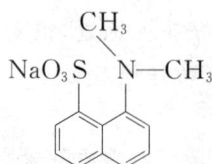

8-羟基喹啉　　　　　　　　8-羟基喹啉镁芴

当然,如果原来结构中共平面性较好,但在分子中取代了较大基团后,由于位阻的原因,分子共平面性下降,则使荧光减弱。例如:1-二甲氨基萘-7-磺酸盐的 φ_f 为 0.75,而 1-二甲氨基萘-8-磺酸盐的 φ_f 为 0.03,这是因为二甲氨基与磺酸盐之间的位阻效应使分子发生了扭转,两个环不能共平面,因而使荧光大大减弱。

1-二甲氨基萘-7-磺酸盐　　　　　　　1-二甲氨基萘-8-磺酸盐

同理,对于顺反异构体,顺式分子的两个基团在同一侧,由于位阻原因,分子不能共平面而没有荧光。例如:1,2-二苯乙烯的反式异构体有强烈荧光,而其顺式异构体没有荧光。

3）取代基效应

荧光分子上的各种取代基对分子的荧光光谱和荧光强度都产生很大影响。通常取代基可分为三类:第一类取代基能增加分子的 π 电子共轭程度,常使荧光效率提高,荧光波长长移,包括—NH_2、—OH、—OCH_3、—NHR、—NR_2、—CN 等;第二类基团会减弱分子的 π 电子共轭性,使荧光减弱甚至熄灭,如—COOH、—NO_2、—C≡O、—NO、—SH、—$NHCOCH_3$、—F、—Cl、—Br、—I 等;第三类取代基对 π 电子共轭体系作用较小,如—R、—SO_3H、—NH_3^+ 等,对荧光的影响不明显。

3. **影响荧光强度的外部因素**

分子所处的外界环境,如温度、溶剂、pH 值、荧光熄灭剂等都会影响荧光效率,甚至影响分子结构及立体构象,从而影响荧光光谱的形状和强度。利用这些因素的影响,可以提高荧光分析的灵敏度和选择性。

1）温度

温度对于溶液的荧光强度有显著的影响。在一般情况下,随着温度的升高,溶液中荧光物质的荧光效率和荧光强度将降低。这是因为,当温度升高时,分子运动速度加快,分子间碰撞概率增加,使无辐射跃迁增加,从而降低了荧光效率。例如荧光素钠的乙醇溶液,在 0 ℃ 以下,温度每降低 10 ℃,φ_f 增加 3%,在 −80 ℃ 时,φ_f 为 1。

2）溶剂

同一物质在不同溶剂中,其荧光光谱的形状和强度都有差别。溶剂对荧光强度的影响可从溶剂极性和溶剂黏度两方面考虑。

一般情况下,荧光波长随着溶剂极性的增大而长移,荧光强度也有所增加。这是因为在极性溶剂中,$\pi \rightarrow \pi^*$ 跃迁所需的能量差 ΔE 小,而且跃迁概率增加,从而使紫外吸收波长和荧光波长均长移,强度也增加。

溶剂黏度减小时,可以增加分子间碰撞机会,使无辐射跃迁增加而荧光减弱,所以荧光强度随溶剂黏度的减小而降低。由于温度对溶剂的黏度有影响,一般是温度上升,溶剂黏度变小,因此温度上升,荧光强度降低。

3）pH 值的影响

当荧光物质本身是弱酸或弱碱时,溶液的 pH 值对该荧光物质的荧光强度有较大影响,这主要是因为弱酸(碱)分子和它们的离子结构有所不同,在不同酸度中分子和离子间的平衡改变,因此荧光强度也有差异。每一种荧光物质都有它最适宜的发射荧光的存在形式,也就是有它最适宜的 pH 值范围。例如,苯胺在不同 pH 值下有下列平衡关系:

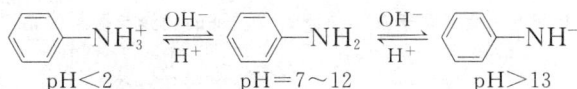

$$\underset{pH<2}{\bigcirc\!\!\!\!-NH_3^+} \underset{H^+}{\overset{OH^-}{\rightleftharpoons}} \underset{pH=7\sim12}{\bigcirc\!\!\!\!-NH_2} \underset{H^+}{\overset{OH^-}{\rightleftharpoons}} \underset{pH>13}{\bigcirc\!\!\!\!-NH^-}$$

苯胺在 pH＝7~12 的溶液中主要以分子形式存在,由于—NH_2 为提高荧光效率的取代基,故苯胺分子会发生蓝色荧光。但在 pH＜2 和 pH＞13 的溶液中均以苯胺的离子形式存在,故不发射荧光。

4）荧光熄灭剂的影响

荧光熄灭是指荧光物质分子与溶剂分子或溶质分子相互作用引起荧光强度降低的现象。引起荧光熄灭的物质称为荧光熄灭剂（quenching medium），常见的荧光熄灭剂有卤素离子、重金属离子、氧分子以及硝基化合物、重氮化合物、羰基和羧基化合物等。

荧光物质中引入荧光熄灭剂会使荧光分析产生测定误差，但是如果一种荧光物质在加入某种荧光熄灭剂后，荧光强度的减小和荧光熄灭剂的浓度呈线性关系，则可以利用这一性质测定荧光熄灭剂的含量，这种方法称为荧光熄灭法。如利用氧分子对硼酸根-二苯乙醇酮配合物的荧光熄灭效应，可进行微量氧的测定。

当荧光物质的浓度超过 1 g/L 时，由于荧光物质分子间相互碰撞的概率增加，产生荧光自熄灭现象。溶液浓度越高，这种现象越严重。

5）散射光的干扰

当一束平行光照射液体样品时，大部分光线透过溶液，小部分由于光子和物质分子相碰撞，使光子的运动方向发生改变而向不同角度散射，产生散射光（scattering light）。

光子和物质分子发生弹性碰撞时，不发生能量的交换，仅仅是光子运动方向发生改变，产生瑞利光（Rayleigh scattering light），其波长与入射光波长相同。

光子和物质分子发生非弹性碰撞时，在光子运动方向发生改变的同时，光子与物质分子发生能量交换，光子把部分能量转给物质分子或从物质分子获得部分能量，而发射出比入射光波长稍长或稍短的光，产生拉曼光（Raman scattering light）。

散射光对荧光测定有干扰，尤其是波长比入射光波长更长的拉曼光，因其波长与荧光波长接近，对荧光测定的干扰更大，必须采取措施消除。

选择适当的激发波长可消除拉曼光的干扰。以硫酸奎宁为例，从图 5-5（a）、（b）可见，无论选择 320 nm 还是 350 nm 激发光，荧光峰总是在 448 nm。将空白溶剂分别在 320 nm 及 350 nm 激发光照射下测定荧光光谱（此时实际上是散射光而非荧光），从图 5-5（c）、（d）可见，当激发光波长为 320 nm 时，瑞利光波长是 320 nm，拉曼光波长是 360 nm，360 nm 的拉曼光对荧光无影响；当激发光波长为 350 nm 时，瑞利光波长是 350 nm，拉曼光波长是 400 nm，400 nm 的拉曼光对荧光有干扰，因而影响测定结果。

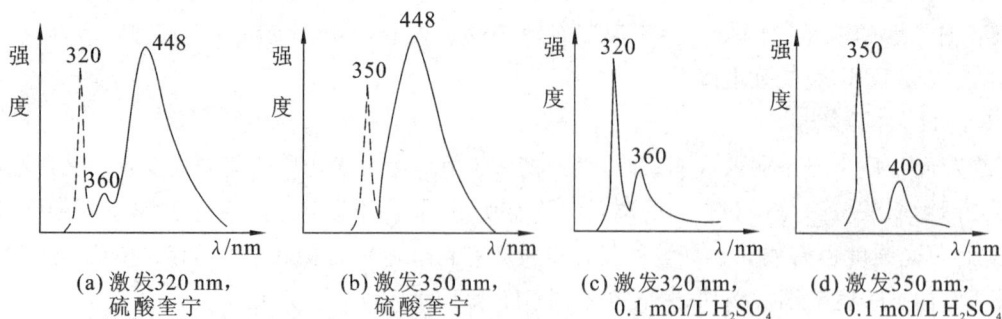

图 5-5　硫酸奎宁在不同波长激发下的荧光与散射光谱

5.1.3　荧光分光光度计

荧光分光光度计的种类很多，但一般都有五个主要部件，即激发光源、单色器、样品池、检测器及读出装置，如图 5-6 所示。

1. 激发光源

荧光分光光度计所用光源应具有强度大、适用波长范围宽的特点，常用的有汞灯和氙灯。氙灯所发射的谱线强度大，而且是连续光谱，连续分布在 $250\sim700$ nm 波长范围内，在 $300\sim400$ nm 波长范围内的谱线强度几乎相等。

2. 单色器

荧光分光光度计有两个单色器。置于激发光源和样品池之间的单色器称为激发单色器，用于获得单色性较好的激发光；置于样品池后和检测器之间的单色器称为发射单色器，用于分出某一波长的荧光，消除其他杂散光干扰。

图 5-6　荧光分光光度计示意图

3. 样品池

测定荧光用的样品池必须用低荧光的玻璃或石英材料制成。其形状以散射光较少的方形为宜，并且适用于 90°测量，以消除入射光的背景干扰。

4. 检测器

荧光分光光度计多采用光电倍增管检测，为了提高信噪比，常用冷却检测器的方法。二极管阵列和电荷转移检测器也可用于荧光分光光度计，它们可以迅速地记录激发和发射光谱，特别适用于色谱法和电泳法。此外，可以记录二维有关光谱图。

5. 读出装置

荧光分光光度计的读出装置有数字电压表、记录仪等。现在常用的是带有计算机控制的读数装置。

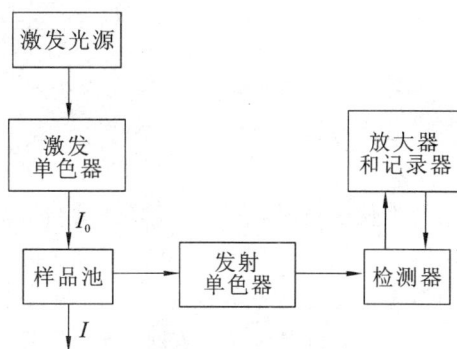

5.1.4　分析方法

应用荧光光谱进行定性分析的方法相似于紫外-可见吸收光谱法，由于能发射荧光的物质并不多，所以应用不甚普遍。荧光分析法的应用主要在定量分析方面，特别是痕量物质含量的测定。

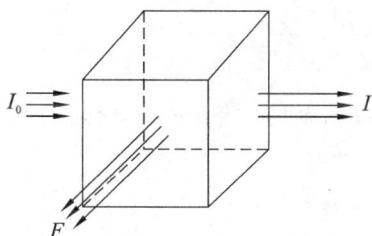

图 5-7　溶液产生荧光的光路示意图

1. 荧光强度与物质浓度的关系

由于荧光物质是在吸收光能、被激发之后才发射荧光的，因此，溶液的荧光强度与该溶液中荧光物质吸收光能的程度以及荧光效率有关，溶液中荧光物质被入射光（I_0）激发后，可以在溶液的各个方向观察荧光强度（F）。但为了避免入射光的干扰，一般是在与入射光垂直的方向观测，如图 5-7 所示。设溶液中荧光物质浓度为 c，液层厚度为 L。荧光强度 F 正比于被荧光物质吸收的光强度，即

$$F\infty(I_0-I),\quad F=K'(I_0-I) \tag{5-1}$$

式中：K' 为常数，其值取决于荧光效率。根据比尔定律：

$$I=I_0\times10^{-\varepsilon cL} \tag{5-2}$$

将式(5-2)代入式(5-1)，得到

$$F=K'I_0(1-10^{-\varepsilon cL})=K'I_0(1-e^{-2.3\varepsilon cL}) \tag{5-3}$$

将式中 $e^{-2.3\varepsilon cL}$ 展开,得

$$1-e^{-2.3\varepsilon cL}=1-\left[1+\frac{-2.3\varepsilon cL}{1!}+\frac{(-2.3\varepsilon cL)^2}{2!}+\frac{(-2.3\varepsilon cL)^3}{3!}+\cdots\right] \tag{5-4}$$

若浓度 c 很小,εcL 之值也很小,当 $\varepsilon cL \leqslant 0.05$,展开式(5-4)方括号中第二项以后的各项可以忽略,代入式(5-3),可得

$$F=2.3K'I_0\varepsilon cL=Kc \tag{5-5}$$

在低浓度时,溶液的荧光强度与溶液中荧光物质的浓度呈线性关系,这就是荧光定量分析的基础。但当 $\varepsilon cL>0.05$ 时,式(5-3)方括号中的二项以后的数值就不能忽略,此时荧光强度与溶液浓度之间不呈线性关系。

荧光分析法定量的依据是荧光强度与荧光物质浓度之间的线性关系,而荧光强度的灵敏度取决于检测器的灵敏度,即只要改进光电倍增管和放大系统,使极微弱的荧光也能被检测到,就可以测定很稀溶液的浓度,因此荧光分析法的灵敏度很高。紫外-可见吸收光谱法定量的依据是吸光度(透光率的负对数)与吸光物质浓度之间的线性关系,所测定的是透过光强度和入射光强度的比值,即 I/I_0,因此即使将光强信号放大,由于透过光强度和入射光强度都被放大,比值仍然不变,对提高检测灵敏度不起作用,故紫外-可见吸收光谱法的灵敏度不如荧光分析法高。

2. 定量分析方法

(1) 标准曲线法　荧光分析一般采用标准曲线法,即用已知量的标准物质经过和试样相同的处理之后,配成一系列标准溶液,测定这些标准溶液的荧光强度,以荧光强度为纵坐标,标准溶液的浓度为横坐标,绘制标准曲线。然后在同样条件下测定试样溶液的荧光强度,由标准曲线求出试样中荧光物质的含量。

(2) 比例法　如果荧光分析的标准曲线通过原点,就可选择在线性范围,用比例法进行测定。取已知量的对照品,配制一标准溶液(c_s),使其浓度在线性范围之内,测定荧光强度(F_s),然后在同样条件下测定试样溶液的荧光强度(F_x)。按比例关系计算试样中荧光物质的含量(c_x)。在空白溶液的荧光强度调不到 0% 时,必须从 F_s 及 F_x 值中扣除空白溶液的荧光强度(F_0),然后计算。

$$F_s-F_0=Kc_s, \quad F_x-F_0=Kc_x$$

对于同一荧光物质,其常数 K 相同,则

$$\frac{F_s-F_0}{F_x-F_0}=\frac{c_s}{c_x}, \quad c_x=\frac{F_x-F_0}{F_s-F_0}c_s$$

(3) 多组分混合物的荧光分析　荧光分析法也可像紫外-可见吸收光谱法一样,从混合物中不经分离就可测得被测组分的含量。

如果混合物中各个组分的荧光峰相距较远,而且相互之间无显著干扰,则可分别在不同波长处测定各个组分的荧光强度,从而直接求出各个组分的浓度。如果不同组分的荧光光谱相互重叠,则利用荧光强度的加和性质,在适宜的荧光波长处,测定混合物的荧光强度,再根据被测物质各自在适宜荧光波长处的荧光强度,列联立方程式,计算它们各自的含量。

对较高浓度的荧光物质,和紫外-可见吸收光谱法一样,也可用示差荧光法测定。

3. 荧光分析新技术简介

随着仪器分析的发展,分子荧光法的新技术发展也很迅速。简述如下。

(1) 激光荧光分析　激光荧光法与一般荧光法的主要差别在于使用了单色性极好、强度更大的激光作为光源,大大提高了荧光分析法的灵敏度和选择性。汞灯仅能发出有限的几条

谱线,而且各条谱线的强度相差悬殊。氙灯在紫外区输出功率较小,只有用大功率氙灯才有显著输出,但目前大功率氙灯在稳定性和热效应方面还存在不少问题。激光光源可以克服上述缺点,特别是可调谐激光器用于分子荧光法具有很突出的优点。另外,普通的荧光分光光度计一般用两个单色器,而以激光为光源仅用一个单色器即可。目前激光分子荧光分析法已成为分析超低浓度物质的灵敏而有效的方法。

(2) 时间分辨荧光分析　由于不同分子的荧光寿命不同,可在激发和检测之间延缓一段时间,使具有不同荧光寿命的物质得以分别检测,这就是时间分辨荧光分析。时间分辨荧光分析采用脉冲激光作为光源。激光照射样品后所发射的荧光是混合光,它包括待测组分的荧光、其他组成或杂质的荧光和仪器的噪声。如果选择合适的延缓时间,可测定被测组分的荧光而不受其他组分、杂质的荧光及噪声干扰。该法在测定混合物中某一组分时的选择性比用化学法处理样品时更好,而且省去前处理的麻烦。目前已将时间分辨荧光法应用于免疫分析,发展成为时间分辨荧光免疫分析法(time-resolved fluorimmunoassay)。

(3) 同步荧光分析　同步荧光分析(synchronous fluorometry)是在荧光物质的激发光谱和荧光光谱中选择适宜的波长差值 $\Delta\lambda$(通常选用 λ_{ex}^{max} 与 λ_{em}^{max} 之差),同时扫描发射波长和激发波长,得到同步荧光光谱。若 $\Delta\lambda$ 值相当于或大于斯托克斯位移,能获得尖而窄的同步荧光峰。因荧光物质浓度与同步荧光峰峰高呈线性关系,故可用于定量分析。同步荧光光谱的信号 $F_{sp}(\lambda_{em},\lambda_{ex})$ 与激光信号 F_{ex} 及荧光发射信号 F_{em} 间的关系为

$$F_{sp}(\lambda_{em},\lambda_{ex})=KcF_{ex}F_{em}$$

式中:K 为常数。可见,当物质浓度 c 一定时,同步荧光信号与所用的激发波长信号及发射波长信号的乘积成正比,所以此法的灵敏度较高。

激光、计算机和电子学等一些新的成就和新的科学技术的引入,促进了诸如同步荧光、导数荧光、时间分辨荧光、相分辨荧光、荧光偏振、荧光免疫、低温荧光、固体表面荧光等诸多新方法以及荧光反应速率法、三维荧光光谱技术和荧光光纤传感器等的发展,加速了各种各样新型的荧光分析仪器的问世,使荧光分析法不断朝着高效、痕量、微观和自动化的方向发展,其灵敏度、准确度和选择性日益提高。如今,荧光分析法已经发展成为一种重要而有效的光谱分析技术。

5.1.5　应用示例

1. 无机离子的测定

无机离子能直接产生荧光并用于测定的不多,但与有机试剂形成配合物后进行荧光分析的已达到 60 余种,其中铝、铍、镓、硒、钙、镁及某些稀土元素常用荧光分析法测定。

测定方法常用直接荧光法或荧光熄灭法。前者将无机离子溶液加适当无机试剂,检测离子的化学荧光,或与一种无荧光的有机配位体生成强荧光的金属配合物,再进行测定,见表 5-1;后者采用本身有荧光的有机配位体与金属离子配位,使荧光强度降低,测量荧光减弱的程度,间接测出离子浓度。

表 5-1　常用有机配位体荧光试剂及测定离子

荧 光 试 剂	测 定 对 象
8-羟基喹啉	Al、Zn、Be 等
茜素红	Cu、Fe、F 等
二苯乙醇酮	B、Zn、Ge、Si 等

【示例 5-1】 银荧光分析法,2,3-萘氮杂茂的水溶液有强烈紫色荧光,但荧光强度可随溶液中银离子含量的增大而减弱,由此可以测定银离子含量。

2. 有机化合物的测定

具有高度共轭体系的脂肪族化合物(如维生素 A、胡萝卜素等)和芳香族化合物,本身能产生荧光,可直接测定。

对于本身具有不共轭体系的脂肪族化合物,如醇、醛、酮、有机酸及糖类等,可以使它们与某种有机试剂作用后生成能产生荧光的化合物,通过测量荧光性化合物的荧光强度来进行定量分析。

有时为了提高测定方法的灵敏度和选择性,常使弱荧光性物质与某些荧光剂作用,以得到强荧光性产物。常见有机荧光试剂及作用对象见表 5-2。

表 5-2　常见有机荧光试剂及应用

有机荧光试剂	作 用 对 象	作 用 结 果
荧胺(试剂)	脂肪族或芳香族伯胺	生成强荧光性衍生物
1,2-萘醌-4-磺酸钠(NAS)＋$NaBH_4$	脂肪族及芳香族胺类、氨基酸及磺胺	生成氢醌类荧光性物质
1-二甲氨基-5-氯化磺酰萘	含有伯氨基、仲氨基及酚基的生物碱	生成荧光性产物
邻苯二甲醛＋2-巯基乙醇(pH＝9~10)	伯胺类、α-氨基酸	产生灵敏的荧光

【示例 5-2】 人体血浆中甘油三酸酯含量的测定。

测定时,首先将样品中甘油三酸酯水解为甘油,再氧化为甲醛,甲醛与乙酰丙酮及氨反应生成会发荧光的 3,5-二乙酰基-1,4-二氢卢剔啶,其激发峰在 405 nm,发射峰在 505 nm,测定浓度范围为 400~4 000 $\mu g/mL$。

【示例 5-3】 血液中维生素 A 的测定。

样品经环己烷萃取后,以 345 nm 光为激发光,通过测量 490 nm 波长处的荧光强度,来确定维生素 A 的含量。

【示例 5-4】 3,4-苯并芘的测定。

含 3,4-苯并芘的样品在 H_2SO_4 介质中用 520 nm 激发光测定 545 nm 波长处的荧光强度,可用于其在大气及水中的含量测定。

此外,药物中的胺类、甾体类、抗生素、维生素、氨基酸、蛋白质、酶等大多具有荧光,可用荧光分析法测定。在研究生物活性物质与核酸的作用及蛋白质的结构和机能方面,荧光分析法是重要的手段之一。

5.2　化学发光分析法

5.2.1　基本原理

化学发光是基于化学反应提供的足够能量,使其中一种反应产物的分子的电子被激发,形成激发态分子,当它们从激发态跃回基态时,就发出一定波长的光。反应式为

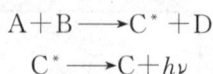

$$A+B \longrightarrow C^* +D$$
$$C^* \longrightarrow C+h\nu$$

其中,C^* 是产物 C 的激发态(下同)。

化学发光包括吸收化学能和发光两个过程,要产生化学发光现象,必须满足以下条件:

(1) 化学发光反应必须提供足够的化学激发能,以引起电子激发;

（2）要有有利的化学反应机理，以使所产生的化学能用于不断地产生激发态分子；

（3）激发态分子能以辐射跃迁的方式返回基态，而不是以热的形式消耗能量。

化学发光反应的化学发光效率 φ_{Cl} 表示为

$$\varphi_{Cl} = \frac{\text{发射光子数}}{\text{参加反应的分子数}} = \varphi_r \varphi_f \qquad (5\text{-}6)$$

φ_{Cl} 取决于生成激发态产物分子的化学效率 φ_r 和激发态分子的发光效率 φ_f 两个因素。

$$\varphi_r = \frac{\text{激发态分子数}}{\text{参加反应的分子数}}, \quad \varphi_f = \frac{\text{发射光子数}}{\text{激发态分子数}}$$

5.2.2　发光反应的主要类型

1. 气相化学发光反应

气相化学发光反应主要有 O_3、NO 和 S 的化学发光反应，可用于监测空气中的 O_3、NO、NO_2、H_2S、SO_2 和 CO 等。

1）臭氧的反应

臭氧可与 40 余种有机化合物产生化学发光反应，其中以臭氧与罗丹明 B 的反应最为灵敏，可用于测定大气中的微量 O_3。臭氧与罗丹明 B-没食子酸的乙醇溶液产生化学发光反应的过程可表示如下：

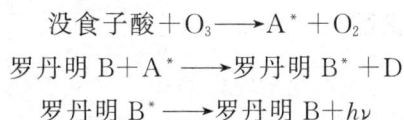

$$\text{没食子酸} + O_3 \longrightarrow A^* + O_2$$
$$\text{罗丹明 B} + A^* \longrightarrow \text{罗丹明 B}^* + D$$
$$\text{罗丹明 B}^* \longrightarrow \text{罗丹明 B} + h\nu$$

此处 A^* 为没食子酸与臭氧反应所产生的受激中间体，D 是最终的氧化产物。发光的最大波长为 584 nm。

2）氮氧化物的反应

一氧化氮与臭氧的气相化学发光反应有较大的化学发光效率，其反应过程为

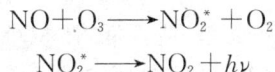

$$NO + O_3 \longrightarrow NO_2^* + O_2$$
$$NO_2^* \longrightarrow NO_2 + h\nu$$

发射光谱的波长范围为 600～875 nm，灵敏度可达 1 ng/mL，测定范围为 0.01～10000 μg/mL。

测定空气中二氧化氮时，可先将二氧化氮还原为一氧化氮，测得 NO 的总量后，从总量中减去原试样中 NO 的含量，即为 NO_2 的含量。

3）氧原子的反应

气相中的 SO_2、NO、NO_2 及 CO 等能与氧原子产生化学发光反应，发光反应中所需要的氧原子源，一般是由 O_3 在 1000 ℃的石英管中分解为 O 和 O_2 而获得的。

2. 火焰化学发光反应

在 300～400 ℃的火焰中，热辐射是很小的，某些物质可以从火焰的化学反应中吸收化学能而被激发，从而产生火焰化学发光。火焰化学发光现象多用于硫、磷、氮和卤素的测定。

1）一氧化氮的反应

一氧化氮在富氢火焰中燃烧时产生很强的火焰化学发光反应，其机理为

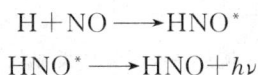

$$H + NO \longrightarrow HNO^*$$
$$HNO^* \longrightarrow HNO + h\nu$$

发射光谱的波长范围为 660～700 nm，最大发射波长为 690 nm。

二氧化氮在富氢火焰中能迅速地被氢原子还原为一氧化氮,反应式为

$$H+NO_2 \longrightarrow NO+OH$$

因而此法可用于测定空气中 NO_x 的总量。检测仪还可与气相色谱联用,作为氮化合物的检测器。

2) 挥发性硫化物的反应

当挥发性硫化物(如 SO_2、H_2S、CH_3SH 及 CH_3SCH_3 等)在富氢火焰中燃烧时,产生很强的蓝色化学发光。例如 SO_2,其化学发光反应机理为

$$SO_2+2H_2 \longrightarrow S+2H_2O$$
$$S+S \longrightarrow S_2^*$$
$$S_2^* \longrightarrow S_2+h\nu$$

发射光谱的波长范围为 $350\sim460$ nm,最大发射波长为 394 nm,灵敏度为 0.2 ng。因为反应是由两个硫原子结合成一个 S_2 分子,所以发射光的强度与硫化物的浓度的平方成正比。

3. 液相化学发光反应

液相化学发光反应在痕量分析中十分重要,化学发光试剂是化学发光分析的基础,常用的发光物质有鲁米诺、光泽精、洛粉碱、没食子酸、过氧草酸盐等,其中鲁米诺是最常用的发光试剂,可以测定 Cl_2、$HOCl$、ClO^-、H_2O_2、O_2 和 NO_2 等。

5.2.3　化学发光的测量仪器

化学发光测量仪器主要分为气相化学发光测量仪和液相化学发光测量仪。目前,气体的检测比较成熟,液相化学发光测量仪根据取样方式主要分为以下两类。

1. 分立取样式

分立取样式化学发光仪是一种在静态下测量化学发光信号的装置。它利用移液管或注射器将试剂与试样加入反应室中,靠搅动或注射时的冲击作用使其混合均匀,然后根据发光峰面积(积分值)或峰高进行定量测定。

分立取样式化学发光仪具有设备简单、造价低、体积小和灵敏等优点,还可记录化学发光反应的全过程,故特别适用于反应动力学研究。但这类仪器存在两个严重的缺点:一是手工加样速度较慢,不利于分析过程的自动化,且每次测试完毕后,要排除池中废液并仔细清洗反应池,否则产生记忆效应;二是加样的重复性不好控制,从而影响测试结果的精密度。

2. 流动注射式

流动注射式化学发光仪(图 5-8)是流动注射分析在化学发光分析中的一个应用。光度法、化学发光法、原子吸收光谱法和电化学法的许多间歇操作式的方法,都可以在流动注射分析中快速、准确而自动地进行。流动注射分析是基于把一定体积的液体试样注射到一个运动着的、无空气间隔的、由适当液体组成的连续载流中,被注入的试样形成一个带,然后被载流带

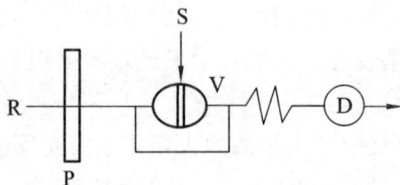

图 5-8　流动注射式化学发光仪示意图

R—试剂载流;S—试液;P—蠕动泵;V—进样阀;D—化学发光检测器

到检测器中,再连续地记录其光强、吸光度、电极电位等物理参数。在化学发光分析中,被检测的光信号只是整个发光动力学曲线的一部分,以峰高来进行定量分析。

在化学发光分析中,要根据不同的反应速度,选择试样准确进到检测器的时间,以使发光峰值的出现时间与混合组分进入检测器的时间恰好吻合。目前,用流动注射式进行化学发光分析,得到了比分立取样式化学发光分析法更高的灵敏度与精密度。

利用化学发光分析法的高灵敏度和选择性,将其与流动注射分析法、高效液相色谱分析法和高效毛细管电泳分离相结合,将会发挥更大作用。高灵敏度的化学发光分析法结合光纤和波导技术,极大地促进了光化学传感器的迅速发展。光化学传感器的突出特性受到极大关注,已成为光学分析法研究的前沿领域。

5.2.4　分析方法

化学发光分析主要用于定量分析。

1. 化学发光强度与反应物浓度的关系

化学发光反应的发光强度,以单位时间内发射的光子数表示,等于单位时间内起反应的被测定反应物 A 浓度的变化(以微分表示)与化学发光效率 φ_{Cl} 的乘积,即

$$I_{Cl}(t) = \varphi_{Cl}\frac{dc_A}{dt} \tag{5-7}$$

通常,在化学发光分析中,被分析物的浓度与发光试剂相比要小很多,故发光试剂浓度可认为是常数,因此发光反应可视为一级反应。此时,反应速度为 $\frac{dc_A}{dt} = kc_A$,式中 k 为反应速率常数。由此可得,在合适的条件下,t 时刻的化学发光强度与该时刻的分析物浓度成正比,可以用于定量分析,也可以利用总发光强度 S 与被分析浓度的关系进行定量分析。此时将上式积分,可得

$$S = \int I_{Cl}dt = \varphi_{Cl}\int \frac{dc_A}{dt}dt = \varphi_{Cl}c_A \tag{5-8}$$

2. 常用发光试剂

(1) 鲁米诺　鲁米诺为 3-氨基苯二甲酰肼,在碱性溶液中与 H_2O_2 作用,氧化过程中产生的化学能被产物氨基邻苯二甲酸根离子所吸收,使其处于激发态。当其价电子从第一电子激发态的最低振动能级跃回到基态中各个不同振动能级时,便产生最大发射波长为425 nm的光辐射,以此建立的分析方法可检测浓度低至 10^{-9} mol/L 的 H_2O_2。

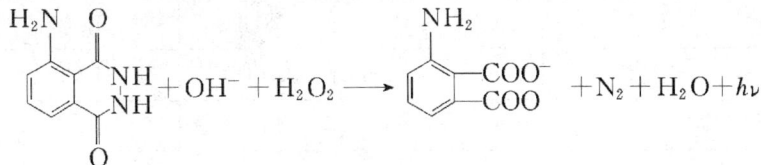

鲁米诺作为一种有效的化学发光试剂,目前仍得到广泛应用。例如,金属离子或过渡金属离子的不饱和配合物对鲁米诺发光体系有很强的催化作用,据此可以测定金属离子或有机配位体。利用有机化合物或稀土离子对鲁米诺化学发光反应的抑制作用,可以测定对化学发光反应具有淬灭作用的有机化合物或稀土。

(2) 光泽精　光泽精(N,N-二甲基-9,9-联吖啶二硝酸盐)以硝酸盐形式存在,在碱性介质中,可与还原性物质作用发光。此外,光泽精还可用于测定胍基化合物。

（3）钌(Ⅱ)-联吡啶配合物　钌(Ⅱ)-联吡啶配合物具有独特的化学稳定性、氧化还原性和发光性,在硫酸介质中,它能与氧化剂产生化学发光,加入某些有机物可以增强其发光强度,且发光强度与有机化合物浓度呈线性关系。基于此,可以测定这些有机化合物。

近来,可用钌(Ⅱ)-联吡啶配合物为发光试剂测定的物质比较多,如测定硫脲、6-巯基嘌呤、四环素、戊二醛、DNA、可待因、肉桂酸、葡庚糖酸、丙酮酸、核酸等。

（4）其他化学发光试剂　在酸性条件下,$KMnO_4$ 有很强的氧化性,可与许多物质发生化学发光反应,以此来测定吡哌酸、DL-酪氨酸、甲氧氯普胺等。

Ce(Ⅳ)可与水杨酸或头孢氨苄形成化学发光体系,从而实现它们的测定。利用氟喹诺酮类对亚硫酸盐和 Ce(Ⅳ)反应的增敏作用,可以测定此类物质。

此外,还有吐温-80、钌(Ⅱ)邻菲罗啉、焦性没食子酸、槲皮素等,这些发光试剂应用不多,有待于开发研究。

5.2.5　应用与示例

化学发光分析法最显著的特点是灵敏度高,又能进行快速连续的分析,它已广泛地应用于痕量元素的分析、环境监测、生物学及医学分析等领域。

1. 无机化合物的分析

利用化学发光分析法可以测定许多无机阳离子。可以利用某些具有还原性的无机阳离子和发光试剂作用对其进行测定;有些离子对化学发光反应有增强或抑制作用,基于此,可直接测定此类离子。此外,可利用置换偶合反应间接测定某些离子。在无机阴离子及其化合物分析中,化学发光分析法也得到了广泛的应用。

2. 有机化合物的分析

对于有机化合物,可以利用物质的还原性,让其直接被氧化剂氧化发光进行测定。

表 5-3 为鲁米诺化学发光体系的部分应用。

表 5-3　鲁米诺化学发光体系的部分应用

被测物	其他反应试剂	灵敏度	被测物	其他反应试剂	灵敏度
H_2O_2	$[CO(NH_2)(NO_3)_2]Cl$	2 ng/mL	ClO^-	H_2O_2	1 ng/mL
I_2		1 ng/mL	Br_2		1 ng/mL
MnO_4^-	$(CH_3)_2SO$-特丁基醇		O_2		5 ng/mL
S^{2-}	I_2	0.01 ng/mL	Co(Ⅱ)	H_2O_2	0.06 ng/mL
Cu(Ⅱ)	H_2O_2	0.002～0.1 ng/mL	Cr(Ⅲ)	H_2O_2	0.2 ng/mL
Fe(Ⅱ)	H_2O_2	0.01 ng/mL	Mn(Ⅱ)		0.5 ng/mL
Hg(Ⅱ)	H_2O_2		Ag(Ⅰ)	H_2O_2-Cu^{2+}-CN^-	1 ng/mL
Os(Ⅳ、Ⅴ、Ⅲ)	H_2O_2	0.2 ng/mL	Ru(Ⅲ、Ⅳ)	H_2O_2 或 KIO_4	0.4 ng/mL
氨基酸	H_2O_2-Cu(Ⅱ)	10^{-12}～10^{-9} mol/L	中药天麻素	$KMnO_4$	
SOD	$\cdot O_2^-$		葡萄糖	H_2O_2-铁氰酸盐	
胆甾醇	O_2/H_2O_2	5.0×10^{-7} mol/L			

【示例 5-5】　盐酸异丙嗪、核黄素、丙米嗪、氨基比林等物质含量的测定。

以 KMnO₄ 作为氧化剂，分别与盐酸异丙嗪、核黄素、丙米嗪、氨基比林等物质作用，测定发光强度，可得相应物质的含量。

【示例 5-6】　盐酸黄连素、安替比林、肾上腺色腙等物质含量的测定。

用 NaIO₄ 作氧化剂，分别与盐酸黄连素、安替比林、肾上腺色腙等物质作用，通过测定化学发光强度来确定各物质的含量。

【示例 5-7】　L-多巴、潘生丁、甲氨蝶呤、乌拉地尔等物质含量的测定。

本测定是利用 L-多巴、潘生丁、甲氨蝶呤、乌拉地尔等物质对鲁米诺与次卤酸根化学发光体系的抑制或增强作用进行测定。

思考题与习题

1. 如何区别荧光、磷光？如何减少散射光对荧光测定的干扰？

2. 试解释荧光发射光谱与荧光激发光谱的差异，哪个波长更长？其中哪个与吸收光谱更为相似？

3. 何谓荧光效率？具有哪些分子结构的物质具有较高的荧光效率？

4. 影响荧光强度和波长的因素有哪些？

5. 荧光光谱具有哪些普遍特征？

6. 为什么有的分子能够发射荧光，有的不能？荧光分子的结构具有什么特点？

7. 什么是荧光熄灭剂？常见的荧光熄灭剂有哪些？

8. 在荧光分析仪中，为什么检测器与激发光为 90° 设置？

9. 何谓同步荧光分析法？该分析方法的特点是什么？

10. 写出荧光强度的数学表达式，说明式中各物理量的含义。

11. 在紫外-可见吸收光谱法定量分析时只需用空白溶液校正零点，而荧光定量分析时除了校正零点外，还需用标准溶液校正仪器刻度。为什么？

12. 化学发光分析法有哪些特点？产生化学发光的基本条件有哪些？

13. 化学发光反应的主要类型有哪些？

14. 请设计两种方法测定溶液中 Zn^{2+} 的含量。（化学分析法和仪器分析法各一种）

15. 名词解释：光致发光、荧光、分子荧光、激发光谱与发射光谱、荧光效率。

16. 按荧光强弱顺序排列下述化合物：

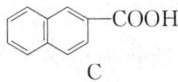

17. 用荧光法测定某片剂中维生素 B_1 的含量时，取供试品 10 片（每片含维生素 B_1 应为 3.2～4.8 μg），研细溶于盐酸中，稀释至 1000 mL，过滤，取滤液 5 mL，稀释至 10 mL，在激发波长 365 nm 和发射波长 435 nm 处测定荧光强度。如维生素 B_1 对照品的盐酸溶液（0.02 μg/mL）在同样条件下荧光强度为 5.6，则合格的荧光读数应在什么范围内？

18. 举例说明 O_3 的分析方法。

第6章 原子发射光谱法

原子发射光谱法(atomic emission spectrometry,AES)是依据处于激发态的待测元素气态原子或离子跃迁回到基态时发射的特征谱线对待测元素进行定性与定量分析的方法。

原子发射光谱法可对70多种元素(金属元素及磷、硅、砷、碳、硼等非金属元素)进行直接分析。在一般情况下,用于1%以下含量的组分测定,检出限可达$\mu g/g$级,精密度为±10%左右,线性范围约2个数量级。随着电感耦合等离子体(ICP)光源、电荷耦合器件(CCD)等检测器件引入光谱仪器,某些元素的检出限降低至$10^{-3} \sim 10^{-4}$ $\mu g/g$,精密度达到±1%以下,线性范围可达约7个数量级。由于原子发射光谱法具有灵敏度高,选择性好,分析速度快,用样量小,能同时进行多元素的定性和定量分析等诸多优点,因此原子发射光谱法已成为元素分析的最常用手段之一,广泛应用于地质、冶金、生物、医药、食品、化工、核工业及环保等众多领域。

6.1 基 本 原 理

6.1.1 光谱的产生

原子通常处于稳定的最低能量状态即基态,当原子受到外界电能、光能或热能等激发源的激发时,原子核外层电子便跃迁到较高的能级上而处于激发态,这个过程称为激发。

外层电子处在激发态的原子是很不稳定的,在极短的时间内($10^{-10} \sim 10^{-8}$ s)跃迁回基态或其他较低的能态而释放出多余的能量,释放能量的方式可以是无辐射跃迁,即通过与其他粒子的碰撞,进行能量的传递;也可以以一定波长的电磁波形式辐射出去,辐射的波长与其能量$h\nu$有关,等于电子跃迁前、后两个能级的能量之差ΔE,即

$$\Delta E = E_2 - E_1 = h\nu = hc/\lambda = hc\sigma \tag{6-1}$$

式中:h为普朗克(Planck)常量;ν为所辐射电磁波的频率;c为光在真空中的传播速度;λ为所辐射电磁波的波长;σ为所辐射电磁波的波数,是所辐射电磁波长的倒数;E_2和E_1分别为电子所在的较高能级能量和较低能级能量。显然,原子发射光谱线的波长为

$$\lambda = hc/\Delta E \tag{6-2}$$

在一定条件下,一种原子的电子可能在多种能级间跃迁,能辐射出不同特征波长λ或不同频率ν的光。利用分光仪将原子发射的特征光按频率分成若干线状光谱,这就是原子发射光谱。

6.1.2 基本特点

原子发射光谱和原子发射光谱分析法具有以下基本特点:

(1)原子中外层电子(称为价电子或光电子)在核外的能量分布是量子化的值,不是连续的,所以ΔE也是不连续的,因此,原子光谱是线光谱;

(2)同一原子中,电子能级很多,有各种不同的能级跃迁,所以有各种不同的ΔE值,即可以发射出许多不同频率ν或波长λ的辐射线;

(3)不同元素的原子具有不同的能级构成,ΔE不一样,所以ν或λ也不同,各种元素都有

其特征光谱线,从识别各元素的特征光谱线可以鉴定样品中元素的存在,这是光谱定性分析的基础;

(4) 选择性高,各元素具有不同的特征谱线,因而可多元素同时检测;

(5) 元素特征谱线的强度与样品中该元素的含量有确定的关系,所以可通过测定谱线的强度来确定元素在样品中的含量,且检出限较低(一般光源 $10 \sim 0.1~\mu g/g$、ICP $10 \sim 0.1~ng/g$),这是光谱定量分析的基础。

当激发能和激发温度一定时,谱线强度 I 与试样中被测元素的浓度 c 成正相关,即

$$I = ac^b \tag{6-3}$$

式中:a 是与谱线性质、实验条件有关的常数。低浓度时式(6-3)中 $b=1$,呈线性关系,浓度较高时,由于自吸现象的存在($b<1$),直接的线性关系变为对数之间的线性关系。相对而言准确度较高:一般光源 $5\% \sim 10\%$;ICP 1% 以下。

(6) 缺点是对于非金属元素不能检测或灵敏度低。

6.1.3　基本概念

1. 激发能和电离能

原子外层电子由低能级跃迁到高能级所需要的能量称为激发能,单位为电子伏特(eV)。

如果原子的外层电子获得足够大的能量,将会脱离原子,此现象称为电离。原子失去一个电子称为一级电离,失去两个电子称为二级电离,以此类推。使原子电离所需要的最小能量称为电离能(ionization energy),单位为 eV。

2. 原子线和离子线

原子外层电子吸收激发能后成为激发态,从高能级激发态跃迁到低能级时产生的谱线称为原子线,用罗马数字(Ⅰ)表示。如 Ca(Ⅰ)422.67 nm 为钙的原子线。

离子的外层电子从高能级跃迁到低能级时所发射的谱线称为离子线,每条离子线都有相应的激发能,离子线激发能的大小与离子的电离能无关。同理,原子的激发能大小与原子的电离能也不同。通常用Ⅱ表示一级电离线,用Ⅲ表示二级电离线,如 Ca(Ⅱ)396.85 nm 和 Ca(Ⅲ)376.16 nm 分别为钙的一级电离线和二级电离线。

3. 共振线

原子中外层电子从基态被激发到激发态后,由该激发态跃迁回基态所发射出来的辐射线,称为共振线。而由最低激发态(第一激发态)跃迁回基态所发射的辐射线,称为第一共振线,也叫主谱线。有时也把第一共振线称为主共振线,它具有最小的激发电位,因此最容易被激发,一般是该元素最强的谱线。

4. 灵敏线和分析线

光谱图上出现谱线的数目与样品中被测元素的含量有关。含量高时,同时出现的谱线数目比较多,含量低时则比较少,如果含量(或浓度)不断降低,弱的谱线从光谱图上消失,接着是次强的谱线消失,当含量降至一定值后,只剩下坚持到最后的谱线,称为最后线或最灵敏线。最后线通常是元素谱线中最易激发或激发能最低的谱线,如元素的第一共振线。各元素最后线的波长,可从专门的元素光谱波长表中查得。由于工作条件不同和存在自吸收,元素的最后线不一定就是最强的线。

光谱定性和定量分析常常是根据灵敏线或最后线来判断元素的存在和含量,所以它们还常被用做分析线。

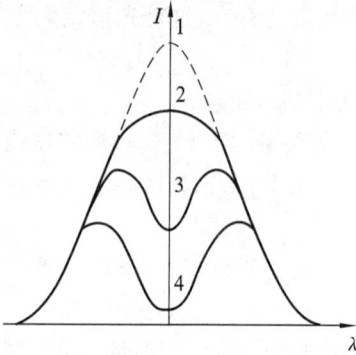

图 6-1　自吸和自蚀谱线的示意图
1—无自吸;2—有自吸;3—自蚀;4—严重自蚀

5. 自吸和自蚀

从光源中辐射出来的谱线,主要从温度较高的发光区域的中心发射出来。在发光蒸气云的一定体积内,温度和原子密度分布不均匀,一般边缘部分温度较低,原子多处于较低能级,当由光源中心某元素发射出的特征光向外辐射通过温度较低的边缘部分时,就会被处于低能级的同种原子所吸收,使谱线中心发射强度减弱,这种现象称为自吸。

当元素含量较高时,常因自吸效应而使谱线强度减弱,在自吸很严重的情况下,会使谱线中心强度减弱很多,使原来表现为一条的谱线变成双线形状,这种严重的自吸称为自蚀。图 6-1 所示为发生自吸和自蚀时的谱线轮廓变化。因此,最后线不一定是实际的分析线,只有在元素含量较低时,自吸效应很小,最后线才会用做分析线。

【例 6-1】 Pb 的某些分析线及激发能如下。若测定水中痕量 Pb,应选用哪条谱线? 当水试样中 Pb 含量为 1% 左右时,是否仍选用此谱线? 说明理由。

谱线波长/nm	283.31	280.20	287.32	266.32	239.38
激发能/eV	4.37	5.74	5.63	5.97	6.50

解　从上列数据可知,谱线波长为 283.31 nm 的谱线激发能最低,由此判断此谱线为共振线和灵敏线,若测定水中痕量 Pb,应选用谱线波长为 283.31 nm 的谱线作为分析线。

当水试样中 Pb 含量为 1% 左右时,一般不选用此谱线。这是因为当被测元素 Pb 的含量为 1% 时,元素浓度较大,此谱线自吸和自蚀严重,灵敏度降低,不宜作为分析线。

6.2　光谱分析仪器

原子发射光谱法所用的仪器设备主要由三部分组成:光源、分光系统和检测系统。

6.2.1　光源

光源具有使样品蒸发、离解、原子化和激发、跃迁产生光辐射的作用。目前常用的光源有火焰、直流电弧、交流电弧、高压电火花、直流等离子体喷焰(direct current plasma jet,DCP)、电感耦合等离子体(inductively coupled plasma,ICP)、电容耦合微波等离子体(capacitively coupled microwave plasma,CMP)、微波诱导等离子体(microwave induced plasma,MIP)以及辉光放电(glow discharge,GD)和激光光源等。各种光源有其不同性能(激发温度、蒸发温度、稳定性、强度、热性质等)和特点。

1. 几种常见光源

1) 火焰光源

火焰是最早用于 AES 的光源,它利用燃气和助燃气混合后燃烧,产生足够的热量来使样品蒸发、离解和激发。用不同的燃气和助燃气体、不同的气体流量比例可以得到不同用途的火焰。

利用火焰的热能使原子激发和产生发射光谱并进行光谱分析的仪器称为火焰光度计,如图 6-2 所示,其分析方法称为火焰光度法。

火焰光源的特点如下:

(1) 设备简单,操作比较方便,稳定性好,因而精密度较高,且分析速度快;

(2) 火焰温度一般只有 2000～3000 K,只能激发电位低的原子(如碱金属和碱土金属),使用范围有限。

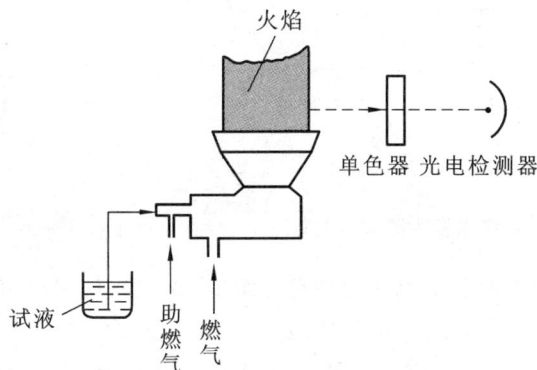

图 6-2　火焰光度计示意图　　　　　图 6-3　直流电弧发生器

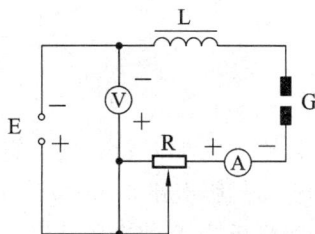

2) 直流电弧光源

直流电弧发生器的基本电路如图 6-3 所示。

直流电源 E 可以由直流发电机、半导体整流器、电子管整流器或可控硅整流器供给电压为 220～380 V、电流为 5～30 A 的直流电,可变电阻用来稳定和调节电流的大小,电感 L 用来减小电流的波动,G 为放电间隙(分析间隙)。

利用这种光源激发时,分析间隙一般以两个碳电极作为阴、阳两极。试样装在下电极的凹孔内。由于直流电不能击穿两电极,故应先行点弧。目前大多数仪器采用高压火花引弧。当电弧产生后,从炽热的阴极尖端射出的热电子流在通过分析间隙飞向阳极的过程中被加速,当其撞击在阳极上,形成炽热的阳极斑,温度可达 3800 K,使试样蒸发和原子化。蒸发的原子与电子碰撞,电离成阳离子,并以高速运动冲击阴极,使阴极不断发射电子,这样反复进行,使电弧维持不灭。同时,蒸发的原子与电子、离子在分析间隙互相碰撞,发生能量交换,引起试样原子激发,发射出一定波长的光谱线。

直流电弧光源的特点如下:

(1) 阳极斑点使电极头温度高,有利于试样蒸发,尤其适用于难挥发元素;

(2) 阴极层效应增强微量元素的谱线强度,提高测定的灵敏度;

(3) 弧焰温度较低,激发能力较差,不利于激发电离电位高的元素;

(4) 弧光游移不定,分析结果的重现性差;

(5) 弧层较厚,容易产生自吸现象,不适合于高含量定量分析。

直流电弧光源主要用于易激发、熔点较高元素的定性分析,不宜用于高含量定量分析和低熔点合金分析。

3) 交流电弧光源

交流电弧有两类:高压交流电弧和低压交流电弧。高压交流电弧光源灵敏度高、重现性好,工作电压为 2000～4000 V,可以直接点弧,但装置复杂,操作危险,现已很少采用。现多用低压交流电弧光源,它使用 $110\sim220$ V 的低压交流电作为电弧的主要电源,但在此低压交流电上又叠加了一个高频高压电来"引火",低压交流电可利用这一"引火"所造成的通路来产生电弧。其基本电路如图 6-4 所示。

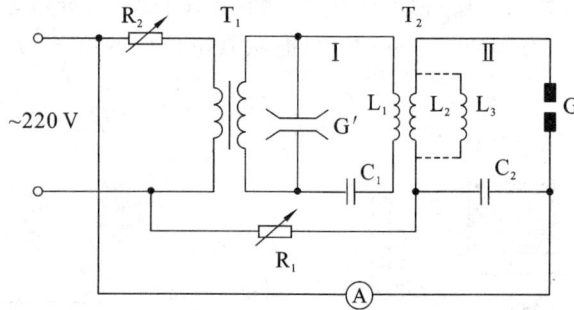

图 6-4 低压交流电弧发生器基本电路

从图 6-4 中可以看出,低压交流电弧发生器基本电路由两部分组成:高频高压引火电路 I 和低频低压燃弧电路 II。这两个电路借助于高频变压器 T_2 的线圈 L_1 和 L_2 耦合。220 V 的交流电通过变压器 T_1 使电压升至 3000 V 左右向电容器 C_1 充电,充电速度由 R_2 调节。当 C_1 的充电能量随交流电压每半周升至放电盘 G' 击穿电压时,放电盘被击穿,此时 C_1 通过电感 L_1 向 G' 放电,在 L_1C_1 回路中产生高频振荡电流,振荡的速度由放电盘的距离和充电速度来控制,每半周只振荡一次。高频振荡电流经高频变压器 T_2 耦合到低压电弧回路(II),并升压至 10 kV,通过电容器 C_2 使分析间隙 G 的空气电离,形成导电通道。低压电流沿着已造成电离的空气通道,通过 G 引燃电弧。当电压降至低于维持电弧放电所需的电压时,弧焰熄灭。接着第二个半周又开始,该高频电流每半周使电弧重新点燃一次,维持弧焰不熄灭。

交流电弧光源的特点如下:

(1) 弧焰温度比直流电弧稍高,有利于元素的激发;

(2) 电极头温度比直流电弧低,不利于难挥发元素的蒸发;

(3) 电弧放电稳定,分析结果重现性好;

(4) 弧层稍厚,易产生自吸现象。

交流电弧光源适合于金属、合金的定性、定量分析。

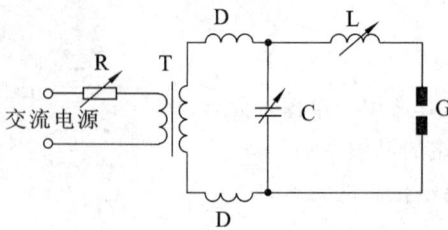

图 6-5 高压电火花发生器

4) 高压电火花光源

高压电火花发生器的基本电路如图 6-5 所示。

交流电由调压电阻 R 适当降压以后,经过变压器 T 的初级线圈,使次级线圈上产生 1×10^4 V 以上的高电压,然后通过扼流圈 D 向电容器 C 充电,当电容器 C 的充电电压达到分析间隙 G 的击穿电压时,即通过电感 L 向分析间隙 G 放电,产生火花,放电结束后,又重新充电、放电,如此反复进行。

高压电火花光源的特点如下:

(1) 电弧瞬间温度很高,激发能量大,可激发电离电位高的元素;

(2) 电极头温度低,不利于元素的蒸发;

(3) 稳定性高,重现性好;

（4）自吸现象小,适用于高含量元素分析。

高压电火花光源适用于低熔点金属、合金的分析,高含量元素的分析,难激发元素的分析。

5）电感耦合等离子体光源

等离子体在总体上是一种呈电中性的气体,由离子、电子、中性原子和分子所组成,其正、负电荷密度几乎相等。等离子体激发光源是 20 世纪 60 年代提出、70 年代获得迅速发展的一种新型的激发光源。等离子体光源包括电感耦合高频等离子体、直流等离子体(DCP)和微波诱导等离子体(MIP)等。

电感耦合等离子体(ICP)光源是指高频电能通过电感(感应线圈)耦合到等离子体所得到的外观上类似火焰的高频放电光源。ICP 光源一般由高频发生器、等离子炬管和雾化器等三部分组成,如图 6-6 所示。高频发生器的作用是产生高频磁场以供给等离子体能量。感应圈一般是以圆形或方形铜管绕成的2～5 匝水冷线圈。等离子炬管由三层同心石英管组成。外层石英管气流 Ar 气从切线方向引入,并呈螺旋式上升,其作用有三:第一,将等离子体吹离外层石英管的内壁,以防烧毁石英管;第二,利用离心作用,在炬管中心产生低气压通道,以利于进样;第三,这部分 Ar 气流同时也参与放电过程。中层石英管做成喇叭形,通入 Ar 气,起维持等离子体的作用。内层石英管内径为 1～2 mm,载气带着试样气溶胶由内管注入等离子体内,试样气溶胶由气动雾化器或超声雾化器产生。

当接通电源,高频电流通过线圈时,在石英管内产生交变磁场,它的磁力线如图 6-7 所示。如在石英管内插入一根铜棒,则铜棒内产生感应电流,可把铜棒加热到很高的温度,这就是高频加热的原理。如用氩气代替铜棒,因氩气是非导体,电源接通后,石英管内没有反应,不能产生感应电流。若用高压电火花使管内气体电离,产生少量离子和电子,则电子和离子因受管内轴向磁场的作用,在管内水平闭合回路中高速运动,形成涡流。这种涡流类似于在短路的变压器次级线圈中的电流,这时感应线圈就是变压器的初级线圈。因石英管内的磁场方向和强度是随时间变化的,所以电子在每半周中被加速。被加速的电子遇到影响其流动的阻力时,迅速

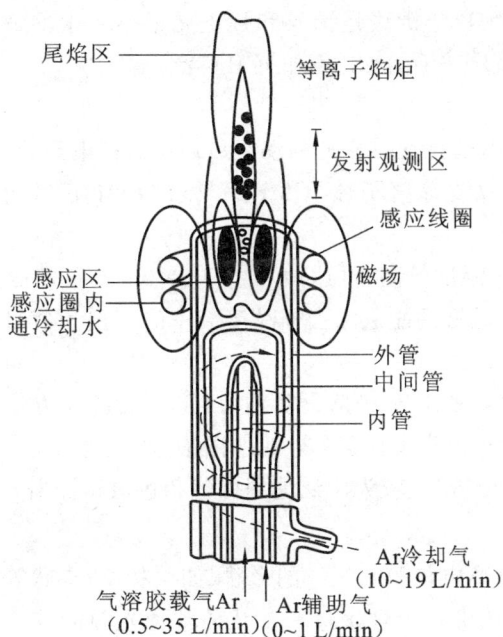

图 6-6　电感耦合等离子体光源示意图

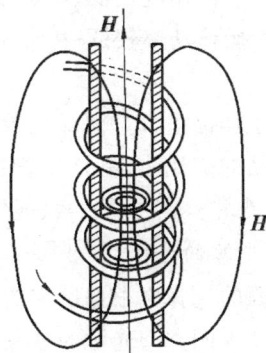

图 6-7　感应线圈产生的磁场与涡流

产生热。这种阻力就是电子与载气原子或试样碰撞的结果。同时还会发生 Ar 原子的电离,形成更多的电子或离子,于是几乎立即形成了炽热的等离子体,这时可以看到管内形成一个高温火球,用 Ar 气将其吹出管口,即形成温度高达 10000 K 的环形稳定等离子炬。当载气带着试样气溶胶通入等离子体时,被加热至 6000～7000 K,并被原子化和激发产生发射光谱。

ICP 光源的特点如下:

(1) 激发温度高,有利于难激发元素的激发,离子线强度大,有利于灵敏线为离子线的元素的测定;

(2) 样品在中央通道受热而原子化,原子化温度高,原子在等离子体中停留时间长,原子化完全,化学干扰小,谱线强度大,检出限可达 $10^{-3}～10^{-4}\ \mu g/g$;

(3) 因激发和原子化温度高,基体效应小;

(4) 稳定性好,相对标准偏差为 ±1％～±2％。

(5) 样品集中在中间通道,外围没有低温的吸收层,因此自吸和自蚀效应小,分析校正曲线的线性范围大,可达 4～6 个数量级(自吸、自蚀会使校正曲线在浓度大时向横轴弯曲);

(6) 在惰性气体中激发,光谱背景干扰小。

ICP 光源是分析液体试样的最佳光源,此光源可用于测定周期表中大多数元素(70 多种),并可对高含量(百分之几十)元素进行测定。

6) 直流等离子体喷焰

直流等离子体喷焰(DCP)是一种被气体压缩了的大电流直流电弧,其形状和火焰类似,其特点如下:

(1) 激发温度较高,有利于难熔、难挥发元素的激发;

(2) 基体效应和共存元素影响较小;

(3) 具有良好的稳定性以及较大的承受有机物和水溶液的能力;

(4) 设备费用和运转费用比 ICP 低,Ar 气消耗量约为 ICP 的三分之一。

目前,可用 DCP 测定的元素已超过 54 种,DCP 分析法是铂族和稀土元素等元素的最有效分析方法之一。但从测定元素的数目及应用范围来看,DCP 不如 ICP 广泛。

7) 微波等离子体

微波等离子体由火花点燃,电子在微波场中振荡且获得充分的动能后通过碰撞电离载气。已采用的微波等离子体有两种类型:电容耦合微波等离子体(CMP)和微波诱导等离子体(MIP)。其光源的特点如下:

(1) 气体温度较低,在 2000～3000 K,但激发温度较高,可达 4000～5000 K;

(2) 操作功率较低,在常压下工作,难以提供足够的能量除去样品溶液中的溶剂和使目标物蒸发。

由于样品引入方面存在的问题,MIP 的应用不如 ICP 普遍。目前,可采用的进样方法有溶液样品的雾化法、易挥发物质的化学发生法、电热蒸发法、微电弧进样法、激光蒸发法等。MIP 主要用于非金属元素、气体元素和有机元素分析,也较为广泛地用做气相色谱检测器。

2. 光源的选择

光源的选择应根据试样的性质(如挥发性、电离电位等)、试样的形状(如块状、粉末状等)、含量以及不同类型光源的蒸发温度、激发温度和放电稳定性来进行。几种常见光源的性质和应用见表 6-1。

表 6-1　几种常见光源的性质和应用

光　源	蒸发温度/K	激发温度/K	放电稳定性	用　途
火焰	低	1000～5000	高	溶液、碱金属、碱土金属的定量分析
直流电弧	800～3800	4000～7000	较差	难挥发元素的定性、半定量及低含量杂质的定量分析
交流电弧	比直流电弧低	比直流电弧略高	较高	矿物、低含量金属定性、定量分析
高压电火花	比交流电弧低	10000	高	易熔金属合金试样的分析、高含量元素的定量分析、难激发元素的测定
ICP	很高	6000～8000	很高	溶液定量分析
DCP	较高	6000	较高	难熔、难挥发元素,特别是铂族和稀土元素的分析
MIP	2000～3000	4000～5000	较差	非金属元素、气体元素和有机元素分析

6.2.2　分光系统

分光系统的作用是将由激发光源发出的含有不同波长的复合光分解成按波长顺序排列的单色光。根据色散元件的不同,原子发射光谱的分光系统可分为棱镜分光系统和光栅分光系统两种。

1. 棱镜分光系统

棱镜分光系统以棱镜为色散元件,根据光的折射现象进行分光,主要由照明系统、准光系统、色散系统(棱镜)及投影系统(暗箱)四部分组成,如图 6-8 所示。

照明系统由透镜 L 组成,透镜可分为单透镜及三透镜两类。为了使光源产生的光均匀

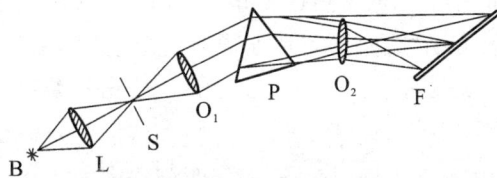

图 6-8　棱镜分光系统的光学图

地照射于狭缝 S,并使感光板上所得的谱线每一部分都很均匀、清晰,一般采用三透镜照明系统。

准光系统包括狭缝 S 及准光镜 O_1。其作用在于把光源辐射通过狭缝 S 的光,经过准光镜 O_1 变成平行光束照射到棱镜 P 上。要求色差小,光能损失少。

色散系统可以由一个或多个棱镜组成。经过准光镜 O_1 后所得的平行光束,通过棱镜 P 时,由于棱镜材料对不同波长的光折射率不同,因而产生色散现象。同一棱镜,对短波长的光比对长波长的光色散率大。

投影系统包括暗箱物镜 O_2 及感光板 F。其作用是将经过色散后的单色光束聚焦而形成按波长顺序排列的狭缝像——光谱。

2. 光栅分光系统

光栅分光系统以衍射光栅作为色散元件,利用光的衍射现象进行分光。

1) 光栅分光系统基本部件

光栅可分为平面光栅和凹面光栅,凹面光栅常用于光电直读式光谱仪,而在发射光谱仪中常用平面光栅。图 6-9 为平面光栅分光系统的光路图。

　　试样被光源激发后发射的光,经过三透镜照明系统由狭缝 1 经平面反射镜 2 折向球面反射镜下方的准直镜 3,经准直镜 3 反射以平行光束投射到光栅 4 上,由光栅分光后的光束经球面反射镜上方的成像物镜 5,最后按波长排列聚焦于感光板 6 上。旋转光栅转台 8 改变光栅的入射角,便可改变所需的波段范围和光谱级次,7 为二次衍射反射镜,衍射(由光栅 4)到它表面上的光线被反射回光栅,被光栅再分光一次,然后到成像物镜 5,最后聚焦成像在一次衍射光谱下面 5 mm 处。这样经过两次衍射的光谱,其色散率和分辨率比一次衍射的大一倍。为了避免一次衍射光谱与二次衍射光谱相互干扰,在暗盒前设有光阑,可将一次衍射光谱滤掉。在不用二次衍射时,可在仪器面板上转动手轮,使挡板将二次衍射反射镜挡住。

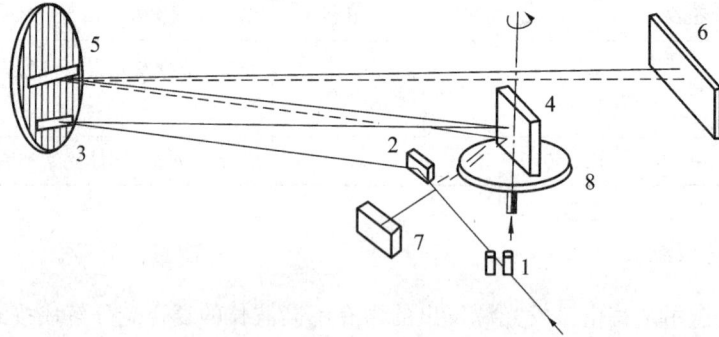

图 6-9　平面光栅分光系统的光路图
1—狭缝;2—反射镜;3—准直镜;4—光栅;5—成像物镜;6—感光板;7—二次衍射反射镜;8—光栅转台

　　衍射光栅是根据多缝衍射原理制造的色散元件。它由平行排列在光学面上的等距离、等宽度的许多刻槽(习惯上称为刻线)或条纹组成。用于分光系统的平面光栅的刻线密度通常有 600 条/mm、1200 条/mm、1800 条/mm、2400 条/mm 等。平面衍射光栅的光栅方程为

$$k(\sin\alpha \pm \sin\beta) = m\lambda \tag{6-4}$$

式中:k 为光栅常数,即相邻两刻线间的距离;α、β 分别为入射角及衍射角;$m = 0, \pm 1, \pm 2, \cdots$ 为光栅的级数;λ 为波长。

　　2) 光栅分光系统的光学特性

　　光栅分光系统的光学特性可以从线色散率、分辨率、闪耀特性三个方面来考虑。

　　(1) 线色散率　平面光栅的线色散率为

$$dl/d\lambda = \frac{mf}{k\cos\beta} \tag{6-5}$$

式中:β 为衍射角;f 为平面光栅暗箱物镜的焦距,m,k 的含义同式(6-4)。

　　从式(6-5)可见,光栅分光系统的线色散率的大小随着光栅常数的减小而增大,而与光栅面积无关,故光栅常数越小即每毫米光栅刻线数越多时,仪器线色散率就越大。如每毫米 1200 条刻线的光栅,其线色散率就比每毫米 600 条刻线的光栅大一倍。其次,线色散率随光栅衍射级数的增大而增大,因而二级衍射光谱的线色散率就比一级衍射光谱的线色散率大一倍。另外,暗箱物镜的焦距越长,线色散率也越大;由于光束的衍射角较小,$\cos\beta \approx 1$,因此,光栅分光系统的线色散率几乎不随波长变化。

　　(2) 分辨率　光栅的分辨率可以简单地用下式表示:

$$R = \lambda/\Delta\lambda = Nm \tag{6-6}$$

式中:N 为光栅的总刻线数。可以看出,光栅的理论分辨率与光栅的总刻线数、光栅的衍射光谱的级数成正比。如 WSP-1 光栅光谱仪,它的光栅长度为 95 mm,当光栅刻线密度为 600 条/mm 时,其总的刻线数是 57000 条,所以它的一级衍射光谱的理论分辨率为 57000;同样,当采用 1200 条/mm 光栅,使用二级衍射光谱时,其理论分辨率为 228000。

【例 6-2】 某光栅光谱仪的光栅刻线密度为 2400 条/mm,光栅长度为 50 mm,求此光谱仪对一级衍射光谱的理论分辨率。该光谱仪能否将 Nb 309.418 nm 与 Al 309.271 nm 两光谱线分开? 为什么?

解　由题意可得,光栅刻线密度 $b=2400$ 条/mm,$L=50$ mm,$m=1$,则

理论分辨率　　　　　　　　　　　$R=Nm=50 \times 2400 \times 1=1.2 \times 10^5$

根据 $R=\lambda/\Delta\lambda=Nm$,得

$$\Delta\lambda=\lambda/R=(309.418+309.271)/1.2 \times 10^5 \text{ nm}=0.00258 \text{ nm}$$

即当 $\Delta\lambda \geqslant 0.00258$ nm 时就能清楚分开,而 Nb 与 Al 的 $\Delta\lambda=(309.418-309.271)$ nm $=0.147$ nm。由于 0.147 nm$>$0.00258 nm,因此能清楚分辨出两谱线。

(3) 闪耀特性　在一般的反射光栅中,由于在光栅衍射图中,没有色散的零级衍射主极大占去了衍射光,随着主极大级次的增高,光强很快地减弱。因此,使用这种光栅进行分光的最大缺点是一级衍射较弱,二级衍射更弱。近代的反射光栅是采用定向闪耀的办法,把辐射能集中到所要求的波长范围。这种光栅称为闪耀光栅。

闪耀光栅的刻槽面与光栅平面成一定的角度,每一槽面都具有相同的反射角,沿着槽面的镜反射方向特别明亮,因而能把衍射光集中到某一光谱波段上。槽面法线与光栅法线的夹角称为闪耀角,它所对应的闪耀极大的波长称为闪耀波长(λ_β)。衍射光栅的光强分布如图 6-10 所示。

从图 6-10 可以看出,理论上在闪耀波长处将集中 75%～80% 的入射光的辐射能,而在此波长 2/3 和 3/2 处光强即下降到 40% 左右。

光栅的闪耀主要是一个方向问题。从衍射方程式可以看出,对于闪耀波长为 600.00 nm 的光栅,因为

$$M_1\lambda\beta_1=M_2\lambda\beta_2=M_3\lambda\beta_3=\cdots \qquad (6-7)$$

故除了 600.00 nm 波长处有一个一级衍射的闪耀极大外,在 300.00 nm 及 200.00 nm 波长处还有一个二级衍射及三级衍射的闪耀极大。

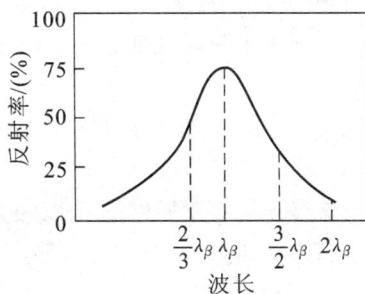

图 6-10　衍射光栅的理论光强分布

光栅分光系统比棱镜分光系统具有更高的色散率及分辨率,且应用的波段很宽(几纳米到几百微米)。另外,光栅分光的色散率基本上与波长无关,并且在闪耀波长处有较强的集光能力。因此,它更适用于一些光谱复杂的元素样品的分析。

6.2.3　检测系统

检测系统的作用是接收、记录并测定光谱。常用的检测方法主要可分为摄谱法和光电检测法两大类。

1. 摄谱法

摄谱法是用感光板来记录光谱。感光板由感光乳剂和载片两部分组成。感光乳剂由卤化银(常用 AgBr)的微小晶粒均匀地分散在精制的明胶中制成。载片是玻璃或醋酸纤维软片。感光板放置在摄谱仪投影物镜的焦面上,接受被分析试样发射光谱的辐射而感光,一次曝光可

以永久记录光谱的许多谱线。感光后的感光板经显影、定影处理,呈现出黑色条纹状的光谱图。然后用光谱投影仪观测谱线的位置及强度进行光谱定性分析,用测微光度计测量谱线的黑度进行光谱定量分析。感光板上谱线变黑的程度(黑度)与辐射强度、浓度、曝光时间、感光板的乳剂性质及显影条件等有关。如果其他条件固定不变,则感光板上谱线的黑度仅与照射在感光板上的辐射强度有关。此时测量黑度就可以比较辐射强度。

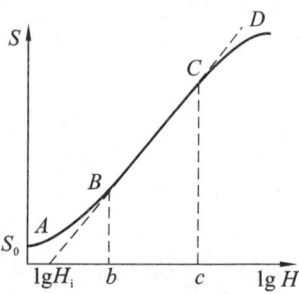

图 6-11 乳剂特性曲线

谱线的黑度 S 与照射在感光板上的曝光量 H 有关。它们的关系是很复杂的,不能用单一的数学表达式表示,常常只能用图解的方法来表示,这种图解曲线称为乳剂特性曲线。通常以 S 为纵坐标,$\lg H$ 为横坐标作图,如图 6-11 所示。

乳剂特性曲线可分为三部分:AB 为曝光不足部分,它的斜率是逐渐增大的,即黑度随曝光量增大而缓慢增大;CD 部分为曝光过度部分,它的斜率逐渐减小;BC 部分为正常曝光部分。光谱定量分析一般在正常曝光部分内工作,因为这部分的斜率是恒定的,黑度和曝光量的对数之间的关系可以用简单的数学式来表示。令此直线段的斜率为 γ,则

$$\gamma = \tan\alpha \tag{6-8}$$

式中:γ 为感光板的反衬度,它表示当曝光量改变时,黑度变化的快慢。BC 部分延长线在横轴上的截距为 $\lg H_i$。H_i 称为乳剂的惰延量。感光板的灵敏度取决于 H_i 的大小,H_i 越大越不灵敏。BC 部分在横轴上的投影(即 bc 线段)称为乳剂的展度,表示特性曲线直线部分的曝光量对数的范围。

对于正常曝光部分,S 与 $\lg H$ 之间的关系最简单,可由下述直线方程式表示:

$$S = \tan\alpha(\lg H - \lg H_i) = \gamma(\lg H - \lg H_i) \tag{6-9}$$

对于一定的乳剂,$\gamma \lg H_i$ 为一定值,并以 i 表示,则有

$$S = \gamma \lg H - i \tag{6-10}$$

由于曝光量等于照度 E 乘以曝光时间 t,而照度的大小与谱线强度 I 成正比,所以式(6-10)可改写为

$$S = \gamma \lg(It) - i \tag{6-11}$$

式(6-11)表明了感光板黑度与谱线强度的关系。

2. 光电直读法

光电直读法是利用光电测量的方法直接测定谱线的波长和强度。目前常用的光电转换元件包括光电倍增管和固体成像器件。

1) 光电倍增管

光电倍增管(photoelectric multiplier tube, PMT)是利用次级电子撞击发射原理放大光电流的光电管,由光电阴极、阳极及若干个打拿极组成,如图 6-12 所示。阴极电位最低,各打拿极的电位依次升高,阳极电位最高。在阴极和打拿极上都涂有能发射电子的光敏材料,如 Sb-Cs 或 Ag-O-Cs 等。阴极在光照下产生电子,电子在电场作用下,加速撞击到第一个打拿极上,产生 2~5 倍的次级电子,这些电子再与下一个打拿极撞击,产生更多的次级电子,经过多次放大,最后聚集在阳极上的电子数可达阴极发射电子数的 $10^5 \sim 10^8$ 倍。

2) 光二极管阵列

光二极管阵列(photodiode assay, PDA)检测器由数十万个硅光电二极管线性排列构成。

每个二极管由 p 型硅区组成,由绝缘二氧化硅包围而与其邻近的二极管绝缘,所有的二极管都连接到一个共同的 n 型硅层上,如图 6-13 所示。每个二极管开始都加有反向的偏置电压,这样便形成了一个耗尽层,使 p-n 节的传导性几乎为零。当辐射照到 n 区,就会产生电子-空穴对,空穴通过耗尽层到达 p 区而湮灭,于是电导增加,增加的程度与辐射功率成正比。测量在二极管阵列上再次建立反向偏置电压所需的电荷量,便可得到光强度的积分值。

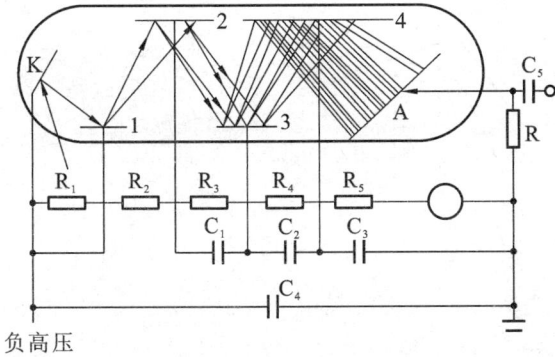

图 6-12　光电倍增管工作原理图

K—光敏阴极;1~4—打拿极;A—阳极;

R、R_1~R_5—电阻;C_1~C_5—电容

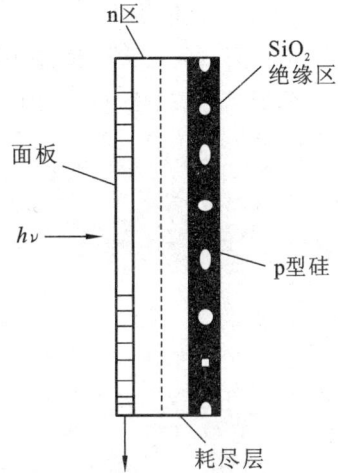

图 6-13　硅二极管阵列

3) 电荷耦合器件

电荷耦合器件(charge coupled device,CCD)为二维阵列,由许多紧密排布的 MOS 电容器组成,因其对光敏感,故每个 MOS 电容器(现多用光敏二极管)构成一个像元,由一个很薄的导电电极和放在 p 型硅基片顶上的一层薄的绝缘氧化物构成,如图 6-14 所示。通过加在金属电极上的正电压进行反相偏置,在电极下面的硅片中产生一个耗尽区电势阱,当光照射到任一电容器上时,光子穿过电极及氧化层,进入 p 型硅基片,基片中处于价带的电子吸收光子能量而跃入导带,形成电子-空穴对,在外加电场作用下落入势阱中,形成电荷包,积累电荷的量是输入光强和积分时间的函数。通过将一定规则变化的电压加到 CCD 各电极上,会使半导体表面形成一系列深浅不同的势阱,电荷包便可沿着势阱的移动方向连续移动,进入输出二极管并被送入前置放大器,实现电荷、电压的线性变换,完成电荷包上的信号检测。根据输出的先后顺序可以判断出电荷来自哪一个势阱,并根据输出电压的大小判断该像元的受光强弱。

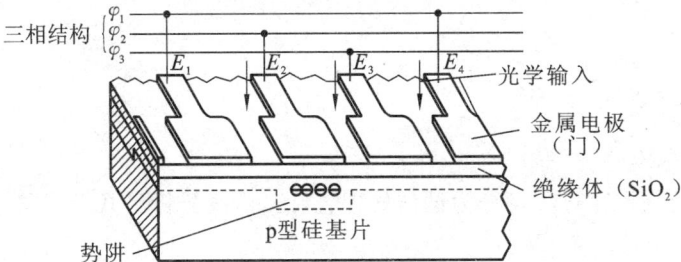

图 6-14　电荷耦合器件阵列的示意图

在原子发射光谱中采用 CCD 检测器可实现多谱线同时检测,借助计算机系统快速处理光谱信息的能力,可极大地提高发射光谱分析的速度。如采用这一检测器设计的全谱直读等离子发射光谱仪可在 1 min 内完成样品中多达 70 种元素的测定;此外,它的动态响应范围和灵敏度均可能达到甚至超过光电倍增管,加之其性能稳定、体积小、比光电倍增管更结实耐用,因此在发射光谱中有广泛应用前景。

3. 光谱投影仪

光谱投影仪是放大光谱谱线的仪器,其放大倍数约为 20,主要用于光谱定性分析识谱及半定量分析,属于观测设备。国产 WTY 型光谱投影仪光路如图 6-15 所示。

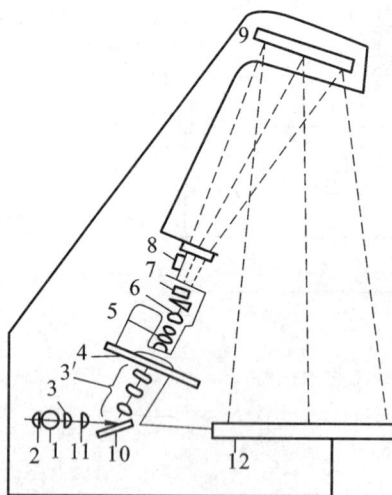

图 6-15 WTY 型光谱投影仪光路图

1—光源;2—球面反射镜;3—聚光镜;3′—聚光镜组;4—光谱底板;5—透镜;6—投影物镜组;
7—棱镜;8—调节透镜;9—平反射镜;10—反射镜;11—隔热玻璃;12—白色投影屏

光源 1 的光线,经球面反射镜 2 反射,通过聚光镜 3 及隔热玻璃 11,再经反射镜 10,将光线转折 55°,由聚光镜组 3′射向被分析的光谱底板 4,使光谱底板上直径为 15 mm 的面积得到均匀的照明。投影物镜组 6 使得被均匀照明的光谱线经过棱镜 7 的转向,再由平反射镜 9 反射,最后投影于白色投影屏 12 上。投影物镜组中的透镜 5 能上下移动,使此仪器的放大倍数可在 19.75～20.25 范围内进行调整。调节透镜 8 可转至光路中,以作调节照明强度之用。

6.3 分析方法

6.3.1 定性分析

1. 定性分析原理

光谱定性分析的操作过程可分为试样处理、摄谱、谱线分析等几个步骤。定性分析方法主要有以下两种。

1) 标准试样光谱比较法

原子发射光谱定性分析一般采用摄谱-比较法进行,即将试样与已知的欲鉴定元素的化合物在相同的条件下并列摄谱,然后对所得光谱图进行比较,从试样的光谱中辨认出其分析线,以确定某些元素是否存在。

这种方法很简便,但应注意在试样的光谱中没有出现某种元素的谱线,并不表示该元素绝对不存在,只意味着该元素的含量低于检测方法的灵敏度。光谱分析的灵敏度除了取决于元素的性质外,还与所用的光源、摄谱仪、试样引入方法,以及其他实验条件等有关。

2) 铁光谱比较法

在测定复杂组分以及进行光谱定性全分析时,需借助铁光谱标准谱图来进行比较,此时将试样和纯铁并列摄谱。因为铁光谱的谱线较多,在 210.0～660.0 nm 波长范围内大约有 4600条谱线,而且每条谱线的波长都已作了精确的测定,载于谱线表。一般将各种元素的灵敏线按波长位置标插在铁光谱图的相应位置上,预先制备了元素标准光谱图(图 6-16)。在进行定性分析时,只要在映谱仪上观察所得谱片,使元素标准光谱图上的铁光谱谱线与谱片上摄取的铁谱线相重合,如果试样中未知元素的谱线与标准光谱图中已标明的某元素谱线出现的位置相重合,则该元素就有存在的可能。

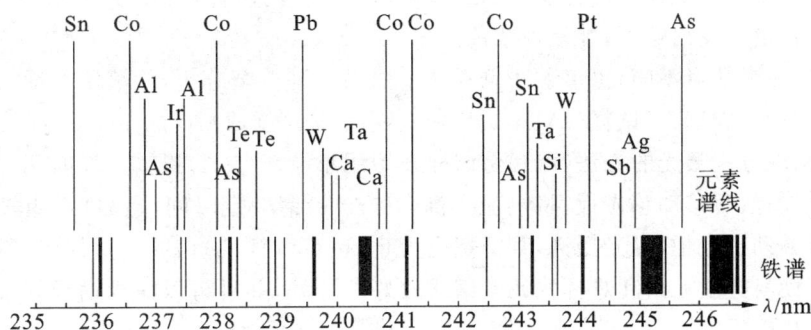

图 6-16　元素标准光谱图

当用上述方法仍无法确定未知试样中的某些谱线属于何种元素时,则可用波长测定仪准确测出其波长,再从元素的谱线波长表上查出该谱线相对应的元素。

2. 试样处理

根据被测样品性质不同,摄谱前需作不同处理:对于金属或合金,最好将其本身作为电极,如果试样量少,可将试样粉碎后放入电极孔中;矿石需磨碎成均匀粉末,然后放入电极孔中;对溶液,则先蒸发浓缩至有结晶析出,再滴入电极孔中加热至干,或将原液全部蒸干,磨成均匀的粉末放入电极孔中,或使用平头电极,将溶液滴在电极头上烘干;若分析微量成分,从原试样中不能直接检出,则必须预先进行处理,使大量主要组分分离,微量组分被浓缩;对有机物一般先低温干燥,在坩埚中灰化,然后将灰化后的残渣放入电极孔中;采用 ICP 光源时一般需要将试样转化为溶液。

将少量粉状试样装入电极孔中,用电弧光源使试样蒸发到弧焰中去而得到激发,是一种应用得较多的方法。在这种方法中,通常使用光谱纯的石墨作电极材料。根据试样性质的不同,将石墨棒用刀具或车床加工成多种不同形状的电极(图 6-17)。这类电极长 3～4 cm,直径一般为 6 mm,孔径为 3～4 mm,深 3～6 mm。每次取样 10～20 mg。图 6-17 中最后一个电极适用于更少量的试样。使用石墨电极时,在点弧过程中,碳与空气中的氮结合而产生氰(CN)的带状分子光谱(氰带),范围为 358.39～421.60 nm。这对光谱分析是不利的。

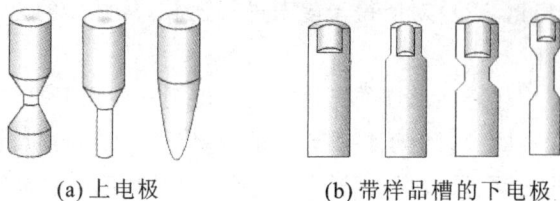

(a) 上电极　　　　　　(b) 带样品槽的下电极

图 6-17　电极的形状（剖面）

3. 摄谱

摄谱采用的仪器和实验条件要根据欲测元素和试样的性质而定。常见元素的灵敏线多处于近紫外区，因此多采用中型石英棱镜和光栅摄谱仪。若试样属多谱线，光谱复杂，如稀土元素等，则应选用大型摄谱仪。

在光源方面，直流电弧的灵敏度较高，故在定性分析中常用它来作为光源。为了减少谱线的重叠干扰和提高分辨率，摄谱时狭缝应小一些（一般为 $5\sim7~\mu\mathrm{m}$），并选用灵敏度较高的感光板。

在激发时，必须将试样全部挥发完。通常可以从电弧的声音和颜色来判断挥发是否完全，试样挥发完后，电弧发出噪声，并呈现紫色。

由于分析元素数目不同，摄谱方法也不同。如果要进行全分析，检测所有元素，摄谱顺序是：碳电极（空白）、铁谱、A 试样(1)、A 试样(2)、铁谱、B 试样(1)、B 试样(2)、B 试样(3)。

摄谱可采取分段曝光的方法，即一份试样开始用小电流（5 A）摄谱一段时间（直流电弧），摄得(1)组谱线；然后移动感光板，将电流升高（10 A）摄谱一定时间，摄得(2)组谱线；如试样尚未烧完，再移动感光板，曝光摄谱，直至烧完为止，摄得试样(3)谱线。这样将一份试样摄成三条光谱图，使易挥发元素和难挥发元素谱线较好地分开，并且可以减少谱线间彼此重叠、减小背景强度，排除干扰。

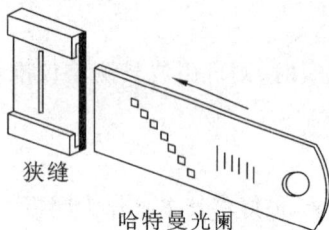

狭缝

哈特曼光阑

**图 6-18　哈特曼光阑置于
狭缝前示意图**

摄谱时多采用哈特曼（Hartman）光阑，这种光阑是一块金属多孔板，如图 6-18 所示。该光阑置于狭缝前的导槽内，摄制不同样品或同一样品不同阶段的光谱时，移动光阑使光线通过光阑的不同孔道摄在感光板的不同位置上，而不移动感光板，以防止移动感光板时引起波长位置的变动。

4. 谱线分析

摄谱后，在暗室中进行显影、定影、冲洗，最后将干燥好的谱片放在映谱仪上进行谱线检查。对光谱逐条检查灵敏线是光谱定性分析工作的基本方法。对于试样中某些含量较高的元素，不一定依靠灵敏线作判断，而可以用一些特征线组。

应该注意的是，对于成分复杂的试样，应考虑谱线重叠干扰的影响。因此当观察到有某元素的一条谱线时，尚不能完全确定该元素的存在，还必须继续查找该元素的其他灵敏线和特征谱线是否出现，一般有两条以上的灵敏线出现，才能确认该元素的存在。

为了提高分析灵敏度，避免谱线间的干扰，也可以考虑用大色散率的摄谱仪来进行摄谱，这样使波长差别很小的互相干扰的谱线有可能分开。有时则利用试样中元素的挥发性不同，采用不同电流时的分段曝光法，使易挥发元素和难挥发元素的谱线重叠干扰得以减免；有时需要将被分析的杂质成分从分析试样的主要成分中分离出来，然后用分离所得的富集物进行光谱分析。

6.3.2　半定量分析

当分析准确度要求不高,又要求简便快速时(如矿石品位的估计、钢材和合金的分类、为化学分析提供被测元素的大致含量等),可在进行光谱定性分析的同时指出所含元素的大致含量(半定量分析)。常用的方法主要有以下几种。

1. 显线法

当分析元素含量降低时,该元素谱线也逐渐减少,随着元素含量增加,一些次灵敏线与较弱的谱线相继出现,于是可以编成一张谱线出现与含量的关系表,以后就根据某一谱线是否出现来估计试样中该元素的大致含量。该法的优点是简便快速,其准确程度受试样组成与分析条件的影响较大。

【例 6-3】　铅的半定量分析。已知铅含量与谱线出现数目的关系如下表所示。当测定某样品时,铅的谱线显示为:283.3069 nm、261.4178 nm、280.200 nm、266.3317 nm、287.332 nm 清晰,241.095 nm、244.383 nm、244.620 nm 出现,241.170 nm 模糊。试判定该样品中铅的大致含量。

铅含量(质量分数)	谱线出现数目及特征
0.001%	283.3069 nm 清晰,261.4178 nm 和 280.200 nm 很弱
0.003%	283.3069 nm、261.4178 nm 增强,280.200 nm 清晰
0.01%	上述谱线增强,另增 266.3317 nm、287.332 nm,但不太明显
0.1%	上述谱线增强,没有出现新谱线
1.0%	上述谱线增强,241.095 nm、244.383 nm、244.620 nm 出现,241.170 nm 模糊可见
3.0%	上述谱线增强,出现 322.050 nm,233.242 nm 模糊可见
10%	上述谱线增强,242.664 nm、239.960 nm 模糊可见
30%	上述谱线增强,出现 311.890 nm 和浅灰色背景中的 269.750 nm 线

解　由题中列表可知,铅的谱线显示为:283.306 9 nm、261.417 8 nm、280.200 nm、266.331 7 nm、287.332 nm 清晰,241.095 nm、244.383 nm、244.620 nm 出现,241.170 nm 模糊,与铅含量为 1.0%时的谱线数目一致,故可推测该样品中铅含量(质量分数)大致为 1.0%。

2. 谱线黑度比较法

将试样与已知不同含量的标准样品在一定条件下摄谱于同一光谱感光板上,然后在映谱仪上用目视法直接比较被测试样与标准样品光谱中分析线的黑度。若黑度相等,则表明被测试样中欲测元素的含量近似等于该标准样品中欲测元素的含量。该法的准确度取决于被测试样与标准样品组成的相似程度及标准样品中欲测元素含量间隔的大小。例如分析矿石中的铅,可在谱图上找出试样灵敏线 283.3 nm,再与标准系列中的铅 283.3 nm 线相比较,如果试样中的铅线的黑度在 0.001%~0.01%,则可知矿石中铅的含量为 0.001%~0.01%。

3. 均称线对法

选用分析线与内标线组成若干均称线对,在一定分析条件下对样品摄谱,观察所得光谱中分析线和内标线的黑度,找出黑度相等的均称线对来确定样品中分析元素的含量。该法一般用于测定大量基体中的少量杂质。例如测定低合金钢中的钒,铁是合金钢的主要成分,它的谱线黑度变化很小,将钒线与铁线比较,通过实验发现不同钒含量的谱线与铁线黑度的关系如下:

钒含量为 0.20％时,V438.997 nm＝Fe437.593 nm;

钒含量为 0.30％时,V439.523 nm＝Fe437.593 nm;

钒含量为 0.40％时,V437.924 nm＝Fe437.593 nm;

钒含量为 0.50％时,V439.523 nm＞Fe437.593 nm。

因此,将试样中钒的谱线黑度与铁线 437.593 nm 相比较,就可以判定试样中钒的大致含量。这些线对都是均称线对,即它们的激发电位都很相近。

6.3.3　定量分析

原子发射光谱定量分析,主要是根据被测试样光谱中欲测元素的谱线强度,来确定元素的浓度。谱线强度的测量可用摄谱法或光电直读法。摄谱法是用感光板记录光谱,然后用测微光度计测量谱线的黑度。光电直读法可以直接测量谱线强度,也可由电子计算机直接给出元素的含量。

1. 定量分析原理

1) 谱线强度与元素含量的关系

元素谱线强度与该元素在试样中浓度的关系,可用下述经验公式(赛佰-罗马金公式)表示:

$$I = aC^b \tag{6-12}$$

式中:I 为谱线强度;C 为欲测元素在试样中的含量;a 为发射系数;b 为自吸系数。发射系数与试样的蒸发、激发和发射的整个过程有关,由光源类型、工作条件、试样组成、周围气氛以及高温化学反应等因素决定。自吸系数与谱线的自吸现象有关,由激发电位及元素含量等因素决定。

当元素含量很低时,谱线的自吸很小,这时 $b \approx 1$;当元素含量较高时,谱线的自吸较大,这时 $b < 1$。根据式(6-12)绘制工作曲线,只有当 $b = 1$ 时才为直线。若对式(6-12)取对数,则得

$$\lg I = b \lg C + \lg a \tag{6-13}$$

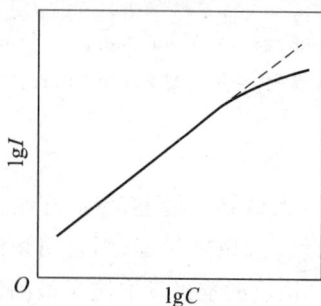

式(6-13)为光谱定量分析的基本关系式,它表明以 $\lg I$ 对 $\lg C$ 作图,所得曲线在一定浓度范围内为直线。如图 6-19 所示。图中曲线的斜率为 b,在纵轴上的截距为 $\lg a$。由图可见,当试样浓度不是很高时,由于 b 是常数,所以工作曲线为直线;当试样浓度较高时,由于 b 不再是常数($b < 1$),所以工作曲线发生弯曲。

2) 内标法

b 和 a 随被测元素含量和实验条件的改变而变化,这种变化往往很难完全避免。因此,要根据谱线强度的绝对值

图 6-19　光谱定量分析的工作曲线

来进行定量分析是无法得到准确结果的。在实际光谱分析中,常采用内标法来消除工作条件不稳定(如光源波动等)对测定结果的影响。

在被测元素的谱线中选一条线作为分析线,在基体元素(或定量加入的其他元素)的谱线中选一条与分析线均称的谱线作为内标线(或称比较线),这两条谱线组成分析线对。分析线与内标线的绝对强度的比值称为相对强度。内标法就是借测量分析线对的相对强度来进行定量分析的。

设欲测元素含量为 C_1,对应的分析线强度为 I_1,根据式(6-12)可得

$$I_1 = a_1 C_1^{b_1} \tag{6-14}$$

同样,对内标线有

$$I_2 = a_2 C_2^{b_2} \tag{6-15}$$

当以基体元素作为内标元素时,无论标准样品或分析试样中,内标元素含量都较高而接近于常数,或在定量加入其他元素作内标元素的情况下,因在标准样品及分析试样中都加入同样的一定量,故其量仍可视为常数,即 C_2 为常数。若内标线无自吸,则 $b_2 = 1$,这样内标线强度 I_2 为常数。此时式(6-15)可写成

$$I_2 = a_3 = 常数 \tag{6-16}$$

由式(6-14)及式(6-16)得

$$R = \frac{I_1}{I_2} = \frac{a_1}{I_2} C_1^{b_1} \tag{6-17}$$

式中:R 为谱线的相对强度。令 $a_1 / I_2 = A$,并改写 C_1 为 $C(b_1 = b)$ 后取对数,有

$$\lg R = \lg \frac{I_1}{I_2} = b \lg C + \lg A \tag{6-18}$$

式(6-18)即为内标法的基本公式,以此式所作的曲线即为相应的工作曲线,其形状与图 6-18 相同。因此只要测出谱线的相对强度,便可以从相应的工作曲线上求得试样中欲测元素的含量。

当由摄谱法检测谱线强度时,将标准样品和试样在同一感光板上摄谱,感光板经处理后,测量标准样品的分析线对的一系列黑度值。从乳剂特性曲线的介绍中可知,谱线在感光板上的黑度与其强度的关系满足式(6-11)。设 S_1、S_2 分别为分析线及内标线的黑度,由式(6-11)可得

$$S_1 = \gamma_1 \lg(I_1 t_1) - i_1 \tag{6-19}$$
$$S_2 = \gamma_2 \lg(I_2 t_2) - i_2 \tag{6-20}$$

因为在同一感光板上,曝光时间相等($t_1 = t_2$),波长、强度、宽度相近,且其黑度值均落在乳剂特性曲线的直线部分时,$\gamma_1 = \gamma_2 = \gamma$,$i_1 = i_2 = i$,则分析线对的黑度差 ΔS 为

$$\Delta S = S_1 - S_2 = \gamma \lg \frac{I_1}{I_2} = \gamma \lg R \tag{6-21}$$

将式(6-18)代入式(6-21),得

$$\Delta S = \gamma \lg R = \gamma b \lg C + \gamma \lg A \tag{6-22}$$

式(6-22)也是内标法进行定量分析的基本关系式。由此式可见,在一定条件下分析线和内标线的黑度差 ΔS 与试样中被分析元素浓度的对数 $\lg C$ 呈线性关系。由于分析线对是在同一感光板上摄谱,实验条件稍有改变,两谱线所受影响相同,相对强度保持不变,所以可得到较准确的结果。

应用内标法时,对内标元素和分析线对的选择是很重要的,选择时应遵循下列原则。

(1) 原来试样内应不含或只含极少量的所加内标元素,若试样主要成分(基体元素)的含量较恒定,有时也可选用基体元素作为内标元素。

(2) 要选择激发电位相同或接近的分析线对,若选用离子线组成分析线对,还要求电离电位也相近。

(3) 两条谱线的波长应尽可能接近,使曝光时间、感光板乳剂层性质、冲洗感光板的情况

都产生同样的影响,这样它们在感光板上的相对强度将不变或改变很小。

(4) 所选线对的强度不应相差过大。若内标元素是试样中的基体元素,应选择此基体元素光谱线中的一条弱线;若外加少量其他元素作内标,则应选用一条较强的线。

(5) 所选用的谱线应不受其他元素谱线的干扰,也应不是自吸严重的谱线。

(6) 内标元素与分析元素的挥发率(沸点、化学活性及相对原子质量)应接近。

【例 6-4】 用发射光谱法测定氧化锌粉末中微量铝的含量。以锌为内标物,选择分析线对如下:分析线——Al 309.27 nm,内标线——Zn 328.23 nm。将样品用酸溶解稀释,测定结果如下:

检 测 对 象	$I_{Al309.27\ nm}$	$I_{Zn328.23\ nm}$
样品	40	120
样品+0.5%Al	120	100

解 设氧化锌粉末中微量铝的含量为 x,因样品浓度低,则 $b=1$,根据公式

$$\lg R = \lg \frac{I_1}{I_2} = b\lg C + \lg A$$

可得

$$\lg(40/120) = \lg x + \lg A$$

$$\lg(120/100) = \lg(x+0.5\%) + \lg A$$

解方程组得

$$x = 0.19\%$$

即氧化锌粉末中微量铝的含量为 0.19%。

2. 定量分析方法——三标准试样法

三标准试样法是指在确定的分析条件时,配制一系列被测元素的标准样品(不少于三个),将标准样品和试样在相同的条件下激发光谱,以分析线对相对强度 R 或 $\lg R$,对浓度 c 或 $\lg c$ 作标准曲线,再由标准曲线求得试样中被测元素含量。

三标准试样法的优点是准确度较高,但由于必须在分析时摄取较多的标准试样的光谱,因而需要的时间也就较长,不适用于快速分析。

【例 6-5】 用蒸馏水溶解 $MgCl_2$ 以配制标准镁溶液系列,在每一标准溶液和待测溶液中均含有 25.0 ng/mL 的钼,钼溶液用溶解钼酸铵而得。测定时吸取 50 mL 的溶液于铜电极上,溶液蒸发至干后摄谱,测量 279.8 nm 处镁谱线强度和 281.6 nm 处钼谱线强度,得到下列数据。试据此确定试液中镁的浓度。

编　号	分析线谱线强度 $I_{Mg\ 279.8\ nm}$	内标线谱线强度 $I_{Mo\ 281.6\ nm}$	镁标准溶液 $\rho_{Mg}/(ng/mL)$
1	0.67	1.8	1.05
2	3.4	1.6	10.5
3	18	1.5	100.5
4	115	1.7	1050
5	739	1.9	10500
6	2.5	1.8	试样

解 根据内标法绘制标准曲线的要求,将数据作相应的变换如下:

编　号	1	2	3	4	5	6
$\lg R$	−0.43	0.33	1.1	1.8	2.6	0.14
$\lg \rho_{Mg}$	0.021 2	1.02	2.00	3.02	4.02	试样

以 $\lg R = \lg \dfrac{I_{Mg}}{I_{Mo}}$ 对 $\lg \rho_{Mg}$ 作图,得图 6-20 所示的标准曲线。

从标准曲线查得,$\lg \rho_{Mg} = 0.768$,故试液中镁的浓度为 5.9 ng/mL。

当由摄谱法检测谱线强度时,测量得到的是标准样品的分析线对的一系列黑度差 ΔS,将 ΔS 与其含量的对数值 $\lg C$ 绘制标准曲线。然后由试样光谱中欲测成分的分析线对的黑度差,从标准曲线上查出试样中被测元素的含量。

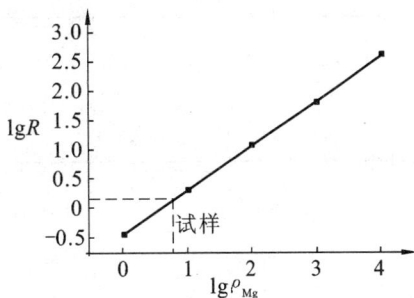

图 6-20　例 6-5 图

【例 6-6】 应用电感耦合等离子体摄谱仪测定某合金中铅的含量。以镁作内标,铅标准系列溶液的质量浓度 ρ、分析线和内标线黑度测定值列于下表中。根据以下数据完成:(1)绘制标准曲线;(2)求溶液 A、B、C 的质量浓度,以 mg/mL 表示。

编　号	分析线黑度测定值 S_{Pb}	内标线黑度测定值 S_{Mg}	质量浓度 ρ_{Pb}/(mg/mL)
1	17.5	7.3	0.151
2	18.5	8.7	0.201
3	11.0	7.3	0.301
4	12.0	10.3	0.402
5	10.4	11.6	0.502
A	15.5	8.8	
B	12.5	9.2	
C	12.2	10.7	

解　(1)根据内标法绘制标准曲线的要求,由以上数据可得

编　号	1	2	3	4	5
ΔS	10.2	9.8	3.7	1.7	-1.2
$\lg \rho$	-0.821	-0.697	-0.521	-0.396	-0.299

以 $\Delta S = S_{Pb} - S_{Mg}$ 对 $\lg \rho$ 作图,即得图 6-21 所示的标准曲线。

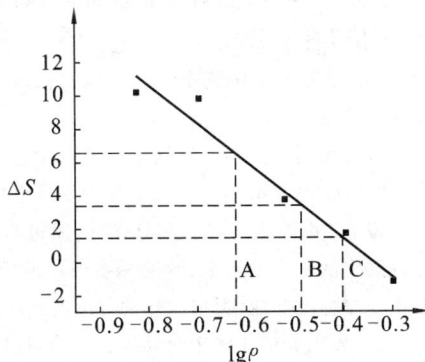

图 6-21　例 6-6 图

（2）由标准曲线可查得

编　　号	A	B	C
ΔS	6.7	3.3	1.5
$\lg\rho$	-0.627	-0.485	-0.402

则 $\rho_A = 0.236$ mg/mL，$\rho_B = 0.327$ mg/mL，$\rho_C = 0.396$ mg/mL。

6.4　应用与示例

利用原子发射光谱进行定性分析，只要选择合适的实验条件，就可根据元素的特征谱线准确地确定试样中存在何种元素，而且分析速度快，操作简便，灵敏度高。在元素周期表中，有70余种元素可被不同类型的激发光源所激发，许多元素还可以同时被激发。因此，利用原子发射光谱分析进行定性鉴定是比较容易的，这也正是发射光谱分析的重要应用。

利用原子发射光谱进行定量分析，在许多情况下，不需要把欲分析元素从基体元素中分离出来，而且一次分析可以在一份试样中同时测定多种元素的含量。对于一些化学性质相近的元素，特别是稀土元素之间，用一般化学分析很难对其分别测定，往往只能测定其总量，而利用发射光谱分析能比较容易地进行各元素的单独测定。另外，在进行发射光谱定量分析时，试样消耗量很小，并具有很高的分析灵敏度，这对某些部门的特殊需要是很合适的。发射光谱分析可测的含量范围为从 0.0001% 到百分之几十，但在含量超过 10% 时，要使分析结果具有足够准确度是有困难的，所以原子发射光谱分析更适宜于作低含量及微量元素的分析。

目前，利用原子发射光谱法还不能分析有机物和大部分非金属元素。在采用电弧光源、摄谱法进行定量分析时，对标准样品、感光板、显影条件等都有严格的要求，否则会严重影响分析结果的准确性，特别是对标准样品的要求很高，分析不同的样品时，必须有与之严格配套的标准样品。因此，这类发射光谱定量分析不宜用来分析个别试样，而适用于经常性、批量的试样分析。

原子发射光谱分析应用广泛。在冶金工业中，它可以分析矿物原料、半成品和成品等试样，为控制冶炼过程、鉴定产品质量提供数据。在核工业中，对于铀矿的普查勘探，发射光谱分析是一种不可缺少的手段。它可以解决地质调查、普查找矿和勘探评价阶段的许多分析问题。在环境保护工作中，利用发射光谱分析可以准确提供工业污染的有关资料，为整治环境提供依据。目前，原子发射光谱分析已经进入光电化、自动化的崭新阶段。随着科学技术的发展，原子发射光谱分析将更加广泛地应用于各个领域。

【示例 6-1】　火花放电原子发射光谱法测定不锈钢中碳、硅、锰、磷、硫、铬、镍、钼、铝、铜、钨、钛、铌、钒、钴、硼、砷、锡、铅等多种元素的含量(GB/T11170—2008)。

不锈钢不容易生锈与不锈钢的成分有很大的关系。不锈钢的成分中除了铁外，还有铬、镍、铝、硅等。测定不锈钢成分含量时，将制备好的块状样品（厚度不小于 3 mm）作为一个电极，控制分析间隙为 3~6 mm，用光源发生器使样品与对电极之间激发发光，并将该光束引入分光计，通过色散元件将光束色散后，对选定的内标线和分析线的强度进行测量。在选定的工作条件下，激发一系列标准样品，以每种元素的相对强度对标准样品中该元素与内标元素的浓度比绘制标准曲线，根据制作的标准曲线，求出分析样品中待测元素含量。

【示例 6-2】　电感耦合等离子体原子发射光谱法测定食品中铬的含量(DB37/T1092—2008)。

精确称取一定量试样于微波消解罐内，依次加入硝酸、过氧化氢。按升温程序进行消解，消解后配制成溶液，转移至容量瓶中待测。调整电感耦合等离子体原子发射光谱仪参考操作条件，先测定一系列铬标准样品溶液,以铬浓度为横坐标、发射光强度为纵坐标,绘制标准曲线。然后在与标准曲线相同的测定条件下对待测试液进行测定,同时做空白实验。从标准曲线查得对应铬的浓度,即可求出食品中铬的含量。

思考题与习题

1. 原子发射光谱是如何产生的？为什么各种元素的原子都有其特征谱线？

2. 解释下列名词:共振线、原子线、离子线、灵敏线、最后线、分析线。

3. 原子发射光谱分析所用仪器由哪几部分组成？其主要作用是什么？

4. 简述直流电弧、交流电弧、电火花光源的特点及应用。

5. 简述等离子体光源(ICP)的优点。

6. 分析下列试样时应选用何种激发光源？

(1) 矿石的定性、半定量分析;

(2) 不锈钢中铬的定量分析;

(3) 食品中有害元素的定量分析;

(4) 水质调查中 Cr、Mn、Cu、Fe、Zn、Pb 的定量分析。

7. 比较棱镜、光栅和光电直读光谱仪的色散系统的组成、原理和工作特点。

8. 光谱定性分析的依据是什么？常用的方法是什么？

9. 什么是乳剂特性曲线？它可分为几部分？光谱定量分析需要利用哪一部分？为什么？

10. 影响原子发射光谱的谱线强度的因素是什么？产生谱线自吸及自蚀的原因是什么？

11. 说明光谱定量分析为什么需采用内标法？其基本公式及各项的物理意义是什么？

12. 何谓分析线对？选择内标元素及分析线对的基本条件是什么？说明理由。

13. 某光栅光谱法,光栅刻数为 600 条/mm,光栅面积为 5 cm×5 cm,试问:(1)光栅的理论分辨率是多少(一级衍射光谱)？(2)一级衍射光谱中波长为 310.029 nm、310.180 nm 的双线是否能分开？

14. 用原子发射光谱法测定 Zr 合金中的 Ti,选用的分析线对为 Ti 334.9 nm/Zr 332.7 nm。测定含 Ti 0.0045% 的标样时,强度比为 0.126;测定含 Ti 0.070% 的标样时,强度比为 1.29;测定某试样时,强度比为 0.598。求试样中 Ti 的质量分数。

15. 用原子发射光谱法测定锡合金中铅的含量,以基体锡作为内标元素,分析线对为 Pb 283.3 nm/Sn 276.1 nm,每个样品平行摄谱三次,测得黑度平均值如下,求试样中铅的含量(作图法)。

样 品 编 号	质量浓度 ρ_{Pb}/(mg/mL)	黑度 S	
		Sn 276.1 nm	Pb 283.3 nm
1	0.126	1.567	0.259
2	0.316	1.571	1.013
3	0.706	1.443	1.541
4	1.334	0.825	1.427
5	2.512	0.793	1.927
试样	x	0.920	0.669

16. 上网查阅国内外销售的发射光谱仪的型号、厂家及对应的性能和主要用途,并与供应商网上联系,了解其售价。

第7章 原子吸收光谱法

原子吸收光谱法(atomic absorption spectrometry, AAS)也称原子吸收分光光度法, 简称原子吸收法, 是基于被测元素的基态原子蒸气对其原子共振辐射的吸收进行元素定量分析的方法。1802 年, 渥拉斯通(W. H. Wollaston)首先发现了原子吸收现象, 但经过一个半世纪的探索, 直到 1955 年澳大利亚物理学家瓦尔士(Walsh)首先提出利用原子吸收原理进行定量分析的可能性, 才奠定了原子吸收光谱法的基础, 随后, 人们在实践和理论上不断总结和研究, 使原子吸收光谱法得到了飞速发展。同时, 随着 Hilger、Varian Techtron 和 Perkin-Elmer 公司相继推出原子吸收光谱商品仪器, 原子吸收光谱法已成为一种常规的分析测试手段而广泛应用于采矿、冶金、陶瓷、玻璃、水泥、化工、食品、医药、环境等生产、生活的各个领域, 能够直接测定的元素达 70 多种, 另外, 大部分非金属元素还可用间接法测定。

原子吸收光谱法和紫外-可见吸收光谱法的基本原理相似, 都是以朗伯-比尔定律为定量依据, 均属吸收光谱法。但产生吸收的物质完全不同, 紫外-可见吸收光谱法中吸光物质一般是溶液中的分子或离子, 而且产生带宽为几纳米到几十纳米的宽带吸收; 原子吸收光谱法中吸光物质为被测元素的气态基态原子, 这种吸收的带宽仅为 10^{-3} nm 数量级, 为窄带线状吸收。这是两种方法的根本区别。另外, 在试样的处理技术、实验方法和对仪器的要求等方面也有所不同。

原子吸收光谱法具有以下优点。

(1) 灵敏度高, 检出限低。火焰原子吸收光谱法(FAAS)的相对灵敏度和绝对灵敏度分别达 ng/mL 级和 10^{-10} g 级, 石墨炉原子吸收光谱法(GFAAS)的相对灵敏度和绝对灵敏度分别达 pg/mL 级和 10^{-14} g 级。

(2) 精密度高。因温度变化对测定影响较小, 该法具有很好的稳定性和重现性。一般情况下, 相对标准偏差为 $1\% \sim 2\%$, 最好时可达 $0.1\% \sim 0.5\%$, 甚至更好。

(3) 高选择性。每个原子均具有各自的固有能级, 故被测元素的气态基态原子只对具有特定波长的光产生吸收, 所以元素间的相互干扰小, 一般可不作任何分离而直接测定多种元素。

(4) 准确度高。由于原子吸收光谱法的抗干扰能力强, 通常, FAAS 的相对误差在 2% 以下, GFAAS 的相对误差在 $3\% \sim 5\%$。

(5) 分析速度快。只需几秒钟即可完成一次测定, 若使用自动进样设备, 每小时可测定上百个样品。

(6) 应用广泛。可直接测定元素周期表中大部分金属元素, 利用间接法可测定大部分非金属元素和有机化合物, 还可进行形态分析和同位素分析。

(7) 设备简单, 操作方便。

当然, 原子吸收光谱法并非十全十美, 它也有不足之处。首先, 它只能用于单元素定量分析, 即每测定一种元素需换一个空心阴极灯作为锐线光源, 虽然目前已成功研制并应用新的锐线光源——多元素空心阴极灯, 但多元素灯的稳定性、发射强度均受一定的限制。其次, 它与原子发射光谱分析一样只能用于组成分析, 不能用于结构分析。

7.1　基　本　原　理

7.1.1　原子吸收线

1. 原子吸收光谱的产生

当待测液以雾状进入高温火焰后,将发生一系列过程(如脱水干燥、气化、离解、激发、电离、化合等),其中,离解过程产生基态原子,是影响原子吸收光谱法灵敏度的主要过程。

基态原子是产生原子吸收光谱的主要粒子,原子吸收光谱的产生与原子发射光谱的产生机理正好相反,但是,同种原子的发射光谱远比吸收光谱复杂,这是由于原子吸收光谱一般是原子价电子从基态跃迁至不同激发态所产生的,而原子发射光谱的产生除了激发态原子的价电子返回基态跃迁外,还包含不同激发态之间的跃迁。

2. 共振线

IUPAC 这样定义共振线:辐射的能量与激发时吸收的能量相同的谱线。通常把由激发态(基态)直接跃迁至基态(激发态)所辐射(吸收)的谱线称为共振线。其中由基态与第一激发态之间产生跃迁的概率最大,由此产生的谱线称为第一共振线。对大多数元素来说,基态原子吸收的是第一共振线。原子吸收光谱法便是利用基态原子对共振线的吸收进行分析的。

3. 基态原子数与激发原子数的比例

根据玻耳兹曼理论,火焰蒸气中激发态原子数与基态原子数之比为

$$\frac{N_i}{N_0} = \frac{g_i}{g_0} e^{\frac{-\Delta E}{kT}} \tag{7-1}$$

式中:ΔE 为激发电位;$k = 1.38 \times 10^{-16}$ erg/度,为玻耳兹曼常数;g_0、g_i 分别为基态和激发态的统计权重;T 为热力学温度;N_0、N_i 分别为基态和激发态的原子数目。

【例 7-1】　Na 原子从 3P→3S 跃迁发射两条谱线,其波长分别为 589.0 nm、589.6 nm,求 2 500 K 时,3P 激发态与基态原子数之比。

解　　　$$\Delta E = h\nu = \frac{hc}{\lambda} = \frac{6.62 \times 10^{-27} \text{ erg} \cdot \text{s} \times 2.998 \times 10^{10} \text{ cm/s}}{5893 \times 10^{-8} \text{ cm}} = 3.37 \times 10^{-12} \text{ erg}$$

一个内量子数为 J 的轨道,在外磁场作用下,可分裂成 $2J+1$ 种状态,有 $2J+1$ 个内磁量子数 m_J,即统计权重为

$$g = 2J + 1$$

3P 轨道:$J = \frac{1}{2}, \frac{3}{2}$

$$g_i = 2 \times \frac{3}{2} + 1 + 2 \times \frac{1}{2} + 1 = 6$$

3S 轨道:$J = \frac{1}{2}$

$$g_0 = 2 \times \frac{1}{2} + 1 = 2$$

故　　　$$\frac{N_i}{N_0} = \frac{6}{2} \times e^{\frac{-3.37 \times 10^{-12}}{1.38 \times 10^{-16} \times 2500}} = 1.72 \times 10^{-4}$$

计算结果表明,在 2500 K 时,Na 原子绝大部分处于基态。在原子吸收光谱分析中,原子化温度一般低于 3000 K,另外,大多数元素的第一共振线的波长小于 600 nm,对于 Na 这样的易激发元素,在原子吸收分析条件下处于激发态原子数目(N_i)仅为总原子数的 10^{-4} 倍,更不

必说难激发元素了。所以 N_i 可以忽略,即可以将基态原子数(N_0)近似看成总原子数,即可以用测得的 N_0 表征待测试液中待测元素的含量。

7.1.2 原子吸收线的轮廓及其影响因素

1. 原子吸收线的轮廓

从理论上讲,原子吸收光谱为线状光谱,但并非是严格意义上的无宽度几何线。

假设有一束频率为 ν、强度为 I_0 的平行光通过宽度为 l 的基态原子蒸气,即火焰(图 7-1)时,被原子蒸气吸收后的透射光强度为 I_ν,原子对不同频率的光吸收不同,故透射光强度 I_ν 将随频率的变化而变化,其变化规律如图 7-2 所示,I_ν 在 ν_0 处最小,即吸收最大,这种现象称为原子蒸气在 ν_0 处有吸收线,ν_0 称为中心频率。从宏观上看,透射光强度减弱,从微观上看,基态原子吸收频率为 ν 的谱线后跃迁至激发态。由此可见,原子吸收的谱线并不是一条理想的几何线,而具有一定的宽度,即有一定的波长或频率范围,常称为谱线轮廓(line profile)。

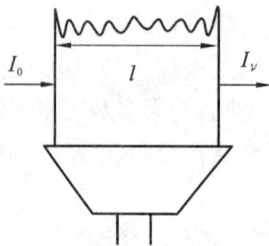

图 7-1 原子吸收示意图

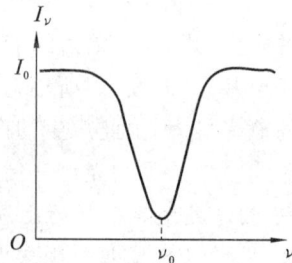

图 7-2 原子吸收线

原子吸收和分子吸收相似,当原子蒸气中基态原子密度确定时,透射光强度 I_ν 与原子蒸气宽度符合朗伯(Lambert)定律:

$$I_\nu = I_0 e^{-K_\nu l} \tag{7-2}$$

式中:K_ν 为吸收系数,与入射光的频率、火焰温度及外界压力有关。因此,K_ν 将随光源的辐射频率而改变,这表明基态原子对光的吸收具有一定的选择性,对不同频率的光,原子的吸收不同,图 7-3 所示为 K_ν 随入射光频率的变化规律。

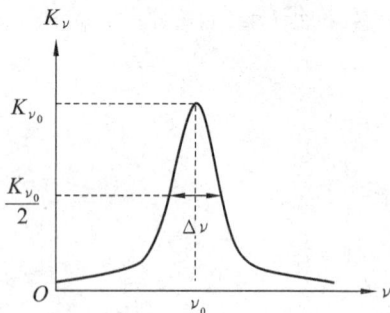

图 7-3 原子吸收线的轮廓

由图 7-3 可见,对应于中心频率 ν_0,吸收系数具有极大值(K_{ν_0}),称为峰值吸收系数,而在 ν_0 的两侧均有 $K_\nu = 0$ 的点,即吸收线具有一定的频率范围,这同样表明吸收线具有一定的轮廓,在峰值吸收系数 K_{ν_0} 的一半所对应的频率范围称为谱线的半宽度(half-width),以 $\Delta\nu$ 或 $\Delta\lambda$ 表示,通常为 $10^{-3}\sim10^{-2}$ nm,同样,发射线也有一定宽度,但其半宽度比吸收线的要窄,通常为 $5.0\times10^{-4}\sim2.0\times10^{-3}$ nm。

当然,谱线的轮廓不是一成不变的,它还受很多因素的影响。综合起来有两个方面的因素影响谱线的轮廓:一是原子自身的性质;二是外界因素的影响。

2. 谱线轮廓的影响因素

1) 自然宽度

在无外界影响时,谱线仍有一定的宽度,称为自然宽度,以 $\Delta\nu_N$ 或 $\Delta\lambda_N$ 表示。它与激发态原子的平均寿命($10^{-8}\sim10^{-6}$ s)有关。平均寿命越短,谱线越宽。不同原子发射的谱线具有不同的自然宽度。一般情况下，$\Delta\lambda_N$ 为 10^{-5} nm 数量级。

2）多普勒（Doppler）变宽

多普勒变宽（图 7-4）是由原子的无规则热运动引起的，故也称热变宽，用 $\Delta\nu_D$ 或 $\Delta\lambda_D$ 表示。

对于光源——空心阴极灯而言，在阴极腔内的激发态原子蒸气受热做无规则运动，而且温度越高，运动越剧烈，从观测方向 P（仪器检测器）观测，假设激发态原子发光时是静止的，则从 P 方向观察到其发光波长为 λ_0。由于各激发态原子的运动方向不同，故观测到的波长在一定范围内变化，变化范围为 $\lambda_0 \pm \Delta\lambda$。当然，温度越高，$\Delta\lambda$ 值越大，则发射线变宽越严重。

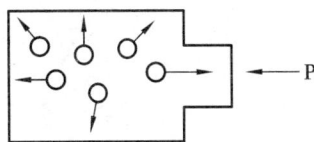

图 7-4　多普勒变宽示意图

在原子吸收条件下，通常 $\Delta\lambda_D$ 可由下列经验公式计算：

$$\Delta\lambda_D = 7.16 \times 10^{-7}\lambda_0\sqrt{\frac{T}{A_r}} \tag{7-3}$$

式中：T 为热力学温度；A_r 为相对原子质量。温度升高，原子的无规则热运动加剧，$\Delta\lambda_D$ 增大。在原子吸收条件下，$\Delta\lambda_D$ 约为 10^{-3} nm 数量级，它是谱线变宽的主要因素。

3）压力变宽

由于辐射原子与其他粒子发生碰撞而导致激发态原子的平均寿命缩短引起的谱线变宽称为压力变宽。它随压力的增大而增大。根据碰撞粒子的不同分为两种。由同种辐射原子间碰撞而引起的变宽称为赫尔兹马克（Holtzmark）变宽，或称为共振变宽，以 $\Delta\lambda_R$ 表示。当被测元素浓度较高时，$\Delta\lambda_R$ 不可忽略，由于原子吸收光谱分析中被测元素的浓度较低，故 $\Delta\lambda_R$ 可以忽略。由辐射原子与其他粒子间相互碰撞而产生的变宽称为洛仑兹（Lorentz）变宽，以 $\Delta\lambda_L$ 表示，为压力变宽的主要部分。空心阴极灯阴极腔内处于激发态的原子产生的碰撞变宽为发射线变宽，基态原子蒸气中处于跃迁的基态原子产生的碰撞变宽为吸收线变宽。通常，在 1500~3000 K 和 1 atm 下，洛仑兹变宽与多普勒变宽具有相同的数量级，达 10^{-3} nm。

碰撞除了导致谱线变宽外，还将引起中心频率发生位移和吸收曲线变形，从而导致原子吸收光谱法的灵敏度下降。

4）自吸变宽

由自吸现象而引起的谱线变宽称为自吸变宽。空心阴极灯发射的共振线被其腔体内同种自由基态原子所吸收的现象称为自吸，自吸现象导致谱线变宽。灯电流越大，空心阴极灯的阴极溅射出的自由基态原子越多，自吸现象越严重。

此外，外界电场或磁场的作用导致能级变化，引起谱线变宽，这种变宽称为场致变宽。在原子吸收光谱分析条件下，场致变宽可以忽略。

7.1.3　原子吸收线的测量方法

既然吸收线有一定的宽度，那么到底以哪一频率下的吸收来确定光的吸收程度与被测元素浓度的关系呢？

若以紫外-可见吸收光谱法中所用的连续光源（钨灯或氘灯）测量原子吸收，有很大的困难。图 7-5 表示连续光源经单色器和狭缝后分离的入射光谱带与原子吸收线的关系。

对于一般原子吸收分光光度计，狭缝宽度调到最小时，其通带宽度（见 7.2.3）约为 0.2 nm。原子吸收线的半宽度约为 10^{-3} nm，仅为光源通带的 0.5% 左右，测定如此小的原子吸收的灵敏

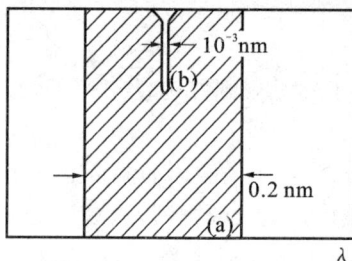

图 7-5　连续光源(a)与原子吸收线(b)的相互关系

度必然极低。在原子吸收光谱分析中引入了积分吸收的概念来讨论这个问题。

1. 积分吸收与基态原子数目的关系

积分吸收(integrated absorption)是围绕中心频率 ν_0,在其半宽度范围内吸收系数对频率的积分,即吸收线下包围的面积,也就是基态原子蒸气吸收的全部能量。其数学表达式为

$$\int K_\nu \mathrm{d}\nu = \frac{\pi e^2}{mv} N_0 f \tag{7-4}$$

式中:e 为电子电荷;m 为电子质量;v 为光速;f 为振子强度,其物理意义为每个原子中能被入射光激发的平均电子数;N_0 为基态原子密度,即单位体积原子蒸气中能吸收入射光的基态原子数。由于 $N_0 \approx N$,则

$$\int K_\nu \mathrm{d}\nu = \frac{\pi e^2}{mv} N f \tag{7-5}$$

在一定条件下对一定的元素,f 可视为定值,且 $\pi e^2/mv$ 为常数,其积以 k 表示,则

$$\int K_\nu \mathrm{d}\nu = kN \tag{7-6}$$

式(7-6)表明积分吸收与原子密度成正比,这是原子吸收光谱法的重要理论依据。

若能测定积分吸收,便可求得待测定元素的浓度,并且将使原子吸收光谱法成为一种绝对分析法。然而,吸收线的半宽度仅为 10^{-3} nm,在如此狭窄的范围内测量积分吸收,需要分辨率达五十万以上的色散元件,这是在目前条件下仍然较难实现的,这也是原子吸收现象发现后经过了近一个半世纪这种方法才实际应用于定量测定的原因。

2. 峰值吸收

1955 年瓦尔什提出,采用锐线光源(sharp line source)使其辐射的发射线与原子吸收线的中心频率 ν_0(或中心波长 λ_0)完全一致,且锐线光源发射线的半宽度比吸收线的半宽度更窄,

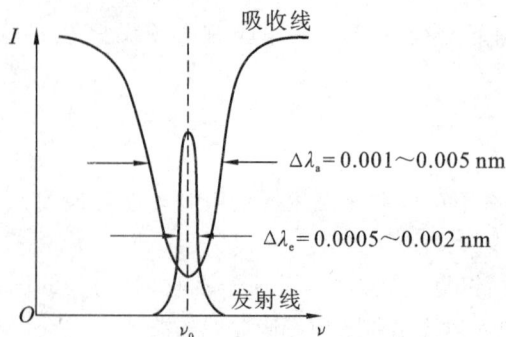

图 7-6　峰值吸收测量示意图

通常仅为 $5 \times 10^{-4} \sim 2 \times 10^{-3}$ nm,为吸收线宽度的 $1/10 \sim 1/5$,使吸收线可覆盖整条发射线(图 7-6);在温度不太高的稳定火焰条件下,峰值吸收系数与火焰中被测元素的基态原子密度成正比。峰值吸收系数即为中心频率 ν_0 所对应的吸收系数,也称峰值吸收(peak absorption)。这样,就可以用峰值吸收代替积分吸收实现原子吸收的测量。

在通常原子吸收条件下,原子吸收线轮廓主要由多普勒变宽决定,则

$$K_{\nu_0} = \frac{2}{\Delta\nu_D}\sqrt{\frac{\ln 2}{\pi}}\frac{\pi e^2}{mv}fN_0 \tag{7-7}$$

式(7-7)表明,峰值吸收系数(K_{ν_0})与待测元素基态原子密度(N_0)成正比,若能测定 K_{ν_0},则可获得 N_0。

3. 原子吸收的实际测量

由式(7-2)和积分吸收、峰值吸收与基态原子密度的正比例关系可知,在原子吸收条件下,原子吸收与分子吸收相同,遵循朗伯-比尔定律。如果

$$A = \lg\frac{I_0}{I}$$

式中:I_0 和 I 分别为空心阴极灯发射线半宽度($\Delta\nu_e$)范围内的入射光强度和透射光强度。将式(7-2)代入上式,得

$$A = \lg\frac{I_0}{I_\nu} = 0.434\, K_\nu l \tag{7-8}$$

由于锐线光源发射线半宽度很窄,在 $\Delta\nu_e$ 范围内可以认为吸收系数为常数,并等于峰值吸收系数 K_{ν_0},则

$$A = \lg\frac{I_0}{I_\nu} = 0.434\, K_{\nu_0} l \tag{7-9}$$

若将式(7-7)代入式(7-9),则

$$A = \lg\frac{I_0}{I_\nu} = 0.434 \times \frac{2}{\Delta\nu_D}\sqrt{\frac{\ln 2}{\pi}}\frac{\pi e^2}{mv}fN_0 l \tag{7-10}$$

当原子吸收实验条件一定时,基态原子数目即为总原子数目,而且与被测溶液中被测元素的浓度 c 成正比,即

$$N_0 = k'c \tag{7-11}$$

把式(7-11)代入式(7-10),则

$$A = \lg\frac{I_0}{I_\nu} = 0.434 \times \frac{2}{\Delta\nu_D}\sqrt{\frac{\ln 2}{\pi}}\frac{\pi e^2}{mv}flk'c = kc \tag{7-12}$$

式(7-12)便是原子吸收光谱法的定量分析依据。

7.2　原子吸收分光光度计

原子吸收分光光度计又称原子吸收光谱仪。目前,国内外商品化原子吸收分光光度计的种类很多,但基本结构类似,由锐线光源、原子化器、分光系统(单色器)、检测系统四部分组成。图 7-7(a)为原子吸收分光光度计的基本结构框图,图 7-7(b)为其结构和工作原理示意图。

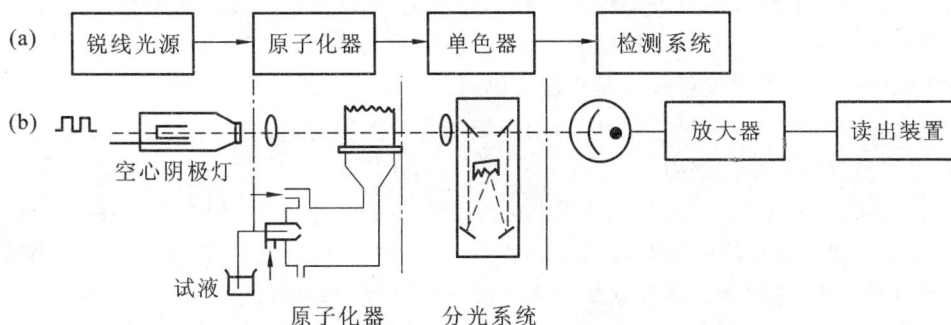

图 7-7　原子吸收分光光度计基本结构框图、结构和工作原理示意图

7.2.1　锐线光源

锐线光源的作用是发射半宽度很窄的待测元素的共振线。原子吸收光谱分析中要求锐线光源辐射强度大、稳定性好、背景辐射小、使用寿命长、操作方便。能满足以上要求的光源有空心阴极灯、蒸气放电灯、高频无极放电灯和可调激光器,目前,应用最多的是空心阴极灯(hollow cathode lamp,HCL)。

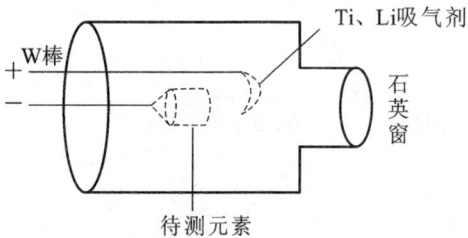

图 7-8　空心阴极灯

1. 空心阴极灯的构造

空心阴极灯是一种低压辉光放电管,阳极为 W 棒,并装有钛丝或锂片作为吸气剂,阴极为待测元素的高纯金属或合金直接制成的空心圆筒,两个电极封存于带石英窗的玻璃或石英管内,管内充低压(低于 10 mmHg)惰性气体(Ne、Ar、He),其结构如图 7-8 所示。

2. 空心阴极灯的工作原理

当空心阴极灯"＋""－"极接通电源并施加一定的电压后,阴极、阳极之间发生放电,首先使内充惰性气体在电场作用下产生电离,阳离子快速向阴极运动,撞击阴极表面,使阴极溅射出被测元素的自由原子,这些自由原子大量积聚在阴极表面并与电子和离子碰撞而激发,发射出稳定的、强度足够的、半宽度很窄的对应元素的特征谱线。

由于空心阴极灯放电时的温度和被溅射的原子浓度均较低,因此多普勒变宽较小;另外,空心阴极灯内压力很低,洛仑兹变宽也基本消除,所以空心阴极灯能辐射出半宽度很窄(小于 10^{-3} nm)的特征谱线。

事实上,要获得半宽度窄、辐射强度大、稳定性好、背景辐射小的被测元素的特征谱线,不仅与空心阴极灯的结构有关,还与灯电流有关。发射谱线强度 I 与灯电流 i 的关系为

$$I = Ki^n \tag{7-13}$$

式中:K 为常数;n 与电极材料、内充气体及所测谱线的波长有关。通常,若内充气体为氖气,n 的平均值约为 2.7,而氩气 n 的平均值为 2.0。

在原子吸收光谱分析中,为了增加发射谱线的强度,增大信噪比,从而提高测定的灵敏度,必然要增大灯电流。然而灯电流的增大使阴极溅射加强,易造成自吸变宽;空心阴极灯阴极腔的温度升高,多普勒变宽增大,反而导致测定灵敏度下降;此外,灯的寿命将缩短。为了解决这一矛盾,现代原子吸收光谱分析常用短脉冲调制方式供电。

3. 空心阴极灯的供电方式

虽然短脉冲调制供电的脉冲峰值电流可达几百毫安,但平均电流只有几毫安,所以灯的发热和阴极溅射的自由原子数目得以控制,多普勒变宽没有增大,光源的自吸不复存在,灯的寿命也不会缩短。但光源的发射强度是直流供电时的 50~800 倍。

很显然,如果原子化器(见 7.2.2 节)的火焰中有其他发射信号存在,也将被放大器放大并被检测,这将使测定产生负误差。

火焰中存在三种发射:①火焰气体及基体元素产生的背景发射,如 300~500 nm 波长处,空气-乙炔有强烈的带状特征辐射;②火焰中产生的 CO、CH、C_2、CN 等分子及自由基所发射的线状和带状光谱;③被测元素在火焰温度下激发后产生的辐射线。

由于这些辐射的影响,在检测器上测得的光强

$$I_测 \neq I_{光源} - I_{吸收}$$

而是
$$I_测 = I_{光源} - I_{吸收} + I_{发射}$$

所以有必要把光源发射和火焰发射区分开来。若检测器只接收交流信号,而不接收直流信号,则可用短脉冲调制供电方式把光源发射调制成一定频率的单色光,而火焰发射仍为直流信号,并在光路上安装一个选频放大器,它只放大交流信号,所以用短脉冲调制供电消除了火焰发射的干扰,使测得的透射光强度为

$$\tilde{I}_测 = \tilde{I}_{光源} - \tilde{I}_{吸收}$$

所以,对空心阴极灯实行短脉冲调制供电不仅可提高原子吸收光谱分析的灵敏度,而且可提高其准确度。

原子吸收光谱分析中每测一种元素便要更换一种空心阴极灯,为了避免换灯的麻烦并减少预热时间,也可以使用多元素空心阴极灯。

4. 多元素空心阴极灯

目前,常用金属合金、混合纯金属粉末或金属间互化物作为多元素空心阴极灯的阴极,制成最多可达 7 种元素组合的多元素空心阴极灯。如威格拉斯公司生产的 Ca-Mg 灯、Cu-Zn 灯、Sr-Al 灯、澳大利亚 Photron 公司生产的 Al-Si-Fe 灯、Cu-Fe-Mn-Zn 灯等。

多元素空心阴极灯的发射强度一般比单元素空心阴极灯弱;由于各种金属的挥发性不同,阴极上易挥发的元素逐渐溅射离开阴极表面,而使难挥发金属的比例逐渐增大,最后,易挥发元素的谱线将完全消失,这在原子吸收光谱分析中称为优先喷溅现象;另外,多元素空心阴极灯易产生光谱干扰。由于上述原因,多元素空心阴极灯的应用没有广泛普及。

7.2.2　原子化器

原子化器的作用是将被测试样中以化合物形式存在的待测元素转化为基态原子蒸气。通常,产生原子蒸气的方法有火焰原子化法(flame atomization)和非火焰原子化法(flameless atomization)。当然,原子化器也有火焰原子化器(flame atomizer)和非火焰原子化器(flameless atomizer)之分。原子化器是影响原子吸收光谱分析的灵敏度和准确度的主要部件。

1. 火焰原子化器

火焰原子化器分为全消耗型和预混合型两种。目前,预混合型火焰原子化器应用较为普遍,它主要由喷雾器、雾化室、燃烧器三部分组成,如图 7-9 所示。

1) 喷雾器

喷雾器是整个原子化系统中最重要的部分。其作用是将试液变成细小的雾状液滴而进入雾化室。原子吸收光谱分析要求喷雾效率高且稳定,雾化效率直接影响分析的灵敏度。事实上,预混合型原子化器的雾化效率在 5%～15%,大量被测试液从废液口排出,这是导致火焰原子吸收光谱法的灵敏度无法进一步提高的主要原因之一。

2) 雾化室

雾化室的作用是让燃气、助燃气及试样雾充分混合形成气溶胶,并除去大雾滴,以便得到稳定的火焰。

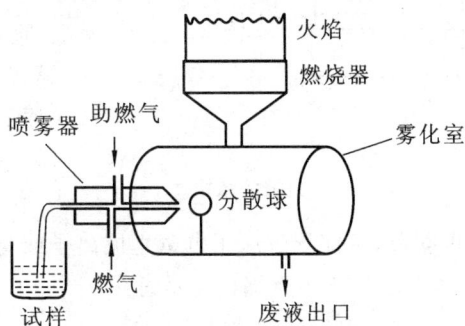

图 7-9　火焰原子化器示意图

3) 燃烧器

燃烧器的作用是产生稳定的火焰。一般原子吸收光谱仪配有两种不同规格的单缝燃烧器:一种是适用于空气-乙炔火焰的标准燃烧器;另一种是适用于氧化亚氮-乙炔火焰的高温燃烧器。燃烧器可自由旋转和上下调节高度,使光线穿行合适的火焰位置并与火焰形成一定角度,以便获得合适的测定灵敏度。燃烧器应具备火焰稳定、原子化效率高、噪声小等特点。

4) 火焰

火焰的作用是使待测化合物分解形成基态原子。适用于原子吸收分析的各种火焰列于表7-1,其中最常用的是空气-乙炔火焰。

表 7-1　几种常用火焰的燃烧特性

燃　气	助　燃　气	最高温度/℃	燃烧速度/(cm/s)
煤气	空气	1900	55
丙烷	空气	1930	80
乙炔	空气	2300	160
乙炔	氧化亚氮	2955	180
乙炔	氧气	3100	1130
氢气	空气	2045	440
氢气	氧气	2660	900

燃烧速度(s)是指气体点燃后,火焰在单位时间内传播的距离,它与火焰气体的组成有关(表7-1)。在原子吸收分析中,将样品气溶胶离开燃烧器狭缝口的流速称为行程速度(v),它与压力和狭缝形状有关。只有$v \geqslant s$,才能维持火焰稳定燃烧。否则,火焰将被吹灭或产生"回火"并引起爆炸。

(1) 火焰的结构和作用。

火焰可粗略分为干燥区、第一反应区、原子化区、第二反应区等四个区域,如图7-10所示。

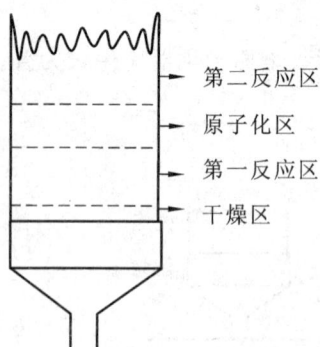

图 7-10　火焰的结构

① 干燥区:离狭缝最近的一条较暗的光带。由于燃烧不完全,温度较低,其作用主要是使样品试液水分蒸发,成为固体颗粒。

② 第一反应区:一条清晰的蓝色光带,由于燃气和助燃气在此进行燃烧反应,温度升高,但燃烧仍不充分,固体颗粒汽化成气态分子。

③ 原子化区:紧接第一反应区的一小薄层,故也称薄层区。在此,燃气燃烧完全,温度较高,汽化产生的气态样品分子被热离解或还原而生成大量基态原子。原子吸收光谱分析中通常利用这一区域进行测定。

④ 第二反应区:因此区具有充足的助燃气,使燃烧充分,温度很高,可能导致原子电离生成离子或与火焰中其他原子、自由基结合生成新的分子。

图 7-11 为火焰作用示意图。

(2) 火焰的燃烧状态。

在原子吸收光谱分析中,最常用的火焰是空气-乙炔火焰,其中发生如下化学反应:

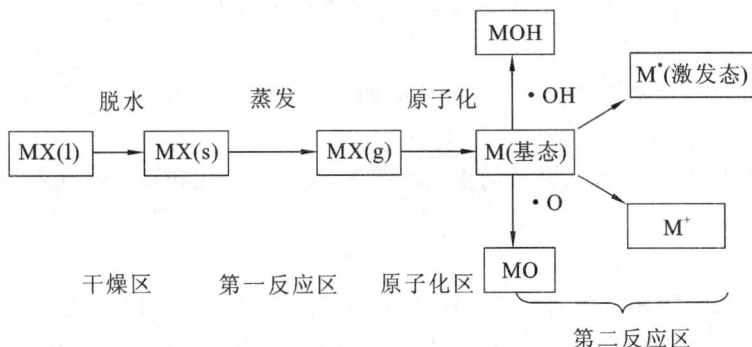

图 7-11　火焰作用示意图

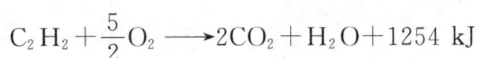

$$C_2H_2 + \frac{5}{2}O_2 \longrightarrow 2CO_2 + H_2O + 1254 \text{ kJ}$$

根据助燃比（助燃气流量和燃气流量之比）的不同，火焰可分为三种燃烧状态：化学计量焰、富燃焰、贫燃焰。

① 化学计量焰。化学计量焰也称中性火焰，即燃气和助燃气基本按化学反应计量比混合的火焰，这种火焰层次清晰、温度高（2500 K 左右）、干扰少、背景低且稳定，除碱金属元素等电离电位较低的元素外，大多数金属元素都用化学计量焰测定。

② 富燃焰。燃气与助燃气之比大于化学计量比，这种火焰含大量未燃尽燃气，火焰层次模糊、温度较化学计量焰略低（2300 K 左右）、背景高、干扰严重。因火焰中富含还原性物质而具有强还原性，有利于易生成难离解氧化物的元素的测定，如 Cr、Mo、Mn 等。

③ 贫燃焰。燃气与助烧气之比小于化学计量比，该火焰燃烧完全，氧化性较强，不利于还原产物的形成，且温度较低，适用于碱金属元素及高熔点惰性金属的测定，但重现性差。

虽然空气-乙炔火焰的富燃焰具有强还原性，对易形成氧化物而又难以离解的元素有较强的原子化能力，但对 Si、Be、Al、Ti、V 等氧化物特别难离解的元素的原子化仍有困难，此时可采用 C_2H_2-N_2O 焰。C_2H_2-N_2O 焰的温度可达 3000 K，而且火焰中含有大量半分解产物（C^*、CH^*、CO^*、CN^* 及 NH^* 等成分），具有极强的还原性，可有效提高上述元素的原子化效率。然而，由于其燃烧速度比空气-乙炔火焰快得多，故需使用特殊的燃烧器，以防"回火"。

火焰原子化器的优点是操作简单、火焰稳定、重现性好、精密度高。但因其雾化效率仅为 5%～15%，而且被测元素的基态原子在火焰中停留时间短，约为 10^{-4} s，因此测定灵敏度很低。另外，只能用于液体样品测定，因而发展了非火焰原子吸收法。

2. 非火焰原子化器

非火焰原子化器有石墨炉原子化器、碳棒原子化器和钽舟型原子化器，以及低温原子化器等，其中，最常用的是石墨炉原子化器。

石墨炉原子化器有石墨管和石墨杯两种，石墨管的灵敏度更高。石墨炉的结构如图 7-12 所示，长 28～50 mm，外径 8～9 mm，内径 5～6 mm。在强电流（300 A）作用下，石墨炉温度可达 3000 K 以上。因此，为防止高温下石墨炉氧化，需用 Ar、N_2 等惰性气体保护，同时可保护基态原

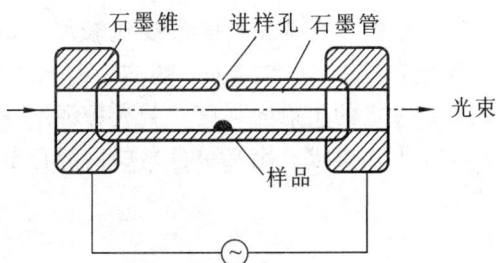

图 7-12　石墨炉装置示意图

子不再氧化。另外,石墨炉四周需通水冷却,以保护炉体并使炉体温度可在 20~30 s 内降至室温,以便下一次操作。

石墨炉的升温分干燥、灰化、原子化和除残四个阶段进行。

1) 干燥

在 100 ℃ 左右持续 1~5 s,其目的是除去溶剂,以免在灰化和原子化过程中因石墨炉温度骤升而导致试样飞溅。

2) 灰化

灰化温度一般控制在 350~800 ℃,其目的是消除易挥发基体和共存有机物产生烟雾对测定的干扰。灰化时间视样品量而定,常选择 10~60 s。值得注意的是对于某些易挥发元素,若灰化温度较高将造成被测元素挥发损失,此时,需在试样中加入基体修饰剂以确保被测元素不损失。

3) 原子化

原子化温度由待测元素的性质决定,通常选择 2500~3000 ℃;原子化时间一般选择 3~10 s。为确保石墨炉原子吸收法的灵敏度,在原子化期间应停止通入保护气体,以保证基态原子在光路中的停留时间。

4) 除残

除残过程也称净化或空烧过程,是一次测定结束后将石墨炉温度升高至比原子化温度稍高的温度加热,以除去样品残渣,消除石墨炉的记忆效应,除残持续时间通常为 3~5 s。石墨炉原子化器的升温程序由计算机控制自动进行。

石墨炉原子化法的优点如下:取样量少,对于液体样品,一般取样量为 1~50 μL,固体样品为 0.1~50 mg;灵敏度高,由于原子化过程一直在惰性气氛中进行,而且石墨具有强还原性,有利于难离解氧化物的还原,通常可使原子化效率达到 90% 以上。另外,原子蒸气在石墨炉中的停留时间可达 1 s,约为火焰原子化法的 10^3 倍,故其灵敏度比火焰原子化法高 2~3 个数量级,绝对灵敏度可达 10^{-12}~10^{-14} g,相对灵敏度达 10^{-9} 甚至 10^{-12} 数量级;不但可直接测定黏度较大的试液,而且能直接用于固体样品的测定。其缺点如下:①测定重现性差,相对偏差达 4%~12%,但随着原子化器材料的改进,尤其是自动进样和自动校正背景等技术和装置的应用,精密度得以大幅度提高;②基体效应大、化学干扰严重、背景吸收高等。

7.2.3 分光系统

分光系统(单色器)的作用是把待测元素的共振线与其他谱线分开,只让待测元素的共振线进入检测系统。单色器主要由入射狭缝、反射镜、石英棱镜或光栅、出射狭缝等光学元件组成。

由于锐线光源发射的谱线比较简单,因此原子吸收光谱分析对单色器的要求并不高,只要能分辨 Mn 279.5 nm 和 279.8 nm 两条谱线即可。但为了获得一定的测定灵敏度,必须具有一定的出射光强度。若光源强度一定,就需要选择适当的单色器色散率和狭缝宽度以满足上述要求。定义单色器的倒线色散率与出射狭缝的宽度的乘积为光谱通带,其表达式为

$$W = DS \tag{7-14}$$

式中:W 为单色器的通带宽度(nm);D 为单色器的倒线色散率(nm/mm);S 为出射狭缝宽度(mm)。

通带宽度反映了单色器的集光能力的强弱。通带宽度宽,表明单色器集光能力强,出射光

强度增强,可使测定灵敏度提高,同时光谱干扰变得严重,影响测定;反之,通带宽度窄,虽然可减少谱线干扰,但出射光强度减弱,同样使灵敏度降低。因此,应根据具体情况选择合适的光谱通带。

【例 7-2】 以 Ni 232 nm 特征谱线作分析线时,为获得高灵敏度并消除邻近谱线干扰,需选择 0.2 nm 通带,问:应如何选择狭缝宽度? 已知在 232 nm 处,单色器的倒线色散率为 1.9 nm/mm。

解
$$S = \frac{W}{D} = \frac{0.2}{1.9} \text{ mm} = 0.10 \text{ mm}$$

当狭缝宽度为 0.10 mm 时才能满足要求。

7.2.4　检测系统

检测系统的作用是将分光系统分出的光信号实行光电转换,经过选频放大处理后显示出来。它包括光电倍增管、选频放大器和读出装置。由于原子吸收光谱法中对空心阴极灯实施短脉冲调制供电,因此待测光信号为交流信号。为了消除火焰发射的直流信号的干扰,安装选频放大器是必要的。

在显示装置中,信号可转换成吸光度、透光率或浓度形式显示。目前中、高档原子吸收光谱仪均配备功能强大的计算机软件,不仅对所采集的数据进行处理和显示,而且实行自动调零、自动曲线校正、自动背景校正等,使原子吸收光谱分析的自动化程度大幅提高。

7.2.5　原子吸收分光光度计的类型

随着原子化和检测技术的进步,原子吸收分光光度计已发展成多种类型。若按原子化方法分类,可分为火焰和石墨炉原子吸收分光光度计两类,目前,通常将火焰和石墨炉原子化器合并在同一光路中,根据需要选择使用类型;若按光束数目分类,可分为单光束和双光束原子吸收分光光度计;若按波道数目分类,可分为单道、双道和多道原子吸收分光光度计。目前广泛使用的是单道单光束和单道双光束原子吸收分光光度计。

1. 单道单光束原子吸收分光光度计

单道单光束原子吸收分光光度计的结构如图 7-13 所示。这类仪器结构简单,光能集中,辐射损失少,灵敏度较高,能满足一般分析要求。缺点是不能消除光源和检测器的不稳定引起的基线漂移。因此,空心阴极灯应充分预热,并在测定过程中经常校正零吸收。

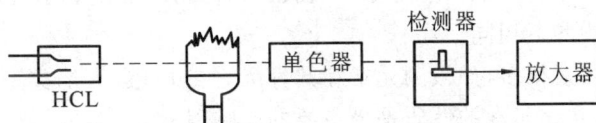

图 7-13　单道单光束原子吸收分光光度计

2. 单道双光束原子吸收分光光度计

单道双光束原子吸收分光光度计的基本结构如图 7-14 所示。其工作原理是光源发射出的元素共振线光束被旋转切光器分解成强度相等的两束光,其中 S 通过原子化器,为检测光束,R 通过参比池,为参比光束,并利用切光器让两光束交替进入单色器和检测器,检测器输出的信号是两光束的强度比或吸光度之差。由于两光束来自同一光源,并用同一检测器几乎在同一时间进行检测,因此,可消除光源和检测器不稳定引起的基线漂移。但仍不能消除原子化不稳定和背景产生的影响。

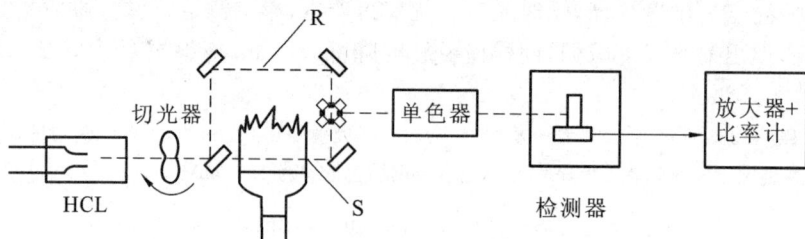

图 7-14 单道双光束原子吸收分光光度计

7.3 干扰及其消除方法

原子吸收光谱法与原子发射光谱法相比,干扰较少并易于抑制,但在实际工作中仍不能忽视干扰效应的存在和对测定的影响。原子吸收光谱分析中的干扰效应一般可分为物理干扰、化学干扰、电离干扰和光谱干扰。

7.3.1 物理干扰

物理干扰是由于试液和标准溶液的物理性质的差异而引起的。如溶液的黏度、表面张力、密度、溶剂的蒸气压和雾化气体的压力等的变化将引起进样速度、进样量、雾化效率、原子化效率的变化,导致原子吸收强度的改变。物理干扰是非选择性干扰,对试样中各元素的影响基本相同。常用的消除和抑制方法如下。

(1) 配制与待测试样溶液组成相似的标准溶液,并在相同条件下进行测定;或采用标准加入法进行测定。

(2) 在试样处理过程中,尽可能避免使用黏度较大的硫酸、磷酸;当试液浓度较高时,应予以适当的稀释再进行测定。

7.3.2 化学干扰

化学干扰是由于被测元素与共存组分发生了化学反应,生成难挥发或难离解的化合物,影响被测元素原子化所产生的干扰。它是原子吸收光谱分析中的主要干扰,并具有选择性,即对试样中各种元素的影响各不相同。

影响化学干扰的因素很多,如被测元素和共存元素的性质、火焰类型、火焰性质和观测位置等,其中被测元素和共存元素的性质是最主要的影响因素。

事实上,化学干扰的机理非常复杂,所以消除或抑制化学干扰时通常根据具体情况选择适当的方式。

1. 选择合适的原子化方法

1) 提高原子化温度

提高火焰温度或石墨炉原子化温度,可使难离解的化合物较完全地分解,提高被测元素的原子化效率。例如,在空气-乙炔火焰中,磷酸根的存在对钙和镁的测定将产生干扰,但若改用氧化亚氮-乙炔火焰,这种干扰几乎可完全消除。

2) 利用火焰的不同燃烧状态

采用强还原性的火焰可提高易生成难挥发、难离解氧化物的元素的原子化效率;另外,火焰的不同位置具有不同的温度和还原性气氛,适当选择观测位置也可有效抑制化学干扰的产生。例如,在空气-乙炔火焰的上部测定钙,磷酸根的干扰大为减小。

2. 加入释放剂

释放剂能与干扰元素生成更稳定的化合物,从而使被测元素从含有干扰元素的化合物中释放出来。例如,火焰原子吸收光谱法测定钙时,存在的磷酸盐会与钙生成稳定的、难挥发的 $Ca_2P_2O_7$。当加入 $LaCl_3$ 时,La^{3+} 与 PO_4^{3-} 生成更稳定的 $LaPO_4$,使钙从 $Ca_2P_2O_7$ 中释放出来而顺利原子化。常用的释放剂有 $LaCl_3$、$Sr(NO_3)_2$ 等。

3. 加入保护剂

保护剂可与被测元素或干扰元素形成稳定的配合物,阻止被测元素与干扰元素生成难挥发化合物。保护剂一般是有机配位体,常用的有 EDTA、8-羟基喹啉。例如,当铝、镁共存时,在火焰反应中易生成难挥发的 $MgO \cdot Al_2O_3$,所以铝将对镁的测定产生干扰。当加入 8-羟基喹啉后,铝对镁测定的干扰得以抑制,原因是此时铝与 8-羟基喹啉作用生成了热稳定性较好的配合物 $Al(C_9H_6ON)_3$。又如,为了消除 PO_4^{3-} 对钙测定的干扰,加入过量 EDTA 作保护剂,生成稳定的 EDTA-Ca 配合物,且该配合物在火焰中易原子化,抑制了 PO_4^{3-} 对钙测定的干扰。

4. 加入基体改进剂

石墨炉原子吸收光谱分析中,加入某些化学试剂于试液或石墨管中,改变基体或被测元素化合物的热稳定性和挥发性,促使基体元素在干燥和灰化过程中挥发以消除其干扰,另外,可防止被测元素在干燥和灰化阶段挥发损失,导致测定灵敏度降低。这些化学试剂称为基体改进剂。例如,测定 NaCl 基体中痕量铜、锰、铁等时,加入 NH_4NO_3 作为基体改进剂,使 NaCl 基体转变成易挥发的 NH_4Cl 和 $NaNO_3$,消除了 NaCl 基体的干扰;测定土壤中的微量 As 时,由于 As 极易挥发而导致测定灵敏度低,加入 $NiCl_2$、$PdCl_2$ 作为基体改进剂,可使灰化温度提高至 500 ℃。另外,有许多元素可与石墨管中的碳形成热稳定性很高的碳化物,导致测定灵敏度降低。例如,在测定水中痕量硅时,易形成离解温度很高的 SiC,若加入 CaO 作为基体改进剂,因生成易离解的硅化钙,原子化温度大幅降低,硅的原子化效率大幅提高。

5. 加入缓冲剂

缓冲剂是指大大过量的干扰元素。当被测试液中加入大大过量的干扰元素时,干扰达到饱和并趋于稳定,若在标准溶液中加入等量的干扰元素,则干扰可相互抵消。如在氧化亚氮-乙炔火焰中测 Ti,Al 严重抑制 Ti 的吸收,但当 Al 的浓度大于 200 mg/L 后吸收趋于稳定,若在试液和标准溶液中均加入 200 mg/L 的铝盐可消除 Al 的干扰,但灵敏度受到一定影响。

6. 化学分离法

应用化学方法将待测元素与干扰元素分离,不仅可以消除基体元素的干扰,还可以富集待测元素。常用的化学分离方法有萃取法、离子交换法和沉淀法等。

7.3.3　电离干扰

某些易电离元素在高温条件下会发生电离,使基态原子数目减少,导致测定灵敏度降低,这种干扰称为电离干扰。通常,被测元素的电离电位越低,原子化温度越高,电离干扰越严重。电离干扰主要来自电离电位较低的碱金属和碱土金属元素。

消除电离干扰常采用降低原子化温度和加入过量的更易电离的元素化合物(消电离剂)这

两种方法。消电离剂首先电离,产生大量的电子,抑制了被测元素的电离。例如,测定钙时存在电离干扰,加入一定量消电离剂 KCl 可以抑制钙的电离干扰。常用的消电离剂有 CsCl、KCl、NaCl 等。

7.3.4　光谱干扰

原子吸收光谱分析中的光谱干扰主要有分析谱线干扰和背景吸收干扰两种。

1. 分析谱线干扰

分析谱线干扰包括吸收线重叠、杂光干扰和原子化系统内直流发射干扰等三种。

1) 吸收线重叠

吸收线重叠是指共存元素的吸收线与被测元素的分析线接近,共存元素也能吸收光源发射的被测元素共振线,导致测定产生正误差,值得庆幸的是这种谱线重叠的机会不多,若真的出现了,可另选分析线,灵敏度可能受到一定影响,但准确度得到了保证。

2) 杂光干扰

杂光干扰是由光谱通带内存在的非吸收线引起的干扰。这些杂光通常是被测元素的其他谱线、空心阴极灯阴极材料中的杂质或空心阴极灯内充惰性气体发射的谱线。若为被测元素分析线附近的谱线,如 Ni 的分析线(232.00 nm)附近有多条谱线(图 7-15),由于这些谱线不能被被测元素的原子(Ni 原子)吸收,故使灵敏度下降,工作曲线弯曲(图 7-16);若为非被测元素发射的谱线,则当被测试液中恰好存在该种元素时,必将产生"假吸收"而产生正误差。杂光干扰可分别借助减小通带宽度、采用高纯度阴极材料和更换内充惰性气体消除。

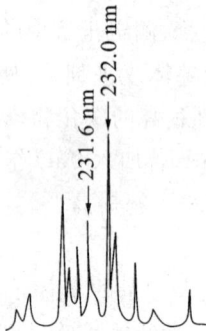

图 7-15　镍空心阴极灯的光谱

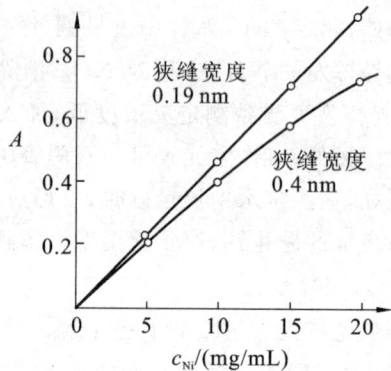

图 7-16　狭缝宽度对工作曲线的影响

3) 原子化系统内直流发射干扰

见 7.2.1 节第 3 部分。

2. 背景吸收干扰

背景吸收是指原子化过程中产生的分子吸收、固体微粒对光的散射引起的"假吸收"。

1) 分子吸收

分子吸收通常是气态碱金属卤化物、碱土金属氧化物及部分硫酸盐、磷酸盐对可见及紫外光的吸收和火焰成分对光的吸收。

(1) 碱金属卤化物等的吸收。

这些化合物对光的吸收将随其浓度的增大和吸收光波长的缩短变得尤其严重。这对 Cd(228.8 nm)、Ni(232.0 nm)、Fe(248.3 nm)、Hg(253.7 nm)、Pb(217.0 nm)等元素的测定将产生严重的影响,图 7-17 所示为钠的卤化物的分子吸收谱带。这种现象在环境监测和海水分析中经常出现。

（2）火焰成分的吸收。

燃烧过程中的分解产物如 CH、CO、C_2 等分子或自由基对光源发射的特征谱线产生吸收,将干扰测定,尤其是在短波区。如对 As(193.7 nm)、Se(196.0 nm)、Zn(213.8 nm)、Fe(248.3 nm) 的影响较严重。这种干扰可通过仪器的零点调节或更换火焰气体得以减小或消除,图7-18 所示为不同火焰的背景吸收。

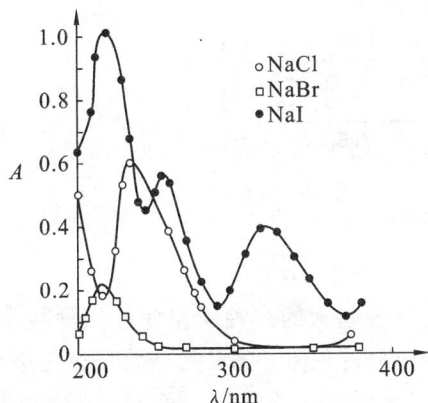

图 7-17　钠的卤化物的分子吸收谱带

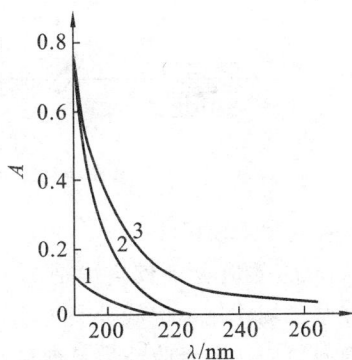

图 7-18　不同火焰的背景吸收

1—N_2O-C_2H_2 焰;2—空气-H_2 焰;3—空气-C_2H_2 焰

2）光散射

在原子化过程中,大量基体成分进入原子化器形成固体颗粒或产生烟雾而阻挡分析谱线通过,造成光散射而引起"假吸收",使测定产生正误差。

分子吸收和光散射所产生的"假吸收"统称为背景吸收。背景吸收将严重影响痕量元素测定的灵敏度。

3. 背景吸收的抑制和校正

常用的消除或减小背景吸收的方法有空白溶液校正法、邻近非共振线校正法和光学校正法。

1）空白溶液校正法

空白溶液是指不含被测元素并与待测试液组成、含量相同的基体。这种方法只适用于基体较为简单的样品,故应用不广。

2）邻近非共振线校正法

邻近非共振线校正法是基于非共振线的吸收是背景吸收引起的,而被测元素共振线的吸收是被测元素的基态原子和背景吸收之和,则它们的差即为原子对共振线的吸收。要求选择的非共振线有足够的强度,且波长和强度应与分析线接近,非共振线可以是被测元素本身的,也可以是其他元素的。当分析线附近没有可利用的非共振线时,不能使用此法。

3）光学校正法

（1）氘灯背景校正法。

氘灯背景校正法又称连续光源背景补偿法,其工作原理如图 7-19 所示。同时使用空心阴极灯和氘灯作光源,让两个光源的光交替照射原子化器,并经单色器进入同一检测器。

当用空心阴极灯作光源时,产生的吸收为被测元素的原子吸收和背景吸收的总和。当用氘灯作光源时,被测元素的原子虽然在共振线波长处也有一定吸收,但其吸收仅仅是谱带总强度的 0.5% 左右(图 7-5),可忽略不计。由分子吸收和光散射引起的背景吸收属于宽带吸收,若调节两光源辐射强度使其相同,则此时产生的吸收与空心阴极灯作光源时的背景吸收使其相同,故两者之差即为被测元素的原子吸收。现代原子吸收光谱仪中一般配置氘灯自动扣除背景装置,适用范围为 190~350 nm,且只能在背景吸收不很大时($A<1.2$)才能较完全地消除背景干扰。

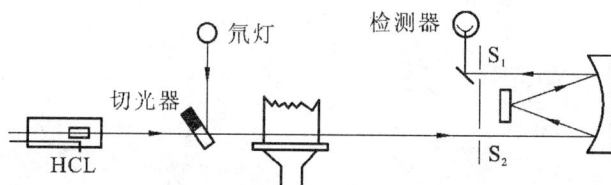

图 7-19　氘灯背景校正示意图

(2)塞曼效应背景校正法。

塞曼(Zeeman)效应背景校正法是 20 世纪 70 年代发展起来的一种新型背景扣除技术。塞曼效应是在强磁场作用下谱线分裂为不同波长的几种成分的现象。塞曼效应背景校正法可分为发射线塞曼效应法和吸收线塞曼效应法两种,前者将磁场加在光源上,后者将磁场加在原子化器上,目前以后者居多。

在磁场作用下,由于原子的激发态能级发生分裂(图 7-20),吸收线分裂为 π 和 σ± 成分,且 π 成分的偏振方向与磁场平行,波长不变;σ± 成分的偏振方向与磁场垂直,波长略有改变。若光源的发射线经过旋转偏振器分解为两束波长和传播方向相同、偏振方向不同的光,其中,P∥ 与磁场平行,P⊥ 与磁场垂直,当 P∥ 和 P⊥ 随偏振器的旋转交替通过原子化器时,P∥ 将同时被 π 吸收线和背景吸收,产生的吸光度为原子吸收和背景吸收之和;P⊥ 与 σ± 成分的偏振方向虽然相同,但波长不同,只能被背景吸收,此时测得的吸收为背景吸收,因此,两者之差为原子吸收。图 7-21 和图 7-22 分别为塞曼效应背景校正光路和原理示意图。

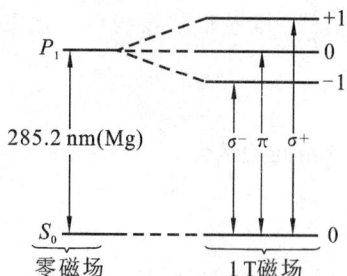

图 7-20　磁场中原子激发态能级的分裂

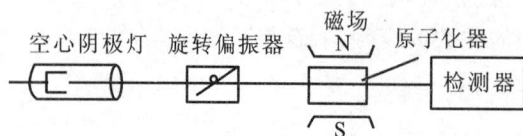

图 7-21　塞曼效应背景校正光路图

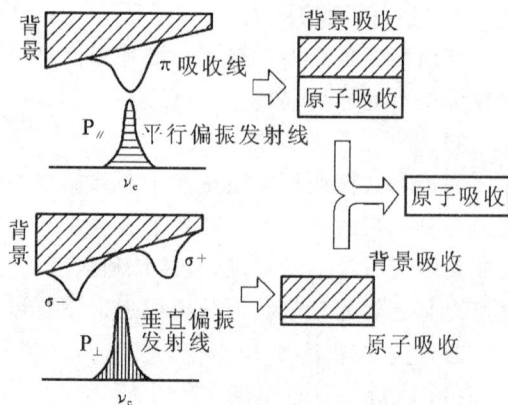

图 7-22　塞曼效应背景校正原理图

塞曼效应背景校正技术具有许多独特的优点：①不需辅助光源，可补偿光源发射强度的漂移；②使用波长范围宽（190～900 nm）；③校正能力强，可校正吸光度为 2.0 以下的背景吸收。但测定灵敏度低，仪器结构复杂，价格昂贵。

7.4　分析方法

7.4.1　测定条件的选择

原子吸收光谱分析的灵敏度和准确度，除了与仪器的性能有关外，在很大程度上取决于测定条件的最优化选择。

1. 分析线

每种元素都有几条可供选择的吸收线，一般选择最灵敏的共振吸收线作为分析线，但需考虑光谱重叠和背景吸收等因素。如 As、Hg、Se 等元素的共振吸收线在 200 nm 以下，火焰及空气有强烈的吸收干扰，应该选择其他吸收线；Ni 232 nm 共振吸收线附近有 231.98 nm、232.12 nm、231.60 nm 等谱线，将产生重叠干扰，此时可选择灵敏度稍低的 341.48 nm 作分析线。另外，对于高含量元素分析，为了避免试液过度稀释，也可选用元素的次灵敏线作分析线，以降低测定的灵敏度。

2. 狭缝宽度

狭缝宽度主要影响单色器光谱通带宽度和检测器接受光辐射的强度，它的选择以排除光谱干扰和具有最大的透光强度为原则。在原子吸收光谱分析中通常通过实验选择狭缝宽度，调节不同的狭缝宽度，测定一定浓度溶液的吸光度的变化，以不引起吸光度降低的最大狭缝宽度为最合适的选择。对于谱线简单的元素（如碱金属、碱土金属），可选择较大的狭缝宽度；对于富线元素（如过渡金属、稀土金属），需用较小的狭缝宽度。目的是提高仪器的分辨率，改善线性范围，提高灵敏度，降低检出限。

3. 灯电流

空心阴极灯的灯电流的选择原则是在保证空心阴极灯有稳定的辐射和足够的强度条件下，尽量选择较小的工作电流。灯电流过小，放电不稳定，光辐射强度不足；灯电流过大，发射线变宽，灵敏度下降，阴极溅射加剧，灯的寿命缩短。在实际工作中，通过绘制吸光度-灯电流曲线选择最佳灯电流。商品空心阴极灯上均标有允许使用的最大工作电流，一般在 1～6 mA 范围内工作。实际测定前一般应让空心阴极灯预热 10～30 min。

4. 原子化条件

1）火焰原子吸收光谱法

调整喷雾器至最佳雾化状态；选择火焰类型；改变助燃比，选择最佳火焰燃烧状态；调节燃烧器高度以控制光束通过的火焰区域，使光束穿行基态原子密度最大区域，以提高分析的灵敏度。

2）石墨炉原子吸收光谱法

石墨炉原子吸收光谱法的升温程序经过干燥、灰化、原子化和除残四个阶段，各阶段的温度及持续时间需通过实验选择。干燥去溶剂时，温度一般选择 105～125 ℃，为防止试样飞溅，干燥时间适当延长；在保证被测元素不损失的前提下，灰化温度尽可能高些，并持续一定时间，以彻底消除基体和其他组分的影响；在保证完全原子化条件下，原子化温度应该尽量低些，原子化阶段停止载气通过,可以降低基态原子逸出速度,提高基态原子在石墨管中的停留时间和密度,有利于提高分析方法的灵敏度和降低检出限;除残温度应高于原子化温度,时间常为3～5 s,以便消除石墨炉的记忆效应。

7.4.2　灵敏度和检出限

在原子光谱分析中,灵敏度和检出限是评价分析方法和分析仪器的两个重要指标。

1. 灵敏度

根据 IUPAC 于 1975 年的规定,灵敏度 B 定义为校正曲线的斜率,由下式表示:

$$B = \frac{dA}{dc} \tag{7-15}$$

或
$$B = \frac{dA}{dm} \tag{7-16}$$

即被测元素单位浓度或质量的变化所引起的吸光度的变化。习惯上采用低浓度或低含量时校正曲线的斜率的倒数来表征测定元素的灵敏度,即特征浓度(characteristic concentration)和特征质量(characteristic mass)。

由于某些元素在不同浓度范围内校正曲线的斜率不同,故在表达灵敏度时必须说明元素的浓度或质量范围。

1) 特征浓度

特征浓度(c_0)是指基态原子产生 1% 吸收,即吸光度为 0.0044 时所对应的被测元素的浓度,用 $\mu g/(mL \cdot 1\%)$ 或 $\mu g/(g \cdot 1\%)$ 表示。在火焰原子吸收法中,常用特征浓度表示。

元素特征浓度 c_0 的计算公式为

$$c_0 = \frac{c_s \times 0.0044}{A} \mu g/(mL \cdot 1\%) \tag{7-17}$$

式中:c_s 为被测元素标准溶液的质量浓度($\mu g/mL$);A 为标准溶液的吸光度。显然,c_0 越小,元素测定的灵敏度越高。

【例 7-3】　测得 1 $\mu g/mL$ 的 Mg^{2+} 标准溶液的吸光度为 0.550,则 Mg^{2+} 的特征浓度为多大?

解
$$A = \lg \frac{I_0}{I} = \lg \frac{100}{99} = 0.0044$$

$$\frac{0.0044}{0.550} = \frac{c_0}{1}$$

$$c_0 = \frac{0.0044}{0.550} \mu g/(mL \cdot 1\%) = 0.008 \mu g/(mL \cdot 1\%)$$

2) 特征质量

在石墨炉原子吸收光谱法中,由于进样体积确定,常用特征质量 m_0 表征元素测定的灵敏度,即能产生 1% 吸收信号所对应的被测元素的绝对量,以 $\mu g/(1\%)$ 表示。其计算公式为

$$m_0 = \frac{c_s V \times 0.0044}{A} \mu g/(1\%) \tag{7-18}$$

式中:V 为进样体积。同样,m_0 越小,元素测定的灵敏度越高。

根据元素的特征浓度或特征质量,可估算出被测元素最适宜的浓度范围或进样量。在原子吸收光谱分析中,当吸光度为 0.1～0.5 时有较高的测定准确度,此时,被测元素的浓度为特征浓度的 25～120 倍。

【例 7-4】　根据上例测得的镁的灵敏度,若某铸铁样品中含镁约 0.01%,问:当以原子吸收光谱法测定时

最适宜的浓度范围为多少？若制备试样 25 mL，应称取试样多少克？

　　解　Mg^{2+} 的特征浓度为 0.008 $\mu g/(mL \cdot 1\%)$，故最适宜的浓度范围为

$$0.008 \times 25 \sim 0.008 \times 120$$

即

$$0.2 \sim 0.96 \ \mu g/mL$$

应称取的试样范围：

下限

$$\frac{0.2 \times 25 \times 10^{-6}}{0.01\%} g = 0.05 \ g$$

上限

$$\frac{0.96 \times 25 \times 10^{-6}}{0.01\%} g = 0.24 \ g$$

试样称量范围为 0.05～0.24 g。

　　灵敏度不仅与被测元素本身的性质有关，而且与仪器性能（如光源特性、检测器灵敏度和单色器分辨率等）有关，另外，还受实验条件（如光源工作条件、雾化器雾化效率、火焰燃烧状态和燃烧器高度等）的影响。通常，使用不同型号的原子吸收分光光度计，对同一元素而言，测得的特征浓度相差不大。

　　2. 检出限

　　检出限是指仪器能以适当的置信度检出元素的最低浓度或最小质量，即产生能肯定试样中被测元素存在的分析信号所需的该元素的最低含量。

　　IUPAC 规定，检出限（D）表示当被测元素产生的信号为噪声的标准偏差（S_0）的 3 倍时元素的质量浓度或质量，单位为 $\mu g/mL$ 或 g。由比尔定律和检出限的定义，得

$$A = Kc, \quad 3S_0 = KD$$

因此，原子吸收光谱法相对检出限为

$$D = \frac{c_s \times 3S_0}{A} (\mu g/mL) \tag{7-19}$$

同理，原子吸收光谱法的绝对检出限为

$$D = \frac{m \times 3S_0}{A} (g) \tag{7-20}$$

式中：m 为被测元素的质量（g）；c_s 为被测元素标准溶液的质量浓度（$\mu g/mL$）；S_0 为噪声的标准偏差，通过对空白溶液连续测量至少 10 次而求得。

　　【例 7-5】　用原子吸收光谱法测定铅含量时，以 Pb 283.3 nm 为分析线，测得浓度为 0.10 $\mu g/mL$ 的铅标准溶液吸光度为 0.240，连续 11 次测得空白值的标准偏差为 0.012，求该原子吸收光谱仪测定铅的检出限。

　　解

$$\frac{3S_0}{D} = \frac{0.240}{0.10} = \frac{3 \times 0.012}{D}$$

$$D = 0.015 \ \mu g/mL$$

该原子吸收光谱仪测定铅的检出限为 0.015 $\mu g/mL$。

　　由此可见，检出限不仅与灵敏度有关，而且与噪声的标准偏差密切有关，即与仪器的稳定性有关，只有同时具备高灵敏度和高稳定性，才能有较低的检出限。因此，检出限比特征浓度具有更明确的意义，它不仅表示了不同元素的测定特性，也表示仪器噪声大小，它是表征分析方法和仪器性能的重要技术指标。

7.4.3　定量分析方法

　　1. 标准曲线法

　　标准曲线法是最常用的分析方法。它具有简单、快速、准确度高等优点，适用于大批量、组

成简单和相似的试样分析。应用标准曲线法时应注意以下几点。

（1）标准系列的组成与待测试样组成应尽可能相似，必要时加入与试样相同的基体成分，在测定时应该进行背景校正。

（2）所配制的试样浓度应该在标准曲线的线性范围内，标准溶液的吸光度最好在 $0.1\sim0.5$，因此时的测量准确度较高。通常根据被测元素的特征浓度估计试样的合适浓度范围。

（3）在整个分析过程中，测定条件始终保持不变。在大量试样测定过程中，应该经常用标准溶液校正仪器和检查测定条件。

2. 标准加入法

当试样组成复杂，难以配制与试样组成接近的标准样品时，或待测元素含量很低时，可采用标准加入法进行定量分析。

应用标准加入法时应注意以下几点。

（1）测定应在标准曲线的线性范围内进行。

（2）为了得到准确的分析结果，至少应采用 4 个工作点制作标准曲线后外推。首次加入的元素标准溶液的浓度(c_0)应大致和试样中被测元素浓度(c_x)相接近。

（3）标准加入法只能消除基体干扰和某些化学干扰，但不能消除背景吸收干扰。因此，需要时应进行背景校正。

（4）标准加入法应进行试剂空白扣除，且也必须用标准加入法进行扣除，不能用标准曲线法求得的试剂空白值进行扣除。

3. 内标法

内标法是在标准溶液和被测样品中分别加入内标元素，测定待测元素和内标元素的吸光度比，并以吸光度比对被测元素浓度绘制校正曲线。该法可补偿基体组成、燃气及助燃气流量、表面张力、吸入速度等因素变动所造成的误差，极大地提高检测的精密度。

【例 7-6】 用原子吸收光谱法测定某矿石中锑的含量，准确称量矿样 1.238 5 g，溶样处理后定容至 100 mL，取 10.00 mL 矿样溶液，加入 1.00 mL 浓度为 10.0 $\mu g/mL$ 的铅标准溶液作内标，定容至 25.00 mL 后测得 $A_{Sb}/A_{Pb}=0.808$，另取相同浓度的锑和铅的标准溶液进行同样测定，测得 $A_{Sb}/A_{Pb}=1.31$，求矿样中锑的质量分数。

解 根据题意，若设矿样溶液中锑与铅的浓度之比为 x，则

$$\frac{x}{0.808}=\frac{1}{1.31}$$

$$x=0.6168$$

$$c_{Sb}=0.6168\times\frac{1.00\times10.0}{25.00}\ \mu g/mL=0.25\ \mu g/mL$$

$$w_{Sb}=\frac{0.25\times25.00\times100.00}{10.0\times1.2385}\times100\%=0.005\%$$

该矿石中锑的质量分数为 0.005%。

7.4.4 应用与实例

原子吸收光谱法广泛应用于环保、材料、临床、医药、食品、冶金、地质、法医、交通和能源等多个领域，可对近 80 种元素进行直接测量，加上间接测量元素，总量可达百余种。在农、林、水、轻工等学科中，它主要用于土壤、动植物、食品、饲料、肥料、大气、水体等样品中金属元素和部分非金属元素的定量分析。

【示例 7-1】 纺织品中铜含量的测定。

称取定量剪碎的纺织品，用硫酸、硝酸湿法灰化后，将试样溶液喷入空气-乙炔火焰中，用铜空心阴极灯作

光源,灯电流为 3 mA,光谱通带为 0.5 nm,在对应的原子吸收光谱仪 324.7 nm 波长处,测量其吸光度,对照标准曲线确定铜离子的含量。

【示例 7-2】　土壤以及各类农林作物样品中 Zn 的测定。

样品用湿消化法或干灰化法处理,制成试液备用。原子吸收分光光度计测定条件:燃助比 1:4,测定波长 213.9 nm,以锌空心阴极灯为光源,灯电流 3 mA,光谱通带 0.2 nm。测定的吸光度按标准曲线法确定锌含量。本方法可用于人和动物毛发、土壤、玉米、柑橘和油桐等样品中锌的测定。

【示例 7-3】　工业废水中痕量镉的测定。

试样用硝酸分解,在硝酸介质中,以 100 mg/L 铁为化学改进剂消除 1.0 mg/L 铁、铜、镍、锰、铬、钴、锌等共存元素干扰,用石墨炉原子吸收光谱法测定痕量镉。基本参数:镉空心阴极灯电流 7.5 mA,波长 228.8 nm,高纯氩气流量 200 mL/min,进样量 20 μL。本方法适用于工业废水中痕量镉的测定。测定范围:镉 0.001~0.01 mg/L。

【示例 7-4】　合金钢及不锈钢中高含量镍的测定。

试样经王水-高氯酸溶解后定容到一定体积,在硝酸介质中,用原子吸收光谱仪于 323.3 nm 波长处,以空气-乙炔火焰进行镍的测定。参数:镍空心阴极灯的灯电流 5 mA,波长 323.3 nm,空气流量 0.7 m³/h,乙炔流量 0.15 m³/h。本方法适用于测定合金钢及不锈钢中的高含量镍。测定范围:镍 0.01%~10.0%。

7.5　原子荧光光谱法简介

原子荧光光谱法(atomic fluorescence spectrometry,AFS)是 20 世纪 60 年代发展起来的一种痕量元素分析方法。这是一种通过测量被测元素的原子蒸气在辐射能激发下产生的荧光发射强度进行元素定量分析的方法。由于原子荧光光谱仪与原子吸收分光光度计相似,故在本章讨论。

原子荧光光谱法的主要优点如下。①灵敏度高、检出限低。特别是 Ag、Cd 等元素的检出限分别可达 0.01 ng/mL 和 0.001 ng/mL。现已有 20 多种元素的检出限低于原子吸收光谱法。由于原子荧光光谱法的灵敏度与激发光源强度成正比,采用新的激发能力更强的光源可进一步降低检出限。②线性范围宽。在低浓度范围内,标准曲线的线性范围可达 3~5 个数量级。③谱线比较简单,干扰较少。可以采用无色散(使用滤光片)的原子荧光仪器,这种仪器结构较简单,价格便宜。④便于多元素同时测定。由于荧光向空间各个方向发射,可制成多通道仪器,实现多元素同时分析。

原子荧光光谱法虽有上述优点,但仍存在荧光淬灭、散射光干扰等问题,同时,在复杂体系的测定中将受到较大的干扰。因此,原子荧光光谱法的应用受到了一定的限制。

7.5.1　基本原理

1. 原子荧光的产生

当气态基态原子吸收了特征辐射后被激发到高能态,大约在 10^{-8} s 内又跃迁回到基态或较低能态,同时发射出与入射光波长相同或不同的光,称为原子荧光。这是一种光致原子发光现象,各种元素都有特定的原子荧光光谱,根据原子荧光的特征波长进行元素的定性分析,而根据原子荧光的强度进行定量分析。

2. 原子荧光的强度

在原子荧光发射中,受激原子发射的共振荧光强度 I_f 与基态原子吸收特征辐射的强度 I_a 成正比,即

$$I_f = \varphi I_a \qquad (7\text{-}21)$$

式中：φ 为荧光效率，它表示发射荧光光量子数与吸收激发光光量子数之比。经适当处理，可得原子荧光强度与被测元素浓度 c 成正比，即

$$I_f = Kc \qquad (7\text{-}22)$$

式(7-22)是原子荧光定量分析的理论基础。

7.5.2 定量分析方法及应用

1. 定量分析方法

常用的定量分析方法为标准曲线法和标准加入法。

2. 荧光测定中的干扰

原子荧光分析中主要有如下三种干扰。

1）荧光淬灭

在原子化器中，受激原子与其他粒子碰撞以无辐射跃迁形式退激，导致荧光效率和荧光发射强度降低的现象，称为荧光淬灭。它与火焰成分(如 CO、CO_2、OH、N_2、H_2O 等)和试样基体有关。可以通过选择最佳工作条件、提高原子化效率、减少其他分子和微粒在原子化器中的密度等方法抑制荧光淬灭。

2）自吸

当试样中被测元素浓度过高时，基态原子密度过大，产生自吸现象。

3）光散射

当激发光遇到固体微粒时会引起光散射，导致激发光同时进入检测器，将使原子荧光分析的灵敏度大幅下降，这种现象称为光散射干扰，有时这种干扰相当严重。

3. 应用

原子荧光光谱法作为一种新的痕量分析方法，已广泛应用于冶金、地质、石化、环保、农业、医学等各个领域。随着激光技术的发展，各种激光光源应用于原子荧光光谱分析中，进一步提高了原子荧光分析法的灵敏度，降低了检出限。

思考题与习题

1. 解释下列名词：
(1) 原子吸收线和原子发射线；　　　　　(2) 积分吸收和峰值吸收；
(3) 谱线半宽度；　　　　　　　　　　　(4) 谱线的自然宽度和变宽；
(5) 谱线的热变宽和压力变宽；　　　　　(6) 光谱通带；
(7) 基体改进剂；　　　　　　　　　　　(8) 特征浓度和特征质量；
(9) 共振原子荧光和非共振原子荧光。

2. 原子吸收光谱是怎么产生的？有什么特点？

3. 在原子吸收光谱法中，为什么要使用锐线光源？

4. 试从原理和仪器装置两方面比较原子吸收光谱法与紫外-可见吸收光谱法的异同点。

5. 简述原子吸收光谱仪的主要组成部件及其作用。

6. 石墨炉原子化法的工作原理是什么？它与火焰原子化法相比有什么优缺点？

7. 在原子吸收光谱分析中为什么要对锐线光源进行调制？如何调制？

8. 影响原子吸收光谱分析的灵敏度的因素有哪些？

9. 下列说法正确与否？为什么？

（1）原子化温度越高，基态气态原子密度越大；

（2）空心阴极灯工作电流越大，光源辐射的强度越大，测定的灵敏度越高；

（3）原子吸收分光光度计用调制光源可以消除荧光发射干扰；

（4）原子荧光分光光度计可不用单色器；

（5）采用标准加入法可以提高分析方法的灵敏度；

（6）原子荧光发射强度仅与试样中待测元素的含量有关，而与激发光源的强度无关。

10. 原子吸收光谱法存在几种干扰？分别是怎么产生的？如何抑制？

11. 原子吸收光谱法中，背景干扰是怎样产生的？有几种抑制和校正背景的方法？它们的原理是什么？各有什么优缺点？

12. 试从原理和仪器装置两方面比较原子吸收光谱法和原子荧光光谱法的异同点。

13. 原子荧光光谱是怎么产生的？有几种类型？

14. 什么是化学计量焰、富燃焰、贫燃焰？为何原子吸收光谱分析中一般不提倡使用燃烧速度太快的火焰？

15. 原子吸收光谱仪单色器的倒线色散率为 1.6 nm/mm，欲测定 Si 251.61 nm 的吸收值，为了消除多重线 Si 251.43 nm 和 Si 251.92 nm 的干扰，应采取什么措施？

16. 将 0.20 μg/mL 的 Mg^{2+} 标准溶液在一定条件下进行原子吸收实验，选择 285.2 nm 为吸收线，测得吸光度为 0.150，求原子吸收光谱法测定镁的灵敏度。

17. 已知选择 Zn 213.9 nm 为分析线，原子吸收光谱法测定 Zn 的特征浓度为 0.015 μg/(mL·1%)，试样中锌的含量约为 0.01%，问：配制试液时最适宜的质量浓度范围为多少？若需制备 50 mL 试液，应该称取多少克试样？

18. 用标准加入法测定血浆中锂的含量，取 4 份 0.50 mL 血浆试样，分别加入浓度为 200 mg/L 的 LiCl 标准溶液 0.0 μL、10.0 μL、20.0 μL、30.0 μL，稀释至 5.00 mL，并用 Li 670.8 nm 分析线测得吸光度依次为 0.115、0.238、0.358、0.481。计算血浆中锂的含量，以 μg/mL 表示。

19. 用 Ca 422.7 nm 为分析线，火焰原子吸收光谱法测定血清中的钙。配制钙离子标准系列溶液的浓度分别为 0.00 μg/mL、2.00 μg/mL、4.00 μg/mL、6.00 μg/mL、8.00 μg/mL、10.0 μg/mL，测得吸光度分别为 0.000、0.119、0.245、0.368、0.490、0.611。取 1.00 mL 血清，加入 10 mL 4% 三氯乙酸溶液沉淀蛋白质并定容至 25 mL 后，将清液喷入火焰，测得吸光度为 0.473。求血清中钙的含量。若血清中含有 PO_4^{3-}，所得结果将偏高还是偏低？为什么？

20. 今欲测定某球墨铸铁中的微量镁，称取试样 m g，酸溶后转入 100 mL 容量瓶，用重蒸水定容至 100 mL，然后取两等分，其体积为 V_0 mL，分别置于 a、b 两个体积为 V mL 的容量瓶中，加入等量的 Ca^{2+} 溶液少许，并在 b 瓶中加入浓度为 c_s μg/mL 的镁标准溶液 V_1 mL，然后用重蒸水稀释至刻度，并在 285.2 nm 处进行原子吸收测定，测定其吸光度分别为 A_a、A_b，试导出该球墨铸铁中镁的质量分数 w_{Mg} 的计算式。

21. 测定一系列 Ca^{2+} 和 Cu^{2+} 标准溶液时，其吸光度值如下：

$c_{Ca^{2+}}$ /(μg/mL)	$A_{422.7}$	$c_{Cu^{2+}}$ /(μg/mL)	$A_{324.7}$
1.00	0.086	1.00	0.142
2.00	0.177	2.00	0.292
3.00	0.259	3.00	0.438
4.00	0.350	4.00	0.576

（1）求等浓度时 Cu^{2+} 对 Ca^{2+} 的平均相对吸光度（$A_{324.7}/A_{422.7}$）；

（2）以 Cu^{2+} 作为测定 Ca^{2+} 的内标，称取某不含 Cu^{2+} 的植物试样 1.000 g，经消化、稀释，并加入 2.50 mL 浓度为 100 μg/mL 的 Cu^{2+} 标准浓度，定容至 100 mL，测得 324.7 nm 和 422.7 nm 处的吸光度值分别为 0.362、0.218，试求该植物试样中钙的质量分数。

第8章 电分析化学法

电分析化学(eletrochemical analysis)是利用物质的电学和电化学性质进行表征和测量的科学,它是电化学和仪器分析的重要组成部分,与物理学、电子学、计算机科学、材料科学以及生命科学等学科有着密切的联系。

从 20 世纪 80 年代以来,由于各种伏安技术的发展和各种极谱电流理论的不断完善,电分析化学法从一门实验技术逐渐发展成为一门具有较强独立性的学科——电分析化学。目前,电分析化学已经建立比较完整的理论体系,它既是现代分析化学的一个重要分支,又是一门表面科学,在研究表面和相界面过程中发挥着越来越重要的作用。

本章着重介绍电位分析法、电解和库仑分析法及伏安分析法等几种常用的电分析化学法。

8.1 电分析化学导论

根据物质在溶液中的电化学性质及其变化来进行分析的方法称为电分析化学法。电分析化学法把测定的对象作为一个电化学电池的组成部分,通过研究或测量化学电池的电学性质(如电极电位、电流、电导及电量等)或电学性质的突变及电解产物的量与被测物质的量之间的关系来进行测定。

8.1.1 电分析化学法的分类及特点

1. 分类

按照 IUPAC 的规定,电分析化学法可分为三类:①不涉及双电层及电极反应,如电导分析法及高频测定法;②涉及双电层,不涉及电极反应,如表面张力法及非法拉第(Faraday)阻抗测定法;③涉及电极反应,如电位分析法、电解分析法、库仑分析法和伏安分析法。

按照测定的参数不同,电分析化学法可分为电位分析法、电导分析法、电解分析法、库仑分析法与伏安分析法等,详见表 8-1。

表 8-1 电分析化学法分类

方法名称	测定的参数	特点及用途
电位分析法	半电池电位	适用于微量组分的测定,一价离子测定误差为 4%,二价离子测定误差为 8%; 选择性好,适用于测定 H^+、F^-、Cl^-、K^+ 等数十种离子
电导分析法	电导	适用于测定水的纯度(电解质总量); 选择性较差
电解分析法	电沉积物质量	适用于物质的分离和测定,作为分离的手段,能方便地除去某些杂质; 选择性较差
库仑分析法	电量	不需要标准物质,准确度高; 适用于测定许多金属、非金属离子及一些有机化合物
伏安分析法	电流-电压	选择性好,可用于多种金属离子和有机化合物的测定; 适用于微量和痕量组分的测定

2. 特点

各种电分析化学法的准确度和灵敏度都很高,且重现性和稳定性较好。除电导分析法和某些电解分析法外,都具有较高的选择性。可测定组分浓度的范围宽,适用于常量组分的测定。例如,电导分析法、电位分析法和电解分析法都可用于常量组分的测定,而各类伏安分析法和某些电位分析法与库仑分析法则可用于微量和痕量组分的分析。

电分析化学法不仅用于成分分析,也可用于结构分析,如进行价态和形态分析。离子选择性电极分析法可以测定某些特定离子的活度,在生理学研究中,Ca^{2+} 或 K^+ 活度大小比其浓度大小更有意义。

电分析化学法可得到许多有用的信息如界面电荷转移的化学计量学和速率、传质速率、吸附特性、化学反应的速率常数和平衡常数测定等,也可作为研究电极过程动力学、氧化还原过程、催化过程、有机电极过程、吸附现象等的工具。

电分析化学法的仪器设备较其他仪器分析法的简单、小型化,价格比较低,并易于实现自动化和连续分析,适用于生产过程中的在线分析。

8.1.2 化学电池

1. 装置及其表示法

化学电池是化学能与电能互相转换的装置。它是任何一种电分析化学法中必不可少的装置。组成化学电池的条件如下:①电极之间以导线相连;②电解质溶液间以一定方式保持接触,使离子可从一方迁移到另一方;③发生电极反应或电极上发生电子转移。

化学电池根据化学能与电能的转换方式可分为原电池和电解池两类。原电池(galvanic cell 或 voltaic cell)是化学能转化为电能的装置,在外电路接通的情况下,反应可自发地进行并向外电路供给电能,如图 8-1 所示。而需要外部电源提供电能迫使电流通过,使电池内部发生电极反应的装置为电解池(electrolytic cell),如图 8-2 所示,它将电能转化为化学能。当电池工作时,电流必须在电池内部和外部流通,构成回路。外部电路是金属导体,移动的是带负电的电子。电池内部是电解质溶液,移动的分别是阴、阳离子。为使电流能在整个回路中通过,必须在两个电极-溶液界面处发生有电子迁移的电极反应,即离子从电极上取得电子,或将电子交给电极。不管是原电池还是电解池,通常将发生氧化反应的电极都称为阳极,发生还原反应的电极都称为阴极。

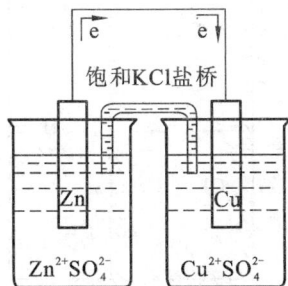

图 8-1 锌铜原电池

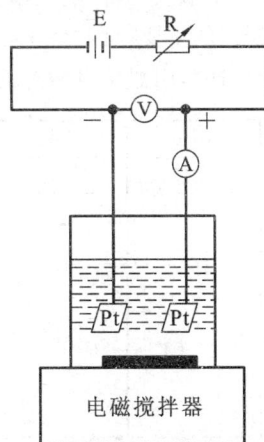

图 8-2 电解池

图 8-1 所示的电池是把金属锌插入 $ZnSO_4$ 水溶液中,金属铜插入 $CuSO_4$ 水溶液中,两者用盐桥连接。它可表示为

$$(-)Zn|ZnSO_4(a_1)\parallel CuSO_4(a_2)|Cu(+)$$

以"|"表示金属和溶液的两相界面,以"‖"表示盐桥。由于 Zn 比 Cu 的标准电位要低,因此 Zn 较 Cu 活泼,Zn 原子易失去电子,氧化成 Zn^{2+} 进入溶液相。Zn 原子将失去的电子留在锌电极上,通过外电路流到铜电极上。Cu^{2+} 接受流来的电子还原为金属铜沉积在铜电极上。因此 Zn 电极上发生的是氧化反应,是阳极(anode),电极反应为

$$Zn \rightleftharpoons Zn^{2+}+2e$$

Cu 电极上发生的是还原反应,是阴极(cathode),电极反应为

$$Cu^{2+}+2e \rightleftharpoons Cu$$

电池的总反应方程式为

$$Zn+Cu^{2+} \rightleftharpoons Zn^{2+}+Cu$$

外电路电子流动的方向是由 Zn 电极流向 Cu 电极。内电路电流的方向与此相反,由 Cu 电极流向 Zn 电极。电位高的一端为正极,电位低的一端为负极。所以 Cu 电极的电位较高,为正极;Zn 电极的电位较低,为负极。

2. 电池的电动势

电池的电动势是指当流过电池的电流为零或接近于零时两极间的电位差。习惯上将阳极写在左边,阴极写在右边,电池的电动势 E_{cell} 为右边的电极电位($\varphi_{右}$)与左边的电极电位($\varphi_{左}$)的电位差与液接电位($\varphi_{液接}$)的代数和。即

$$\underset{阳极}{(-)电极\ a|溶液(a_1)} \parallel \underset{阴极}{溶液(a_2)|\ 电极\ b(+)}$$

$$E_{cell}=\varphi_c-\varphi_a=(\varphi_{右}-\varphi_{左})-\varphi_{液接} \tag{8-1}$$

式中:φ_c、φ_a 分别为阴极和阳极的电位。根据上式,当电池电动势大于 0 时,该化学电池为原电池,电极反应能自发地进行,向外界提供电源;当电池电动势小于 0 时,要使其电极反应进行,必须外加一个大于该电池电动势的外加电压,该化学电池为电解池。

3. 液接电位

当两个不同种类或不同浓度的溶液直接接触时,由于浓度梯度或离子扩散,离子在相界面上产生迁移。当这种迁移速率不同时,会产生电位差或称产生了液接电位(图 8-3)。液接电位虽值不大,一般在几十毫伏,但在电化学分析中,特别是在电位分析法中,其影响不可忽略,它是电位分析法产生误差的主要原因之一,因此实验中必须使之尽可能减小,在某些情况下至少保持稳定。为达到此目的,用盐桥将两溶液相连,这样液接电位可大大降低或接近消除,如图 8-4 所示。

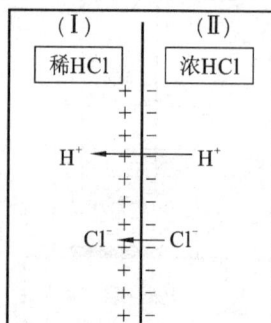

图 8-3　液接电位的形成

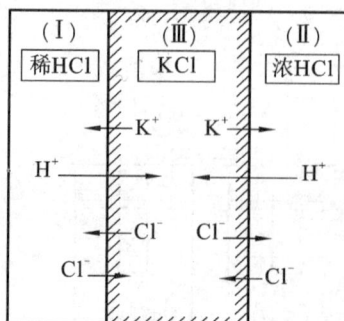

图 8-4　液接电位的消除

8.1.3 电极电位

1. 平衡电极电位的产生

以 $(-)Zn|ZnSO_4(a_1)\|CuSO_4(a_2)|Cu(+)$ 化学电池为例,金属可看成由离子和自由电子组成。金属离子以点阵结构排列,电子在其中运动。锌片与 $ZnSO_4$ 溶液接触时,金属中 Zn^{2+} 的化学势大于溶液中 Zn^{2+} 的化学势,锌不断溶解下来进入溶液中。Zn^{2+} 进入溶液中,电子被留在金属片上,其结果是金属带负电,溶液带正电,固、液两相间形成了双电层。双电层的形成,破坏了原来金属和溶液两相间的电中性,建立了电位差,这种电位差将排斥 Zn^{2+} 继续进入溶液,金属表面的负电荷对溶液中的 Zn^{2+} 又有吸引。以上两种倾向平衡的结果,形成了平衡相间电位,也就是平衡电极电位。

2. 标准电极电位及其测量

当用测量仪器来测量电极的电位时,测量仪器的一个接头与待测电极的金属相连,而另一个接头必须经过另一种导体才能与电解质溶液接触。这后一个接头就必然形成一个固-液界面,构成第二个电极。这样电极电位的测量就变成对一个电池电动势的测量。电池电动势的数据一定与第二个电极密切相关,电极电位仅仅是一个相对值。绝对的电极电位是无法测量的。

为了计算或考虑问题的方便,各种电极测量得到的电极电位具有可比性,第二个电极应是共同的参比电极。这种参比电极在给定的实验条件下能得到稳定而可重现的电位值。标准氢电极已被用做基本的参比电极。参见第 150 面"2) 参比电极"。

1) 标准氢电极

常用的标准氢电极如图 8-5 所示。它是一片在表面涂有薄层铂黑的铂片,浸在氢离子活度等于 1 mol/L 的溶液中。在玻璃管中通入压力为 101325 Pa(1 atm) 的氢气,让铂电极表面上不断有氢气泡通过。电极反应为

$$2H^+ + 2e \Longrightarrow H_2(g)$$

人为规定在任何温度下,标准氢电极电位 $\varphi^{\ominus}_{H^+/H_2}=0$。

2) 电极电位

IUPAC 规定任何电极的电位是将它与标准氢电极构成原电池,所测得的电动势作为该电极的电极电位。电子通过外电路,由标准氢电极流向该电极,电极电位定为正值;电子通过外电路由该电极流向标准氢电极,电极电位定为负值。

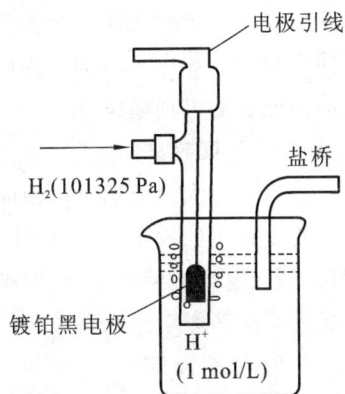

图 8-5 标准氢电极

298.15 K 时,以水为溶剂,活度均为 1 mol/L 的氧化态和还原态构成的电极电位称为该电极的标准电极电位。标准电极电位用 $\varphi^{\ominus}$ 表示。如下述电池:

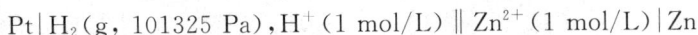

$$Pt|H_2(g, 101325\ Pa),H^+(1\ mol/L)\|Zn^{2+}(1\ mol/L)|Zn$$

该电池的电动势为 0.763 V,所以 Zn 标准电极电位 $\varphi^{\ominus}_{Zn^{2+}/Zn}=-0.763\ V$。

一个电池由两个电极组成,每个电极可以看做半个电池,称为半电池。一个电极发生氧化反应,另一个电极发生还原反应。

3. 能斯特方程

对于任一电极反应

$$Ox + ne \rightleftharpoons Red$$

电极电位为

$$\varphi = \varphi^{\ominus} + \frac{RT}{nF} \ln \frac{a_{Ox}}{a_{Red}} \tag{8-2}$$

式中：$\varphi^{\ominus}$ 为标准电极电位；R 为摩尔气体常数(8.3145 J/(mol·K))；T 为热力学温度；F 为法拉第常数(96485 C/mol)；n 为电子转移数；a 为活度。

常温(25 ℃)下，能斯特(Nernst)方程为

$$\varphi = \varphi^{\ominus} + \frac{0.0592}{n} \lg \frac{a_{Ox}}{a_{Red}} \tag{8-3}$$

式(8-3)称为电极反应的能斯特方程。

若电池的总反应为

$$aA + bB \rightleftharpoons cC + dD$$

电池电动势为

$$E_{cell} = E^{\ominus} - \frac{0.0592}{n} \lg \frac{a_C^c a_D^d}{a_A^a a_B^b} \tag{8-4}$$

式(8-4)称为电池反应的能斯特方程。其中 $E^{\ominus}$ 为所有参加反应的组分都处于标准状态时的电动势。

8.1.4　电极极化与超电位

由于电池有电流通过时，需克服电池内阻 R，因此，实际电池电动势应为

$$E_{cell} = \varphi_c - \varphi_a - iR \tag{8-5}$$

式中：φ_c、φ_a 分别为阴极和阳极的电位；iR 称为 iR 降(voltage drop)，它使原电池电动势降低，使电解池外加电压增加。当电流 i 很小时，电极可视为可逆，阴极电位 φ_c 和阳极电位 φ_a 可以使用电极的可逆电位。

1. 电极的极化

当有较大电流通过电池时，电极电位完全随外加电压而变化，或者电极电位改变较大而电流改变较小的现象，称为极化。电池的两个电极都可发生极化现象。电极的极化与电极大小和形状、电解质溶液组成、搅拌情况、温度、电流密度、电池中反应物与生成物的物理状态、电极成分等诸多影响因素有关。极化通常可分为浓差极化和电化学极化两类。

1) 浓差极化

发生电极反应时，电极表面附近溶液浓度与主体溶液浓度不同所产生的电极电位偏离平衡位置的现象称为浓差极化。如库仑分析中的 Pt 电极、滴汞电极都产生极化，是极化电极。在阴极附近，阳离子被快速还原，而主体溶液阳离子来不及扩散到电极附近，阴极电位比可逆电位更低；在阳极附近，电极被氧化(溶解)，离子来不及离开，阳极电位比可逆电位更高。可通过增大电极面积、减小电流密度、提高溶液温度、加速搅拌速度来减小浓差极化。

2) 电化学极化

电化学极化主要由电极反应动力学因素决定。分步进行的反应速度由最慢的反应决定，克服活化能要求外加电压比可逆电动势更大，反应才能发生；在阴极，应使阴极电位更低；在阳极，应使阳极电位更高。电极电位不随外加电压变化而变化，或者电极电位改变很小而电流变化很大的现象，称为去极化。如饱和甘汞电极为去极化电极。

2. 超电位

由于极化,实际电位和可逆电位之间存在差异,此差异即为超电位,用符号 η 表示。电流密度越大,超电位越大;溶液温度越高,超电位越小;电极化学成分不同,超电位不同;产物是气体的电极,其超电位大。

8.1.5　电极类型

1. 按电极上是否发生电化学反应分类

1) 基于电子交换反应的电极

(1) 第一类电极。

金属(广义上也可是非金属)与其离子的溶液处于平衡状态所组成的电极称为第一类电极。例如 $Ag|Ag^+$ 电极,其电极反应为

$$Ag^+ + e \Longrightarrow Ag$$

电极电位为　　　　　　　　　$\varphi_{Ag^+/Ag} = \varphi^{\ominus}_{Ag^+/Ag} + 0.0592\lg a_{Ag^+}$

(2) 第二类电极。

金属表面覆盖其难溶盐,并与此难溶盐具有相同阴离子的可溶盐的溶液处于平衡状态时所组成的电极称为第二类电极。例如银-氯化银电极($Ag|AgCl,Cl^-$),其电极反应为

$$AgCl + e \Longrightarrow Ag + Cl^-$$

电极电位为　　　　　　　　$\varphi_{AgCl/Ag} = \varphi^{\ominus}_{AgCl/Ag} + 0.0592\lg\dfrac{1}{a_{Cl^-}}$

$$= \varphi^{\ominus}_{AgCl/Ag} - 0.0592\lg a_{Cl^-}$$

(3) 第三类电极。

这类电极的组成较为复杂,它是由金属、该金属的难溶盐、与此难溶盐具有共同阴离子的另一难溶盐和与此难溶盐具有相同阳离子的电解质溶液所组成。例如电极 $Zn|ZnC_2O_4(s)$,$CaC_2O_4(s)$,Ca^{2+},其电极反应为

$$Ca^{2+} + ZnC_2O_4 + 2e \Longrightarrow CaC_2O_4 + Zn$$

Zn^{2+} 的活度受 ZnC_2O_4 和 CaC_2O_4 两种难溶盐的溶解平衡即溶度积所控制。

(4) 零类电极。

这类电极是将一种惰性金属(如铂或金)浸入氧化态与还原态同时存在的溶液中所构成的体系。这类电极能指示同时存在于溶液中的氧化态和还原态的比值。惰性金属本身不参与电极反应,仅起传递电子的作用。例如电极 $Pt|Fe^{3+},Fe^{2+}$,其电极反应为

$$Fe^{3+} + e \Longrightarrow Fe^{2+}$$

电极电位为　　　　　　　

$$\varphi_{Fe^{3+}/Fe^{2+}} = \varphi^{\ominus}_{Fe^{3+}/Fe^{2+}} + 0.0592\lg\dfrac{a_{Fe^{3+}}}{a_{Fe^{2+}}}$$

氢电极、氧电极和卤素电极也属零类电极,这类电极又称氧化还原电极。

2) 离子选择性电极

离子选择性电极(ion selective electrode,ISE)也称膜电极,是 20 世纪 60 年代发展起来的一类新型电化学传感器。它能选择性地响应待测离子的活度(浓度)而对其他离子不响应或响应很弱,其电极电位与溶液中待测离子活度的对数有线性关系,即遵循能斯特方程。其响应机理是由于在相界面上发生了离子的交换和扩散,而非电子转移。

这类电极具有灵敏度高、选择性好等优点,是电化学分析中一类重要电极。在"电位分析

法"部分将作详细介绍。

2. 按电极在电化学分析中的作用分类

1) 指示电极

在化学电池中借以反映待测离子活度,发生所需电化学反应或激发信号的电极称为指示电极(indicating electrode)。能用做指示电极的种类很多,如 pH 玻璃电极、离子选择性电极等。

2) 参比电极

在恒温恒压条件下,电极电位不随溶液中被测离子活度的变化而变化,具有基本恒定电位值的电极称为参比电极(reference electrode)。参比电极提供电位标准,在分析过程中用以与指示电极组成电池,通过测量其电动势而求得指示电极的电极电位。对于参比电极,除要求电位恒定外,还要求电极反应可逆、装置简单、电流密度小、温度系数小等。常用的参比电极有甘汞电极(calomel electrode)和银-氯化银电极。

(1) 甘汞电极。

甘汞电极的构造如图 8-6 所示。

电极表示式为 $\qquad$ $Hg \,|\, Hg_2Cl_2(s), KCl$

电极反应为 $\qquad$ $Hg_2Cl_2 + 2e \Longleftrightarrow 2Hg + 2Cl^-$

电极电位为  $\varphi_{Hg_2Cl_2/Hg} = \varphi^{\ominus}_{Hg_2Cl_2/Hg} + \dfrac{0.0592}{2} \lg \dfrac{1}{a^2_{Cl^-}} = \varphi^{\ominus}_{Hg_2Cl_2/Hg} - 0.0592 \lg a_{Cl^-}$

从以上能斯特方程可知,当 Cl^- 活度一定时,甘汞电极的电极电位为一定值。25 ℃,KCl 浓度达饱和时,甘汞电极的电极电位值(相对于 SHE)为 +0.244 3 V。饱和甘汞电极(saturated calomel electrode, SCE)是常用的参比电极。甘汞电极容易制备和保存,但不能在 80 ℃ 以上的环境中使用。

类似的电极还有硫酸亚汞电极($Hg \,|\, Hg_2SO_4(s), K_2SO_4$)。

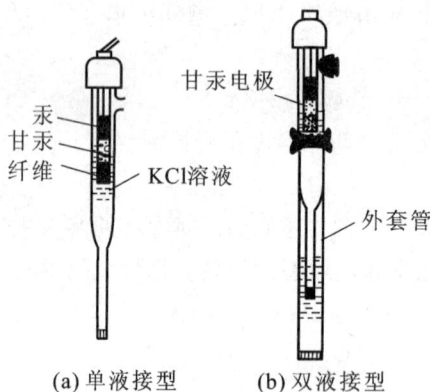

(a) 单液接型 $\qquad$ (b) 双液接型

图 8-6 甘汞电极

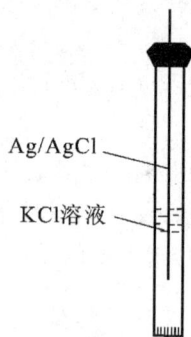

图 8-7 银-氯化银电极

(2) 银-氯化银电极。

银-氯化银电极是由一根表面镀 AgCl 的 Ag 丝插入饱和的 KCl 溶液中构成,如图 8-7 所示。电极端的管口用多孔物质封住。25 ℃、KCl 浓度达饱和时,银-氯化银的电极电位值(相对于 SHE)为 +0.2000 V。

银-氯化银电极常作为各种离子选择性电极的内参比电极。在高达 275 ℃ 左右的温度下,仍足够稳定,故可以在高温下使用。

3. 工作电极

工作电极的作用与指示电极相同,但它与指示电极又有区别。在电分析化学研究体系中,若本体溶液成分不发生显著变化,相应的电极称为指示电极;若本体溶液成分发生显著变化,相应的电极称为工作电极。例如在电解分析和库仑分析中,被测定的物质在它上面析出的电极是工作电极。

4. 辅助电极和对电极

它们是提供电子传导的场所,与工作电极组成电池,形成通路,但电极上进行的电化学反应并非实验中所需研究或测试的。当通过的电流很小时,一般直接由工作电极和参比电极组成电池,但通过的电流较大时,参比电极将不能负荷,其电位不再稳定或体系的 iR 降太大,难以克服。此时需再采用辅助电极,即构成所谓三电极系统来测量或控制工作电极的电位。在不用参比电极的两电极系统中,与工作电极配对的电极则称为对电极。但有时辅助电极也称对电极。两者常不严格区分。

5. 极化电极和去极化电极

化学电池中,两个电极的极化程度可能不同。电分析化学法中还把电极区分为极化电极和去极化电极。

1) 极化电极

电极的电位完全随外加电压的变化而变化,或电极的电位改变很大而产生的电流变化很小,即 $\mathrm{d}i/\mathrm{d}\varphi$ 之值较小,这一类电极称为极化电极。

2) 去极化电极

电极电位基本保持恒定的数值,不随外加电压的改变而改变,或电极的电位改变很小而电流变化很大,即 $\mathrm{d}i/\mathrm{d}\varphi$ 之值较大,这一类电极称为去极化电极。

常利用极化电极和去极化电极的概念来区分电分析化学法。例如,电位分析法中的两个电极是去极化电极,极谱法中使用的两个电极一个是极化电极,另一个是去极化电极。

8.1.6 电分析化学的发展趋势

近年来,电分析化学在方法、技术和应用方面得到长足发展,并呈蓬勃上升的趋势。在方法上,追求超高灵敏度和超超选择性;在研究手段上,从宏观向介观到微观尺度迈进,出现了多个新型的电极体系;在技术上,随着表面科学、纳米技术和物理谱学等的兴起,利用交叉学科方法将声、光、电、磁等功能有机地结合到电化学界面,从而达到实时、现场和活体监测的目的以及分子和原子水平;在应用上,侧重生命科学领域中有关问题研究,如生物、医学、药物、人口与健康等,为解决生命现象中的某些基本过程和分子识别作用显示出潜在的应用价值,已引起生物学界的关注。

1. 电分析化学方法的发展

1) 离子选择性电极

众所周知,离子选择性电极的检测是微摩尔级的,它不适用于痕量物质的分析测定。但是目前经过改进,这个难题已经被解决,使其检出限降低了几个数量级;掺杂阴离子的导电聚合物电位传感器对传统的聚合物膜离子选择性电极又是一项革新。以被测阴离子为电解液的组成,加入导电聚合物单体进行电聚合,在电极表面形成掺杂该阴离子的膜,可制备出阴离子电位传感器。目前已制成多种类型阴离子传感器。

2）超微电极和纳米电极

超微电极的直径为微米级时，呈现出传质快、响应迅速、iR 降小以及信噪比高等优良的电化学性质，适合于微量和痕量分析，以及快扫伏安法和电极过程动力学研究。

2. 超分子电分析化学

超分子体系是由多个分子通过分子间非共价键作用力缔合形成的具有某种特定功能和性质的实体或聚集体。超分子体系研究内容包括分子识别、受体化学、分子自组装、反应性和催化等基本功能。超分子电分析化学在离子选择性电极、电化学生物传感器、分子自组装化学电极以及分子器件等方面取得了可喜的成果。另外，利用电化学对超分子的分子间作用力的研究，可揭示许多生物现象和药理作用。

3. 生命科学与电分析化学

生命科学是 21 世纪自然科学研究中极为重要的一项前沿课题。电分析化学也与生命科学相互促进、相辅相成，获得新的重大进展。从生命现象的电化学本质看，许多生物物质是带电荷的微粒或分子，生命活动往往伴随着电荷的运动，可以认为生命现象也表现为一种电化学现象，广泛涉及生物体的各种氧化还原反应的热力学和动力学、生物膜上电荷和物质的分离与转移、反应机制及生物催化等。

电分析化学在生命科学的研究与应用主要集中在电化学免疫分析、细胞生物电化学、仿生电化学、生物传感器和有机生物传感器、生物膜等领域。

8.2　电位分析法

电位分析法(potentiometry)是以测量原电池的电动势为基础，根据电动势与溶液中某种离子的活度(或浓度)之间的定量关系(能斯特方程)来测定待测物质活度(或浓度)的一种电化学分析法。它是以待测试液作为化学电池的电解质溶液，于其中插入两支电极：一支是电极电位随试液中待测离子的活度(或浓度)的变化而变化，用以指示待测离子活度(或浓度)的指示电极(常作为负极)；另一支是在一定温度下，电极电位基本稳定不变，不随试液中待测离子的活度(或浓度)的变化而变化的参比电极(常作为正极)。通过测量该电池的电动势来确定待测物质的含量。

电位分析法根据其原理的不同可分为直接电位法和电位滴定法两大类。直接电位法是通过直接测量电池电动势，根据能斯特方程，计算出待测物质的含量。电位滴定法是通过测量滴定过程中电池电动势的突变确定滴定终点，再由滴定终点时所消耗的标准溶液的体积和浓度求出待测物质的含量。如果以离子选择性电极为指示电极，则此电位分析法又称为离子选择性电极分析法。

电位分析法具有如下特点：选择性好，对组成复杂的试样往往不需分离处理就可以直接测定；灵敏度高，直接电位法的检出限一般为 $10^{-8} \sim 10^{-5}$ mol/L，特别适用于微量组分的测定。电位分析法所用仪器设备简单，操作方便，分析快速，测定范围宽，不破坏试液，易于实现分析自动化。因此应用范围广，尤其是离子选择性电极分析法，目前已广泛应用于农、林、渔、牧、地质、冶金、医药卫生、环境保护等各个领域中，并已成为重要的测试手段。

8.2.1　基本原理

将指示电极和参比电极以及待测溶液三者构成工作电池：

$$(-)|指示电极\|待测溶液\|参比电极|(+)$$

该电池电动势为

$$E_{cell}=\varphi_{参比}-\varphi_{指示} \tag{8-6}$$

对于一个指示电极来说，若电极反应为

$$Ox+ne \rightleftharpoons Red$$

则在常温(25 ℃)下，依据能斯特方程，有

$$\varphi_{指示}=\varphi^{\ominus}+\frac{0.0592}{n}\lg\frac{a_{Ox}}{a_{Red}}$$

假若其中某一状态的物质活度(或浓度)为固定值，则上式可变为

$$\varphi_{指示}=k\pm\frac{0.0592}{n}\lg a_x \tag{8-7}$$

对于一个参比电极而言，其电极电位在恒温恒压下不随溶液中被测离子活度的变化而变化，具有基本恒定电位值，即

$$\varphi_{参比}=k' \tag{8-8}$$

将式(8-7)和式(8-8)代入式(8-6)得

$$E_{cell}=\varphi_{参比}-\varphi_{指示}=k'-\left(k\pm\frac{0.0592}{n}\lg a_x\right)$$

整理上式得

$$E_{cell}=K-\left(\pm\frac{0.0592}{n}\lg a_x\right) \tag{8-9}$$

由式(8-9)可知，通过测量工作电池的电动势 E_{cell}，就可以求得待测物质的活度 a_x(或浓度)。

8.2.2　离子选择性电极

19 世纪初，德国科学家 Max Cremer 和 Fritz Haber 先后发现，当玻璃薄膜两侧溶液的 pH 值不同时，玻璃膜两侧会产生一定的电位差，并据此提出了玻璃电极的概念，从而奠定了以 pH 玻璃电极测定溶液 pH 值的基础。在 pH 玻璃电极的基础之上，又陆续研发出其他离子选择性电极。到 20 世纪中期，形成了一大类新型的电位分析用指示电极——离子选择性电极。

1. 膜电位的形成机制

在 8.1.2 节所介绍的液接电位，是由于在两种不同溶液的接触界面处阴、阳离子的扩散速率不同所引起的，这种由于离子扩散速率不同所产生的电位称为扩散电位。液接电位是扩散电位的一种形式，而扩散电位甚至可以在离子浓度不同的固相内部形成。应该注意到，在液接电位形成过程中，液体的界面并没有对任何离子的通过具有选择性作用。

用一层对离子扩散渗透有选择性的渗透膜将两种溶液隔开时，如图 8-8 所示，如果该膜仅允许 K^+ 通过，而不允许 Cl^- 通过，这时 K^+ 从高浓度的左侧扩散到低浓度的右侧($c_1>c_2$)，在膜界面两侧也会形成双电层而产生电位差，这种电位称为膜电位(membrane potential, φ_M)。膜电位的大小与膜两侧的离子活度符合能斯特关系：

$$\varphi_M=\pm\frac{2.303RT}{nF}\lg\frac{a_1}{a_2} \tag{8-10}$$

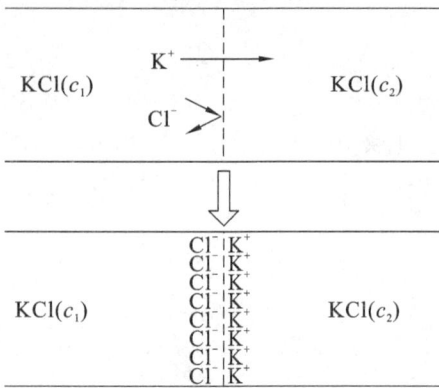

图 8-8　膜电位产生示意图

式(8-10)中,阳离子取"＋",阴离子取"－"。膜电位的产生与液接电位一样源于离子的扩散(而不像金属电极那样源于电极-溶液界面的电子得失)。但是与液接电位不同的是,膜电位的产生是由膜对离子扩散渗透的选择性所引起的。

离子选择性电极的关键部位是对某种离子具有选择性敏感膜。敏感膜允许特定离子在溶液和敏感膜的界面扩散渗透,从而在膜两侧产生与特定离子活度有关的膜电位。

2. 几种常见的离子选择性电极

1) pH 玻璃电极

pH 玻璃电极是最早使用、迄今为止最为成功的离子选择性电极,在科研、生产和社会服务各个领域广泛地用于溶液 pH 值的测量。

(1) pH 玻璃电极结构及其膜电位。

pH 玻璃电极的结构如图 8-9 所示。它的下部为厚度约为 0.1 mm 的球状玻璃膜。在玻璃膜内充有饱和的 0.1 mol/L HCl 内参比溶液,以 Ag/AgCl 为内参比电极。pH 玻璃电极对于溶液中 H^+ 的选择性响应源于其球状玻璃膜。

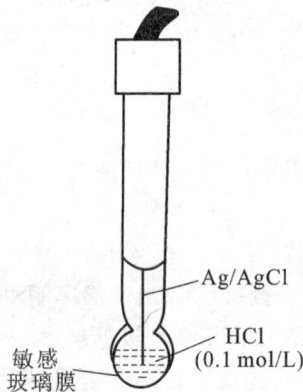

图 8-9　pH 玻璃电极结构示意图

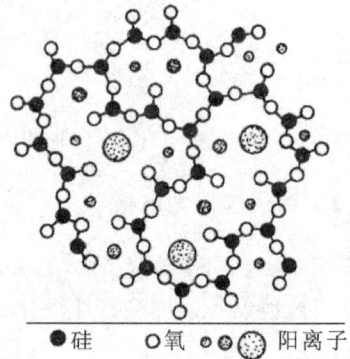

图 8-10　硅酸盐玻璃的结构示意图

该玻璃膜的成分一般含有 22％(摩尔分数)的 Na_2O、6％的 CaO、72％的 SiO_2。在掺有 Na_2O 的 SiO_2 玻璃膜中,硅氧结构中的一部分硅氧键断裂,形成带负电荷的硅氧骨架网络,固定的负电荷与带正电荷的 Na^+ 形成离子键。由于硅氧骨架上的负电荷是固定的,它对阳离子具有一定的离子交换功能,即大小合适的阳离子能够与 Na^+ 交换而占据硅氧骨架上的负电荷位点,如图 8-10 所示。pH 玻璃电极使用前必须在水中浸泡一段时间后才具有响应 H^+ 的功能,这一过程称为玻璃膜的水化。水化使玻璃膜的表面形成厚度为 $10^{-5} \sim 10^{-2}$ mm 的水化层,其中的 Na^+ 与溶液中 H^+ 发生离子交换:

$$\equiv SiO^- Na^+(表面) + H^+(溶液) \Longleftrightarrow \equiv SiO^- H^+(表面) + Na^+(溶液)$$

由于硅氧骨架($\equiv SiO^-$)上的负电荷位点对于 H^+ 具有很大的亲和作用,因此上述反应的平衡常数非常大,即水化层中的负电荷位点几乎全被 H^+ 所占据,而玻璃膜中间,硅氧骨架上固定的负电荷位点依旧为 Na^+ 所占据,如图 8-11 所示。

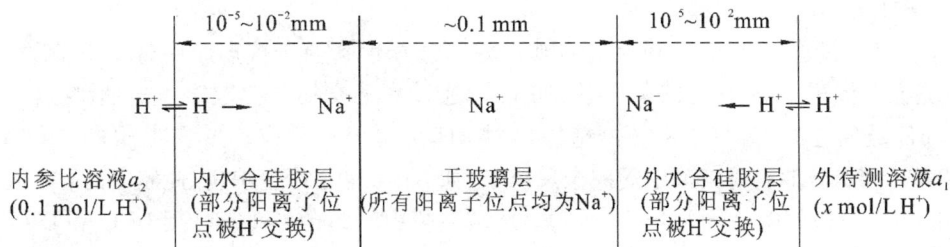

图 8-11　水化后玻璃膜结构示意图

当将浸泡活化后的 pH 玻璃电极插入待测试样时,在水合层表面,会进一步发生以下反应:

$$\equiv SiO^- H^+(表面) \Longleftrightarrow \equiv SiO^- + H^+(溶液)$$

从玻璃膜表面离解、扩散进入溶液的 H^+ 与留在硅氧骨架上的负电荷位点形成了玻璃-溶液界面的双电层,产生电位差。根据式(8-10),外表面上由 H^+ 离解、扩散所产生的电位可表示为

$$\varphi_{外膜} = k \pm \frac{2.303RT}{F} \lg \frac{a_{H^+(试样)}}{a_{H^+(外膜)}} \tag{8-11}$$

式(8-11)中,$a_{H^+(试样)}$ 和 $a_{H^+(外膜)}$ 分别为与玻璃膜外表面接触的试样溶液中 H^+ 活度和玻璃膜外表面水化层中的 H^+ 活度。同样,对于玻璃膜的内侧表面与内参比溶液的界面,也存在着 H^+ 活度不同而扩散所建立的电位差

$$\varphi_{内膜} = k \pm \frac{2.303RT}{F} \lg \frac{a_{H^+(内参)}}{a_{H^+(内膜)}} \tag{8-12}$$

式(8-12)中的 $a_{H^+(内参)}$ 和 $a_{H^+(内膜)}$ 分别为与玻璃膜内表面接触的内参比溶液中 H^+ 活度和玻璃膜内表面水化层中的 H^+ 活度。在玻璃膜内、外表面结构高度一致的条件下,内、外表面水化层中的 H^+ 活度近似相等,即

$$a_{H^+(内膜)} \approx a_{H^+(外膜)}$$

那么,将式(8-11)和式(8-12)合并,可以得到横跨玻璃膜内、外表面的电位为

$$\varphi_{膜} = \varphi_{外膜} - \varphi_{内膜} = \frac{2.303RT}{F} \lg \frac{a_{H^+(试样)}}{a_{H^+(内参)}}$$

其中,由于玻璃膜内溶液的 H^+ 活度 $a_{H^+(内参)}$ 是固定的,因此,上式可改写为

$$\varphi_{膜} = k + \frac{2.303RT}{F} \lg a_{H^+(试样)} \tag{8-13}$$

实际上,玻璃膜内部(非水化层)还存在着离子扩散造成的扩散电势。但在玻璃膜结构匀称的情况下,该扩散电势可忽略不计。

玻璃电极的电位是通过电极内部的 Ag-AgCl 内参比电极测量的,因此,整个 pH 玻璃电极的电极电位为

$$\varphi_{玻璃} = \varphi_{AgCl/Ag} + \varphi_{膜} = \varphi^{\ominus}_{AgCl/Ag} + k + \frac{2.303RT}{F} \lg a_{H^+(试样)} = K + \frac{2.303RT}{F} \lg a_{H^+(试样)}$$

或简写成

$$\varphi_{玻璃} = K - \frac{2.303RT}{F} pH$$

其中 pH 代表试样溶液的 pH 值。在 25 ℃时,上式可写为

$$\varphi_{玻璃} = K - 0.0592 pH \tag{8-14}$$

式(8-14)表示 pH 玻璃电极的电极电位与待测试样的 pH 值呈线性关系。

（2）pH 玻璃电极的误差。

pH 玻璃电极稳定性高、选择性好。其良好的选择性来源于玻璃膜中带负电荷的硅氧骨架结构只允许体积小、电荷低的阳离子（如 H^+）通过离子交换和扩散穿越玻璃-溶液的界面。普通的 pH 玻璃电极在 pH 1～10 的范围内对 pH 值呈线性响应。当溶液 pH＞10 时，随着 H^+ 浓度的降低，玻璃膜对溶液中的碱金属离子（如 Na^+）也会产生响应，使测得的 pH 值偏低，称为 pH 玻璃电极的碱差（alkaline error）。将玻璃膜中的 Na_2O 和 CaO 用 Li_2O 和 BaO 替代，可使玻璃电极的线性响应范围提高至 pH 12。当溶液 pH＜0.5 时，测得的 pH 值则偏高，可能的原因之一是当溶液的酸度过高时水的活度降低，这种现象称为"酸差"。

（3）其他玻璃膜电极。

由于玻璃电极并非只对 H^+ 响应，所以在 pH 玻璃电极的基础上，改变玻璃膜的组成，如将 Al_2O_3 或 B_2O_3 掺入玻璃薄膜中，可以制成对其他阳离子（如 Na^+、Li^+、K^+、Rb^+、Cs^+、NH_4^+、Ag^+ 和 Tl^+ 等）有选择性响应的敏感膜。如测定 Na^+ 的玻璃敏感膜的组成是 11% Na_2O、18% Al_2O_3、71% SiO_2。测定 Li^+ 的玻璃敏感膜的组成是 15% Li_2O、25% Al_2O_3、60% SiO_2。

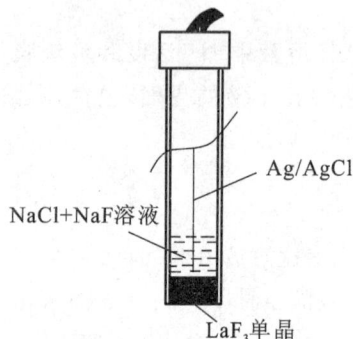

图 8-12　氟离子选择性电极结构示意图

2）晶体膜电极

晶体膜电极（crystalline membrane electrode）是以单晶或多晶无机盐为敏感膜材料的一类离子选择性电极。例如，氟离子选择性电极就是以氟化镧（LaF_3）单晶作为敏感膜的晶体膜电极，它是目前除 pH 玻璃电极以外应用最为广泛的离子选择性电极。它的结构如图 8-12 所示。电极的敏感膜是一片掺杂了 EuF_2 的 LaF_3 单晶膜，电极内充有含 0.1 mol/L NaF 和 0.1 mol/L NaCl 的内参比溶液，Ag/AgCl 电极为内参比电极。掺杂 Eu^{2+} 的 LaF_3 晶体产生阴离子空穴，F^- 可以在这些空穴之间移动，增加了晶体膜的导电性。当氟电极浸入含有 F^- 的待测试液时，如果试样溶液中的 F^- 活度较高，溶液中的 F^- 通过扩散进入晶体膜的空穴中；反之，晶体表面的 F^- 扩散转移到溶液，在膜的晶格中留下一个 F^- 位点的空穴。如此，在晶体膜和溶液的相界面上形成了双电层，产生膜电位，膜电位的大小与试样溶液中 F^- 活度 a_{F^-} 关系符合能斯特方程，即

$$\varphi_M = k - \frac{2.303RT}{F}\lg a_{F^-}$$

加上内参比电极的电位，氟离子选择性电极的电极电位为

$$\varphi_{氟电极} = K - \frac{2.303RT}{F}\lg a_{F^-}$$

用氟离子选择性电极测定 F^- 活（浓）度时，溶液的酸度应控制在 pH 5～6。这是因为，当 pH＜5 时，溶液中的 H^+ 会与游离的 F^- 结合生成弱酸 HF 和 H_2F^+，它们不会被 LaF_3 单晶膜响应；当 pH＞6 时，溶液中的 OH^- 能与膜表面的 LaF_3 反应，反应式为

$$LaF_3 + 3OH^- \Longrightarrow La(OH)_3 + 3F^-$$

生成的 $La(OH)_3$ 沉积在晶体膜表面使膜表面性质发生变化，而置换出来的 F^- 又使电极表面附近的试样溶液中 F^- 浓度增大，对测定 F^- 浓度产生干扰。氟离子选择性电极在水质分析、电解电镀、牙膏工业等领域有着广泛的应用。

另一类常见的晶体膜电极是以 Ag_2S 压制成片状多晶薄膜作为敏感膜所制成的 Ag_2S 电极,它对 Ag^+ 和 S^{2-} 有选择性响应。若制成 Ag_2S-AgX 掺杂多晶膜,则还可响应卤素阴离子;同样,若制成 Ag_2S-CuS、Ag_2S-CdS 或 Ag_2S-PbS 等多晶膜,则可分别对 Cu^{2+}、Cd^{2+} 或 Pb^{2+} 产生选择性响应。

3）液膜电极

液膜电极(liquid membrane electrode)将能与待测离子产生选择性离子交换作用的有机电活性物质溶解在与水不能互溶的有机溶剂中,然后将该溶液渗透在固态的多孔膜中,形成一层能响应待测离子的液体敏感膜,再与内参比电极和内参比溶液等组成液膜电极。如图 8-13 所示的 Ca^{2+} 液膜电极,液体 Ca^{2+} 交换剂磷酸二癸酯溶解于有机溶剂苯基磷酸二辛酯中制成离子交换剂溶液,然后将其负载在憎水多孔膜上形成液体敏感膜,以 Ag/AgCl 电极为内参比电极,一定浓度的 $CaCl_2$ 和饱和 AgCl 为内参比溶液,组成 Ca^{2+} 液膜电极。电极的夹层为液池,其中充有离子交换剂溶液以补充从液膜中流失的离子交换剂。

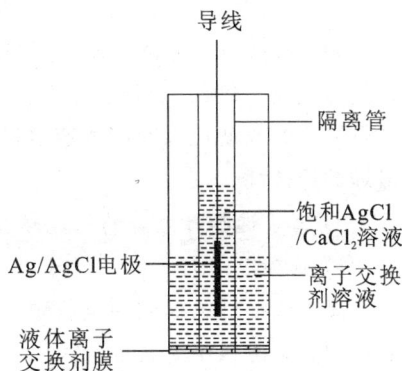

图 8-13　Ca^{2+} 液膜电极示意图

当电极插入待测溶液时,在液膜表面发生如下离解平衡:

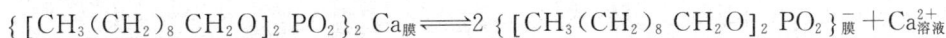

$$\{[CH_3(CH_2)_8 CH_2O]_2 PO_2\}_2 Ca_{膜} \rightleftharpoons 2\{[CH_3(CH_2)_8 CH_2O]_2 PO_2\}_{膜}^- + Ca^{2+}_{溶液}$$

在液膜与溶液界面形成双电层,产生膜电位。液膜电位响应溶液中 Ca^{2+} 活度,符合

$$\varphi_M = k + \frac{2.303RT}{2F} \lg a_{Ca^{2+}}$$

加上内参比电极的电位,Ca^{2+} 选择性电极电位

$$\varphi_{钙电极} = K' + \frac{2.303RT}{2F} \lg a_{Ca^{2+}}$$

如果溶液 pH 值太低,液体膜对 H^+ 也会产生一定的响应。Ca^{2+} 液膜电极的适用 pH 值范围为 $5.5 \sim 11$。Ca^{2+} 液膜电极的选择性良好,金属离子中只有 Zn^{2+} 对其产生较大干扰。钙在生理上具有重要意义,所以 Ca^{2+} 液膜电极在生理研究中有着广泛的应用。

另外,测定 K^+ 的电极是缬氨霉素(冠醚类配位试剂)溶解于二苯醚制作的敏感膜,缬氨霉素对 K^+ 有较高的选择性,可用于单细胞中 K^+ 的测量,共存的 Na^+ 干扰较小。

图 8-14　气敏电极结构示意图

4）气敏电极

气敏电极(gas sensing electrode)用于检测溶解在溶液中的气体分子。气敏电极一般由一支离子选择性电极原电极和一支外参比电极组成,在气敏电极的底部,离子选择性原电极敏感膜的外面覆盖透气膜,在透气膜和敏感膜之间充有小体积的外参比溶液,如图 8-14 所示。例如 CO_2 气敏电极,以 pH 玻璃电极为指示电极,Ag-AgCl 电极为外参比电极,透气膜内的外参比溶液一般为 0.1 mol/L 的 $NaHCO_3$ 溶液。溶解于待测溶液中的 CO_2 分子通过透气膜后,与膜内外参比溶液中的 HCO_3^- 溶液建立以下平衡:

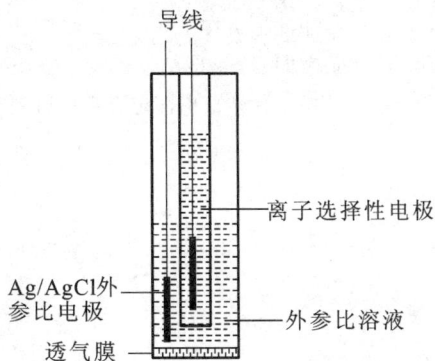

$$CO_2 + H_2O \Longrightarrow H_2CO_3 \Longrightarrow HCO_3^- + H^+$$

上述反应使溶液中 H^+ 浓度发生改变,通过 pH 玻璃电极的响应,间接测得溶液中 CO_2 的浓度。

基于同样的原理,选择合适的外参比溶液,气敏电极可以用于 SO_2、NH_3、HF、H_2S 等气体的检测。

5) 酶电极

酶电极(enzyme electrode)与气敏电极具有相似结构,不同之处仅为用固定有特种酶的膜替代透气膜。例如,把脲酶固定在氨电极的敏感膜表面,尿素在脲酶的催化下生成氨,通过测量氨浓度的改变可以间接测定试样中尿素的含量。酶对底物有高度选择性,因此酶电极具有很好的选择性。

3. 离子选择性电极的性能参数

1) 选择性系数

离子选择性电极的膜电位源于待测离子和敏感膜表面的相互作用,电极电位与待测离子活度的关系可以用通式表示为

$$\varphi_{ISE} = K \pm \frac{2.303RT}{n_i F} \lg a_i \tag{8-15}$$

式中:a_i 为第 i 种待测离子的活度;阳离子取"$+$",阴离子取"$-$"。然而,当试样中有其他共存离子时,敏感膜也有可能对某些共存离子有一定的响应,从而造成对待测离子的干扰。如当 pH 值超过 10 以后,普通的 pH 玻璃电极除了响应 H^+ 外,也会对 Na^+ 产生一定的响应,使测到的 pH 值比实际值低。考虑干扰离子的影响,式(8-15)可以修正为

$$\varphi_{ISE} = K \pm \frac{2.303RT}{n_i F} \lg \left(a_i + k_{i,j} a_j^{\frac{n_i}{n_j}} \right) \tag{8-16}$$

式中:a_j 为干扰离子 j 的活度;n_i 和 n_j 分别为待测离子和干扰离子的电荷数;$k_{i,j}$ 为离子选择性系数(selectivity coefficient),表明 i 离子的选择性电极抵御离子 j 干扰的能力,$k_{i,j}$ 值越小,则该电极抵御 j 离子干扰的能力越强。例如,对于电荷数相同的离子,如果 $k_{i,j}$ 为 0.01,表明电极对 j 离子的响应只有对 i 离子响应的百分之一,即当 j 的活度是 i 的 100 倍时,电极对 j 的电位响应与对 i 的电位响应相同。应该注意的有两点:① 当离子 i 与离子 j 电荷不同时,必须考虑电荷的影响;② $k_{i,j}$ 并不是一个常数,会随溶液条件的改变而改变。因此它不能用来扣除干扰离子的影响,而只能用来估计干扰的程度,为制定实验条件做参考。

【例 8-1】 某硝酸根电极对硫酸根的选择性系数 $k_{NO_3^-/SO_4^{2-}} = 4.1 \times 10^{-5}$,用此电极在 1.0 mol/L 硫酸盐介质中测定硝酸根,如果要求测量的相对误差不大于 5%,试计算可以测定的硝酸根的最低活度。

解 根据式(8-16),当有 SO_4^{2-} 存在时,NO_3^- 选择性电极由于对 SO_4^{2-} 产生响应而造成的测定误差可以表示为

$$E = k_{NO_3^-/SO_4^{2-}} \times \frac{(a_{SO_4^{2-}})^{\frac{n_{NO_3^-}}{n_{SO_4^{2-}}}}}{a_{NO_3^-}}$$

若要求测量相对误差不大于 5%,则

$$k_{NO_3^-/SO_4^{2-}} \times \frac{(a_{SO_4^{2-}})^{\frac{n_{NO_3^-}}{n_{SO_4^{2-}}}}}{a_{NO_3^-}} \leqslant 5\%$$

将 $a_{SO_4^{2-}} = 1.0$ mol/L,$n_{NO_3^-} = -1$,$n_{SO_4^{2-}} = -2$ 代入,得

$$a_{NO_3^-} \geqslant \frac{4.1 \times 10^{-5} \times 1.0^{\frac{1}{2}}}{5\%} \text{ mol/L} = 8.2 \times 10^{-4} \text{ mol/L}$$

即硝酸根的活度应大于 8.2×10^{-4} mol/L。

2）线性范围和检出限

根据式(8-15)，离子选择性电极的电位与待测离子活度的对数呈线性关系。实际上，这样的线性关系只有在一定的离子活度范围内才符合，当离子活度太低或太高时会偏离线性，如图 8-15 所示。测定时应使待测试样浓度落在线性范围内。在线性范围内，直线的理论斜率为 $S = \dfrac{2.303RT}{n_i F}$，也称电极响应斜率，它反映了离子选择性电极的灵敏度。当电子转移数为 1 时，灵敏度的理论值为 0.0592(25 ℃)，即活度变化 10 倍时，电极电位变化为 59.2 mV。

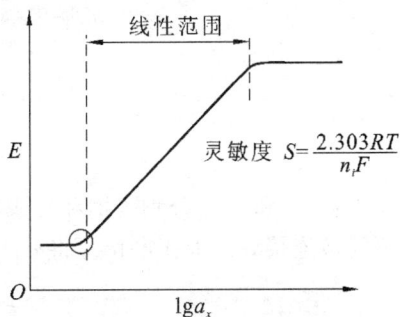

图 8-15　离子选择性电极性能参数

检出限是离子选择性电极可有效测量待测离子的最低浓度。目前大多数商品离子选择性电极的检出限为 $1 \times 10^{-7} \sim 1 \times 10^{-5}$ mol/L。

3）响应时间

离子选择性电极的响应时间(response time)是指电极浸入试液后达到稳定电位(± 0.1 mV)所需时间，一般为几秒至几分钟不等。电极响应时间与离子选择性膜的结构、性质、厚度以及待测离子浓度等因素有关。

8.2.3　分析方法

1. 直接电位法

直接电位法(direct potentiometry)通过测量指示电极和参比电极所组成的电池的电动势，直接根据指示电极的电位与待测组分活度的能斯特关系，通过一定的定量方法，求得溶液中待测组分的活度或浓度。直接电位法适用于微量成分的测定，操作简单、快速，选择性较好，可以用于测定有色甚至混浊的试样溶液中的待测组分。其基本测定装置如图 8-16 所示。

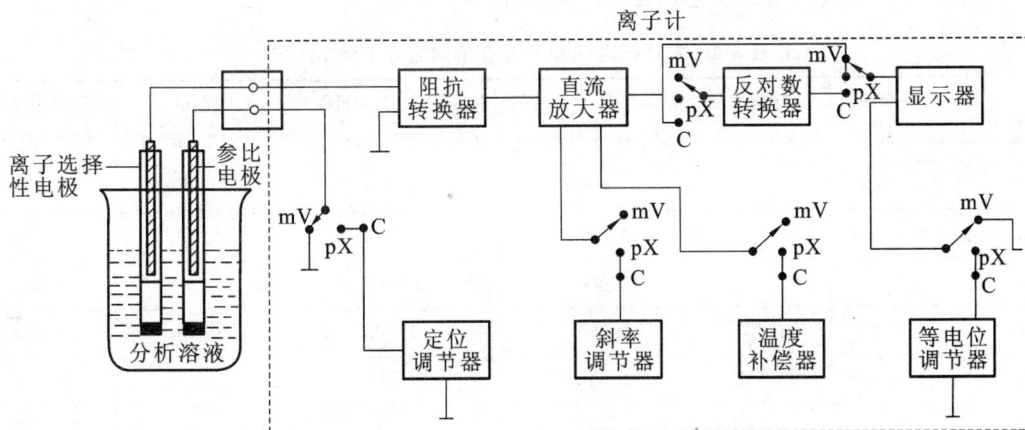

图 8-16　直接电位法的基本装置示意图

1) pH 值的测定

用 pH 玻璃电极测量溶液的 pH 值时,常以饱和甘汞电极为参比电极,试样溶液为电解液,组成一个测量电池,用专用的电位计(pH 计)测量两电极之间的电位差(电动势),其测量电池简单表达式为

$$玻璃电极 | 待测溶液 \| 饱和甘汞电极(SCE)$$

该电池电动势为

$$E_{cell} = (\varphi_{甘汞} + \varphi_{液接}) - \varphi_{玻璃}$$

$$= (\varphi_{甘汞} + \varphi_{液接}) - \left(K - \frac{2.303RT}{F} pH \right) \tag{8-17}$$

式中:$\varphi_{甘汞}$ 和 $\varphi_{玻璃}$ 分别为饱和甘汞电极电位和玻璃电极电位;$\varphi_{液接}$ 为饱和甘汞电极的盐桥和待测溶液连接处的液接电位。将 $\varphi_{甘汞}$、$\varphi_{液接}$ 和 K 合并为 K',即得到

$$E_{cell} = K' + \frac{2.303RT}{F} pH \tag{8-18}$$

式(8-18)表示测得的电池电动势与溶液 pH 值呈线性关系,式中的 K' 中包含参比电极电位、液接电位等多项常数,其中的液接电位 $\varphi_{液接}$ 等很难准确测得。因此,测得电池的电动势以后,还无法利用式(8-18)直接计算待测溶液的 pH 值。实际测定时,需要用标准 pH 缓冲溶液对测量系统进行标定,即二次测定法:先用已知 pH 值的标准缓冲溶液与玻璃电极和饱和甘汞电极组成电池,测量电动势 E_s,即

$$E_s = K' + \frac{2.303RT}{F} pH_s$$

在同样条件下测量待测溶液的电动势 E_x,即

$$E_x = K' + \frac{2.303RT}{F} pH_x$$

两式相减并整理得

$$pH_x = pH_s + \frac{(E_x - E_s)F}{2.303RT} \tag{8-19}$$

由此,只需知道 E_s、E_x 和标准缓冲溶液的 pH_s,而无须知道 K',因而两次测量法能够消除由于 K' 的不确定性而产生的误差。因此在标定和测定时,应保持标准 pH 缓冲溶液和试样溶液的温度一致。可以用于标定 pH 计的标准 pH 缓冲溶液是经过权威机构确定的,表 8-2 列出了几种常用标准缓冲溶液的组成及它们在不同温度下的 pH 值。

表 8-2　常用标准缓冲溶液在不同温度下的 pH 值

温度/℃	草酸氢钾 (0.05 mol/L)	酒石酸氢钾 (25 ℃饱和)	邻苯二甲酸氢钾 (0.05 mol/L)	KH_2PO_4-Na_2HPO_4 (各 0.025 mol/L)	硼砂 (0.01 mol/L)	氢氧化钙 (25 ℃饱和)
0	1.666		4.003	6.984	9.464	13.423
10	1.670		3.998	6.923	9.332	13.003
20	1.675		4.002	6.881	9.225	12.627
25	1.679	3.557	4.008	6.865	9.180	12.454
30	1.683	3.552	4.015	6.853	9.139	12.289
35	1.688	3.549	4.024	6.844	9.102	12.133
40	1.694	3.547	4.035	6.838	9.068	11.984

【例 8-2】　由玻璃电极与饱和甘汞电极组成电池,在 25 ℃时测得 pH=6.52 的标准缓冲溶液的电池电动势为 0.324 V,测得未知试液电动势为 0.458 V。计算该试液的 pH 值。

　　解　依据式(8-19)有

$$pH_x = pH_s + \frac{E_x - E_s}{0.0592} = 6.52 + \frac{0.458 - 0.324}{0.0592} = 8.79$$

2)离子浓度的测定

(1)测定原理和实验条件的控制。

以离子选择性电极作为指示电极,与一定的参比电极和待测溶液组成测量电池:

离子选择性电极|试样溶液‖参比电极

电池的电动势可表达为

$$E_{cell} = (\varphi_{参比} + \varphi_{液接}) - \varphi_{ISE}$$

并将参比电极电位、液接电位等合并为常数 K,则测量电池的电动势与离子活度(a_x)符合以下关系:

$$E_{cell} = K - \left(\pm \frac{2.303RT}{nF} \lg a_x \right) \qquad (8\text{-}20)$$

阳离子取"+",阴离子取"−"。根据式(8-20),可以利用电池电动势与待测离子活度对数值的线性关系,通过一定的定量方法,确定待测离子的活度。例如,Ca^{2+} 的生理作用与它的活度而非浓度有关,采用 Ca^{2+} 液膜电极(图 8-13)作为指示电极,可以通过式(8-20)直接测定生物试样中 Ca^{2+} 的活度,正好满足观察生物试样中 Ca^{2+} 活度的需要。然而,在更多的测定中,希望知道的是试样中待测离子的浓度。但是只有在极稀的溶液中,离子的浓度和活度才近似相等,而在稍浓一些的溶液中,离子的活度总是小于浓度,而且两者间不存在简单的线性关系。于是,如果用 $\lg c_x$ 代替 $\lg a_x$ 对电动势 E_{cell} 作图,浓度稍高即会使标准曲线偏离线性,给浓度的测定带来了困难,如图8-17所示。

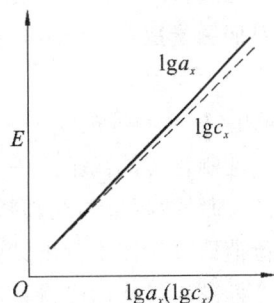

图 8-17　以浓度或活度为变量的电位法标准曲线比较

　　溶液中离子活度 a_x 和浓度 c_x 的关系符合

$$a_x = \gamma_x c_x \qquad (8\text{-}21)$$

式中:γ_x 为待测离子的活度系数。将上式代入式(8-20),为简化起见以阳离子为代表,可以得到

$$E_{cell} = K + \frac{2.303RT}{nF} \lg \gamma_x + \frac{2.303RT}{nF} \lg c_x$$

若能在测定过程中保持活度系数 γ_x 不变,上式中的第二项 $\frac{2.303RT}{nF} \lg \gamma_x$ 就可以看成一个常数,与原有的常数 K 合并为新的常数 K',上式可以写成

$$E_{cell} = K' + \frac{2.303RT}{nF} \lg c_x \qquad (8\text{-}22)$$

这样所测得的电动势就与待测组分浓度的对数值呈线性关系。实际工作中往往在待测溶液和标准溶液中加入浓度较大的惰性(指离子选择性电极对其不响应)强电解质(如 KCl、NaCl 等)以控制溶液的离子强度,从而保持各试样溶液和标准溶液的活度系数 γ_x 一致,使测得的电动势值与待测离子浓度的对数值保持线性关系。所加入的惰性强电解质称为离子强度调

节剂。

测定离子浓度时，除了上述离子强度的问题以外，还可能需要对待测溶液的酸度加以控制，对可能存在的干扰离子加以掩蔽。例如，用氟离子选择性电极测定 F^- 浓度时，需要用 HAc-NaAc 缓冲溶液控制试液的 pH 值在 5.0 左右；试样中存在的 Fe^{3+}、Al^{3+} 等离子(能与 F^- 形成配合物)对测定的干扰需用柠檬酸钠来掩蔽。这种在测定 F^- 浓度时必须加入试液中的由离子强度调节剂、缓冲剂、掩蔽剂所组成的混合试剂，称为总离子强度调节缓冲溶液(total ionic strength adjustment buffer，TISAB)。

(2) 定量方法。

采用直接电位法测定离子浓度的定量方法有两次测定法、标准曲线法和标准加入法。

① 两次测定法。

此法的原理与用玻璃电极测量溶液 pH 值相似。依式(8-20)可导出

$$\lg c_x = \lg c_s \mp \frac{(E_x - E_s)nF}{2.303RT}$$

分别测量标准溶液(浓度为 c_s)和待测溶液(浓度为 c_x)的电池电动势 E_s 和 E_x，将相关的数值代入上式，即可解得 c_x。此法是通过样品溶液与标准溶液进行对照测量完成的，故又称为标准对照测量法。该法要求电极响应严格符合能斯特关系式，且 $E_x - E_s$ 差值不能太小，否则会产生较大误差。

② 标准曲线法。

配制含待测离子的一系列标准溶液，测定标准溶液所组成的电池电动势，以电位对 $-\lg c_x$ 作图，即可得标准曲线，同样条件下测定由待测试样所组成电池的电动势值，根据待测溶液的电位值即可从图中读出试样溶液中待测离子浓度，此为标准曲线法。

标准曲线法的优点是用一条标准曲线可以对多个试样进行定量，因此操作比较简便。通过加入离子强度调节剂或 TISAB，可以在一定程度上消除由于离子强度、干扰组分等所引起的干扰。因此，标准曲线法适用于试样组成较为简单的大批量试样的测定。

③ 标准加入法。

对于成分较为复杂的试样，如果加入离子强度调节剂或 TISAB 后依然无法解决待测溶液和标准溶液的基体匹配问题，可以用标准加入法进行定量分析。标准加入法的基本思路是：向待测的试样溶液中加入一定量的小体积待测离子的标准溶液，通过加入标准溶液前后电位的变化与加入量之间的关系，对原试样溶液中的待测离子浓度进行定量。

首先测得体积为 V_x 的未知试样的电位(电动势)，根据式(8-22)，测得的电位与试样中待测物浓度的关系为

$$E_x = K' + \frac{2.303RT}{nF}\lg c_x \tag{8-23}$$

然后在试样中加入小体积(V_s 为 $0.005V_x \sim 0.02V_x$)、高浓度(c_s 为 $50c_x \sim 200c_x$)的待测离子标准溶液，测得电位为

$$E = K' + \frac{2.303RT}{nF}\lg \frac{c_x V_x + c_s V_s}{c_x(V_x + V_s)} \tag{8-24}$$

由于加入的标准溶液的量很少，可以认为前后两个溶液的基体几乎一样，即式(8-23)和式(8-24)中常数项 K' 相等。将两式合并，并用 S 替代 $\frac{2.303RT}{nF}$，则

$$\Delta E = |E - E_x| = S\lg\frac{c_x V_x + c_s V_s}{c_x(V_x + V_s)}$$

对上式进行重排,即可得单点标准加入法计算未知溶液离子浓度的公式:

$$c_x = \frac{c_s V_s}{V_x + V_s}\left(10^{\frac{\Delta E}{S}} - \frac{V_x}{V_x + V_s}\right)^{-1} \tag{8-25}$$

因为 $V_s \ll V_x$,所以 $V_s + V_x \approx V_x$,可以将上式进一步简化为

$$c_x = \frac{c_s V_s}{V_x}(10^{\frac{\Delta E}{S}} - 1)^{-1} \tag{8-26}$$

利用式(8-26)可以很方便地求出未知试样中离子浓度。

【例 8-3】　在 25 ℃时,用 Cu^{2+} 选择性电极作正极,饱和甘汞电极作负极,组成工作电池,以测定 Cu^{2+} 浓度。在 100.00 mL 含铜离子溶液中加入 1.00 mL 的 0.100 0 mol/L $Cu(NO_3)_2$ 标准溶液后,电动势增加 14 mV。试计算原试液铜离子总浓度。

解　　　　　　　　$S = \frac{2.303RT}{nF} = \frac{0.0592}{2} = 0.0296$,　$\Delta E = 14 \text{ mV} = 0.014 \text{ V}$

$$c_x = \frac{c_s V_s}{V_x}(10^{\frac{\Delta E}{S}} - 1)^{-1} = \frac{1.00 \times 0.1000}{100.00} \times (10^{\frac{0.014}{0.0296}} - 1)^{-1} \text{ mol/L} = 5.07 \times 10^{-4} \text{ mol/L}$$

标准加入法可以克服由于标准溶液组成与试样溶液不一致所带来的问题,也能在一定程度上消除共存组分的干扰。但标准加入法中每个试样测定的次数增加,使测定的工作量增加许多。

3）直接电位法的测量误差及对测量仪器的要求

（1）测量误差。

直接电位法测量中,尽管使用了加入离子强度调节剂或采用标准加入法等手段,但是待测溶液和标准溶液的组成不可能完全相匹配。这样,式(8-16)中的常数项 K' 所包含的液接电位、活度系数等不可能完全相同,造成电位测定误差。同时,电位测量过程中也不可避免地存在其他随机误差。重要的是要知道电位测量所产生的误差对分析结果的影响有多大。将式(8-22)微分并改写成

$$\Delta E = \frac{RT}{nF}\frac{\Delta c}{c}$$

25 ℃时,$\frac{RT}{F}$ 约等于 0.0257,则浓度的相对误差与电位测量的误差关系为

$$\frac{\Delta c}{c} \times 100\% = 3.9n\Delta E$$

即电位测定的一个微小误差,通过反对数关系传递到浓度后会产生较大的浓度不确定度,而且这种不确定度随着离子所带电荷数的增加而增大。例如,1 mV 的电位测量误差,对于带一个电荷的离子,将产生大约 4% 的相对误差;对于带两个电荷的离子,所产生的相对误差约为 8%。这是直接电位法的主要误差来源,导致这种方法的准确度不高。

（2）对仪器的要求。

由于直接电位法测量的是电池的电动势,加上电位测量的误差会以反对数关系传递到浓度的相对误差,为减小测量所导致的误差,直接电位法对电位测量仪器有特殊的要求。

① 读数精度　最小可读数应该达到 0.1 mV。

② 输入阻抗　由于大部分的离子选择性电极具有极高的内阻,如玻璃膜的内阻在 $10^8 \Omega$

以上,为了准确测量如此高内阻的电池电动势,要求所使用的电位计具有更高的输入阻抗,以减少测量误差。所以用做直接电位法的测量仪器必须是高输入阻抗型的,不能用普通的电压表(如万用表中的电压挡)作为直接电位法的测量仪器。

2. 电位滴定法

1) 电位滴定法的原理和装置

在各种滴定分析方法中,随着滴定的进行,溶液中的离子浓度(可以是待测离子、滴定剂中的有关离子或者是两者反应产生的离子等)不断发生变化,可以用合适的离子选择性电极测定滴定体系电位的变化以跟踪滴定过程。一般是每加一次滴定剂后,读一次电位值,直到明显超过化学计量点为止。在远离化学计量点时,每次可以加入滴定剂 5～10 mL,甚至更多,但在化学计量点前后 1～2 mL 区间内,每滴入 0.05～0.1 mL 即应读一次电位值。这样就可得到一组消耗的滴定剂体积 V 和相应的电位值 E 的数据。在化学计量点附近,电位发生突跃,在化学计量点处,电位变化率也最大,因此,电极电位变化率最大点即为滴定终点。最后根据滴定过程所消耗的滴定剂体积、滴定剂的浓度,计算待测离子的含量。这种以电位法指示滴定终点的滴定分析法,称为电位滴定法(potentiometric titration)。

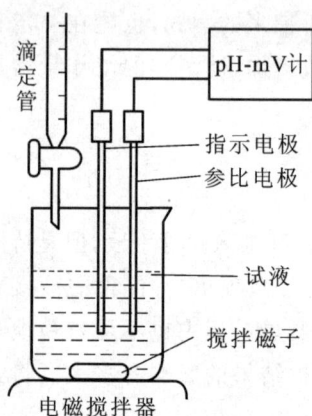

图 8-18　电位滴定仪器结构示意图

电位滴定仪器结构如图 8-18 所示。所需要的指示电极和参比电极可以根据滴定反应的种类来选择。目前,有各种商品化自动电位滴定仪,它们可以自动进行滴定操作,自动画出滴定曲线并求出终点,算出待测组分的浓度等,也可以预设滴定终点。

2) 滴定终点的确定

电位滴定中,可以根据实验数据描绘 E-V 滴定曲线,然后将图中电位变化最大处(即曲线的拐点)确定为滴定终点。为了更准确地确定滴定终点,可以计算电位随体积的变化率,以电位对滴定剂体积的一阶导数 $\Delta E/\Delta V$ 对滴定剂体积 $\overline{V}$ 作图,所得一阶导数的极大值(或极小值)处即为滴定曲线的拐点,所对应的滴定剂体积即为滴定终点。用一阶导数法确定终点准确度较高,即使 E-V 曲线上的终点突跃较小,仍能得到满意的结果。计算也不太复杂,是较为常用的确定终点的方法。但是一阶导数的极大(小)值通常要将 $\Delta E/\Delta V$-$\overline{V}$ 曲线外推才能得到(图 8-19),而外推容易引入误差。因此,还可以进一步计算电位对滴定剂体积的二阶导数 $\Delta^2 E/\Delta V^2$ 并对滴定剂体积 V 作图,由于在滴定曲线拐点处二阶导数由正变负(或由负变正),二阶导数曲线与 V 轴相交处即为滴定曲线的拐点,所对应的滴定剂体积即为滴定终点。二阶导数法也可以不经作图步骤,仅通过计算即可直接得到滴定终点 V_{ep}。

【例 8-4】 用 0.100 0 mol/L $AgNO_3$ 溶液滴定 Cl^-,以 Ag/AgCl 电极和饱和甘汞电极电位法确定滴定终点,根据滴定化学计量点附近的电位值(表 8-3),确定滴定终点时消耗 $AgNO_3$ 溶液的体积。

解　(1) E-V 曲线法。

根据电位值和滴定剂体积值,可以作 E-V 图,如图 8-19(a)所示,判断拐点即滴定终点为 24.34 mL。

(2) $\Delta E/\Delta V$-$\overline{V}$ 曲线法(一阶导数法)。

如果 E-V 曲线图电位突跃不陡又不对称,则滴定终点就难以确定,可以用 $\Delta E/\Delta V$-$\overline{V}$ 曲线法。$\overline{V}$ 代表平均体积,$\Delta E/\Delta V$ 代表 E 的变化值与相应的加入滴定剂体积的增量 ΔV 的比,它是 dE/dV 的估计值,用表 8-3 中

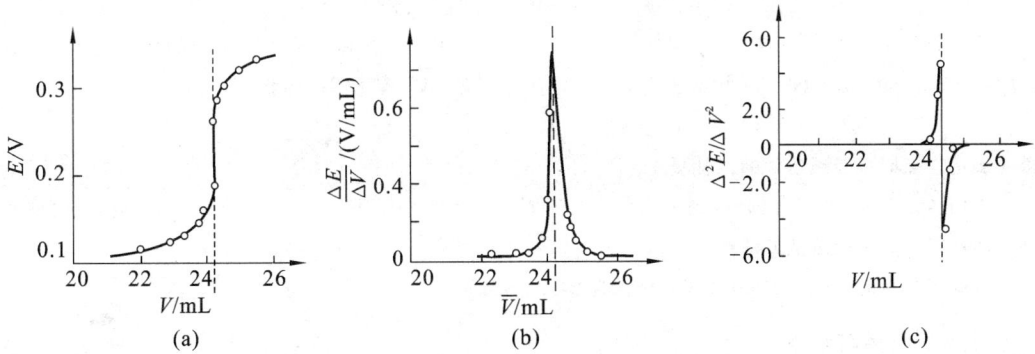

图 8-19　0.1000 mol/L AgNO$_3$ 溶液滴定 Cl$^-$

的 $\Delta E/\Delta V$ 值和 $\overline{V}$ 值绘制曲线,如图 8-19(b)所示。由数学原理知,一条曲线的转折点即为一级微商的极大点,因此,$\Delta E/\Delta V$-$\overline{V}$ 曲线的最高点所对应的体积即为滴定终点,曲线的一部分是用外推法绘出的。

表 8-3　0.100 0 mol/L AgNO$_3$ 标准溶液滴定 Cl$^-$ 数据

V_{AgNO_3}/mL	E/V	ΔE/V	ΔV/mL	$\Delta E/\Delta V$/(V/mL)	$\overline{V}$/mL	$\Delta(\Delta E/\Delta V)$	$\Delta^2 E/\Delta V^2$
5	0.062						
		0.023	10	0.002	10		
15	0.085						
		0.022	5	0.004	17.5		
20	0.107						
		0.016	2	0.008	21		
22	0.123						
		0.015	1	0.015	22.5		
23	0.138						
		0.008	0.5	0.016	23.25		
23.5	0.146						
		0.015	0.3	0.05	23.65		
23.8	0.161						
		0.013	0.2	0.065	23.9		
24	0.174						
		0.009	0.1	0.09	24.05		
24.1	0.183						
		0.011	0.1	0.11	24.15		
24.2	0.194					0.28	2.8
		0.039	0.1	0.39	24.25		
24.3	0.233					0.44	4.4
		0.083	0.1	0.83	24.35		
24.4	0.316					-0.59	-5.9
		0.024	0.1	0.24	24.45		
24.5	0.34					-0.13	-1.3
		0.011	0.1	0.11	24.55		
24.6	0.351					-0.04	-0.4
		0.007	0.1	0.07	24.65		
24.7	0.358						
		0.015	0.3	0.05	24.85		
25	0.373						
		0.012	0.5	0.024	25.25		
25.5	0.385						

(3) $\Delta^2 E/\Delta V^2$-V 曲线法(二阶导数法)。

$\Delta E/\Delta V$-$\overline{V}$ 曲线的最高点是由实验点的连线外推得到的,所以也会引起一定误差,如果以 $\Delta^2 E/\Delta V^2$-V 曲线法来确定终点就更为准确。

这种方法基于 $\Delta E/\Delta V$-$\overline{V}$ 曲线的最高点正是二级微商 $\Delta^2 E/\Delta V^2$ 等于零处。可以通过绘制二阶导数曲线图或通过计算求得终点,这是实际工作中常用计算的方法。本例中,对应于 24.30 mL,$\Delta^2 E/\Delta V^2$ 出现正最大值为

$$\Delta^2 E/\Delta V^2 = \Delta(\Delta E/\Delta V)/\Delta V = (0.83-0.39)/0.1 = +4.4$$

对应于 24.40 mL,$\Delta^2 E/\Delta V^2$ 出现负最大值为

$$\Delta^2 E/\Delta V^2 = \Delta(\Delta E/\Delta V)/\Delta V = (0.24 - 0.83)/0.1 = -5.9$$

由于二阶导数等于零处为终点,故滴定终点在 $\Delta^2 E/\Delta V^2$ 等于 $+4.4$ 和 -5.9 所对应的体积之间,也即在 24.30 mL 和 24.40 mL 之间。用内插法可以算出对应于 $\Delta^2 E/\Delta V^2$ 等于零的体积,即

$$V = [24.30 + 0.1 \times 4.4/(4.4 + 5.9)] \text{ mL} = 24.34 \text{ mL}$$

这就是滴定终点时硝酸银溶液的消耗量。

也可用 $\Delta^2 E/\Delta V^2$ 对 V 作图,得到 $\Delta^2 E/\Delta V^2$-V 曲线,如图 8-19(c)所示,当 $\Delta^2 E/\Delta V^2$ 为零时,所对应的 V 值即为滴定终点时标准溶液的消耗量。

所以滴定终点时消耗 $AgNO_3$ 溶液的体积为 24.34 mL。

8.2.4　应用与示例

1. 直接电位法

直接电位法的应用如表 8-4 所示。

表 8-4　直接电位法应用

被测物质	离子选择性电极	线性浓度范围 c/(mol/L)	适用的 pH 值范围	应 用 举 例
F^-	氟	$10^0 \sim 5 \times 10^{-7}$	$5 \sim 8$	水、牙膏、生物体液、矿物
Cl^-	氯	$10^{-2} \sim 5 \times 10^{-5}$	$2 \sim 11$	水、碱液、催化剂
CN^-	氰	$10^{-2} \sim 10^{-6}$	$11 \sim 13$	废水、废渣
NO_3^-	硝酸根	$10^{-1} \sim 10^{-5}$	$3 \sim 10$	天然水
H^+	pH 玻璃电极	$10^{-1} \sim 10^{-14}$	$1 \sim 14$	溶液酸度
Na^+	pNa 玻璃电极	$10^{-1} \sim 10^{-7}$	$9 \sim 10$	锅炉水、天然水、玻璃
NH_3	气敏氨电极	$10^0 \sim 10^{-6}$	$11 \sim 13$	废气、土壤、废水
脲	气敏氨电极			生物化学
氨基酸	气敏氨电极			生物化学

【示例 8-1】 氟离子选择性电极法测定药物中氟喹诺酮的含量。

取适量氟喹诺酮药物样品(约 20 mg),精确称定,采用氧气瓶燃烧法破坏有机物,产生的 HF 由 0.1% NaOH 溶液吸收,吸收液用稀盐酸调至 pH 值为 5.3,加入 TISAB 25 mL,定容至 250 mL。取适量此溶液于 50 mL 聚乙烯烧杯中,插入氟离子选择性电极和饱和甘汞电极构成原电池,在 30 ℃ 恒温恒速搅拌下测定电位值。采用标准曲线法进行定量分析。

【示例 8-2】 铜离子选择性电极法测定还原糖的含量。

本方法是将 Cu^{2+} 作为氧化剂,在含还原糖的样品液中加入已知过量的 Cu^{2+},在微碱性条件下,Cu^{2+} 将还原糖氧化成羧酸,反应式为

$$R\text{---}CHO + 2Cu^{2+} + 5OH^- \Longrightarrow Cu_2O + R\text{---}COO^- + 3H_2O$$

试液中过量的 Cu^{2+} 可采用铜离子选择性电极测定,从而间接测量试液中还原糖的含量。本方法可用于蜂蜜、果酱、果汁、血液中还原糖含量的测定。

2. 电位滴定法

电位滴定法确定终点客观、准确,还可用于有色或混浊的溶液以及无适当指示剂指示终点

的滴定反应。各类滴定分析均可采用电位滴定法，如表 8-5 所示。

表 8-5　电位滴定法应用

滴定类型	待测离子	滴定剂	指示电极
酸碱滴定	H^+（或 OH^-）	OH^-（或 H^+）	pH 玻璃电极
配位滴定	Fe^{3+}	EDTA	Pt 电极
	Ca^{2+}	EDTA	Ca^{2+} 选择性电极、第三类金属电极
	Al^{3+}	EDTA	汞膜电极
氧化还原滴定	As(Ⅲ)	Ce^{2+}	惰性金属电极，如 Pt 等
	I^-、Fe^{2+}、$C_2O_4^{2-}$	$KMnO_4$	惰性金属电极，如 Pt 等
	V(Ⅴ)	$(NH_4)_2Fe(SO_4)_2$	Pt 电极
沉淀滴定	X^-	$AgNO_3$	Ag 电极或卤离子选择性电极

【示例 8-3】　中和电位滴定法测定水的酸度。

中和电位滴定法测定水的酸度，是以玻璃电极为指示电极，饱和甘汞电极为参比电极，用氢氧化钠标准溶液作滴定剂，在酸度计、电位滴定仪或离子计上指示反应的终点。用 pH-V 滴定曲线法确定终点时氢氧化钠溶液的消耗量，从而计算水样的酸度。本方法适用于测定天然淡水、自来水、工业软化水、工业废水的酸度。

【示例 8-4】　氧化还原电位滴定法测定钒铁合金中的钒含量。

试样用硝酸和硫酸溶解，用稍过量的高锰酸钾将钒（Ⅳ）氧化成钒（Ⅴ），用亚硝酸钠分解过量的高锰酸钾，过量的亚硝酸钠用尿素进行分解。用硫酸亚铁铵标准溶液进行电位滴定，当滴定至溶液电位出现最大变化时，即为终点，进而根据终点时消耗体积测定钒量。本方法适用于钒铁中钒含量的测定，测定范围为 35%～85%。

【示例 8-5】　沉淀电位滴定法测定溶液中 Cl^- 和 I^- 的含量。

以银电极为指示电极，双液接甘汞电极（或玻璃电极或 Ag/AgCl 电极）为参比电极，用硝酸银标准溶液滴定含有 Cl^- 和 I^- 的混合溶液。滴定过程中，有两个电位突跃，指示两个滴定终点的到达。根据滴定终点时消耗的硝酸银标准溶液的量，可以求出 Cl^- 和 I^- 的浓度。

【示例 8-6】　配位电位滴定法测定石灰石、黏土质等材料中铝的含量。

在一定酸度和滴定介质条件下，铝和 EDTA 配位，以汞膜电极（银棒涂汞）为指示电极，饱和甘汞电极为参比电极，用锌标准溶液滴定过量的 EDTA，再加入氟化钾，煮沸置换铝-EDTA 配合物中的 EDTA，用锌标准溶液反滴定置换出的 EDTA，根据反滴定消耗的锌标准溶液的体积，可以计算出试样中铝的含量。本方法适用于测定石灰石、黏土质等材料中的铝含量。测定范围：Al_2O_3 0.5%～40%。

8.3　电解和库仑分析法

电解分析法（electrolytic analysis）是以称量沉积于电极表面的沉积物的质量为基础的一种分析方法，又称电重量法（electrogravimetry），有时它也作为一种分离的手段，能方便地除去某些杂质。

库仑分析法（coulometry）是以测量电解过程中被测物质直接或间接在电极上发生电化学反应所消耗的电量为基础的分析方法。它和电解分析不同，其被测物不一定在电极上沉积。

8.3.1 电解分析法

1. 基本原理

电解是借外电源的作用,使电化学反应向着非自发的方向进行。电解过程是在电解池的两个电极上加上直流电压,改变电极电位,使电解质在电极上发生氧化还原反应,同时电解池中有电流通过。

如在 0.1 mol/L 的 H_2SO_4 介质中,电解 0.1 mol/L $CuSO_4$ 溶液,装置如图 8-20 所示。所用电极均用铂制成,将溶液进行搅拌;阴极采用网状结构,优点是表面积较大。电解池的内阻约为 0.5 Ω。

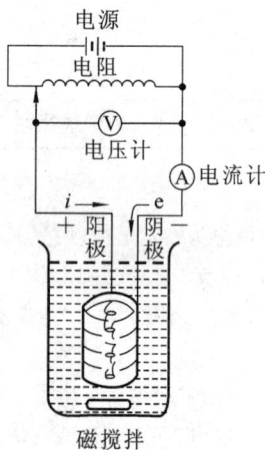

图 8-20 电解装置

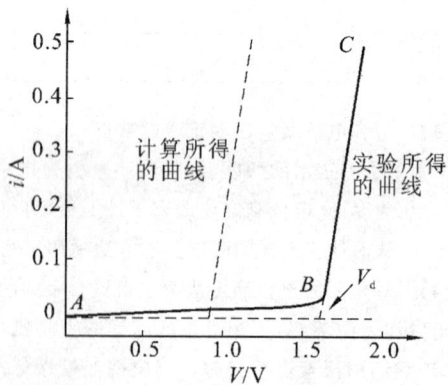

图 8-21 电解铜(Ⅱ)溶液时的电流-电压曲线

将两个铂电极浸入溶液中,当接上外电源,外加电压远离分解电压时,只有微小的残余电流通过电解池。当外加电压增加到接近分解电压时,只有极少量的 Cu 和 O_2 分别在阴极和阳极上析出,但这时已构成 Cu 电极和 O_2 电极组成的自发电池。该电池产生的电动势将阻止电解过程的进行,称为反电动势。只有外加电压能克服此反电动势时,电解才能继续进行,电流才能显著上升。通常将两电极上产生迅速的、连续不断的电极反应所需的最小外加电压 V_d 称为分解电压,理论上分解电压的值就是反电动势的值(图 8-21)。

Cu 和 O_2 电极的平衡电位分别为

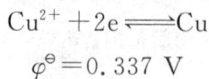

Cu 电极
$$Cu^{2+} + 2e \Longrightarrow Cu$$
$$\varphi^{\ominus} = 0.337 \text{ V}$$
$$\varphi = \varphi^{\ominus} + \frac{0.0592}{2}\lg[Cu^{2+}] = \left(0.337 + \frac{0.0592}{2}\lg 0.1\right)V = 0.308 \text{ V}$$

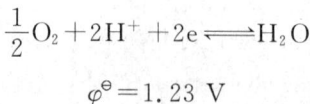

O_2 电极
$$\frac{1}{2}O_2 + 2H^+ + 2e \Longrightarrow H_2O$$
$$\varphi^{\ominus} = 1.23 \text{ V}$$
$$\varphi = \varphi^{\ominus} + \frac{0.0592}{2}\lg(p_{O_2}^{1/2}[H^+]^2) = \left[1.23 + \frac{0.0592}{2}\lg(1^{1/2} \times 0.2^2)\right]V = 1.189 \text{ V}$$

当 Cu 和 O_2 构成电池时
$$Pt|O_2(101325 \text{ Pa}), H^+(0.2 \text{ mol/L}), Cu^{2+}(0.1 \text{ mol/L})|Cu$$

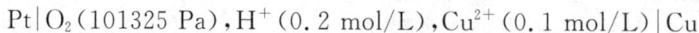

Cu 为阴极，O_2 为阳极，电池的电动势为

$$E = \varphi_c - \varphi_a = (0.308 - 1.189) \text{ V} = -0.881 \text{ V}$$

电解时，理论分解电压的值是它的反电动势 0.881 V。

从图 8-21 可知，实际所需的分解电压比理论分解电压大，超出的部分是由于电极极化作用引起的。极化结果将使阴极电位更负，阳极电位更正。电解池回路的电压降 iR 也应是电解所加的电压的一部分，这时电解池的实际分解电压为

$$V_d = (\varphi_a + \eta_a) - (\varphi_c + \eta_c) + iR \tag{8-27}$$

若电解时，铂电极面积为 100 cm^2，电流为 0.10 A，则电流密度是 0.001 A/cm^2，此时 O_2 在铂电极上的超电位是 +0.72 V，Cu 的超电位在加强搅拌的情况下可以忽略。

$$iR = (0.10 \times 0.50) \text{ V} = 0.050 \text{ V}$$

$$V_d = (0.88 + 0.72 + 0.05) \text{ V} = 1.65 \text{ V}$$

2. 分析方法

1）控制电位电解分析法

当试样中存在两种以上的金属离子时，随着外加电压的增大，第二种离子可能被还原。为了分别测定或分离，就需要采用控制阴极电位的电解法。

如以铂为电极，电解液为 0.1 mol/L 的硫酸溶液，含有 0.01 mol/L Ag^+ 和 1.0 mol/L Cu^{2+}。Cu 开始析出时的电位为

$$\varphi = \varphi_{Cu^{2+}/Cu}^{\ominus} + \frac{0.0592}{2} \lg[Cu^{2+}] = \left(0.337 + \frac{0.0592}{2}\lg 1.0\right) \text{ V} = 0.337 \text{ V}$$

Ag 开始析出时的电位为

$$\varphi = \varphi_{Ag^+/Ag}^{\ominus} + 0.0592\lg[Ag^+] = (0.779 + 0.0592\lg 0.01) \text{ V} = 0.681 \text{ V}$$

由于 Ag 的析出电位较 Cu 的析出电位高，因此 Ag^+ 先在阴极上析出。当其浓度降至 10^{-6} mol/L 时，可以认为 Ag^+ 已电解完全。此时 Ag 的电极电位为

$$\varphi = (0.779 + 0.0592\lg 10^{-6}) \text{ V} = 0.445 \text{ V}$$

阳极发生的是水的氧化反应，析出氧气。其电极电位为

$$\varphi_a = (1.189 + 0.72) \text{ V} = 1.909 \text{ V}$$

而电解电池的外加电压值为

$$V = \varphi_a - \varphi_c = (1.909 - 0.681) \text{ V} = 1.288 \text{ V}$$

这时 Ag 开始析出，到

$$V = \varphi_a - \varphi_c = (1.909 - 0.445) \text{ V} = 1.464 \text{ V}$$

时，Ag 电解完全。而 Cu 开始析出的电压值为

$$V = \varphi_a - \varphi_c = (1.909 - 0.337) \text{ V} = 1.572 \text{ V}$$

故 1.464 V 时，Cu 还没有开始析出。

在实际电解过程中，阴极电位不断发生变化，阳极电位也并不是完全恒定的。由于离子浓度随着电解的延续而逐渐下降，电池的电流也逐渐减小，应用控制外加电压的方式往往达不到好的分离效果，较好的方法是控制阴极电位。

要实现对阴极电位的控制，需要在电解池中插入一个参比电极，例如饱和甘汞电极，其装置如图 8-22 所示。它通过运算放大器的输出很好地控制阴极电位和参比电极电位差为恒定值。

电解测定 Cu 过程中，Cu^{2+} 浓度从 1.0 mol/L 降到 10^{-6} mol/L 时，阴极电位从 +0.337 V

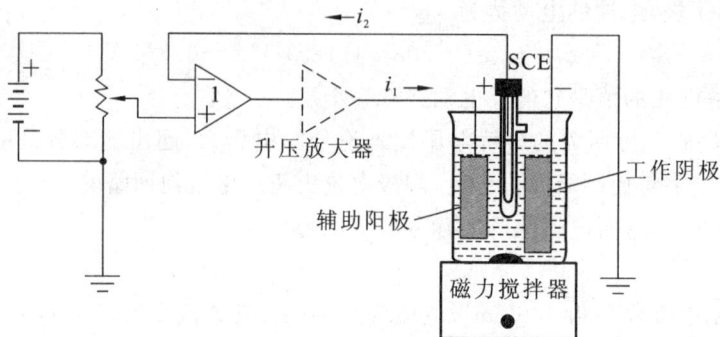

图 8-22   控制阴极电位电解装置

(vs. SHE)降到+0.16 V。只要不在该范围内析出的金属离子都能与Cu^{2+}分离。还原电位比+0.337 V 更高的离子可以通过电解分离,比+0.16 V 更低的离子留在溶液中。

控制阴极电位电解,开始时被测物质析出速度较快;随着电解的进行,浓度越来越小,电极反应的速率也逐渐变慢,因此电流也越来越小。当电流趋于零时,电解完成。

2) 恒电流电解分析法

电解分析有时也在控制电流恒定的情况下进行。这时外加电压较高,电解反应的速率较大,但选择性不如控制电位电解法好,往往一种金属离子还未沉淀完全时,第二种金属离子就在电极上析出。

为了防止干扰,可使用阳极或阴极去极剂(depolarizer),以维持电位不变,如在 Cu^{2+} 和 Pb^{2+} 的混合液中,为防止 Pb 在分离沉积 Cu 时沉淀,可以加入NO_3^- 作为阴极去极剂。NO_3^- 在阴极上还原生成NH_4^+,即

$$NO_3^- + 10H^+ + 8e \Longrightarrow NH_4^+ + 3H_2O$$

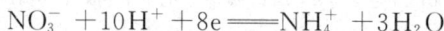

它的电位比Pb^{2+}更高,而且量比较大,在Cu^{2+}电解完成前可以防止Pb^{2+}在阴极上的还原沉积。

类似的情况也可以用于阳极,加入的去极剂比干扰物质先在阳极上氧化,可以维持阳极电位不变,它称为阳极去极剂。

8.3.2   库仑分析法

库仑分析法是根据电解过程中消耗的电量,由法拉第定律来确定被测物质含量的方法。库仑分析法分为恒电位库仑分析法和恒电流库仑分析法两种。前者是建立在控制电流电解过程的基础上,后者是建立在控制电位电解过程的基础上。不论哪种库仑分析法,都要求电极反应单一,电流效率达 100%(电量全部消耗在待测物上),这是库仑分析法的先决条件。库仑分析法的定量依据是法拉第定律。

1. 恒电位库仑分析法

恒电位库仑分析法以控制电极电位的方式电解,当电流趋近于零时表示电解完成,由测得电解时消耗的电量求出被测物质的含量。

恒电位库仑分析的装置如图 8-23 所示,它包括电解池、库仑计和控制电极电位仪。库仑计用来测量电量,是控制电位库仑分析的重要组成部分。

电量由电子积分仪等测定,经典的方法用库仑计(如银库仑计、气体库仑计)等来测定。

1) 电子积分仪

恒电位库仑分析中的电量 $Q = \int_0^t i_t \mathrm{d}t$，采用电子线路积分总电量 Q，并直接由表头显示。

若用作图方法，恒电位库仑分析中的电流随时间而衰减，即

$$i_t = i_0 \times 10^{-Kt}$$

电解时消耗的电量可通过积分求得，即

$$Q = \int_0^t i_0 \times 10^{-Kt} \mathrm{d}t = \frac{i_0}{2.303K}(1 - 10^{-Kt})$$

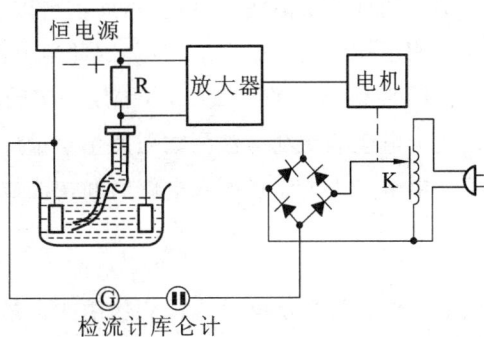

图 8-23　恒电位库仑分析装置示意图

t 增大，10^{-Kt} 减小。当 $Kt > 3$ 时，10^{-Kt} 可以忽略不计，则

$$Q = \frac{i_0}{2.303K}$$

对 $i_t = i_0 10^{-Kt}$ 取对数，得

$$\lg i_t = \lg i_0 - Kt$$

则以 $\lg i_t$ 对 t 作图得一直线，如图 8-24 所示。直线的斜率为 K，截距为 $\lg i_0$，将 K 和 i_0 值代入式 $Q = \dfrac{i_0}{2.303K}$，可求出电量 Q 值。

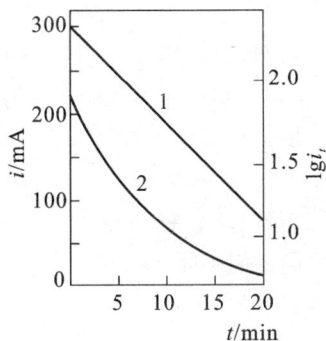

图 8-24　电流-时间曲线

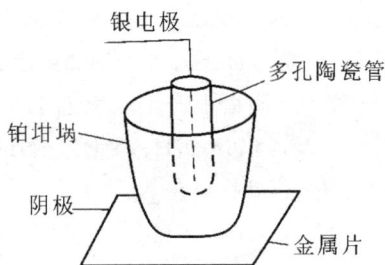

图 8-25　银库仑计

2) 库仑计

以银库仑计为例，它是以铂坩埚为阴极，纯银棒为阳极，阳极和阴极用多孔陶瓷管隔开，如图 8-25 所示，铂坩埚及陶瓷管中盛有 $1 \sim 2$ mol/L $AgNO_3$ 溶液，电解时发生如下反应：

阳极　　$Ag \Longrightarrow Ag^+ + e$

阴极　　$Ag^+ + e \Longrightarrow Ag$

电解结束后，称出铂坩埚增加的质量，由析出的银的质量计算出电解所消耗的电量。

2. 恒电流库仑分析法

1) 基本原理

恒电流库仑分析法是在恒定电流的条件下电解，由电极反应产生的电生"滴定剂"与被测物质发生反应，用化学指示剂或电化学的方法确定"滴定"的终点，由恒电流的大小和到达终点

需要的时间计算出消耗的电量,由此求得被测物质的含量。这种滴定方法与滴定分析中用标准溶液滴定被测物质的方法相似,因此恒电流库仑分析法也称库仑滴定法。

在图 8-26 所示的装置中,以强度一定的电流通过电解池,在 100% 的电流效率下由电极反应产生的电生滴定剂与被测物质发生定量反应,当到达终点时,由指示终点系统发出信号,立即停止电解。由电流强度和电解时间按法拉第定律计算出被测物质的质量,即

$$m = \frac{it}{96485} \times \frac{M}{z} \tag{8-28}$$

或由库仑仪直接显示电量或被测物质的含量。

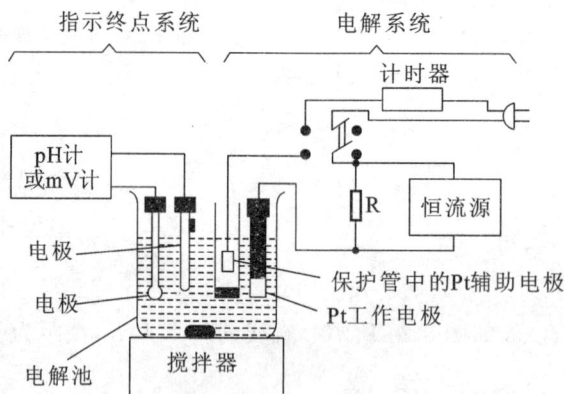

图 8-26　库仑滴定装置示意图

在库仑滴定中,电解质溶液通过电极反应产生的滴定剂的种类很多,包括 H^+ 或 OH^-,氧化剂如 Br_2、Cl_2、$Ce(IV)$、$Mn(III)$ 和 I_2,还原剂如 $Fe(II)$、$Ti(III)$ 和 $[Fe(CN)_6]^{4-}$,配位剂如 $EDTA(Y^{4-})$,沉淀剂如 Ag^+ 等。例如用库仑滴定法测定 Ca^{2+} 时,可在除 O_2 的 $[Hg(NH_3)Y]^{2-}$ 和 NH_4NO_3 溶液中在阴极上产生滴定剂 HY^{3-},其电极反应为

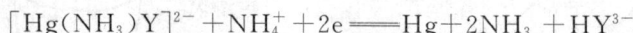

$$[Hg(NH_3)Y]^{2-} + NH_4^+ + 2e \rightleftharpoons Hg + 2NH_3 + HY^{3-}$$

又如测定酸或碱时,可在 Na_2SO_4 溶液中,在 Pt 电极下产生滴定剂 OH^- 或 H^+,其电极反应为

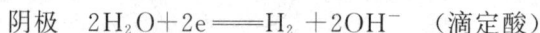

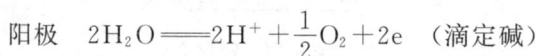

阴极　$2H_2O + 2e \rightleftharpoons H_2 + 2OH^-$　(滴定酸)

阳极　$2H_2O \rightleftharpoons 2H^+ + \frac{1}{2}O_2 + 2e$　(滴定碱)

由电解产生滴定剂的条件和应用见表 8-6。

表 8-6　库仑滴定产生的滴定剂及应用

电生滴定剂	介　质	工作电极	测定的物质
Br_2	$0.1\ mol/L\ H_2SO_4 + 0.2\ mol/L\ NaBr$	Pt	$Sb(III)$、I^-、$Tl(I)$、$U(IV)$、有机物
I_2	$0.1\ mol/L$ 磷酸盐缓冲溶液$(pH = 8) + 0.1\ mol/L\ KI$	Pt	$As(III)$、$Sb(III)$、$S_2O_3^{2-}$、S^{2-}
Cl_2	$2\ mol/L\ HCl$	Pt	$As(III)$、I^-、脂肪酸
$Ce(IV)$	$1.5\ mol/L\ H_2SO_4 + 0.1\ mol/L\ Ce_2(SO_4)_3$	Pt	$Fe(II)$、$[Fe(CN)_6]^{4-}$
$Mn(III)$	$1.8\ mol/L\ H_2SO_4 + 0.45\ mol/L\ MnSO_4$	Pt	草酸、$Fe(II)$、$As(III)$

电生滴定剂	介　质	工作电极	测定的物质
Ag(Ⅱ)	5 mol/L HNO_3＋0.1 mol/L $AgNO_3$	Au	As(Ⅲ)、V(Ⅳ)、Ce(Ⅲ)、草酸
$[Fe(CN)_6]^{4-}$	0.2 mol/L $K_3Fe(CN)_6$(pH＝2)	Pt	Zn(Ⅱ)
Cu(Ⅰ)	0.02 mol/L $CuSO_4$	Pt	Cr(Ⅵ)、V(Ⅴ)、IO_3^-
Fe(Ⅱ)	2 mol/L H_2SO_4＋0.6 mol/L 铁铵矾	Pt	Cr(Ⅵ)、V(Ⅴ)、MnO_4^-
Ag(Ⅰ)	0.5 mol/L $HClO_4$	Ag	Cl^-、Br^-、I^-
EDTA(Y^{4-})	0.02 mol/L $[Hg(NH_3)Y]^{2-}$＋0.1 mol/L NH_4NO_3,pH＝8,除氧	Hg	Ca(Ⅱ)、Zn(Ⅱ)、Pb(Ⅱ)等
H^+ 或 OH^-	2 mol/L Na_2SO_4 或 KCl	Pt	OH^- 或 H^+,有机酸或碱

2）永停滴定法

若溶液中同时存在某电对的氧化型及其对应的还原型物质,如含有 I_2 及 I^- 的溶液,插入一支铂电极,按照能斯特方程有

$$\varphi=\varphi^{\ominus}+\frac{0.0592}{2}\lg\frac{c_{I_2}}{c_{I^-}^2}\quad(25\ ℃)$$

若同时插入两个相同的铂电极,因两个电极电位相等,不会发生任何电极反应,没有电流通过电池。若在两个电极间外加一小电压,则接正端的铂电极将发生氧化反应,即

$$2I^-\Longrightarrow I_2+2e$$

接负端的铂电极上将发生对应的还原反应,即

$$I_2+2e\Longrightarrow 2I^-$$

但只有两个电极同时发生反应,它们之间才会有电流通过,像 I_2/I^- 这样的电对称为可逆电对。当被测物属于可逆电对时,滴定到半滴定点(滴定完成一半)时,即被滴物电对氧化型和还原型的浓度为等化学计量时,通过的电流最大;当氧化型和还原型的浓度为不等化学计量时,电流由浓度小的氧化型(或还原型)的浓度决定。

若某电对氧化型和还原型的溶液,在上述条件下不发生电解作用,没有电流通过电池,这种物质电对称为不可逆电对,如 $S_4O_6^{2-}/S_2O_3^{2-}$ 电对即属于不可逆电对。对于不可逆电对,只有外加电压很大时才会产生电解作用,但这是由于发生了其他类型的电极反应所致。

永停滴定法便是利用待测物和滴定剂电对的可逆性对电流作用的特性来确定滴定终点的到达。永停滴定法的 $i\text{-}V$ 关系曲线可能有以下三种不同情况。

(1) 滴定剂属可逆电对,被测物属不可逆电对。

用碘滴定硫代硫酸钠就是这种情况。在滴定终点前,溶液中只有 $S_4O_6^{2-}/S_2O_3^{2-}$ 电对,因为它们是不可逆电对,虽然有外加电压,电极上也不能发生电解反应。另外,溶液虽然有滴定反应产物 I^- 存在,但 I_2 浓度一直很低,不会发生明显的电解反应,所以电流计指针一直停在接近零电流的位置上不动。一旦达到滴定终点(化学计量点)并有稍过量的 I_2 加入,溶液中建立了明显的 I_2/I^- 可逆电对,电解反应得以进行,产生的电解电流使电流计指针偏转并不再返回零电流的位置。随着过量 I_2 的加入,电流计指针偏转角度增大。滴定时的电流变化曲线如图 8-27(a)所示,曲线的转折点即滴定终点。

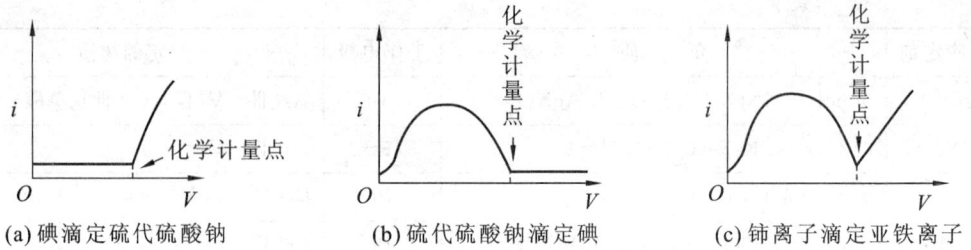

(a) 碘滴定硫代硫酸钠 (b) 硫代硫酸钠滴定碘 (c) 铈离子滴定亚铁离子

图 8-27 永停滴定法滴定曲线

(2) 滴定剂为不可逆电对,被测物为可逆电对。

用硫代硫酸钠滴定稀碘(I_2)溶液即属于这种情况。从滴定开始到化学计量点前,溶液存在 I_2/I^- 可逆电对,有电解电流通过电池。电流的大小取决于溶液中滴定产物的浓度$[I^-]$,$[I^-]$由小变大,电解电流也由小变大,在半滴定点电流最大。越过半滴定点,电流的大小改为取决于溶液中剩余 I_2 的浓度,$[I_2]$逐渐变小,电解电流也逐渐变小,至化学计量点,I_2 的浓度趋于零,电流也趋于零。化学计量点后,溶液中虽然有不可逆的 $S_4O_6^{2-}/S_2O_3^{2-}$ 滴定剂电对,但无明显的电解反应。所以越过化学计量点后,电流将停留在零电流附近并保持不动。滴定时的电流变化曲线如图 8-27(b)所示。此类滴定法是根据滴定过程中,电流下降至零,并停留在原地不动的现象确定滴定终点,历史上得到永停滴定法的名称,并沿用至今。

(3) 滴定剂与被滴定剂均为可逆电对。

铈离子滴定亚铁离子属于这种情况。在化学计量点前,电流来自溶液中 Fe^{3+}/Fe^{2+} 可逆电对的电解反应,电流的变化机理和 i-V 关系曲线与图 8-27(b)中化学计量点前的情况相同,滴定终点时电流降至最低点。终点过后,随着 Ce^{4+} 的加入,Ce^{4+} 过量,溶液中建立了 Ce^{4+}/Ce^{3+} 可逆电对,有电流通过电解池,电流开始上升,随着过量 Ce^{4+} 的加入,电流计指针偏转角度增大。如图 8-27(c)所示。

8.3.3 应用与示例

1. 电解分析法

电重量分析法能用于物质的分离和测定。

控制电位电解分析法主要用于物质的分离,通常用于从含少量不易还原的金属离子溶液中分离大量的易还原的金属离子。常用的工作电极有铂网电极和汞阴极,如图 8-28 和图 8-29

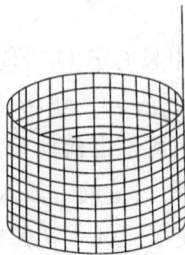

图 8-28 铂网电极

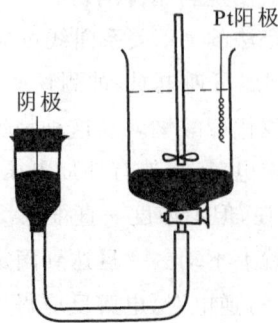

图 8-29 汞阴极

所示。利用 Pt 阴极电解,可以分离铜合金(含 Cu、Sn、Pb、Ni 和 Zn)溶液中的 Cu。汞阴极电解法也成功地用于各种分离,例如采用汞阴极,可将 Cu、Pb 和 Cd 等浓缩在汞中而与铀(U)分离来提纯铀。在酶法分析中,可以用此法除去溶液中的重金属离子,即使只有痕量的重金属离子存在,也会使酶受抑制或失去活性。

恒电流电解分析法只能分离电动序中氢以上与氢以下的金属离子,电解测定时,电动序在氢以下的金属离子先在阴极上析出,当其完全被分离析出后,再继续电解,将会析出氢气,所以在酸性溶液中电动序在氢以上的金属就不能析出。部分金属离子的电解分析见表 8-7 和表 8-8。

表 8-7　控制电位电解分析法的应用

测 定 元 素	可能存在的其他元素	测 定 元 素	可能存在的其他元素
Ag	Cu 和碱金属	Sn	Cd、Zn、Mn、Fe
Cu	Bi、Sb、Pb、Sn、Ni、Cd、Zn	Pb	Cd、Zn、Ni、Mn、Fe、Sn、Al
Bi	Cu、Sb、Pb、Sn、Cd、Zn	Cd	Zn
Sb	Pb、Sn	Ni	Zn、Fe、Al

表 8-8　恒电流电解分析法测定的常见的元素

测定离子	称量形式	条　件	测定离子	称量形式	条　件
Cd^{2+}	Cd	碱性氰化物溶液	Ni^{2+}	Ni	氨性硫酸盐溶液
Co^{2+}	Co	氨性硫酸盐溶液	Ag^+	Ag	氰化物溶液
Cu^{2+}	Cu	HNO_3-H_2SO_4 溶液	Sn^{2+}	Sn	$(NH_4)_2C_2O_4$-$H_2C_2O_4$ 溶液
Fe^{3+}	Fe	$(NH_4)_2CO_3$ 溶液	Zn^{2+}	Zn	氨性或 NaOH 溶液
Pb^{2+}	PbO_2	HNO_3			

【示例 8-7】　电解重量法测定烧结镍中的镍含量。

试样经硝酸和高氯酸分解后,在氨性介质中,用恒电流电解。电解终止后,铂阴极用水和无水乙醇洗涤、干燥、冷却后称重。采用电感耦合等离子体发射光谱法测定沉积在铂阴极上的钴、铜、锰、铁、锌、镁等杂质元素含量,并从阴极析出金属总量中扣除;用原子吸收光谱法测定溶解残渣和电解液中残余镍含量,加入测定结果中。通过计算求得试样中的镍含量。本方法适用于烧结镍中镍含量的测定,测定范围:Ni 含量不低于 82%。

【示例 8-8】　电解分离-ICP-OES 法测定钢中的氧化物夹杂分量和总量。

将欲分析的金属样品在不同电解液中进行电解,金属样品为阳极,电解槽本体作为阴极,通电后金属样品的基体呈离子状态进入溶液而溶解,非金属夹杂物则不被电解呈固相保留。收集电解提取后的残渣,在硝酸酸性溶液中,加高锰酸钾溶液破坏碳化物,破坏碳化物后残渣经过过滤、洗涤、灰化、灼烧至恒重即为氧化物夹杂总量。将恒重后的残渣加适量碳酸钠-四硼酸钠混合熔剂熔融,用硫酸溶液浸取熔融物,定容后用 ICP-OES 法测定其中氧化物夹杂各组分元素含量,换算成相应的各氧化物分量。本方法适用于不锈钢、普碳钢、硅钢,测定其氧化物夹杂总量及 SiO_2、Al_2O_3、CaO、MgO、TiO_2、FeO、MnO、Cr_2O_3、NiO 等各氧化物分量。

2. 库仑分析法

库仑分析法与滴定分析法相比,它不需要制备标准溶液,样品量小,电流和时间能准确测定。它具有准确、灵敏、简便和易于实现自动化等优点。库仑分析法用途较广,不仅可用于石油化工、环保、食品检验等方面的微量或常量成分分析,而且能用于化学反应动力学及电极反应机理等的研究。

库仑分析法可以测定微量水、硫、碳、氮、氧和卤素等。

【示例 8-9】　微量水分的测定。

卡尔·费休(Karl Fischer)在 1935 年首先提出测定水分含量的特效容量分析法,称为卡尔·费休法。它以卡尔·费休试剂作为滴定剂来滴定样品中的水分,相当于滴定分析中的碘量法。1955 年 Meyer 和 Bogd 等将这种容量分析法与库仑分析法相结合,用电解方式产生 I_2,建立了卡尔·费休库仑法,来测定水分含量,该方法是一种广泛用于测定液体、气体和固体样品中的微量水分的电化学分析法。操作方便,易于自动化。

卡尔·费休试剂是含有甲醇、二氧化硫、吡啶和碘的混合试剂。

在醇介质中,卡尔·费休反应如下:

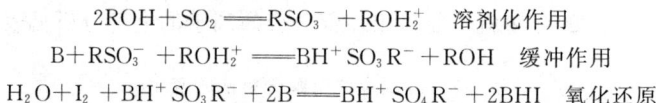

$$2ROH + SO_2 \Longrightarrow RSO_3^- + ROH_2^+ \quad 溶剂化作用$$

$$B + RSO_3^- + ROH_2^+ \Longrightarrow BH^+SO_3R^- + ROH \quad 缓冲作用$$

$$H_2O + I_2 + BH^+SO_3R^- + 2B \Longrightarrow BH^+SO_4R^- + 2BHI \quad 氧化还原$$

在含碱 B(吡啶)的缓冲溶液中,SO_2 与醇反应产生烷基磺酸盐,其最佳 pH 值为 5~8。pH<3 时,反应缓慢;pH>8 时,副反应发生。当 H_2O 存在时,若加入 I_2,则发生氧化还原反应。在容量分析的滴定反应中,I_2 由滴定管加入,在库仑滴定中 I_2 由 I^- 在阳极上电解而产生,即

$$Pt\,阳极 \quad 2I^- \longrightarrow I_2 + 2e$$

由于吡啶、甲醇有毒,可改用无毒无味的卡尔·费休试剂。市售无吡啶试剂能用于各种油类、食品、化工等样品中微量 H_2O 的测定。

【示例 8-10】　有机化合物中硫等成分的测定。

样品中的硫在合适条件下,经燃烧转化为 SO_2,由载气带入电解池中发生如下反应:

$$SO_2 + I_3^- + 2H_2O \Longrightarrow SO_4^{2-} + 3I^- + 4H^+$$

导致 I_3^- 浓度降低,微库仑放大器的平衡状态被破坏,$\Delta E \neq 0$,放大器中输出相应的电流,此时,阳极发生如下反应:

$$3I^- \Longrightarrow I_3^- + 2e$$

从而使由 SO_2 消耗的 I_3^- 浓度恢复至原浓度,终点到达,自动停止电解。由读出装置显示其硫的含量。

【示例 8-11】　化学需氧量的测定。

在环境保护中需要测定化学需氧量(COD),这是评价水质污染的重要指标之一。COD 是指在一定条件下,1 L 水中可被氧化的物质(有机物或其他还原性物质)氧化时所需要的氧的量。

在 10.2 mol/L 硫酸介质中,以重铬酸钾为氧化剂,将水样回流消化 15 min,通过 Pt 阴极电解产生的亚铁离子与剩余的 $K_2Cr_2O_7$ 作用,由消耗的电量计算 COD 值。

$$COD = \frac{i(t_0 - t_1)}{96485V} \times \frac{32}{4} \times (1 \times 10^{-3})$$

式中:i 为恒电流强度(mA);t_0 为电解产生的 Fe^{2+} 标定电解池中重铬酸钾浓度所需要的电解时间(s);t_1 为测定剩余重铬酸钾所需要的电解时间(s);V 为水样体积(mL)。

【示例 8-12】　芳香胺的测定。

进行 $NaNO_2$ 法滴定时,采用永停法确定终点,比使用内、外指示剂都更加准确、方便。例如,用 $NaNO_2$ 标准溶液滴定某芳香胺,滴定反应为

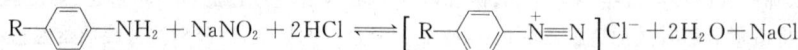

$$R \!-\!\!\!\bigcirc\!\!\!-\! NH_2 + NaNO_2 + 2HCl \Longrightarrow \left[R \!-\!\!\!\bigcirc\!\!\!-\! \overset{+}{N} \!=\! N \right] Cl^- + 2H_2O + NaCl$$

终点前溶液中不存在可逆电对,故电流计指针停止在零位(或接近于零位)不动。达到终点并稍有过量的 $NaNO_2$ 时,溶液中便有 $NaNO_2$ 及其分解产物 NO 组成的可逆电对 $NaNO_2/NO$ 存在,电路中开始有电流通过,电流计指针发生偏转并不再回至零位。

8.4　伏安分析法

伏安分析法(voltammetry)是通过测量电解过程中所得电流-电位(电压)曲线为基础的一类电分析化学方法。其中凡是使用的极化电极是滴汞电极或其他电极表面能够周期性

更新的液体电极的伏安法称为极谱法(polarography)。直流极谱法是伏安分析法的早期形式,常被称为经典极谱法(或称经典伏安法),是各种伏安分析的基础。极谱法是 1922 年由捷克化学家海洛夫斯基创立的。鉴于海洛夫斯基对创立和发展极谱分析的杰出贡献,1959年他被授予诺贝尔化学奖。近几十年来随着电子技术的发展,固体电极、修饰电极的广泛使用,伏安分析法得到了长足的发展。目前,由单扫描示波极谱、交流示波极谱、方波极谱、脉冲极谱、溶出伏安及循环伏安等多种分析方法构成的现代伏安分析法(或称现代极谱法),已成为痕量无机和有机物质测定的重要工具,被广泛地应用于生命科学、材料、食品、医药、化工、环保等领域。

8.4.1　经典极谱法

1. 基本原理

1）基本装置

极谱法的基本装置(双电极系统)如图 8-30 所示。

电解池内的阴极(工作电极)是滴汞电极(DME),它由贮汞瓶、塑料管和内径 0.05 mm 左右的毛细管组成。贮汞瓶中的汞通过塑料管进入毛细管,然后由毛细管一滴滴地、有规则地滴入电解池的溶液中。它的表面积很小,约为 10^{-2} cm^2 数量级。池内的阳极(参比电极)通常是饱和甘汞电极(SCE),电极的表面积较大,为 2~4 cm^2。E 为外电源,AD 为滑线电阻,加在电解池两极上的电压可通过移动接触点 C 来调节,并由伏特计 V 读出。G 为灵敏检流计,用以测量电解过程中线路上通过的微弱电流。

2）极谱法分析过程

现以测定镉为例,说明极谱法的分析过程。设试液为 CdCl$_2$ 溶液,浓度约为 5×10^{-4} mol/L。将它加入电解池中,然后加入 KCl 溶液,使其浓度为 0.1 mol/L,该 KCl 称为支持电解质(supporting electrolyte)。再加入 0.5% 的动物胶溶液 0.2 mL,该动物胶溶液称为极大抑制剂(maximum suppressor)。通入氮气或氢气除去溶解在溶液中的氧气。调节贮汞瓶高度,使汞滴以每秒 2~3 滴的速度滴下。移动接触点 C,使两极间的外加电压自零逐渐增加,此时电流也在不断变化,记录在各个不同外加电压下相应的电流值,以电压为横坐标,以电流为纵坐标,绘制电流-电压曲线,结果如图 8-31 所示。通常称该曲线为极化曲线,或称极谱波(polarographic wave)。通过对极谱波的分析和测量,即可求得溶液中相应离子浓度。

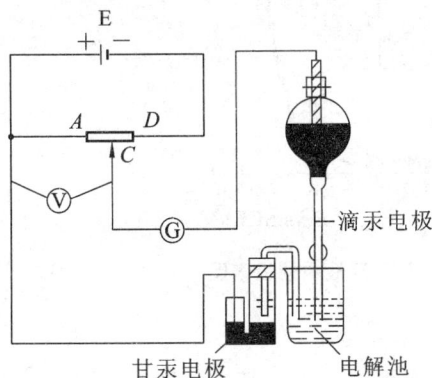

图 8-30　双电极系统极谱仪示意图　　　　　　图 8-31　镉离子的极谱图

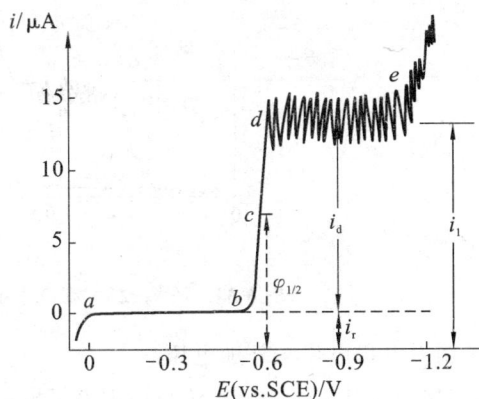

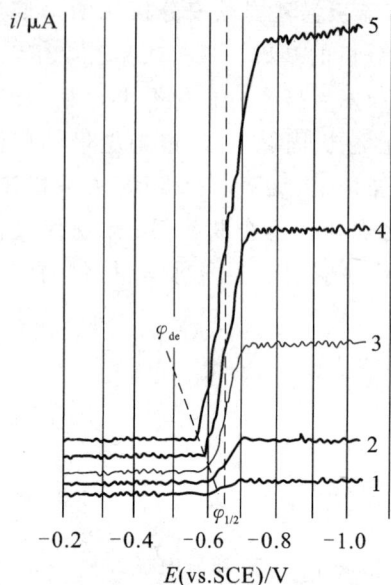

图 8-32　镉离子的半波电位

$c_{Cd^{2+}}/(mol/L)$：$1—2.8×10^{-4}$；
$2—5.6×10^{-4}$；$3—1.1×10^{-3}$；
$4—2.5×10^{-2}$；$5—5.0×10^{-2}$

从曲线上还可以看出,当外加电压未达到分解电压时,溶液中只有微小电流通过,称为残余电流(residual current),以 i_r 表示。当外加电压增加到 -0.5 V(相对于 SCE)时,即达到镉离子的分解电压,镉离子开始被电解,此时在滴汞电极上镉离子被还原为金属镉,并随之与汞生成汞齐,电极反应为

$$Cd^{2+} + 2e + Hg = Cd(Hg)$$

同时在饱和甘汞电极上,汞被氧化成 Hg_2^{2+},并与溶液中的 Cl^- 生成 Hg_2Cl_2,电极反应为

$$2Hg - 2e + 2Cl^- = Hg_2Cl_2$$

超过分解电压以后,外加电压稍许增加,电流就迅速升高,即图 8-31 中 bd 段电流称为扩散电流(diffusion current),当外加电压增加到一定数值后,电流不再随外加电压的增加而增大,而达到了一个极限值,此电流称为极限电流(limiting current),以 i_1 表示,它是由残余电流和扩散电流所组成,故极限电流减去残余电流即为扩散电流,以 i_d 表示。扩散电流大小与溶液中镉离子的浓度成正比,这是极谱法定量分析的基础。电流等于极限扩散电流一半时相对应的滴汞电极电位称为半波电位(half-wave potential),以 $\varphi_{1/2}$ 表示。在一定条件下,它是离子的特性常数,而与离子浓度无关,如图 8-32 所示;不同离子具有不同的 $\varphi_{1/2}$,如图 8-33 所示。因此,它是极谱定性分析的依据。

当试液中含有数种可还原或氧化的组分时,每种组分都产生相应的极谱波。例如在支持电解质 KCl 存在下,Pb^{2+}、Zn^{2+} 可得到连续的极谱波。第一个波为铅离子的还原,第二个波为锌离子的还原,如图 8-33 所示。

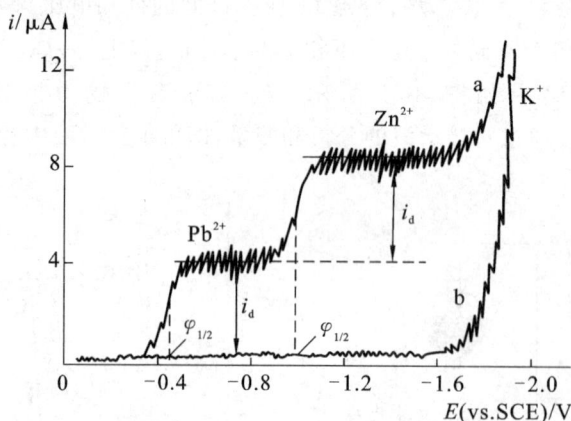

图 8-33　Pb^{2+}、Zn^{2+} 在 0.1 mol/L KCl 溶液中的极谱图

3) 滴汞电极电位与外加电压

在极谱分析中,外加电压 V 与滴汞电极电位 φ_{de} 关系为

$$V = \varphi_{SCE} - \varphi_{de} + iR \tag{8-29}$$

式中:i 为通过电解池的电流;R 为电解线路中总电阻。

　　由于通过电解池的电流很小,电解液中因加入了大量支持电解质,故线路中 R 值也很小,所以 iR 项可忽略不计。因此

$$V = \varphi_{SCE} - \varphi_{de}$$

因为饱和甘汞电极的电极电位实际为恒定值,当滴汞电极的电极电位以饱和甘汞电极为基准计算时,则

$$V = -\varphi_{de}(相对于 SCE)$$

由此可见,滴汞电极的电极电位受外加电压控制,外加电压越大,滴汞电极的电位为负数,其绝对值越大。这样,便可通过调节外加电压来控制滴汞电极的电位,从而使各种离子可以在各自所需电极电位处析出。离子的 i-φ_{de} 曲线称为该离子的极谱波。因为 $V = -\varphi_{de}$,故同一离子的极谱波和其电流-电压曲线实际上是相同的。

　　4) 扩散电流与被测离子浓度的关系——尤考维奇方程式

　　前面已经指出,极谱方法是以测量滴汞电极上的扩散电流为基础的。现仍以 Cd^{2+} 的测定为例进行讨论,假定它在滴汞电极上的反应可逆并遵守能斯特方程,则

$$\varphi_{de} = \varphi + \frac{RT}{nF} \lg \frac{c_0}{c_d} \tag{8-30}$$

式中:c_0 为滴汞电极表面 Cd^{2+} 浓度;c_d 为镉原子在滴汞电极表面汞齐中的浓度。

　　由于在极谱分析中,电解液不搅拌而处于静止状态,因而随着电极反应的发生,电极表面的 Cd^{2+} 浓度 c_0 将小于本体溶液的 Cd^{2+} 浓度,使滴汞电极的电位偏离平衡值。这种由于电解过程中电极表面溶液和本体溶液的浓度产生差别,因而使电极电位偏离其原来的平衡电位的现象称为浓差极化。这种浓度差别的存在促使本体溶液中的 Cd^{2+} 向电极表面扩散而形成了一个扩散层(其厚度约 0.05 mm),如图 8-34 所示。在扩散层内紧靠电极一端的溶液中的 Cd^{2+} 浓度为 c_0;在扩散层外面,溶液中 Cd^{2+} 浓度等于本体溶液中的 Cd^{2+} 浓度 c;在扩散层中 Cd^{2+} 浓度从小到大,浓度变化如图 8-35 所示。Cd^{2+} 的扩散速度正比于浓度差,因而电解电流也正比于浓度差,即

$$i = K(c - c_0)$$

式中:K 为比例常数。当外加电压不断增加,使滴汞电极的电位变得更低时,电极表面浓度 c_0 将趋于零,此时

$$i = i_d = Kc'$$

扩散电流正比于溶液中 Cd^{2+} 浓度而达到极限值,不再随外加电压的增加而变化。

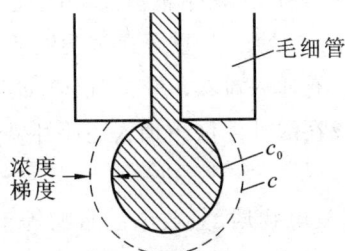

図 8-34　汞滴周期的浓差极化

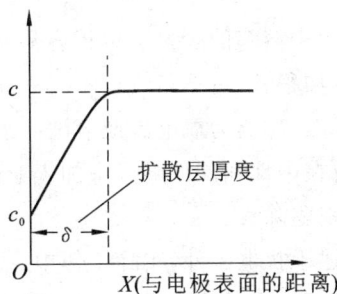

図 8-35　扩散层中的浓度变化

在滴汞电极上，比例常数 K 称为尤考维奇（Ilkovic）常数，其表达式为

$$K = 607nD^{1/2}m^{2/3}t^{1/6}$$

故　　　　　　　　　　$i_d = 607nD^{1/2}m^{2/3}t^{1/6}c$　　　　　　　　　　（8-31）

式中：n 为电极反应中电子转移数；D 为电极上起反应的物质在溶液中的扩散系数（cm^2/s）；m 为滴汞速度（mg/s）；t 为在测量 i_d 的电压下的滴汞周期（s）；c 为本体溶液中被测物质的浓度（mmol/L）。

式（8-31）为扩散电流方程，或称为尤考维奇方程，是定量分析的基础。

2. 干扰电流

极谱分析中的干扰电流包括残余电流、迁移电流、氧电流、氢电流以及极谱极大等。这些干扰电流与扩散电流的本质区别是，它们与被测物质浓度之间无定量关系，因此它们的存在严重干扰极谱分析，必须设法除去。

残余电流的产生有两个方面的原因：一是由于溶液中存在可还原的微量杂质，如 O_2、Cu^{2+}、Fe^{3+} 等，这些物质在没有达到被测物质的分解电压以前就在滴汞电极上还原，并产生小的电解电流；二是由于汞滴不断地生成和下落，汞滴表面与溶液间存在的双电层不断充电而产生的充电电流，其数值一般在 10^{-7} 数量级，相当于 10^{-5} mol/L 物质的还原电流。前者可以借助纯化去离子水和试剂的办法来消除，后者由于不是电极反应的结果，难以消除，一般采用作图法消除。

迁移电流来源于电解池的阳极和阴极对被测离子的静电引力或排斥力。在受扩散速度控制的电解过程中，产生浓差的同时必然产生电位差，使被测离子向电极迁移，并在电极上还原而产生电流，因此观察到的电解电流为扩散电流与迁移电流之和，而迁移电流与被测物质无定量关系，必须消除，一般向电解池加入大量电解质，由于阴极对溶液中所有阳离子都有静电引力，所以用于被测离子的静电引力就大大地减弱了，从而使由静电引力引起的迁移电流趋近于零，达到消除迁移电流的目的，所加入的电解质称为支持电解质，只起导电作用，不参加电极反应，因此也称为惰性电解质，如 KCl、NH_4Cl 等。

极谱分析中，经常出现一种特殊现象，当电解开始时，电流随电压增加而迅速地上升到一个很大的值，随后才降到扩散电流区域，这种比扩散电流大得多的不正常电流峰，称为极谱极大，峰高与被测物质之间无简单关系，影响扩散电流和半波电位的测量，应加以消除，通常是通过在被测溶液中加入少量的表面活性物质来抑制极谱极大，例如动物胶、聚乙烯醇、阿拉伯胶等，这些物质也称为极大抑制剂，但极大抑制剂也会降低扩散电流，用量不宜过多，并且每次用量要相等。

在试液中溶解的少量氧也很容易在滴汞电极上还原，并产生两个极谱波，由于它们的波形很倾斜，延伸很长，占据了 $-1.2 \sim 0$ V 极谱分析最有用的电位区间，重叠在被测物质的极谱波上，干扰很大，称其为氧电流或氧波。消除氧电流的方法有通入难被氧化的气体（如 N_2），驱除溶解氧，或在中性和碱性溶液中加入亚硫酸钠还原氧，或在酸性溶液中加入还原性铁粉与酸作用生成氢来驱除氧。

除上述干扰电流外，实际工作中，还有波的叠加、前放电物质、氢放电的影响等干扰因素，都应设法消除，为了消除这些干扰因素所加入的试剂，以及为了改善波形、控制酸度所加入的其他一些辅助试剂的溶液，称为极谱分析的底液。

3. 定量分析方法

用极谱法定量分析时,由扩散电流的大小直接根据尤考维奇方程计算浓度是困难的。因为影响扩散系数的因素很多,难以准确测量,所以在实际工作中都采用相对法定量,即测量待测溶液和标准溶液极谱波的波高,然后进行比较,就可求出待测物质的量。

1) 波高的测量

极谱图上的波高代表极限扩散电流,扩散电流的测量即是极谱波高的测量。一般只需测量相对波高(以毫米或记录纸格子数表示),而不必测量扩散电流的绝对值。正确地测波高可以减小分析误差。测量波高的方法很多,通常采用三切线法。

在极谱波上通过残余电流、极限电流和扩散电流分别作出 AB、CD 及 EF 三条切线,EF 与 AB 相交于 O 点,EF 与 CD 相交于 P 点(图 8-36),通过 O 与 P 作平行于横坐标轴的平行线,此平行线之间的垂直距离即为所求波高。

2) 定量方法

在极谱定量分析中,常采用一般仪器分析所通用的标准曲线法或标准加入法。个别组成不太复杂的样品也可采用单次标准加入法进行测定。

该方法是先取一定体积(V_x)未知溶液,测其极谱波高(h_x),然后加入一定体积(V_s)的相同物质的标准溶液(c_s),在同一实验条件下再测定其极谱波高(H),如图 8-37 所示。由波高的增加计算出被测物的浓度(c_x)。由扩散公式得

$$h_x = K c_x$$

$$H = K \frac{V_x c_x + V_s c_s}{V_x + V_s}$$

合并以上两式,即可求得被测物浓度,即

$$c_x = \frac{c_s V_s h_x}{H(V_x + V_s) - V_x h_x} \tag{8-32}$$

用标准加入法进行极谱分析时,因为加入标准溶液的量很少,加入标准溶液前后的实验条件基本一致,故所引起底液浓度的改变常常可以忽略不计。

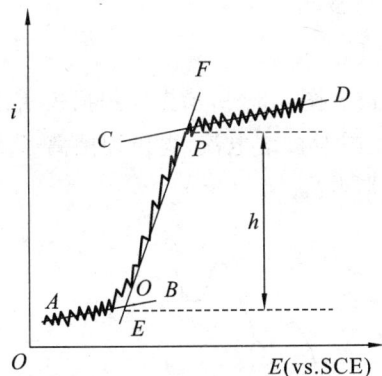

图 8-36 三切线法测量波高

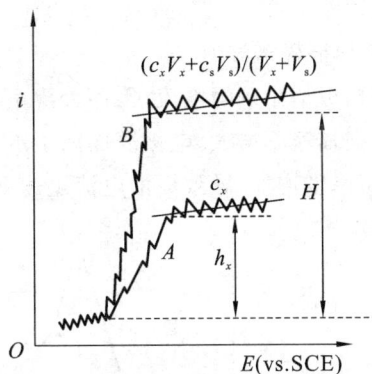

图 8-37 标准加入法极谱图

【例 8-5】 3.00 g 锡矿试样,以 Na_2O_2 熔融后溶解,将溶液转移至 250 mL 容量瓶中,稀释至刻度。吸取稀释后的试液 25.00 mL 进行极谱分析,测得极谱波高为 24.9 mm。然后在此溶液中加入 5.00 mL 浓度为 6.00×10^{-3} mol/L 的锡标准溶液,测得极谱波高为 28.3 mm。计算矿样中锡的质量分数。

解　根据式(8-32)有

$$c_{Sn} = \frac{c_s V_s h_{Sn}}{H(V_{Sn} + V_s) - V_{Sn} h_{Sn}}$$

$$= \frac{6.00 \times 10^{-3} \times 5.00 \times 24.9}{28.3 \times (25.00 + 5.00) - (25.00 \times 24.9)} \text{ mol/L}$$

$$= 3.298 \times 10^{-3} \text{ mol/L}$$

因此矿样中锡的质量分数为

$$w_{Sn} = \frac{m}{m_S} \times 100\% = \frac{c_{Sn} V_{Sn} M_{Sn}}{m_S} \times 100\%$$

$$= \frac{3.298 \times 10^{-3} \times 25.00 \times 118.7}{\dfrac{25.00}{250} \times 3.00} \times 100\% = 3.26\%$$

4. 经典极谱分析法的不足

(1) 费汞费时。完成一个经典极谱波需耗数百滴汞,而每滴汞寿命周期内施加的电压变化慢,因此经典极谱法费汞费时。

(2) 分辨率低。直流极谱波呈台阶形,两种物质的极谱半波电位相差小于 0.2 V 时,两个极谱波就会产生波形重叠,使峰高或半峰宽无法测量。

(3) 灵敏度低。直流充电电流(10^{-7} A)与 10^{-5} mol/L 的去极剂产生的电流相当,因此测定的灵敏度低。

8.4.2　现代极谱法

现代极谱法包括单扫描示波极谱法、脉冲极谱法、方波极谱法、催化极谱法、线性扫描伏安法、循环伏安法和溶出伏安法等多种方法,其中用得较多的是单扫描示波极谱法、脉冲极谱法、线性扫描伏安法、循环伏安法和溶出伏安法这几种方法。

1. 单扫描示波极谱法

单扫描示波极谱法是指在一个汞滴成长的最后时刻,在其上迅速只加一次锯齿波脉冲扫描的极谱分析法。我国则通称为示波极谱法,其相应的仪器称为示波极谱仪。单扫描极谱的电压扫描速率为 250 mV/s,为经典直流极谱的 50～80 倍。

1) 单扫描极谱波形

单扫描极谱出现峰电流,因而分辨率比经典极谱高。图 8-38 所示为单扫描极谱记录的电流。由于扫描速率增大,电极表面离子迅速还原,产生瞬时极谱电流,电极周围离子来不及扩散,扩散层厚度增加,导致极谱电流迅速下降,形成峰形电流。

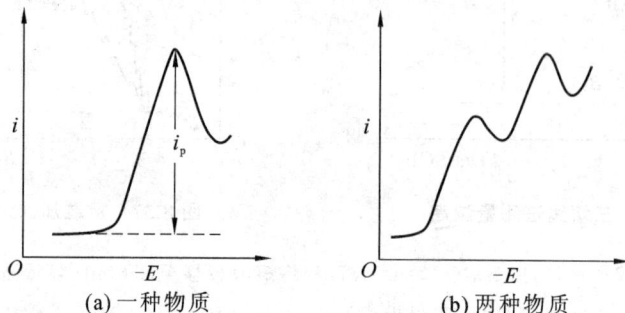

图 8-38　单扫描极谱波形

2) 峰电流与浓度之间的关系

研究表明,单扫描极谱的可逆波的峰电流 i_p 符合兰德尔斯-休维奇方程,即

$$i_d = 2.69 \times 10^5 (n^3 Dv)^{1/2} (mt_p)^{2/3} c \tag{8-33}$$

式中: v 为扫描速率; t_p 为峰电流出现的时间;其余符号含义同尤考维奇方程。从峰电流极谱方程可看出,随着扫描速率 v 的增大,峰电流增大,检出限可达 10^{-7} mol/L。但扫描速率过大,电容电流将增大,灵敏度反而下降。对单扫描极谱曲线作一阶、二阶导数处理,可进一步提高分辨率。

2. 脉冲极谱法

每一汞滴后期的某一时刻,在线性变化的直流电压上叠加一个方波电压,振幅为 2～100 mV,并在方波电压半周期的后期记录电解电流的方法称为脉冲极谱法。由于方波电压的宽度为 5～100 ms,因此充电电流和毛细管噪声电流得到充分的衰减。脉冲极谱法是极谱法中灵敏度较高的方法之一。

脉冲极谱法按施加脉冲电压的方式分为常规脉冲极谱法(normal pulse polarography, NPP)和微分脉冲极谱法(differential pulse polarography,DPP)。常规脉冲极谱波与直流极谱波相似,微分脉冲极谱波呈峰形,如图 8-39 和图 8-40 所示。

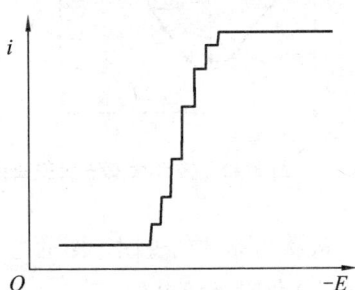

图 8-39　常规脉冲极谱　　　　　　　　图 8-40　微分脉冲极谱

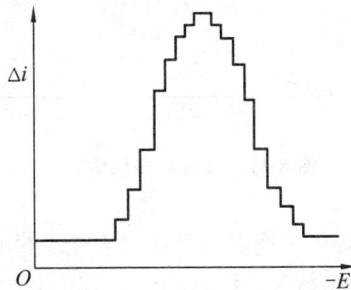

对于可逆极谱波来说,常规脉冲极谱的极限电流方程式为

$$i_l = nFAD^{1/2} (\pi t_m)^{-1/2} c \tag{8-34}$$

式中: t_m 为每个周期内从开始施加脉冲到进行电流采样所经历的时间;其他各变量意义同前。

3. 线性扫描伏安法

线性扫描伏安法(linear sweep voltammetry,LSV)也称线性电位扫描计时电流法。当工作电极上电位较正(指正值较大)时,不足以使被测物质在电极上还原,电流没有变化,即电极表面和本体溶液中物质的浓度是相同的,无浓差极化。当电位变负,达到被测物质的还原电位时,物质在电极上很快地还原,电极表面物质的浓度迅速下降,电流急速上升。若电位变负的速率很快,可还原物质会急剧地还原,其在电极表面附近的浓度迅速地降低并趋近于零,此时电流达最大值。电位继续变负,溶液中的可还原物质要从更远处向电极表面扩散,扩散层因此变厚,电流随时间的变化缓慢衰减,于是形成了一种峰状的电流-电位曲线(伏安曲线),如图 8-41 所示。

对于可逆电极反应,电流的定量表达式为

$$i_p = 2.69 \times 10^5 n^{3/2} D^{1/2} v^{1/2} Ac \tag{8-35}$$

式中：i_p 为峰电流；n 为电子转移数；D 为扩散系数(cm^2/s)；v 为电位扫描速率(V/s)；A 为电极表面积(cm^2)；c 为被测物质的浓度(mol/L)。上式又称为 Randles-Sevcik(兰德莱斯-塞夫契克)方程。可见，峰电流与被测物质的浓度成正比，且与扫描速率等因素有关。

4. 循环伏安法

对于可逆的电化学反应，当电位从正向负方向线性扫描时，溶液中的氧化态物质 O 在电极上还原生成还原态物质 R：

$$O + ne \longrightarrow R$$

当电位逆向扫描时，R 则在电极上氧化为 O：

$$R \longrightarrow O + ne$$

其伏安线如图 8-42 所示。

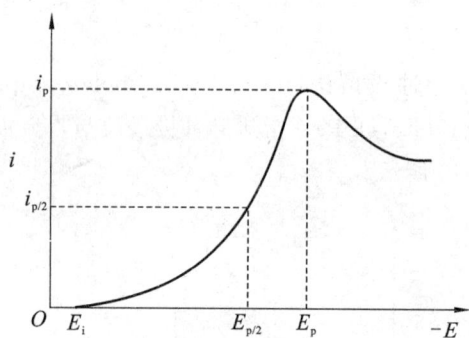

图 8-41　线性扫描伏安图

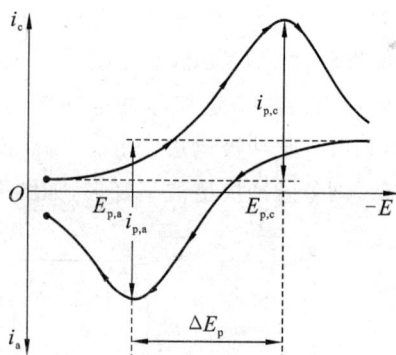

图 8-42　循环伏安法伏安曲线

图中曲线呈现出一个还原氧化全过程，是循环曲线，故称为循环伏安图。图的上半部是还原波，称为阴极支，其电流和电位分别称为阴极峰电流($i_{p,c}$)和阴极峰电位($E_{p,c}$)；下半部为氧化波，称为阳极支，其电流和电位分别称为阳极峰电流($i_{p,a}$)和阳极峰电位($E_{p,a}$)。

循环伏安法是最基本的电化学研究方法，在研究电化学反应的性质、机理和电极过程动力参数等方面有着广泛的应用。

5. 溶出伏安法

溶出伏安法(stripping voltammetry)是一种灵敏度很高的电分析化学方法，检测下限一般可达 10^{-12} mol/L。它将电化学富集与测定有机地结合在一起。溶出伏安法的操作分为两步：第一步是富集，第二步是溶出。如图 8-43 所示。

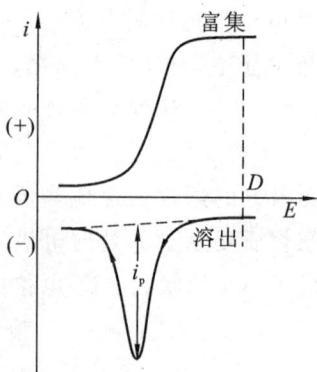

图 8-43　阳极伏安法极化曲线

（1）富集　在恒电位下和搅拌的溶液中进行预电解，将痕量组分富集到电极上。时间和搅拌速度等条件需严格地控制。

（2）溶出　让溶液静止 30 s 或 1 min 后，再用各种伏安法溶出。依据溶出曲线中溶出峰电流大小对被测物质进行定量测定。

电解富集的电极有悬汞电极、汞膜电极和固体电极

（Ag、Au、Pt、C 等），如图 8-44 所示。汞膜电极面积大，同样的汞量做成厚度为几十纳米到几百纳米的汞膜，其表面积比悬汞大，电解效率高。

根据溶出时电位的扫描方向，溶出伏安法可以分为两种类型。在电解富集时，工作电极作为阴极，溶出时向阳极方向扫描，称为阳极溶出伏安法。这类方法常用于金属离子（如铋、镉、铜、镓、铟、铊、铑、铅、锡、锌等）的测定。反之，工作电极作为阳极电解富集，然后向阴极方向扫描，则称为阴极溶出伏安法。该类方法可用于某些阴离子（如氯、溴、碘、硫等）的测

(a) 悬汞电极　　　　(b) 玻碳电极

图 8-44　溶出伏安法的工作电极

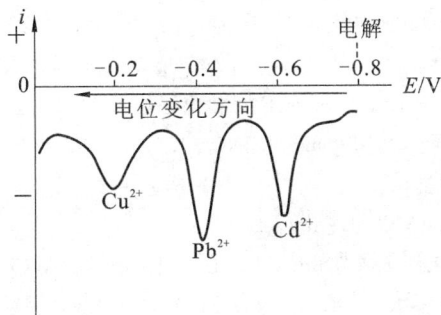

定。如卤素离子在汞电极作阳极电解时，形成难溶性汞盐沉积于电极，电极电位向阴极扫描时沉积物溶出。

类似于上述阳极或阴极溶出伏安法的另一种方法叫吸附溶出伏安法（adsorptive stripping voltammetry）。它所不同的是其富集过程是通过非电解过程即吸附来完成的，而且被测物质可以是开路富集，也可以是控制工作电极电位来富集，被测物质的价态不发生变化。但溶出过程与上述溶出伏安法一样，即借助电位扫描使电极表面富集的物质氧化或还原溶出，根据其溶出峰伏安曲线进行定量分析。某些生物分子、药物或有机化合物如血红素、多巴胺、尿酸和可卡因等，在汞电极上具有强烈的吸附性，它们从溶液相向电极表面吸附传递并不断地富集在电极上。因电极面积很小，这样，电极表面被测物质浓度远大于本体溶液中的浓度。在溶出过程，使用快速的电位扫描速率（大于 100 mV/s），富集的物质会迅速地氧化或还原溶出，故也能获得大的溶出电流而提高灵敏度。

溶出伏安法的定量方法可按照标准比较法、标准曲线法、标准加入法以及内标法进行。

【例 8-6】　盐酸中微量 Cu^{2+}、Pb^{2+}、Cd^{2+} 的分析。

解　首先在 -0.8 V 电压下预电解 3 min，此时溶液中的一部分 Cu^{2+}、Pb^{2+}、Cd^{2+} 在汞膜电极上（或悬汞电极）还原，并成为汞齐。电极反应为

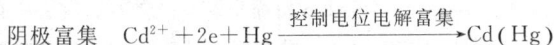

阴极富集　$Cd^{2+} + 2e + Hg \xrightarrow{\text{控制电位电解富集}} Cd(Hg)$

然后使汞膜电极电位均匀地由负向正扫描，首先镉汞齐氧化，产生相应的氧化电流。电极反应为

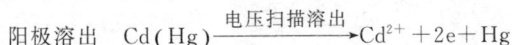

阳极溶出　$Cd(Hg) \xrightarrow{\text{电压扫描溶出}} Cd^{2+} + 2e + Hg$

当电位继续升高时，达到铅的氧化电位，铅产生氧化电流，最后达到铜的氧化电位，获得铜的溶出峰。图 8-45 所示为 Cu、Pb、Cd 的溶出伏安曲线。

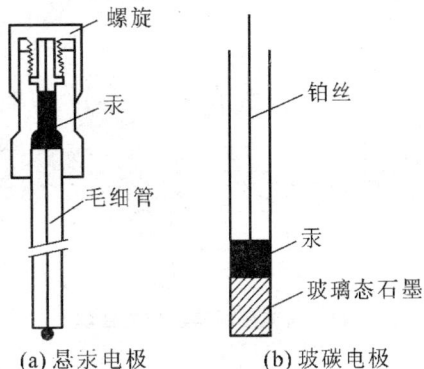

图 8-45　盐酸中铜、铅、镉溶出伏安曲线

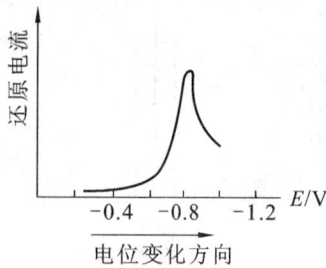

图 8-46　硫离子的溶出伏安曲线

【例 8-7】　溶液中痕量硫离子(S^{2-})的测定。

解　在 0.1 mol/L NaOH 底液中,于 -0.4 V 电压下电解富集一定时间,这时悬汞电极或汞膜电极上便生成难溶性的 HgS 薄膜。电极反应为

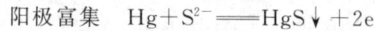

$$阳极富集 \quad Hg + S^{2-} \Longrightarrow HgS \downarrow + 2e$$

溶出时,悬汞电极或汞膜电极的电位由正向负扫描,当达到还原电位时,则由下列还原反应而得到阴极溶出峰,如图 8-46 所示。

$$阴极溶出 \quad HgS \downarrow + 2e \Longrightarrow Hg + S^{2-}$$

阴极溶出所使用的仪器、工作电极、定量方法与阳极溶出相同。

8.4.3　应用与示例

1. 经典极谱法

极谱分析法不仅常常用来分析 Cu、Cd、Zn、Pb、Sn、In、Ti、Co、Ni、Fe、Mn、Cr、Sb、Bi 和 Cl^-、Br^-、I^-、CN^-、S^{2-}、$S_2O_3^{2-}$、OH^- 等无机物,而且能用于分析硝基化合物、亚硝基化合物、偶氮化合物、偶氮羟基化合物、醛、酮、醌类化合物、不饱和化合物、杂环化合物、卤化物、过氧化合物、含硫化合物、砷化物、氢醌类化合物以及酶等有机物。

【示例 8-13】　极谱法测定过氧化物歧化酶的活性。

过氧化物歧化酶(superoxide dismutase,SOD)广泛存在于生物体内,它能特异性地催化过氧离子(O^{2-})的歧化反应,因此 SOD 对过氧离子所导致的疾病,如炎症、放射病、免疫性疾病等都有较好的疗效。目前 SOD 是具有较高临床价值的药用酶。

测定 SOD 的原理是在 TPO(三苯基氧化磷)存在下,由于 SOD 能催化过氧离子生成 O_2 和 H_2O_2,从而增加反应层中 O_2 的浓度,使极谱波增高,根据波高的增加值,可以计算 SOD 的活性。该法灵敏度较高,重复性较好,不受血清干扰。在 883 型笔录式极谱仪上,以含有 1.8×10^{-3} mol/L TPO,8% 甲醇的 0.025 mol/L 硼砂缓冲溶液为底液,并调 pH 值为 9.5,以滴汞电极为指示电极(阴极),甘汞电极为参比电极,在 0~1.7 V 范围内进行扫描。测量取波高作为空白值。精确移取 55 U/mL 的 SOD 标准溶液 0.025 mL、0.075 mL、0.100 mL、0.125 mL、0.150 mL,分别加入硼砂缓冲溶液中,在上述条件下扫描。以其极谱波高减去空白波高,所得值记为 y,以 y^2 为纵坐标,以 SOD 活性为横坐标,绘制工作曲线。在同样条件下测定试样的极谱波高,以其 y^2 值在工作曲线上查出相应的 SOD 活性。

2. 现代极谱法

单扫描示波极谱法、脉冲极谱法、溶出伏安法等现代极谱法由于具有灵敏、快速和简单等特点,已广泛应用于材料、环保、药物和生化等领域的研究和检测。

【示例 8-14】　单扫描示波极谱法连续测定铜、铅、镉、锌。

在乙二胺-8-羟基喹啉底液中,Cu^{2+}、Pb^{2+}、Cd^{2+}、Zn^{2+} 能产生灵敏的配合物吸附波,其峰电位分别为 -0.61 V、-0.74 V、-0.94 V 和 -1.4 V(vs. SCE)。检出限均为 5×10^{-8} mol/L。线性范围依次为 $0 \sim 3 \times 10^{-6}$ mol/L、$0 \sim 4 \times 10^{-6}$ mol/L、$0 \sim 6 \times 10^{-6}$ mol/L 和 $0 \sim 1.5 \times 10^{-6}$ mol/L。应用本方法同时测定多种水样中的 Cu^{2+}、Pb^{2+}、Cd^{2+}、Zn^{2+} 的含量。

【示例 8-15】　脉冲极谱法测定磺胺甲噁唑。

磺胺甲噁唑在 HCl-硼砂-氯化钾缓冲溶液中,于 -1.45 V(vs. Ag/AgCl)处产生一个良好的示差脉冲极谱峰,磺胺甲噁唑浓度与峰高在 $8 \times 10^{-5} \sim 8 \times 10^{-4}$ mol/L 范围内呈线性关系,方法用于片剂中磺胺甲噁唑的测定,简便快速,结果准确。

【示例 8-16】　聚亚甲基蓝-碳纳米管修饰电极通过阳极溶出伏安法测定痕量 Sn^{2+}。

Sn^{2+} 通过与电极表面的聚亚甲基蓝吩噻嗪环上 S 和 N 原子发生螯合作用而富集在电极表面,同时在 -1.20 V(vs. SCE)还原成 Sn,当电极电势从 -1.20 V 向 -0.30 V 扫描时,被还原的 Sn 从电极表面溶出。碳纳米管与聚亚甲基蓝的协同作用,使得 Sn^{2+} 在该修饰电极上有良好的响应。Sn^{2+} 的溶出峰电流与其浓度在 $2 \times 10^{-7} \sim 1 \times 10^{-4}$ mol/L 范围内呈良好的线性关系,检出限为 1×10^{-7} mol/L。

【示例 8-17】　阴极溶出伏安法同时测定大气中的甲醛和乙醛。

甲醛和乙醛在硫酸联氨和 EDTA 组成的底液中,在微分脉冲极谱仪上,用阴极溶出伏安法得到两个峰电流。其峰电位分别为 -0.91 V 和 -1.04 V(vs. Ag/AgCl)。在 $0.010 \sim 9.00$ mg/L 范围内,浓度与峰电流呈线性关系。其检出限均为 1.0×10^{-8} g/mL。用该方法可同时测定大气中甲醛和乙醛的含量。

思考题与习题

1. 简述玻璃电极的作用原理。为什么玻璃电极在使用前必须在蒸馏水中浸泡 24 h 以上?

2. 离子选择性电极有哪些类型?

3. 为什么离子选择性电极对待测离子具有选择性? 如何估量这种选择性?

4. 直接电位法的依据是什么? 直接电位法的主要误差来源有哪些? 应如何避免?

5. 极谱分析中干扰电流包括哪些? 如何消除?

6. 极谱分析法作定量分析的依据是什么? 有哪几种常用的定量方法?

7. 溶出伏安法分哪几种? 为什么它的灵敏度高?

8. 在极谱分析中为什么要加入大量支持电解质? 常用的支持电解质有哪些?

9. 为什么恒电流库仑分析法又称为库仑滴定法?

10. 电解分析法(电重量法)和库仑分析法的共同点是什么? 不同点是什么?

11. 库仑分析法的基本原理是什么? 基本要求又是什么? 控制电位和控制电流的库仑分析是如何达到基本要求的?

12. 下列电池中的溶液是 pH 值等于 4.00 的缓冲溶液时,在 25 ℃ 使用毫伏计测得电池的电动势为 0.209 V:

$$\text{玻璃电极} \mid H^+(a=x) \parallel \text{饱和甘汞电极}$$

当缓冲溶液被三种未知溶液代替时,测得电池电动势分别为(a)0.312 V;(b)0.088 V;(c)0.017 V。试计算三种未知溶液的 pH 值。

13. 用 pH 玻璃电极测定 pH=5.00 的溶液,其电位为 0.043 5 V;测定另一未知试液时,该电极的电位为 0.0145 V,电极响应斜率为 58.0 mV/pH。求未知溶液的 pH 值。

14. 用氟离子选择性电极测定水样中氟含量。取水样 50 mL,加总离子强度调节缓冲溶液 50.00 mL,测得其电位值为 137.2 mV,再加 1.00×10^{-3} mol/L F^- 标准溶液 1.00 mL,测得其电位值为 117.0 mV,氟电极的响应斜率为 58.0 mV/pF。求水样中 F^- 浓度。

15. 称取不纯的一元弱酸 HA(相对分子质量为 120)试样 1.600 g,溶解,稀释至 60 mL,以 NaOH 溶液进行电位滴定,当达到半中和点(中和 HA 的一半)时,pH=5.00,此时 NaOH 溶液消耗量为 20.00 mL;当达到化学计量点时,pH=9.00,试计算试样中 HA 的质量分数。

16. 用流动载体钙电极测量溶液中 Ca^{2+} 的浓度。将其插入 25.00 mL 溶液中,以参比电极为正极组成化学电池,25 ℃时测得电动势为 0.469 5 V,加入 1.00 mL $CaCl_2$ 标准溶液(5.45×10^{-2} mol/L)后,电动势降至 0.4117 V。计算样品溶液中 Ca^{2+} 的浓度。

17. 用库仑滴定法测定某炼焦厂下游河水中苯酚含量,将 10.0 mL 含苯酚的试液放入烧杯中,再加入一定量的盐酸和 0.1 mol/L NaBr 溶液,由电解产生 Br_2 来滴定 C_6H_5OH,反应式为

$$2Br^- \longrightarrow Br_2 + 2e$$
$$C_6H_5OH + 3Br_2 \longrightarrow Br_3C_6H_2OH + 3HBr$$

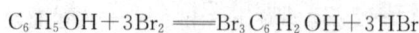

电流强度为 6.43 mA,到达终点所需时间为 112 s。计算试液中苯酚的浓度。

18. 溶解 0.200 0 g 含镉试样,测得其极谱波高为 41.7 mm,在相同条件下测得含镉 150 μg、250 μg、350 μg 及 500 μg 的标准溶液的波高分别为 19.3 mm、32.1 mm、45.0 mm 及 64.3 mm。计算试样中镉的质量分数。

19. 用极谱法测定未知铅溶液。取 25.00 mL 的未知铅溶液,测得扩散电流为 1.86 μA。然后在该溶液中加入 2.12×10^{-3} mol/L 的铅标准溶液 5.00 mL,同样条件下,测得其混合溶液的扩散电流为 5.27 μA。计算未知铅溶液的浓度。

20. 用极谱法测得某含 Ni^{2+} 试样的峰电流为 1.39 μA,在同样底液条件下测得浓度为 1.00×10^{-4} mol/L 的 Ni^{2+} 标准溶液的峰电流为 1.03 μA,试计算试样中的浓度。

第9章 色谱分析法概论

分析工作者面临的分析对象往往是多种组分混合的复杂体系。对复杂物质的分析需要将样品中的各种组分先分离，然后逐个进行定性或定量分析。通常将先分离、后分析的仪器分析方法称为色谱分析法（chromatography，由英文单词"chroma"（色彩）和"graphy"（图谱）复合而成），它利用试样中共存组分之间的吸附、分配、交换、迁移速率以及其他性能上的差异，先将它们分离，然后通过检测器按一定顺序进行分析测定。它主要包括色谱分析法（气相色谱、液相色谱、纸色谱、薄层色谱、超临界流体色谱等）、高效毛细管电泳法及色谱-质谱、色谱-光谱、色谱-波谱联用法等，具有高灵敏度、高选择性、高效能、分析速度快及应用范围广等优点。

色谱法是一种分离技术，是由俄国植物学家茨维特（Tswett）在1906年创立的。他在研究植物叶片中的色素时，先用石油醚浸取叶片中的色素，然后将浸取液倒入一根填充$CaCO_3$的直立玻璃管的顶端（图9-1(a)），再加入纯石油醚进行淋洗，由于各种色素受到的吸附作用不同，受$CaCO_3$滞留作用强的组分随流动相迁移较慢，而受$CaCO_3$滞留作用较弱的组分则迁移较快，这种迁移速率的差异导致了组分的分离。因此，淋洗结果使玻璃管内植物色素被分离成具有不同颜色的谱带（图9-1(b)），如果淋洗时间足够长，被分离的组分就会随石油醚先后流出柱外。玻璃管称为色谱柱；管内填充物（$CaCO_3$）是固定不动的，称为固定相；淋洗剂（石油醚）是携带混合物流过固定相的流体，称为流动相。

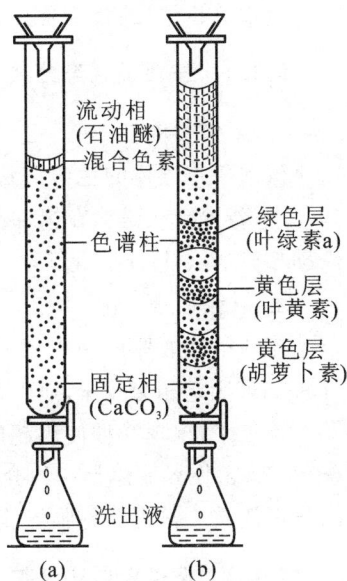

图9-1 植物叶色素分离

1931年，有人应用茨维特的装置分离β-胡萝卜素异构体获得了成功，20世纪30—40年代相继出现了平面介质上进行分离的薄层色谱法与纸色谱法。1952年，英国的马丁（Martin）和辛格（Synge）等建立了以气体为流动相的气相色谱法（gas chromatography，GC），采用仪器方法完成色谱分离和检测的全过程，开创了现代色谱法。

1956年高雷（Golay）提出了开管柱色谱理论，次年诞生了毛细管柱气相色谱分析法。20世纪50年代末期发展了以凝胶为固定相的凝胶色谱法。60年代推出了气相色谱-质谱联用技术（GC-MS），有效地弥补了色谱法定性特征性不强的弱点。70年代高效液相色谱法（high performance liquid chromatography，HPLC）崛起，它采用高性能填料的高效色谱柱、高压泵和高灵敏度检测器，极大地提高了分离效率和检测灵敏度，把色谱法推至一个新的高度。在此期间还出现了薄层扫描仪，提高了薄层色谱法的定性定量分析水平。80年代初出现了采用超临界流体为流动相的超临界流体色谱法（supercritical fluid chromatography，SFC），它兼有GC与HPLC的优点。80年代末飞速发展起来的毛细管电泳法（capillary electrophoresis，CE）更令人瞩目，它对于生物大分子的分离具有独特的优点。

1996年世界上第一台商品化超高效液相色谱仪（ultra performance liquid chromatography，

UPLC)在 Waters 公司问世,之后安捷伦、岛津等公司也陆续开始生产超高效液相色谱仪。UPLC 借助于 HPLC(高效液相色谱)的原理,使用了小颗粒填料、非常低系统体积及快速检测手段等全新技术,增加了分析的通量、灵敏度及色谱峰容量。UPLC 的速度、灵敏度及分离度分别是传统 HPLC 的 9 倍、3 倍及 1.7 倍,它缩短了分析时间,同时减少了溶剂用量,降低了分析成本。

历史上曾有两次诺贝尔化学奖是授予色谱研究工作者的:1948 年瑞典科学家提塞留斯(Tiselius)因电泳和吸附分析的研究而获奖;1952 年英国的马丁和辛格因发展了分配色谱而获奖。此外,在许多获诺贝尔医学奖、化学奖的研究中,色谱法在有关复杂物质的分离分析中起了重要的作用。目前色谱分析法已广泛用于各个领域,成为多组分混合物最重要的分离分析方法。

9.1　色谱法分类

色谱分析法(通常简称色谱法或色层法、层析法)可以从不同角度进行分类。

9.1.1　按两相状态分类

1. 气相色谱

流动相是气体的色谱法称为气相色谱(GC)。若固定相是固体吸附剂,则称为气固色谱(GSC);若固定相是涂在惰性载体(担体)上的液体,则称为气液色谱(GLC)。常用的气相色谱流动相有 N_2、H_2、He 等气体。

2. 液相色谱

流动相是液体的色谱法称为液相色谱(LC)。若固定相是固体吸附剂,则称为液固色谱(LSC);若固定相为液体,则称为液液色谱(LLC)。常用的液相色谱流动相有 H_2O、CH_3OH 等。

近年来,出现一种使用超临界流体作为色谱流动相的,这一类色谱称为超临界流体色谱(SFC)。超临界流体是一种介于气体和液体之间的状态,具有介于气体和液体之间的极有用的分离性质。常用的超临界流体是 CO_2,并使用甲醇、乙醇作为添加剂。

9.1.2　按操作形式分类

1. 柱色谱

固定相装在柱管内的色谱法称为柱色谱(column chromatography,CC),它可分为两类:一类是固定相填充于玻璃或金属管内的,称为填充柱(packed column)色谱;另一类是固定相附着或键合在管的内壁上,中心是空的,称为空心毛细管柱色谱或毛细管柱(capillary column)色谱。气相色谱法、高效液相色谱法、毛细管电泳法及超临界流体色谱法等属于柱色谱法。

2. 平面色谱

1) 纸色谱

固定相为滤纸的色谱法称为纸色谱(paper chromatography,PC)。它是采用适当溶剂使样品在滤纸上展开而进行分离的。

2) 薄层色谱

固定相压成或涂成薄层的色谱法,称为薄层色谱(thin layer chromatography,TLC)。操作方法与纸色谱相似。

9.1.3　按分离原理分类

1. 吸附色谱

吸附色谱(adsorption chromatography)是利用固体吸附剂(固定相)表面对各组分吸附能力强弱的不同进行分离的色谱法。

2. 分配色谱

分配色谱(partition chromatography)是利用固定液对各组分的溶解能力(分配系数)不同进行分离的色谱法。

3. 离子交换色谱

离子交换色谱(ion exchange chromatography,IEC)是利用离子交换剂(固定相)对各组分的亲和力不同进行分离的色谱法。

4. 尺寸排阻色谱

尺寸排阻色谱(size exclusion chromatography,SEC)也叫凝胶色谱,它是利用某些凝胶(固定相)中的微孔对不同相对分子质量的组分所产生的阻滞作用不同而进行分离的色谱法。

9.2　色谱的基本术语

9.2.1　色谱过程

色谱过程是物质分子在相对运动的两相间分配"平衡"的过程。混合物中,若各个组分被流动相携带移动的速率不相等,则形成差速迁移而被分离。

吸附柱色谱法的色谱过程如图 9-2 所示。把含有 A、B 两组分的样品加到色谱柱的顶端,样品组分被吸附到固定相上。用适当的流动相冲洗,当流动相通过时,被吸附在固定相上的组分溶解于流动相中,此过程也称为解吸。已解吸的组分随着流动相向前移行,当遇到新的吸附剂颗粒时,再次被吸附。如此在色谱柱上不断发生吸附、解吸、再吸附、再解吸的过程。若两种组分的极性不同,则吸附剂表面对组分的吸附能力也存在差异,其结果就使吸附能力弱的组分先从色谱柱中流出,吸附能力强的组分后流出色谱柱,从而使 A、B 两组分得到分离。

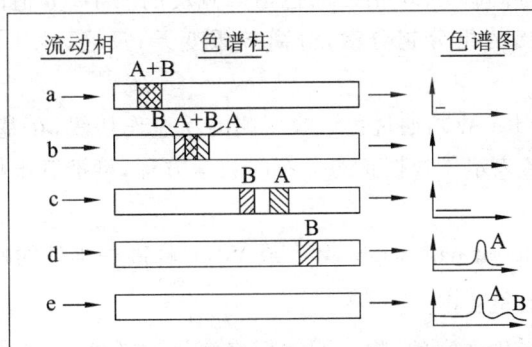

图 9-2　色谱过程示意图

9.2.2　色谱图

色谱分析时,混合物中各组分经色谱柱分离后,随流动相依次流出色谱柱,经检测器把各组分的浓度信号转变成电信号,然后用记录仪将组分的信号记录下来。色谱图(chromatogram)就是组分在检测器上产生的信号强度对时间 t 所作的图,由于它记录了各组分流出色谱柱的情况,所以又叫色谱流出曲线。色谱图上的峰状突起部分称为色谱峰,由于电信号(电压或电流)强度与物质的浓度(或质量)成正比,所以色谱图实际上是浓度(质量)-时间曲线。

色谱图上正常峰的形状符合正态分布,峰形以峰顶垂直线为中心呈近似对称分布。现以图9-3所示的色谱图说明有关色谱峰的基本术语。

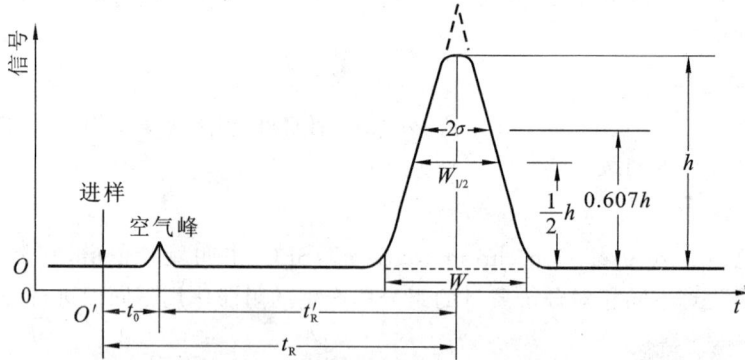

图 9-3　色谱图

1. 基线

在一定色谱条件下,仅有流动相通过检测器系统时所产生的信号的曲线,称为基线(base line)。基线反映仪器(主要是检测器)的噪声随时间的变化。实验条件稳定时基线应是一条平行于横轴的线,若基线下斜或上斜,称为漂移,基线的上下波动,称为噪声(或噪音)。

2. 峰高

色谱峰顶点与基线之间的垂直距离称为峰高(peak height),以 h 表示。其大小可以用高度(mm)、电信号的大小(mV 或 mA)等表示。

3. 峰宽

色谱峰的宽度直接和分离效率有关。描述色谱峰峰宽的方法有三种。

(1)标准偏差(σ):为峰高 0.607 倍处的色谱峰宽度的一半。σ 值的大小表示组分流出的分散程度。σ 值越大,流出的组分越分散,分离效果变差;反之,流出组分越集中,分离效果较好。

(2)峰底宽(peak width,W):通过色谱峰两侧的拐点作切线,在基线上的截距称为峰宽,或称基线宽度,以 W 或 Y 表示。根据正态分布的数学方程,可推算出峰宽和标准偏差的关系为 $W=4\sigma$。

(3)半峰宽(peak width at half height,$W_{1/2}$ 或 $Y_{1/2}$):峰高一半处的峰宽称为半峰宽,$W_{1/2}=2\sigma\sqrt{2\ln2}=2.355\sigma$,$W=1.699\,W_{1/2}$。

$W_{1/2}$ 与 W 都是由 σ 派生而来的,除了用它们来衡量柱效外,还用它们来计算峰面积。由于半峰宽测量方便,故最为常用。

4. 峰面积(peak area,A)

色谱峰与峰底之间的面积称为峰面积。它是色谱定量的依据。色谱峰的面积可由色谱工作站软件或积分仪求得,也可以采用以下方法计算求得。

（1）对于对称的色谱峰：

$$A = 1.065hW_{1/2} \tag{9-1}$$

（2）对于非对称的色谱峰：

$$A = 1.065h \frac{W_{0.15} + W_{0.85}}{2} \tag{9-2}$$

式中：$W_{0.15}$ 和 $W_{0.85}$ 分别为色谱峰高 $0.15h$ 和 $0.85h$ 处的宽度。

9.2.3　色谱保留值

色谱保留值是色谱定性分析的依据，它体现了各待测组分在色谱柱（或板）上的滞留情况。在固定相中溶解性能越好，或与固定相的吸附性越强的组分，在柱中的滞留时间越长，或者说将组分带出色谱柱所需的流动相体积越大。所以保留值可以用保留时间或相应的保留体积来描述。

1. 死时间

死时间（dead time，t_0）是指不能被固定相滞留的组分从进样到出现峰最大值所需的时间，即流动相到达检测器所需的时间，或者说流动相流经色谱柱内空隙所需要的时间。例如，GC 中的空气峰的出峰时间通常被视为死时间。

2. 保留时间

保留时间（retention time，t_R）是指组分从进样到出现峰最大值时所需的时间。当色谱柱中固定相、柱温、流动相的流速等操作条件保持不变时，一种组分只有一个 t_R 值，故 t_R 可以作为定性的指标。对于不同的色谱柱，t_0 不一样，或者操作条件不一样，t_R 就不能作为定性的指标了。

3. 调整保留时间

调整保留时间（adjusted retention time，t'_R）是指扣除了死时间后的保留时间。它体现了待测组分真实的被固定相溶解或吸附所需的时间。因为扣除了死时间，所以它比保留时间更真实地体现了该组分在柱中的保留行为。t'_R 扣除了与组分性质无关的 t_0，所以作为定性指标比 t_R 更合理。

$$t'_R = t_R - t_0 \tag{9-3}$$

4. 死体积

由进样器至检测器的流路中未被固定相占有的空间体积称为死体积（dead volume，V_0），一般是从进样器至色谱柱间导管的容积、固定相的孔隙及颗粒间隙、柱出口导管及检测器内腔容积的总和。每根柱子的 V_0 不相同。死时间相当于流动相充满死体积所需的时间，对于液相色谱，两者有如下关系：

$$V_0 = t_0 F_0 \tag{9-4}$$

式中：F_0 为柱后出口处流动相的体积流速，mL/min。

5. 保留体积

组分从进样到出现峰最大值所需的流动相体积称为保留体积（retention volume，V_R）。保留体积与保留时间和流动相流速（F_0）之间有如下关系：

$$V_R = t_R F_0 \tag{9-5}$$

6. 调整保留体积

由 V_R 扣除 V_0 的体积称为调整保留体积（adjusted retention volume，V'_R），即

$$V'_R = V_R - V_0 = t'_R F_0 \tag{9-6}$$

9.3　色谱分离的基本理论

色谱分离中,决定相邻组分分离好坏的因素有两个:一是两组分的保留值之差,即组分在色谱柱内迁移速率的差异,它取决于两组分与固定相、流动相之间相互作用的差异;二是两组分的峰宽,它反映了组分区带在移动过程中的扩张程度,很大程度上取决于色谱的分离条件。如图 9-4 所示,在设计色谱分离条件时,应设法使两组分区带的迁移速率之间有较大差异,且组分区带本身在移动过程中扩张较小,使两个组分区带在色谱柱中移动时区带之间分开的速度大于它们自身的扩张速度,这样就可以得到两个完全分离的色谱峰。

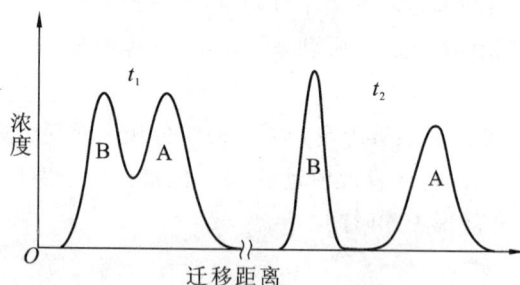

图 9-4　两组分的分离情况

9.3.1　决定组分保留值的因素

组分的色谱保留特性是由组分在色谱系统中的热力学性质所决定的。对于分配色谱而言,该热力学性质即为分配系数和容量因子。

1. 分配系数

在分配色谱中,固定相与流动相中的溶质分子处于动态平衡时,组分在两相间达到分配平衡,该组分在固定相(s)中的浓度与在流动相(m)中的浓度之比为一个常数,称为分配系数(partition coefficient),常表示为 K,即

$$K = \frac{c_s}{c_m} \tag{9-7}$$

在吸附色谱中,K 称为吸附系数(absorption coefficient,K_a);在离子交换色谱中,K 称为选择性系数(selectivity coefficient,K_s);在凝胶色谱中,K 称为渗透系数(permeation coefficient,K_p)。其物理意义都表示在平衡状态下,组分在固定相和流动相中的浓度之比。

K 值小的组分在固定相中的浓度小,故容易随流动相运动而较早出峰,K 值大的则相反。

2. 容量因子

容量因子(capacity factor,常写做 k')又称为分配比,即在平衡状态下,组分在固定相与流动相中的物质的质量之比。

若用 V_s 和 V_m 分别表示色谱柱中固定相和流动相的体积,则有

$$k' = \frac{n_s}{n_m} = \frac{c_s V_s}{c_m V_m} = K \frac{V_s}{V_m} = \frac{K}{\beta} \quad \left(\beta = \frac{V_m}{V_s} \right) \tag{9-8}$$

$\beta = \frac{V_m}{V_s}$ 称为两相的相比。不能被固定相保留的组分,如 GC 中的空气、甲烷等,$n_s = 0$,所以

$k'=0$,它们实际测得的保留时间即为柱子的死时间 t_0。k' 值相当于组分被固定相滞留的时间和流动相通过系统所需时间的比值,即

$$k'=\frac{t'_R}{t_0}=\frac{t_R-t_0}{t_0} \quad 或 \quad k'=\frac{V'_R}{V_0}=\frac{V_R-V_0}{V_0} \tag{9-9}$$

所以

$$t_R=t_0(1+k')=t_0\left(1+K\frac{V_s}{V_m}\right) \tag{9-10}$$

可通过实验测定 t_R 和 t_0 来计算 k' 值。分配系数 K 不相等是不同组分可以被分离的前提,用容量因子 k' 表示则更方便。$t_R=t_0(1+k')$ 说明了保留时间与容量因子的关系。显然,k' 值大的组分在柱中滞留的时间长,较迟流出色谱柱;反之,则较早流出色谱柱。不难理解,不同组分实现色谱分离的先决条件是组分的容量因子存在差异。容量因子与定性参数密切相关,而且比分配系数易于测定,在色谱分析中一般用容量因子代替分配系数。因此,容量因子也是一定色谱系统下组分的定性参数。

$t_R=t_0\left(1+K\dfrac{V_s}{V_m}\right)$ 称为色谱过程方程,它说明了保留时间与分配系数的关系。在色谱柱一定时,V_s 与 V_m 一定。若流速、温度也一定,则 t_0 一定。这样 t_R 仅取决于分配系数 K,K 大的组分 t_R 长。也就是在实验条件一定时,t_R 取决于组分的性质,因此 t_R 可用做色谱法对组分定性的指标。

3. 相对保留值

相对保留值(relative retention value,r)又称为选择性因子(selectivity factor,α),在相同操作条件下,后出峰的组分 2 与先出峰的组分 1 的调整保留值之比

$$r_{2,1}=\frac{t'_{R2}}{t'_{R1}}=\frac{V'_{R2}}{V'_{R1}}=\frac{k'_2}{k'_1}=\frac{K_2}{K_1} \tag{9-11}$$

相对保留值仅与柱温、固定相性质有关,是较理想的定性指标。只有当 $r\neq1$ 时,两组分的保留时间才会不相等,它们才有可能被分离。

两组分在色谱系统中的分配系数或容量因子的差异是色谱分离的前提。分配系数取决于组分的热力学性质,与流动相、固定相的性质有关,也受分离温度的影响,所以要改善色谱系统对相邻组分的分离效果,可以通过优化流动相和固定相的组成,或改变分离温度来实现。

【例 9-1】 一个气相色谱柱,已知固定相的体积 $V_s=14.1$ mL,载气流速为 43.75 mL/min。分离一个含有 A、B、C 三组分的样品,测得组分的保留时间分别为 A 1.41 min、B 2.67 min、C 4.18 min,空气为 0.24 min。试计算:(1)各组分的调整保留时间和分配系数;(2)相邻两组分的相对保留值 r。

解 (1)由 $t'_R=t_R-t_0$ 可分别计算出三组分的调整保留时间,即

$$t'_{RA}=(1.41-0.24)\text{ min}=1.17\text{ min}, \quad t'_{RB}=(2.67-0.24)\text{ min}=2.43\text{ min}$$

$$t'_{RC}=(4.18-0.24)\text{ min}=3.94\text{ min}, \quad V_m=0.24\times43.75\text{ mL}=10.5\text{ mL}$$

由 $k'=K\dfrac{V_s}{V_m}$ 可推出 $K=k'\dfrac{V_m}{V_s}=\dfrac{t'_R}{t_0}\dfrac{V_m}{V_s}$,则

$$K_A=\frac{t'_{RA}}{t_0}\frac{V_m}{V_s}=\frac{1.17}{0.24}\times\frac{10.5}{14.1}=3.63$$

$$K_B=\frac{t'_{RB}}{t_0}\frac{V_m}{V_s}=\frac{2.43}{0.24}\times\frac{10.5}{14.1}=7.54$$

$$K_C=\frac{t'_{RC}}{t_0}\frac{V_m}{V_s}=\frac{3.94}{0.24}\times\frac{10.5}{14.1}=12.2$$

(2)由 $r=\dfrac{K_2}{K_1}$ 可分别计算:

$$r_{AB}=\frac{K_B}{K_A}=\frac{7.54}{3.63}=2.08, \quad r_{BC}=\frac{K_C}{K_B}=\frac{12.2}{7.54}=1.62$$

9.3.2　谱带扩张与柱效

组分谱带在色谱柱内移动时,不可避免地会逐渐扩散变宽,给相邻组分的分离带来不利影响。组分谱带的宽度反映了色谱柱作为一个分离器件的效能,即柱效(column efficiency)。如何定量地描述柱效,柱效又与哪些因素有关,需要从色谱理论上解释。

色谱实验证明,在两组分的分离过程中,分离效果和峰宽度及出峰时间相关。能够解释这一现象的理论首推塔板理论。

1. 塔板理论

塔板理论是 1941 年马丁提出的半经验性理论。它是把整个色谱柱看成一个精馏塔,把色谱的分离过程比拟为精馏过程,直接引用精馏过程的概念、理论和方法来处理色谱分离过程的理论,并作了以下基本假设。

(1) 色谱柱由一系列连续、等距的水平塔板组成。在柱子的每层塔板内部,组分能够在流动相和固定相两相中很快地达到平衡。

(2) 流动相通过色谱柱时呈间歇式前进运动状态,每次前进一个塔板体积。

(3) 样品和流动相同时加在第 1 块塔板上,且样品垂直于前进方向的扩散(即纵向扩散)可以忽略。

(4) 分配系数在各塔板上是常数。

这些假设实际上是把组分在两相间的连续转移过程,分解为间歇式在单个塔板中的分配平衡过程。也就是用分离过程的分解动作来说明色谱过程。

经过多次分配平衡后,分配系数小的组分(挥发性大的组分)先到达塔顶(相当于先流出色谱柱)。色谱柱的塔板数可高达几千甚至几万,使被测组分在分配系数有微小差别时就可得到良好的分离。

塔板理论中,将每层塔板的高度称为理论塔板高度,用 H 表示。若设色谱柱的柱长为 L,理论塔板数为 n,则

$$n = \frac{L}{H} \tag{9-12}$$

理论塔板数 n 与色谱峰峰宽的实验参数有以下关系:

$$n = 16\left(\frac{t_R}{W}\right)^2 \quad 或 \quad n = 5.54\left(\frac{t_R}{W_{1/2}}\right)^2 \tag{9-13}$$

式(9-13)说明,在 t_R 一定时,色谱峰越窄,即 W 或 $W_{1/2}$ 越小,则理论塔板数 n 越大、理论塔板高度 H 越小,柱的分离效率也就越高。因此,一般把理论塔板数 n 和理论塔板高度 H 称为柱效指标。

若扣除死时间的影响,用 t'_R 代替 t_R 计算出的理论塔板数称为有效塔板数($n_{有效}$),所得的理论塔板高度称为有效塔板高度($H_{有效}$)。

$$n_{有效} = 16\left(\frac{t'_R}{W}\right)^2 \quad 或 \quad n_{有效} = 5.54\left(\frac{t'_R}{W_{1/2}}\right)^2 \tag{9-14}$$

$$H_{有效} = \frac{L}{n_{有效}} \tag{9-15}$$

值得注意的是,在同一根色谱柱上,不同组分得到不同的理论塔板数,同一组分在不同色谱条件下理论塔板数也不相等。因此,使用 n 和 $n_{有效}$ 时都应注明是对什么物质而言。在色谱柱中实际并不存在塔板这样一个客观实体。但这不妨碍用它来评价柱效。色谱工作人员就常

在同一色谱条件下，用标准物质测定理论塔板数，以评价色谱柱的优劣；用被测组分测定不同色谱条件下的理论塔板数，以考查所建立的色谱系统的好坏。

【例 9-2】　已知气相色谱柱长 2.0 m，固定相为白色硅藻土上涂渍的 5%OV-17，柱温为 125 ℃，载气（N_2）流速为 30 mL/min，记录纸速为 2.0 cm/min。测定萘的保留时间为 2.35 min，半峰宽为 0.20 cm，求理论塔板数和理论塔板高度。若用甲烷测得死时间为 0.20 min，求有效塔板数和有效塔板高度。

解　利用式(9-13)，将半峰宽折算成时间(min)，得

$$n = 5.54 \times \left[\frac{2.35 \text{ min}}{0.20 \text{ cm}/(2.0 \text{ cm/min})} \right]^2 = 3059$$

$$H = \frac{L}{n} = \frac{2000 \text{ mm}}{3059} = 0.65 \text{ mm}$$

扣除死时间的影响，由式(9-14)计算可得

$$n_{\text{有效}} = 5.54 \left(\frac{t_R - t_0}{W_{1/2}} \right)^2 = 5.54 \times \left[\frac{2.35 \text{ min} - 0.20 \text{ min}}{0.20 \text{ cm}/(2.0 \text{ cm/min})} \right]^2 = 2561$$

$$H_{\text{有效}} = \frac{L}{n_{\text{有效}}} = \frac{2000 \text{ mm}}{2561} = 0.78 \text{ mm}$$

【例 9-3】　工厂实验员以 8%邻苯二甲酸二壬酯(DNP)涂渍的 101 白色载体(80～100 目)为固定相分析产品中的环己烷和苯，得到的色谱峰相关参数为：柱长 2.0 m，$W_{1/2\text{环己烷}} = 8$ s，$W_{1/2\text{苯}} = 12$ s，$t_0 = 0.3$ min，$t_{R\text{环己烷}} = 3.0$ min，$t_{R\text{苯}} = 3.9$ min。分别以环己烷和苯的色谱参数计算该色谱系统的理论塔板数和理论塔板高度。

解　依题意，有

$$n_{\text{环己烷}} = 5.54 \left(\frac{t_R}{W_{1/2}} \right)^2 = 5.54 \times \left(\frac{3.0}{\frac{8}{60}} \right)^2 = 2805$$

$$H_{\text{环己烷}} = \frac{L}{n_{\text{环己烷}}} = \frac{2000 \text{ mm}}{2805} = 0.71 \text{ mm}$$

$$n_{\text{苯}} = 5.54 \left(\frac{t_R}{W_{1/2}} \right)^2 = 5.54 \times \left(\frac{3.9}{\frac{12}{60}} \right)^2 = 2107$$

$$H_{\text{苯}} = \frac{L}{n_{\text{苯}}} = \frac{2000 \text{ mm}}{2107} = 0.95 \text{ mm}$$

计算结果表明，用不同组分的峰参数计算时，所得的 n 和 H 是不相同的。

2. 速率理论

塔板理论是半经验性理论，在解释流出曲线的形状、浓度极大点的位置以及评价柱效高低等方面是有效的。但塔板理论存在一定的局限性，除了其基本假设和事实不完全相符外，它无法解释谱带扩张(band broadening)，也无法解释色谱过程与流动相流速、柱内分子扩散、传质过程及色谱操作参数等动力学因素的关系。

马丁最先指出，气相色谱过程中溶质分子的纵向扩散是引起色谱区带扩张的主要因素。1956 年，荷兰学者范第姆特(van Deemter)等在塔板理论基础上，研究了影响塔板高度 H 的因素，推导出了速率方程(称为范第姆特方程)：

$$H = A + \frac{B}{u} + Cu \qquad (9\text{-}16)$$

式中：H 为塔板高度(cm)；A、B、C 为与填充色谱柱有关的实验参数；A、B/u 和 Cu 三项是对塔板高度的具体影响因素，分别称为涡流扩散项、分子扩散项和传质阻力项，式(9-16)可知，只有这三项较小的情况下，H 才可能小，峰形才可能变窄，柱效才会提高；u 为载气线速度(cm/s)。若 L 为柱长(cm)，t_0 为死时间(s)，u 近似按下式计算：

$$u=\frac{L}{t_0} \tag{9-17}$$

1) 涡流扩散项 A

涡流扩散项也称为多径扩散项。它是由流动相沿不同路径流出的距离差异引起的溶质分布区带扩张即峰展宽。如图 9-5 所示,流动相中的组分分子在色谱柱中随载气或载液向前运行时,会碰到固定相的小颗粒,使前进受阻,改变前行方向而形成垂直方向的流动,称为涡流。涡流的产生使组分分子的同步前进被打乱,产生一些分子通过柱子的路径长而另一些分子通过柱子的路径短的现象,最终表现为到达检测器有先有后,产生的色谱峰峰形变宽。

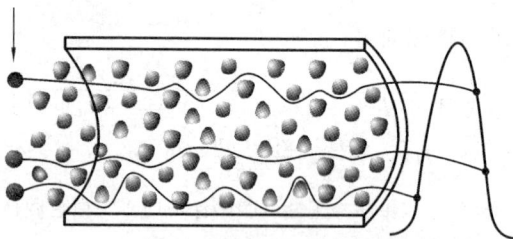

图 9-5　涡流扩散示意图

A 项与流动相性质、流速无关,只与柱内填充材料及填充状况有关。涡流扩散的严重程度取决于柱子的填充不均匀因子 λ 和固定相颗粒大小 d_p,即

$$A=2\lambda d_p \tag{9-18}$$

要减小 A 值,可从提高固定相颗粒细度和均匀性,以及填充均匀程度来解决。细粒径填料有利于降低填充柱的 A 值,但可能造成高柱压。开管(空心)毛细管柱只有一个流路,无多径项,则 $A\approx0$。

2) 分子扩散项 B/u

分子扩散项也称为纵向扩散项。色谱柱内的组分在浓度梯度的驱动下由组分谱带的中心部分沿着色谱柱的径向发生扩散,使得谱带展宽。

分子扩散导致的谱带变宽程度与组分在色谱柱内滞留的时间成正比,越往下游移动,经历的扩散时间越长,谱带变宽越严重。如图 9-6 所示,组分分子分布在浓度最大处(峰的极大值)的两侧,引起峰形变宽。

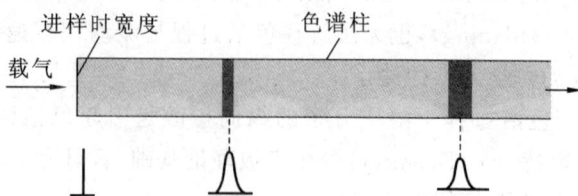

图 9-6　分子扩散对谱带变宽的影响

在速率方程中:

$$B=2\gamma D \tag{9-19}$$

式中:D 为组分在流动相中的扩散系数(cm^2/s)。D 与柱温、柱压以及流动相的种类、性质有关。组分分子在气相中的扩散要比在液相中的扩散严重得多,在气相中的扩散系数约为在液

相中的 10^5 倍。因此在液相色谱中,分子的纵向扩散引起的塔板高度增加和由此引起的峰形扩张很小,纵向扩散主要针对气相色谱。

在气相色谱中,增加载气的流速可缩短组分谱带在柱内的滞留时间,减少扩散。载气流速越慢,保留时间越长,分子扩散越明显,H 就越大。组分分子在载气中的扩散系数与载气的相对分子质量的平方根成反比,即

$$D \propto \frac{1}{\sqrt{M_r}} \tag{9-20}$$

载气的相对分子质量越大,扩散系数 D 就越小。理论上选用相对分子质量较大的载气、控制较高的载气流速或降低柱温都可以减少分子扩散。但在实际操作时,一般在载气线速度较低时选用相对分子质量较大的氮气,而在高流速时使用相对分子质量较小的氦气或氢气。

γ 是由固定相引起的弯曲因子。采用填充色谱柱时,由于固定相颗粒的阻挡,分子纵向扩散程度减小,$\gamma < 1$。如果采用空心毛细管柱,因没有固定相颗粒阻挡组分分子的扩散,所以 $\gamma = 1$。毛细管柱的 B 值比填充柱的大得多。

3) 传质阻力项 Cu

组分被流动相带入色谱柱后,在固定相和流动相的界面通过溶解、扩散、吸附等作用进入固定相,在这个过程中产生的阻力称为传质阻力。未能进入固定相的溶质分子被流动相推向前方,发生分子超前;进入固定相的溶质分子未能及时解吸进入流动相,发生分子滞后,二者都产生使谱峰展宽的效应,如图 9-7 所示。

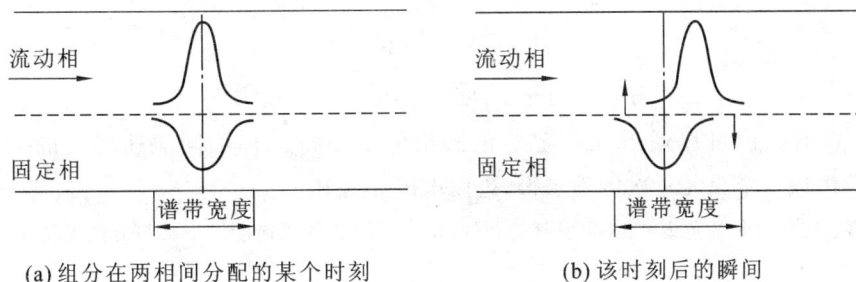

图 9-7　传质阻力对谱峰展宽的影响

流动相的流速越快,传质阻力项 Cu 就越大,C 称为传质阻力系数,为固定相传质阻力系数(C_s)和流动相传质阻力系数(C_m)之和,即 $C = C_s + C_m$。

C_m 是指组分分子从流动相移向固定相表面,进行两相之间的质量交换时所受到的阻力。

$$C_m = \frac{0.01k^2}{(1+k)^2} \frac{d_p^2}{D_g} \tag{9-21}$$

式(9-21)说明通过采用颗粒细小(d_p 小)的固定相或采用扩散系数大(即相对分子质量小)的流动相可减小流动相的传质阻力系数,提高柱效。

C_s 指组分分子由流动相进入固定相后,扩散到固定相内部,达到分配平衡后,又回到界面,再逸出,被流动相带走这一过程中所受到的阻力。其计算式为

$$C_s = \frac{2k}{3(1+k)^2} \frac{d_f^2}{D_s} \tag{9-22}$$

由式(9-22)可知,减小固定相的液膜厚度(d_f),增大组分在固定相中的扩散系数 D_s(提高柱温是提高 D_s 的办法之一)可减小固定相传质阻力。

气相色谱的塔板高度 H 和流动相的线流速 u 的关系如图 9-8 所示。从 H-u 曲线可看出,A 与流速无关,其对塔板高度 H 的贡献是固定的;B/u 和 Cu 都与速度有关。低流速时,B/u 是引起塔板高度 H 增加的主要因素;高流速时,Cu 是引起塔板高度 H 增加的主要因素。气相色谱的 H-u 曲线上存在一个最低点,即对应着 $u_{最佳}$ 和 $H_{最小}$ 的一点。

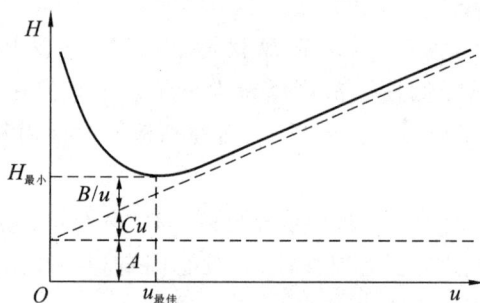

图 9-8 塔板高度-流速曲线

气相色谱中的最佳流速可以通过实验和计算方法求出。将 $H=A+\dfrac{B}{u}+Cu$ 微分得

$$\frac{dH}{du}=-\frac{B}{u^2}+C=0, \quad \frac{B}{u^2}=C$$

可推出

$$u_{最佳}=\sqrt{\frac{B}{C}} \tag{9-23}$$

$$H_{最小}=A+\sqrt{BC}+\sqrt{BC}=A+2\sqrt{BC} \tag{9-24}$$

式中:A、B、C 的数值可以通过在一定的色谱条件下测得三种不同流速对应的 H 值,代入式(9-16)后组成一个三元一次方程求得,进而求出 $u_{最佳}$ 和 $H_{最小}$。

【例 9-4】 在 2 m 长的色谱柱上,以氢气为载气,测得不同载气线速度 u 下某组分的保留时间 t_R 和峰底宽 W,数据如下:

u/(cm/s)	t_R/s	W/cm
11	2020	223
25	888	99
40	558	68

求:(1)速率方程;(2)最佳流速和最小塔板高度。

解 由公式 $n=5.54\left(\dfrac{t_R}{W_{1/2}}\right)^2=16\times\left(\dfrac{t_R}{W}\right)^2$ 可分别算出不同流速下的理论塔板数:

$$u_1=11\ cm/s, \quad n_1=16\times\left(\frac{2020}{223}\right)^2\approx1313$$

$$u_2=25\ cm/s, \quad n_2=16\times\left(\frac{888}{99}\right)^2\approx1287$$

$$u_3=40\ cm/s, \quad n_3=16\times\left(\frac{558}{68}\right)^2\approx1077$$

又根据公式 $H=\dfrac{L}{n}$，$L=2$ m$=200$ cm，可分别算出理论塔板高度：

$$H_1=\frac{L}{n_1}=\frac{200}{1313}\text{ cm}\approx0.15\text{ cm}$$

$$H_2=\frac{L}{n_2}=\frac{200}{1287}\text{ cm}\approx0.16\text{ cm}$$

$$H_3=\frac{L}{n_3}=\frac{200}{1077}\text{ cm}\approx0.19\text{ cm}$$

据此由速率方程 $H=A+\dfrac{B}{u}+Cu$，可列三元一次方程组：

$$\begin{cases} A+\dfrac{B}{11}+C\times11=0.15 \\[2mm] A+\dfrac{B}{25}+C\times25=0.16 \\[2mm] A+\dfrac{B}{40}+C\times40=0.19 \end{cases}$$

解上述方程组，可得 $A=0.077$ cm，$B=0.49$ cm^2/s，$C=0.0025$ s，则速率方程为

$$H=0.077+\frac{0.49}{u}+0.0025u$$

故

$$u_{最佳}=\sqrt{B/C}=14\text{ cm/s}$$

$$H_{最小}=A+2\sqrt{BC}=0.112\text{ cm}$$

9.3.3　分离度

相对保留值 $r_{2,1}$ 体现了色谱分离系统对两个组分的保留作用的差异，柱效反映了色谱柱的分离效能，即组分在色谱柱内的扩张程度。这两者均没有涉及相邻两组分能否分开的问题。多组分物质分离的好坏可以用分离度来衡量。一般两个组分在色谱图上必须分开至足够的距离，两色谱峰互不重叠（t_R 要有足够差别），峰形较窄，才可以认为是彼此分开。

1. 分离度

分离度（resolution，R）是衡量两个相邻色谱峰的分离程度的指标，定义为相邻两色谱峰的保留值之差与两峰宽度平均值之比，即

$$R=\frac{t_{R2}-t_{R1}}{(W_2+W_1)/2} \tag{9-25}$$

式中：t_{R1}、t_{R2} 分别为相邻两个组分的保留时间；W_1、W_2 分别为对应的峰宽。通过测量保留时间和峰宽即可求得相邻峰的分离度。

设色谱峰为正常峰，且 $W_1\approx W_2$，则 $\dfrac{1}{2}(W_2+W_1)$ 为 4σ。若 $R=1$，则峰尖距应为 4σ，此时两峰略有重叠，分离程度可达 98%；若 $R=1.5$，则峰尖距为 6σ，两峰完全分离，分离程度可达 99.7%。为了获得较好的准确度，一般定量分析时要求色谱条件满足两相邻峰的 $R\geqslant1.5$。

2. 影响分离度的因素

将分离度与柱效、选择性联系起来，可推出色谱分离的基本方程。对于难分离的物质对，它们的保留值相差很小，可以认为 $W_1=W_2=W$，$k_1'\approx k_2'\approx k'$，可推出

$$R=\frac{\sqrt{n}}{4}\frac{r-1}{r}\frac{k'}{1+k'}=\frac{\sqrt{n_{有效}}}{4}\frac{r-1}{r} \tag{9-26}$$

$$n=16R^2\left(\frac{r}{r-1}\right)^2\left(\frac{k'+1}{k'}\right)^2 \tag{9-27}$$

或

$$n_{有效}=16R^2\left(\frac{r}{r-1}\right)^2 \tag{9-28}$$

由此可知,可通过提高塔板数 n,增加相对保留值 $r(\alpha)$、容量因子 k' 来改善分离度 R。增加柱长、制备性能优良的色谱柱,可提高 n 值;改变固定相,使各组分的分配系数有较大差别,可增加 r;改变柱温可使 k' 改变。

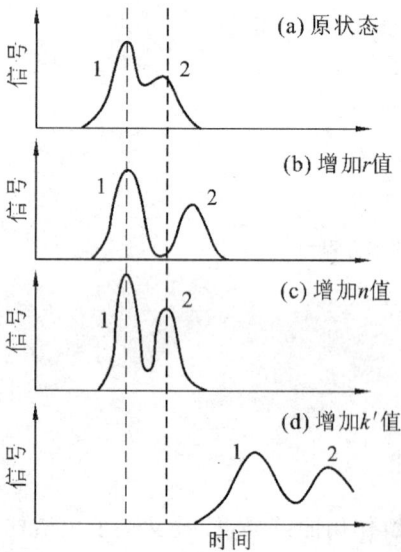

图 9-9　实验参数对分离度的影响

图 9-9 显示了 r、n 和 k' 三个参数对分离度的影响。首先,相对保留值 r 对于相邻组分的分离度有重要的影响。例如,当 r 由 1.10 下降到 1.05、1.02 时,要保证 $R=1.5$ 的分离效果,n 需要相应增加 3.64 倍、21.5 倍。两组分的 r 值与固定相、流动相的性质直接相关,说明根据难分离物质对的化学性质,合理选择固定相和流动相,增大 r 值,对于提高难分离物质对的分离度可起到事半功倍的作用。

其次,分离度 R 与理论塔板数 n 的平方根成正比。增加柱长 L 固然能增加理论塔板数 n,但柱子过长,分离时间延长,柱阻也增加,峰变宽,不利于分离。在不改变塔板高度(H)的条件下,可得到分离度与柱长的关系为 $(R_1/R_2)^2=L_1/L_2$。

最后,增大容量因子 k' 值能改善分离情况,但同时分离时间将增长。k' 通过代数式 $\frac{k'}{1+k'}$ 影响分离度 R,k' 值超过 10 以后,再增大 k' 对分离度的影响不显著,但对分离时间的影响依然明显。所以,k' 值一般取 2～10。

【例 9-5】　在一定条件下,两个组分的调整保留时间分别为 85 s 和 100 s,要达到完全分离,即 $R=1.5$。计算需要多少块有效塔板。若填充柱的塔板高度为 0.1 cm,则柱长是多少?

解　由 $r=\dfrac{t_2'}{t_1'}$,可得 $r=\dfrac{100}{85}=1.18$,则

$$n_{有效}=16R^2\left(\frac{r}{r-1}\right)^2=16\times1.5^2\times\left(\frac{1.18}{1.18-1}\right)^2=1547$$

$$L_{有效}=n_{有效}H=1547\times0.1\text{ cm}=154.7\text{ cm}\approx155\text{ cm}$$

【例 9-6】　在一定条件下,两个组分的保留时间分别为 12.2 s 和 12.8 s,计算分离度(柱长 $L_1=1$ m,设两组分的理论塔板数均为 3600)。要达到完全分离,即 $R=1.5$,求所需要的柱长。

解　由 $n=16\left(\dfrac{t_R}{W}\right)^2$ 可推出 $W=4\dfrac{t_R}{\sqrt{n}}$,所以

$$W_1=4\frac{t_{R1}}{\sqrt{n}}=4\times\frac{12.2}{\sqrt{3600}}\text{ s}=0.8133\text{ s},\quad W_2=4\frac{t_{R2}}{\sqrt{n}}=4\times\frac{12.8}{\sqrt{3600}}\text{ s}=0.8533\text{ s}$$

则由分离度公式 $R=\dfrac{t_{R2}-t_{R1}}{(W_1+W_2)/2}$ 可得

$$R=\frac{12.8-12.2}{0.5\times(0.8133+0.8533)}=0.72<1.5$$

说明两组分没有完全分离。要达到完全分离,则 $R \geqslant 1.5$,由公式 $\left(\dfrac{R_1}{R_2}\right)^2 = \dfrac{L_1}{L_2}$ 可得

$$L_2 = \left(\frac{R_2}{R_1}\right)^2 L_1 = \left(\frac{1.5}{0.72}\right)^2 \times 1 \text{ m} = 4.34 \text{ m}$$

9.4 色谱定性和定量分析的方法

9.4.1 定性分析方法

1. 保留值对比定性

1) 已知物对照法

同一种物质在同一根色谱柱上,在相同的操作条件下保留值相同。据此可进行有对照品的已知组分的鉴定。先将试样注入色谱柱,记录色谱图。再将适量的已知对照物质加入试样中,按相同方法测定。对比加入对照物质前后的色谱图,若加入后某色谱峰相对增高,则该色谱组分与对照物质可能为同一物质,如图 9-10 所示。

用保留时间定性是最常用的方法,但是对于复杂的多组分分析还需要用多柱分析法。严格地讲,仅在一根色谱柱上用以上方法定性分析是不可靠的。因为有时两种或者几种物质在某一色谱柱上可能具有相同的保留值,此时需要用两种或多种不同极性固定相的色谱柱进行定性实验,如一根是非极性固定液,另一根是极性固定液,这时不同组分的保留值是不一样的,从而提高了定性分析的可靠性。

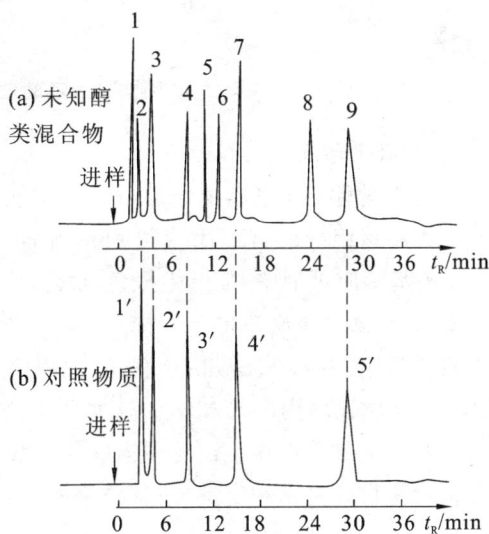

图 9-10 用已知物对照定性

$1'$—甲醇;$2'$—乙醇;$3'$—正丙醇;$4'$—正丁醇;$5'$—正戊醇

2) 利用保留指数定性

保留指数又称 Kovats 指数,它是以正构烷烃系列为基准,规定正构烷烃的保留指数为 $100Z$(Z 代表碳原子数),例如正戊烷、正己烷、正庚烷的保留指数分别为 500、600、700,而其他物质的保留指数则用靠近它的两个正构烷烃来标定。待测物的保留指数 I 可表示为

$$I = 100 \left[\frac{\lg t'_{R(i)} - \lg t'_{R(Z)}}{\lg t'_{R(Z+1)} - \lg t'_{R(Z)}} + Z \right] \tag{9-29}$$

式中:$t'_{R(i)}$、$t'_{R(Z)}$、$t'_{R(Z+1)}$ 为调整保留时间;i 为待测物;下标中 Z 和 $Z+1$ 分别指具有 Z 个和 $Z+1$ 个碳原子的正构烷烃。首先选择合适的 Z 和 $Z+1$ 的烷烃,使待测组分的保留值正好处于这两个正构烷烃的保留值之间,再按公式计算出 I 值,与文献值对照后即可进行定性分析。

保留指数计算精确,准确度高,只要在相同的柱温和固定相条件下进行色谱操作,就可利用文献资料上的保留指数值进行对照来定性。

【例 9-7】 乙酸正丁酯在阿匹松 L 柱上,柱温 100 ℃时,以记录纸长度代表调整保留时间。正庚烷的调整保留时间为 174.0 s,正辛烷的调整保留时间为 373.4 s,乙酸正丁酯的调整保留时间为 310.0 s(图 9-11),求乙酸正丁酯的保留指数 I。

解　依题意可知，$t'_{R(Z)}=174.0$ s，$t'_{R(Z+1)}=373.4$ s，$t'_{R(i)}=310.0$ s，代入公式 $I=100\left[\dfrac{\lg t'_{R(i)}-\lg t'_{R(Z)}}{\lg t'_{R(Z+1)}-\lg t'_{R(Z)}}+Z\right]$ 可得

$$I=100\times\left(\frac{\lg 310.0-\lg 174.0}{\lg 373.4-\lg 174.0}+7\right)=775.6$$

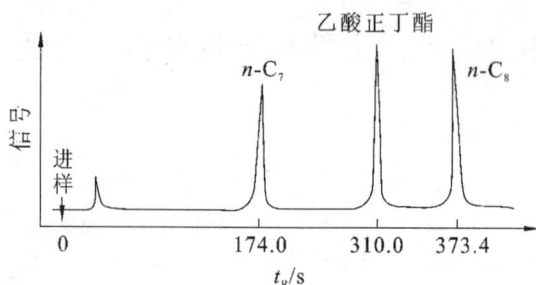

图 9-11　乙酸正丁酯保留指数测定图

2. 利用化学反应定性

把由色谱柱流出的待鉴定组分通入官能团分类试剂中，观察是否发生反应(显色或产生沉淀)，可判断该组分的官能团或类别。例如，要鉴定组分是否为醛、酮，可将该色谱馏分通入 2,4-二硝基苯肼试剂中，如产生橙色沉淀，则说明组分为具有 1~8 个碳原子的醛或酮。

3. 与其他仪器联用定性

目前常用"在线"(on-line)联用方式，用毛细管色谱柱与傅里叶红外光谱仪联用(GC-FTIR)或与质谱联用(GC-MS)。这些联用仪器和技术已完全成熟，成为现代仪器分析的重要工具。其中毛细管气相色谱与质谱联用已成为药物分析的重要手段，用于挥发油的成分分析、部分治疗药物的鉴别和定量、违禁药物的检测、药物代谢动力学的研究等。详见 12.3 节。

9.4.2　定量分析方法

被测组分的色谱峰面积或峰高与待测组分的浓度成正比，这是色谱法定量的依据。现在的色谱仪色谱数据处理系统在记录色谱图的同时，可存储、打印出各种参数和数据处理的结果，如峰高、峰面积、保留时间等。

1. 定量校正因子

色谱定量分析的依据是被测组分的量与检测器的响应值(峰面积或峰高)成正比。但是，相同量的不同组分在同一检测器中的响应值并不同，即相同量的不同组分产生不同值的峰高或峰面积，而且同一组分在不同的检测器上也会有不同的响应值。因此，样品中各组分峰面积或峰高的相对百分数并不等于样品中各组分的百分含量。为使色谱峰的峰面积或峰高与组分含量之间建立起确定的数量关系，就需要知道二者之间的比例系数，该比例系数就是定量校正因子。

在相同色谱条件下，某一组分产生的色谱响应值(峰面积 A 或峰高 h)与这一组分的质量 m 成正比，即

$$m=f'A,\quad f'=\frac{m}{A} \tag{9-30}$$

或

$$m=f'h,\quad f'=\frac{m}{h} \tag{9-31}$$

式中：f' 为该组分在检测器上的响应斜率，是一个比例常数，称为该组分的绝对校正因子。其物理含义是单位峰面积或单位峰高所代表的组分的量(质量、物质的量或体积)。

　　由于各化合物的绝对校正因子不易测定,它随实验条件而变化,不同实验室之间所测得的绝对校正因子往往不具有可比性,因而很少使用。实际工作中普遍采用相对校正因子,它定义为某组分与所选定的基准物质 s 的绝对校正因子之比,以 f 表示。组分 i 的相对校正因子

$$f_i = \frac{f_i'}{f_s'} = \frac{m_i A_s}{m_s A_i} \tag{9-32}$$

或

$$f_i = \frac{m_i h_s}{m_s h_i} \tag{9-33}$$

在实践中,相对校正因子往往简称为校正因子。

　　显然,选择不同的基准物质测得的校正因子数值也不同。气相色谱手册中的数据常以苯或正庚烷为基准物质测得。也可根据需要选择其他基准物质,如采用归一化法定量时,选择样品中某一组分为基准物质。定量分析时,测定条件与定量校正因子的测定条件相同即可。

【例 9-8】 测定以苯为基准物质的甲苯、乙苯、邻二甲苯的峰高的校正因子 f,实验数据如下:

物质	苯	甲苯	乙苯	邻二甲苯
质量/g	0.5967	0.5478	0.6120	0.6680
峰高/mm	180.1	84.4	45.2	49.0

解　根据式(9-33)可得

$$f_{苯} = \frac{180.1 \times 0.5967}{180.1 \times 0.5967} = 1.00, \quad f_{甲苯} = \frac{180.1 \times 0.5478}{84.4 \times 0.5967} = 1.96$$

$$f_{乙苯} = \frac{180.1 \times 0.6120}{45.2 \times 0.5967} = 4.09, \quad f_{二甲苯} = \frac{180.1 \times 0.6680}{49.0 \times 0.5967} = 4.11$$

2. 定量计算方法

色谱定量计算方法常用的有三种:归一化法、外标法和内标法。下面只以峰面积、校正因子为定量参数进行讨论,其他的可以此类推。

1) 面积归一化法(area normalization method)

如试样中的各组分均能流出色谱柱,并在检测器上出现相应的色谱峰,可采用归一化法定量。即将试样中所有组分含量之和定为 100%,来计算被测组分的含量。

假设试样中有 n 个组分,每个组分的质量分别为 $m_1, m_2, \cdots, m_n$,各组分质量总和为 m,则组分 i 的质量分数 w_i 为

$$w_i = \frac{m_i}{\sum_{i=1}^{n} m_i} \times 100\% = \frac{A_i f_i}{\sum_{i=1}^{n} A_i f_i} \times 100\% \tag{9-34}$$

归一化法的优点是方法简便,不用标准物质即可定量。缺点是要求样品中的所有组分在一个分析周期内都流出色谱柱,而且检测器都产生信号,还必须知道各组分的校正因子,否则此法会存在明显误差。因而在实际应用中,归一化法受到很大限制。

【例 9-9】 有一样品的色谱图,各组分的 f 值、色谱峰面积如下,试用归一化法求出各组分的质量分数。

物质	乙醇	庚烷	苯	乙酸乙酯
峰面积/cm²	5.0	9.0	4.0	7.0
校正因子 f	0.82	0.89	1.00	1.01

解　根据公式 $w_i = \frac{f_i A_i}{f_1 A_1 + f_2 A_2 + \cdots + f_n A_n} \times 100\%$ 可得

$$w_{乙醇} = \frac{0.82 \times 5.0}{0.82 \times 5.0 + 0.89 \times 9.0 + 1.00 \times 4.0 + 1.01 \times 7.0} \times 100\% = 17.7\%$$

$$w_{庚烷} = \frac{0.89 \times 9.0}{0.82 \times 5.0 + 0.89 \times 9.0 + 1.00 \times 4.0 + 1.01 \times 7.0} \times 100\% = 34.6\%$$

$$w_{苯} = \frac{1.00 \times 4.0}{0.82 \times 5.0 + 0.89 \times 9.0 + 1.00 \times 4.0 + 1.01 \times 7.0} \times 100\% = 17.3\%$$

$$w_{乙酸乙酯} = \frac{1.01 \times 7.0}{0.82 \times 5.0 + 0.89 \times 9.0 + 1.00 \times 4.0 + 1.01 \times 7.0} \times 100\% = 30.5\%$$

2) 外标法(external standard method)

用待测组分的纯品作标准品(也称为对照品),比较在相同条件下对照品与样品中待测组分的峰面积或峰高,来进行定量的方法称为外标法。

外标法中最常用的是标准曲线法,即将被测组分的标准品配制成不同浓度的系列标准溶液,同时配制一个样品溶液。在完全相同的条件下,以相同体积准确进样得到各自的色谱图。以标准溶液的浓度对其峰面积(或峰高)绘制标准曲线,或按最小二乘法进行线性回归得出线性回归方程,最后根据待测组分的信号,从标准曲线查得或从线性回归方程计算出待测组分的浓度。

外标法操作简便,不需用校正因子,但是要求进样精密度好,仪器稳定。

3) 内标法(internal standard method)

内标法是在样品中加入一种纯物质作内标物,根据内标物与待测组分的定量校正因子、内标物与样品的质量和相应的峰面积,求出样品中待测组分的含量的一种方法。

精密称取质量为 m 的样品,再加入质量为 m_s 的内标物,溶解、混匀、进样。测得待测组分 i 的峰面积 A_i、内标物的峰面积 A_s,则样品中所含组分 i 的质量 m_i 与内标物的质量 m_s 有下述关系:

$$\frac{m_i}{m_s} = \frac{A_i f_i}{A_s f_s}, \quad m_i = \frac{A_i f_i m_s}{A_s f_s} \tag{9-35}$$

待测组分在样品中的质量分数 w_i 为

$$w_i = \frac{m_i}{m} = \frac{A_i f_i m_s}{A_s f_s m} \times 100\% \tag{9-36}$$

一般要求内标物纯度较高,不是试样中的组分,在色谱中能与各组分完全分离($R \geqslant 1.5$),但其保留时间与被测组分的保留时间不要相差太大,应尽量靠近;从样品前处理考虑,内标物与被测组分的物理化学性质最好相似,以保证有相近的提取率。

内标法是色谱中较常用的定量方法。在一定进样量范围(线性范围)内,定量结果与进样量的精密度无关。由于微量组分与主要成分含量相差悬殊,无法用归一化法准确测定其含量,采用内标法很方便,增大进样量突出微量组分峰,测定该组分峰面积与内标峰面积之比,即可求出微量组分的含量。

在气相色谱中,当无法找到较好的内标物时,常用正构烷烃作内标物。

【例 9-10】 用内标法测定无水乙醇中微量水分的含量。称取已知含水量为 0.221% 的乙醇 45.25 g,加入无水甲醇 0.201 g 作为内标物,混匀后取 5 μL 进样。实验条件:色谱柱(上试 401 有机载体或 GDX203),柱长为 2 m,柱温为 120 ℃,汽化室温度为 160 ℃,检测器为热导池检测器,载气为 H_2,流速为 40~50 mL/min。测得数据如下:水峰面积 41.1 mm²,甲醇峰面积 80.2 mm²。然后取乙醇试样 79.39 g,加入无水甲醇 0.257 g,混匀后取 5 μL 进样,测得水峰面积为 59.8 mm²,甲醇峰面积为 80.4 mm²。计算:(1)水对甲醇的相对质量校正因子;(2)试样中水的含量。

解 根据条件可知,45.25 g 乙醇中含水量为

$$45.25 \text{ g} \times 0.221\% \approx 0.100 \text{ g}$$

则水对甲醇的相对质量校正因子为

$$f = \frac{m_水/A_水}{m_{甲醇}/A_{甲醇}} = \frac{0.100/41.1}{0.201/80.2} = \frac{2.43 \times 10^{-3}}{2.51 \times 10^{-3}} = 0.968$$

则

$$w_水 = \frac{m_水}{m_{乙醇}} \times 100\% = \left(f \frac{m_{甲醇} A_水}{A_{甲醇}} \right) \Big/ m_{乙醇} \times 100\%$$

$$= \left(0.968 \times \frac{0.257 \times 59.8}{80.4} \right) \Big/ 79.39 \times 100\% = 0.233\%$$

思考题与习题

1. 一个组分的色谱峰可以用哪些参数描述? 这些参数各有何意义? 受哪些因素影响?

2. 说明容量因子的物理含义及与分配系数的关系。它受哪些因素影响? 为什么容量因子或分配系数不等是分离的前提?

3. 塔板理论的主要内容是什么? 它对色谱理论有什么贡献? 它的不足之处在哪里?

4. 速率理论的主要内容是什么? 它对色谱理论有什么贡献? 与塔板理论相比,有何发展?

5. 当下列参数改变时,是否会引起分配系数的改变? 为什么?

(1) 柱长缩短;(2) 固定相改变;(3) 流动相流速增加。

6. 试述速率方程中 A、B、C 三项的物理意义。H-u 曲线有何用途? 曲线的形状主要受哪些因素的影响?

7. 何谓保留指数? 应用保留指数作定性指标有什么优点?

8. 在 2.0 m 的硅油柱上分析一个混合物,得到下列数据:苯、甲苯及乙苯的保留时间分别为 80 s、122 s、181 s;半峰宽分别为 0.211 cm、0.291 cm、0.409 cm(用读数显微镜测得)。已知记录纸速为 1200 mm/h,求此色谱柱对每种组分的理论塔板数及塔板高度。

9. 气相色谱柱长 2.0 m,载气流量为 15 mL/min 时,理论塔板数为 2450,而当载气流量为 40 mL/min 时,理论塔板数为 2200。试计算最佳载气流速。在最佳载气流速下,色谱柱的理论塔板数是多少?($A=0$)

10. 下列数据是由气-液色谱在一根 40 cm 长的填充柱上得到的:

化　合　物	t_R/min	W/min
空气	2.5	
甲基环己烷,A	10.7	1.3
甲基环己烯,B	11.6	1.4
甲苯,C	14.0	1.8

求:(1)平均理论塔板数;(2)平均塔板高度;(3)甲基环己烯与甲基环己烷的分离度;(4)甲苯与甲基环己烯的分离度。

11. 在一根 3.0 m 长的色谱柱上分离两个样品,得到如下数据:空气的保留时间为 1.0 min,组分 1 的保留时间为 14.0 min,组分 2 的保留时间为 17.0 min,组分 2 的峰宽为 1.0 min。(1)求两个组分的调整保留时间;(2)用组分 2 求有效塔板数和有效塔板高度;(3)求两个组分的容量因子;(4)求两个组分的相对保留值和分离度;(5)求使两个组分的分离度为 1.5 时的柱长。

12. 有 A、B、C 三组分的混合物,经色谱分离后,其保留时间分别为 4.5 min、7.5 min、10.4 min,死时间为 1.4 min。求:(1)B 对 A 的相对保留值;(2)C 对 B 的相对保留值;(3)B 组分在此柱中的容量因子。

13. 在 2.0 m 长的色谱柱上分析苯与甲苯的混合物。测得死时间为 0.20 min,甲苯的保留时间为 2.10 min,半峰宽为 0.285 cm,记录纸速为 2 cm/min。若苯比甲苯先流出色谱柱,且与甲苯的分离度为 1.0。求:(1)甲苯与苯的相对保留值;(2)苯的容量因子与保留时间;(3)达到 $R=1.5$ 时的柱长。

14. 有甲、乙两根长度相同的色谱柱,测得它们的速率方程的各项常数如下。甲柱:$A=0.07$ cm,$B=0.12$ cm^2/s,$C=0.02$ s。乙柱:$A=0.11$ cm,$B=0.10$ cm^2/s,$C=0.05$ s。求:(1)甲、乙柱的最佳流速和最小塔板高度;(2)哪一根柱子的效能高?

15. 已知混合酚试样中仅含有苯酚、o-甲酚、m-甲酚、p-甲酚四种组分,经乙酰化处理后,测得色谱图的数据如下,求各组分的质量分数。

化 合 物	苯 酚	o-甲酚	m-甲酚	p-甲酚
峰高/mm	64.0	104.1	89.2	70.0
半峰宽/mm	1.94	2.40	2.85	3.22
相对校正因子(f)	0.85	0.95	1.03	1.00

16. 有一试样含甲酸、乙酸、丙酸及少量水、苯等物质,称取试样 1.055 g,以环己酮为内标,称取 0.1907 g 环己酮加到试样中,混合均匀后进样,测得数据如下,求甲酸、乙酸、丙酸的质量分数。

化 合 物	甲 酸	乙 酸	环己酮	丙 酸
峰面积/cm^2	14.8	72.6	133	42.4
相对校正因子(f)	3.83	1.78	1.00	1.07

17. A、B 二组分的分配系数之比为 0.912,A 组分在色谱柱上的保留时间为 5.5 min,非滞留组分通过色谱系统所需的时间为 1.3 min,要保证二者的分离度达到 1.20,柱长应选择多少米?(设有效塔板高度为 0.045 mm)

第10章　气相色谱法

气相色谱法(gas chromatography,GC)从 1952 年被马丁等发明至今,经历了几个重要的发展阶段。1954 年 N. N. Ray 把热导池检测器用于 GC;1956 年范第姆特等提出速率理论;1957 年 M. Golay 发明了毛细管气相色谱法;随后,I. G. McWilliam 发明了氢火焰离子化检测器(FID),J. E. Lovelock 发明了电子捕获检测器(ECD);1979 年 Dandeneau、Hewlett-Packard 生产熔融石英毛细管柱,这些奠定了现代气相色谱法的基础。目前气相色谱法已是很成熟的分析技术,广泛应用于石油化工、环境监测、生物化学、食品分析、医药卫生等领域。另外,毛细管气相色谱与其他仪器的联用技术拓宽了气相色谱的应用范围。比如气相色谱-质谱联用(GC-MS)、气相色谱-傅里叶变换红外光谱联用(GC-FTIR)、气相色谱-原子发射光谱联用(GC-AED)等,在复杂样品的分析中发挥了很好的作用。这些"在线"(on line)联用技术,操作自动化程度高、重复性好、灵敏度高,是痕量或微量分析最有效的手段。

气相色谱法(GC)是以气体为流动相的色谱分析法。气体黏度小,传质速率高,渗透性强,有利于高效、快速地分离。因此,气相色谱法具有以下特点。

(1) 选择性高。能分离分析性质极为相近的物质,如有机物中的顺、反异构体,手性物质,芳香烃中的邻、间、对位异构体,同位素等。

(2) 灵敏度高。可以分析 $10^{-13} \sim 10^{-11}$ g 的物质,非常适合于微量和痕量分析。

(3) 分离效能高。在较短时间内能够同时分离和测定极为复杂的混合物。例如,用空心毛细管柱可以对含有 100 多个组分的烃类混合物一次性进行分离分析。

(4) 分析速度快。一般只需几分钟到几十分钟便可完成一次分析。

(5) 应用范围广。可以分析气体、易挥发的液体和固体,以及包含在固体中的气体。一般来说,只要沸点在 500 ℃ 以下,且在操作条件下热稳定性良好的物质,原则上均可以采用气相色谱法进行分析。对于受热易分解或挥发性弱的物质,通过化学衍生的方法使其转化为具有热稳定性或强挥发性的衍生物,同样可以实现气相色谱的分离和分析。

气相色谱不适用于大部分沸点高或热不稳定性的化合物;对于腐蚀性或反应性能强的物质,如 HF、O_3、过氧化物等更是难于分析。据统计,能用气相色谱法直接分析的有机物约占全部有机物的 20%。

10.1　气相色谱的原理

气相色谱主要是利用物质的沸点、极性或吸附性质的差异来实现混合物的分离。待分析样品在汽化室汽化后被惰性气体(载气,即流动相)带入色谱柱(内有固体或液体固定相),由于样品各组分的沸点、极性或吸附性能的差异,每种组分随着载气流动,在流动相和固定相之间反复进行分配或吸附-解吸附,结果与固定相作用小的组分先流出色谱柱,进入检测器转化为电信号先出峰,反之则后出峰。电信号大小与被测组分的质量或浓度成正比。

　　气相色谱填充柱由柱管和固定相组成。管内填充固体固定相或涂渍固定液(液体固定相)的载体填料。固定相是色谱柱的核心部分,样品组分的分离很大程度上取决于固定相的选择。气相色谱固定相分为固定固定相、液体固定相和聚合物固定相。应用固体固定相的一般为吸附色谱,应用液体固定相的为分配色谱。

10.1.1　固体固定相

　　固体固定相一般采用固定吸附剂,主要用于分析气体及一些低沸点物质,如气态烃。因为气体在一般固定液里溶解度很小,还没有一种满意的固定液能分离它们,而在吸附剂上其吸附能力差别较大,可以得到较好的分离。图 10-1 为几种气体的气相色谱图。常用的固体吸附剂有碳分子筛、硅胶、氧化铝和分子筛等,具体性能见表 10-1。

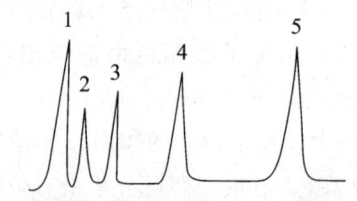

图 10-1　几种气体的气相色谱图

$1-O_2$;$2-CO_2$;$3-H_2S$;$4-CS_2$;$5-SO_2$

表 10-1　常用的几种吸附剂及其性能

吸附剂	化学组成	最高使用温度	性质	分析对象	使用前活化处理
碳分子筛	C	因型号不同,为 $225\sim400$ ℃	非极性	永久性气体、水、低沸点烃等	180 ℃通氮气 4 h
氧化铝	Al_2O_3	<400 ℃	氢键型	一般气体,$C_1\sim C_4$ 烷烃,N_2O、SO_2、H_2S、CO、CF_2Cl_2 等气体(常温下)	粉碎过筛,以 6 mol/L 盐酸浸泡 $1\sim$ 2 h,用蒸馏水洗到没有氯离子为止,180 ℃下烘 $6\sim8$ h 待用。装柱后使用前 200 ℃下通载气活化 2 h
硅胶	$SiO_2\cdot3H_2O$	<400 ℃	极性	氢同位素及异构体(−196 ℃),$C_1\sim C_4$ 烷、烯烃	粉碎过筛后,根据分析对象的性质净化,在较高温度下活化,一般在 600 ℃马弗炉内烘 4 h
分子筛 A 型	Na_2O,CaO,Al_2O_3,SiO_2	<400 ℃	强极性	惰性气体 H_2、O_2、N_2、CH_4、CO 等,一般永久性气体及 NO、N_2O 等	粉碎过筛,用前在 $550\sim600$ ℃马弗炉内烘 2 h,或在 350 ℃下真空活化 2 h
GDX-01、02、03、04	高分子多孔微球	<200 ℃	极性有所变化	气相和液相中水的分析,CO、CO_2、CH_4、低鰱醇及 H_2S、SO_2、NH_3、NO_2 等	$170\sim180$ ℃下烘去微量水分,在 H_2 或 N_2 气流中处理 $10\sim20$ h

10.1.2　液体固定相

液体固定相由担体(惰性固体颗粒)和固定液(高沸点有机物)组成。

1. 担体

担体也叫载体,是用来负载一层均匀的固定液薄膜的、多孔性的、惰性的固体颗粒。它的表面应有微孔结构,孔径均匀,比表面积大($1\sim20$ m^2/g);化学和物理惰性,即与样品组分不起化学反应,无吸附作用或吸附很弱;热稳定性好;有一定的机械强度和浸润性,不易破碎;具有一定的粒度和规则的形状,最好是球形。

应用最普遍的担体是硅藻土型担体。天然硅藻土是由无定形二氧化硅及少量金属氧化物杂质组成的单细胞海藻骨架,经过粉碎、高温煅烧,再粉碎过筛而成。因处理方法不同,可分为红色担体和白色担体(表 10-2)。

(1) 红色担体　由天然硅藻土直接煅烧而成,其中的铁煅烧后生成氧化铁,呈浅红色。空穴多,孔径小(平均 1 μm),比表面积大(4 m^2/g),可负载较多固定液;缺点是表面存在活性吸附中心,在分析极性组分时易产生拖尾峰。非极性固定液使用红色担体,可用于分析非极性组分。如国产 6201 担体及美国 Chromosorb P 属于此类。

(2) 白色担体　将天然硅藻土在煅烧之前加入少量碳酸钠等助熔剂,使氧化铁在煅烧后生成铁硅酸钠,变为白色。其表面孔径粗(8$\sim$9 μm),比表面积小(1 m^2/g),表面吸附作用和催化作用小、较为惰性。极性固定液使用白色担体,用于分析极性组分。如国产 101 担体和美国 Chromosorb W 属于此类。

表 10-2　红色、白色担体物理性质比较

物 理 性 质	红色担体	白色担体
pH 值	6$\sim$7	8$\sim$9
实际密度/(g/mL)	2.26	2.20
填充密度/(g/mL)	0.47	0.26
空隙直径/(μm)	0.4$\sim$1	8$\sim$9
比表面积/(m^2/g)	3.5$\sim$4.0	1.0$\sim$1.3
固定液负荷/(%)	30$\sim$40	20$\sim$30

2. 固定液

固定液一般是一些高沸点的液体,在操作温度下为液态,在室温时为固态或液态。对固定液的要求一般是在操作温度下呈液态且蒸气压低,因为蒸气压低的固定液流失慢、柱寿命长、检测器信号本底值低;对样品中各组分有足够的溶解能力,分配系数较大;选择性能高,两个沸点或性质相近的组分的分配系数有差异;稳定性好,固定液与样品组分或载体不产生化学反应,高温下不分解;黏度小,凝固点低。

用于色谱分析的固定液已有上千种,可按极性分类。极性大小由相对极性来评价。规定非极性固定液角鲨烷(异三十烷)、强极性固定液 β,β'-氧二丙腈的相对极性分别为 0 和 100,而被考察的固定液的相对极性 P_x 可按如下方式求得。

将丁二烯与正丁烷（或苯和环己烷）的混合物在角鲨烷固定液的色谱柱上分离，得到两组分的调整保留时间之比的对数值 $q_1 = \lg(t'_{R(丁二烯)}/t'_{R(正丁烷)})$，当它们在 β,β'-氧二丙腈柱和待考察柱上分离时，可分别得到 q_2、q_x，则被考察固定液的相对极性为

$$P_x = 100 \times \left(1 - \frac{q_1 - q_x}{q_1 - q_2}\right)$$

这样得到的待测固定液的 P_x 值在 $0\sim100$ 范围，将 P_x 由小到大排列，每 20 为一级，共分为 5 级，分别标为"+1"至"+5"，表示极性由小到大，非极性固定液以"−1"表示，见表 10-3。

表 10-3　　固定液的相对极性和级别

固定相名称	相对极性	级　别	固定相名称	相对极性	级　别
β,β'-氧二丙腈	100	+5	N-β-羟基丙基吗啉	50	+3
N-(甲基乙酰基)-β-氨基丙腈	87	+5	二丁基甲酰胺	43	+3
丙二醇碳酸酯	83	+5	羟乙基月桂醇	36	+2
二甲基甲酰胺	80	+4	邻苯二甲酸二壬酯	25	+2
聚乙二醇 600	78	+4	SE-30	13	+1
二乙基甲酰胺	62	+4	阿皮松	7	+1
环氧丙基吗啉	57	+3	角鲨烷	0	−1
1,2-丁二醇亚硫酸酯	54	+3			

为了便于根据相似相溶原理及待测组分的化学结构、极性，来选择结构和极性相似的固定液，可将常见的有机物按其形成氢键的能力和极性大小分为四类：非极性、中等极性、强极性和氢键型固定液。

(1) 非极性固定液　主要是一些饱和烷烃和甲基硅油，它们与待测组分分子之间的作用力以色散力为主。组分按沸点由低到高顺序流出，若样品中兼有极性和非极性组分，则同沸点的极性组分先出峰。常用的固定液有角鲨烷、阿皮松等。适用于非极性和弱极性化合物的分析。

(2) 中等极性固定液　由较大的烷基和少量的极性基团，或者是可以诱导极化的基团组成，它们与待测组分分子之间的作用力以色散力和诱导力为主，组分基本上按沸点顺序出峰，同沸点的非极性组分先出峰。常用的固定液有邻苯二甲酸二壬酯、聚酯等。适用于弱极性或中等极性化合物的分析。

(3) 强极性固定液　含有较强的极性基团，它们与待测组分分子之间的作用力以静电力和诱导力为主，组分按极性由小到大的顺序出峰。常用的固定液有氧二丙腈等。适用于极性化合物的分析。

(4) 氢键型固定液　这是强极性固定液中特殊的一类，与待测组分分子之间的作用力以氢键力为主，组分依据形成氢键的难易程度出峰，不易形成氢键的组分先出峰。常用的固定液有聚乙二醇、三乙醇胺等。适用于分析含 F、N、O 等化合物。

在一般气相色谱实验室中，用于常规分析，常备有四种色谱柱：非极性色谱柱，如 SE-30；弱极性色谱柱，如 OV-17；极性色谱柱，如 PEG-20M；高分子多孔微球，如 GDX-3 或 GDX-4 等。前 3 种用于一般不同极性化合物的分离，高分子多孔微球用于溶剂、小分子

有机酸和小分子有机碱的测定。表 10-4 中给出了五种常用固定液。它们热稳定性好，使用温度范围宽，极性范围宽，可作为实验室常备柱，用来作常规分析。选择固定液时可先在这五种色谱柱上进行初步分离，根据组分在色谱图上的分离情况以及极性选择合适的固定液。

表 10-4　五种常用固定液

名　　称	商品名	极性	最高使用温度	溶剂	参 考 用 途
甲基硅橡胶（甲基硅酮）	SE-30	+1	300 ℃	氯仿	高沸点极性物质
苯基（50%）甲基聚硅氧烷	OV-17	+2	300 ℃	氯仿丙酮	高沸点有机物
三氟丙基（50%）甲基聚硅氧烷	QF-1	+3	250 ℃	氯仿丙酮	含卤素、甾族化合物及某些炔烃、醇、酮的分离
聚乙二醇-20M	PEG-20M	氢键型	＞200 ℃	氯仿丙酮	含氮、氧化合物，烷烃的正构、异构
聚二乙二醇丁二酸酯	DEGS	+4	220 ℃	氯仿丙酮	脂肪酸酯及其他含氧化合物

3. 聚合物固定相

聚合物固定相是一种新型合成的有机固定相，它既可以作为固体固定相直接用于分离，也可以作为载体，在其表面涂上固定液后再用于分离，又称为高分子多孔微球（GDX）。一般认为组分在其表面既存在吸附作用，又存在溶解作用。

用不同的单体及共聚条件，可共聚成极性和物理结构（如比表面积和孔径分布）不相同，且分离效能也不同的小球。GDX 机械强度好，不易破碎，具有疏水性能，对水的保留能力比绝大多数有机化合物小，适用于快速测定样品中微量水。有的 GDX 具有耐腐蚀性能，可用于分析氨、氯气、氯化氢等；有的 GDX 可分离多种气体、腈、卤代烷、烃类及醇、醛、酮、酸、酯等含氧化合物。小分子醇、酸等极性化合物无须衍生化可直接分离，得到对称的峰形，并按相对分子质量由小到大的顺序流出。一般 GDX 的使用温度不宜高，通常低于 250 ℃，否则易流失并相互黏结。

GDX 一般是由苯乙烯（单体）与二乙烯苯（交联剂）在稀释剂存在下共聚而成。国内商品名为 GDX 和 400 系列有机载体等。国外同类产品有美国的 Porapak 与 Chromosorb 系列。同一系列中不同型号具有不同的极性，如 GDX-1 与 GDX-2 型是二乙烯基苯交联共聚物，为非极性固定相，GDX-3、GDX-4 与 GDX-5 型是二乙烯基苯共聚中分别引入三氯乙烯、N-乙烯吡咯烷酮和丙烯腈等，故它们的极性逐渐增强。同一型号不同品种中加入稀释剂的量不同。

10.2　气相色谱仪

如图 10-2 所示，气相色谱仪一般由载气源（包括压力调节器、净化器）、进样器（又称为汽化室）、色谱柱与柱温箱、检测器和数据处理系统构成。进样器、柱温箱和检测器分别具有温控装置，可达到各自的设定温度。最简单的数据处理系统是记录仪，现代数据处理系统都是由计算机和专用色谱软件组成的工作站，它既可存储各种色谱数据，计算测定结果，打印图谱及报告，又可控制色谱仪的各种实验条件，如温度、气体流量、程序升温等。

待气相色谱仪达到设定的条件并稳定后，即可进样。样品溶液用微量注射器吸取，注入进样器。样品蒸气被载气带入色谱柱进行分离,分开后的各组分经过检测器产生相应的信号后放空。信号放大后被存储或绘图,得到以时间为横坐标、信号为纵坐标的气相色谱图。

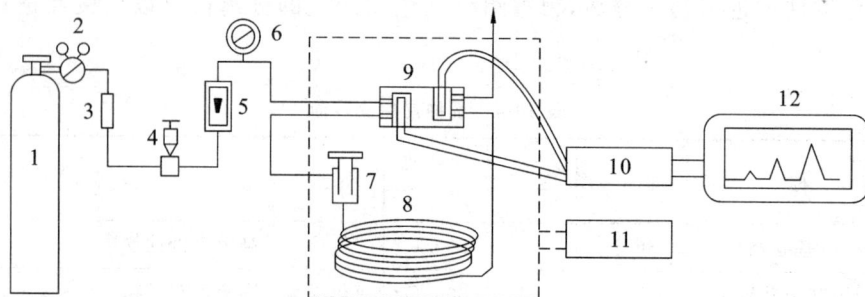

图 10-2　气相色谱仪示意图

1—载气瓶;2—压力调节器;3—净化器;4—稳压阀;5—转子流量计;6—压力表;7—进样器(汽化室);
8—色谱柱;9—检测器;10—放大器;11—温控系统;12—记录仪

根据各部分的功能,气相色谱仪可分为气路系统、进样系统、分离系统、检测系统、记录系统和温控系统等六大系统。组分能否分离,色谱柱是关键,它是色谱仪的"心脏";分离后的组分能否产生信号则取决于检测器的性能和种类,它是色谱仪的"眼睛"。所以分离系统和检测系统是核心。

10.2.1　气路系统

气相色谱的气路是一个载气连续运行的管路系统。作为流动相的气体称为载气,常用的载气有 N_2、H_2、He、Ar 等,其中氦气最为理想,但因其价格高,很少使用;氢气也有较好的灵敏度,但易燃;相对而言,使用最多的是氮气。气相色谱中使用的氮气要求纯度在 99.99% 以上,流速不超过 100 mL/min,常用 20~50 mL/min。载气从载气瓶出来后,依次通过压力调节器(减压阀)、净化器、稳压阀、转子流量计、汽化室、色谱柱、检测器,然后放空。

1. 气路结构

气路分为单柱单气路和双柱双气路两种。现代气相色谱仪多采用双柱双气路结构,适用于程序升温,可补偿由于温度变化、固定相流失等产生的噪声,提高仪器的稳定性。

2. 气路净化

载气的净化主要取决于色谱柱、检测器和分析项目的要求。净化器用来提高载气的纯度,串联在气路中,管内装有不同的净化剂,如活性炭可吸附除去油性组分,硅胶和分子筛可除去水分,脱氧剂可除去微量氧等。气路中除载气外,某些检测器还需要通入辅助气体,如氢火焰离子化检测器、火焰光度检测器需要氢气和空气作燃气和助燃气。相应的各气路都需要净化管。

3. 气流的稳定

载气流速的大小和稳定直接影响分析结果。在恒温色谱中,整个气路中的阻力是不变的,只要控制载气柱前的压力稳定,载气流速即可稳定。当采用程序升温操作时,因柱温不断升高引起柱内阻力不断增加,载气流量处于变化之中,此时可用稳流阀进行自动稳流控制。

4. 流速的测量和校正

载气流速测定是准确求出色谱保留数据的基础。载气流速的大小可用转子流量计和皂膜流量计测量。由于气体的可压缩性,色谱柱内存在压力梯度。转子流量计显示的柱前流速只能作为色谱分离条件选择的相对参数,不能反映色谱柱内的真实流速。而皂膜流量计测得的流速是在柱后一定的室温和大气压力下测得的,并含有皂液的饱和水蒸气。柱内的流速应该扣除水蒸气的影响,并校正到柱温和柱平均压力下的流速。

设在柱出口温度和压力(不包括水蒸气压)下,载气的实际体积流速为 F_0(单位为 mL/min),则

$$F_0 = \frac{F_0'(p_o - p_w)}{p_o} \tag{10-1}$$

式中:F_0' 为皂膜流量计上测得的载气流速;p_o 为柱出口压力,即大气压;p_w 为室温下水的饱和蒸气压。

设在柱温和柱的平均压力下,柱内载气平均流速为 F_a,则

$$F_a = F_0 j \frac{T_c}{T_o} \tag{10-2}$$

式中:j 为压力校正因子,$j = \frac{3}{2} \frac{(p_i/p_o)^2 - 1}{(p_i/p_o)^3 - 1}$,其中 p_i 和 p_o 分别代表柱入口和出口压力;T_c 为柱温;T_o 为柱出口温度,即室温。

10.2.2 进样系统

进样就是把气体、液体样品快速、定量地加入色谱柱,以进行色谱分离。进样量的准确性和重复性,以及样品的结构等对定性和定量分析有很大影响。

进样系统包括汽化室和进样装置。汽化室的作用是将液体试样瞬间汽化,其结构如图10-3 所示。一般要求汽化室热容量大,保证样品瞬时汽化,根据样品的沸点设定具体的汽化温度。要求汽化室内径和体积要小,减少样品汽化过程中的扩散,以免因冷样品的注入而引起温度的变化;常用石英或玻璃作衬管,污染后可以洗涤。样品在室温下一般为固体或液体,需要用适当溶剂将其溶解后,用微量注射器取样注入汽化室,受热汽化后才被载气带入色谱柱分离。溶剂的选择、进样器的温度、进样的方式、进样量的大小、微量注射器针头在汽化室中时间的长短、进样速度的快慢等对色谱峰都有一定的影响。

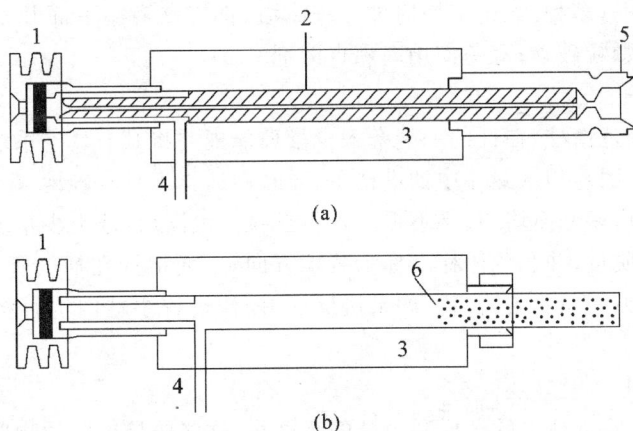

(a)

(b)

图 10-3 汽化室结构示意图

1—散热片;2—玻璃插入管;3—加热器;4—载气入口;5—接色谱柱;6—色谱柱固定相

气相色谱的进样装置一般采用微量注射器和六通阀。微量注射器常用来进液体样品,气体样品常用六通阀进样。图 10-4 为六通阀的示意图。

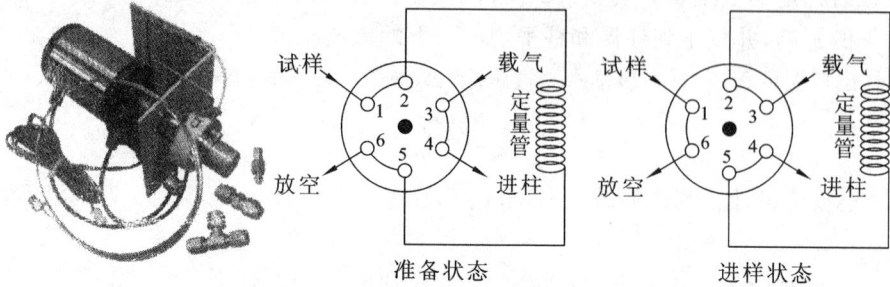

图 10-4　气相色谱六通阀进样示意图

10.2.3　分离系统

分离系统主要指色谱柱,柱内装填或涂渍色谱固定相,混合试样的分离在色谱柱内完成。常用的色谱柱有两类:填充柱和毛细管柱。

1. 填充柱

在柱内均匀、密实地填充颗粒状固定相的色谱柱称为填充柱。柱管一般用不锈钢或玻璃等材料制成,对于有反应性或腐蚀性的样品可选用玻璃柱。柱内径为 $2 \sim 6$ mm,柱长为 $1 \sim 5$ m,形状有 U 形、W 形和螺旋形等。

柱越长,分离效率越高,但柱子增长,分离时间也增长,因此应选择既能将各组分分开,时间又不太长的色谱柱。填充柱制备简单,柱容量大,分离效率较高,应用广泛。一根装填优良的色谱柱,对色谱分离起决定性作用。制备过程大致分为以下几个步骤。

1) 载体的处理

将选择好的载体进行预处理,酸洗或硅烷化,以消除表面活性中心,减少吸附作用,避免严重吸附和拖尾现象。

2) 固定液的涂渍

固定液涂渍方法有多种,无论采用何种方法涂渍,都应该遵循下面几条规则:保证固定液涂布均匀;避免载体颗粒破碎;避免使用高沸点溶剂。

3) 色谱柱的填充

取预先处理好的色谱柱,在柱的一端塞入少量玻璃棉并将其与真空系统连接,另一端接上漏斗,开动真空泵,将固定相从漏斗中抽进柱子,同时用适当工具轻轻地、由上至下敲打柱子各部位,使柱内填料装填紧密而均匀,又不损坏填料颗粒。填满后,塞上少量玻璃棉,把装入柱内的固定相称重,记下质量,并在色谱柱上标示装填方向,以便把接在抽气管上的一端接到检测器上,因为这一端比另一端要紧密些。如果接反了,操作过程中柱内填料将发生位移,容易出现空隙。

4) 色谱柱的老化

老化的目的在于除去柱中的杂质和短链的高聚物,这些较易挥发的物质若残留在柱中,以后会慢慢流出,形成噪声和基线漂移。另外,可促使固定液均匀牢固地分布于载体上。老化是在比使用温度高 $5 \sim 20$ ℃ 的条件下进行,最好是逐步进行,先在较低的载气流速下,柱温由室温升至使用温度,升温过程最好持续几个小时,不要突然在 $200 \sim 300$ ℃ 的条件下加热,老化过程需连续进行 4～8 h 甚至更长时间,直至基线平直为止。

2. 毛细管柱

毛细管柱又称为开口管柱、空心细管柱,内径为 0.1～0.5 mm,长度为 15～100 m,呈螺旋形,柱内表面涂渍一层很薄的固定液。毛细管柱渗透性好,分离效率高,但制备复杂,允许进样量小。现在的毛细管柱几乎都用高纯度熔融石英拉制而成。拉制毛细管的同时,在毛细管外壁涂上聚酰胺类的有机层,得到的毛细管可弯曲而不被折断,称为弹性熔融石英毛细管。这种毛细管柱最高使用温度一般为 350 ℃。另一种弹性石英毛细管外壁是镀铝层,具有更高的使用温度。将固定液直接涂渍在色谱柱内壁,称为壁涂开管柱(wall-coated open tubular column,WCOT)。将非常细的载体微粒黏接在色谱柱内壁上,再涂上固定液,称为载体涂渍开管柱(support-coated open tubular column,SCOT),柱效较 WCOT 柱高。为增加固定液的稳定性,在涂渍固定液的溶液中加入适量的某种交联剂,涂渍后固定液之间或固定液与毛细管表面发生交联或键合反应,这种毛细管柱称为交联毛细管柱(cross-linked capillary column)。交联毛细管柱稳定性好,柱寿命长,使用温度也较高,是目前最常用的毛细管柱。毛细管色谱所用固定液的性能、选择原理等与填充柱固定液基本相同,但其种类比填充柱固定液少得多。由于毛细管柱分离度高,一般实验室中只要购置三四种毛细管柱,柱长一般为 30 m,就可以承担 90% 以上分析任务。

毛细管柱内通常没有填充物,固定相通过化学键合或吸附作用固定在经过去活性处理的毛细管内表面。由于柱内无填充物,毛细管内径又很细,涡流扩散几乎不存在;内表面涂渍的固定相仅仅为一层薄液膜,传质阻力也很小,所以毛细管柱的塔板高度很小,加上毛细管的总长度很长,所以毛细管柱的理论塔板数往往要比填充柱高 1～2 个数量级。毛细管柱使用温度较高,固定相流失小,有利于沸点较高的化合物的分析,有利于提高分析的灵敏度,程序升温基线也较平稳。另外,毛细管柱的载气流量小,有利于实现色谱-质谱联用,较易维持质谱离子源的高真空度,通常在保温条件下,将细径毛细管直接或分流后插入质谱离子源即可。

毛细管柱和填充柱的分析性能比较见表 10-5。

表 10-5　毛细管柱和填充柱的分析性能比较

柱 参 数	毛 细 管 柱	填 充 柱
柱长/m	15～100	1～5
内径/mm	0.1～0.5	2～6
填充物粒度	无填充物,或 2 μm	100～200 μm
总柱效(理论塔板数)	几万到几十万	1500～8000
柱前压/MPa	0.05～0.10	＞0.20
试样容量/μL	＜0.01	＞0.50
适用试样	复杂的多组分	简单的多组分

毛细管柱的容量只在纳升级水平,如此小的试样体积仅靠微量进样器是无法完成准确进样的。最常用的有分流、不分流两种进样器(split/splitless injector)。分流、不分流进样器与填充柱进样器相比较,主要不同之处是前者有流量可控的分流口和隔垫吹扫口,分别由针形阀控制。隔垫吹扫(septum purge)的流速一般为 1～5 mL/min,其目的是将隔膜分解产物吹出

进样器,也可使向上逸出的样品气流出。

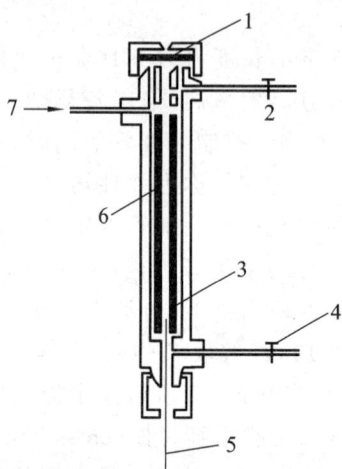

图 10-5　分流进样器示意图

1— 隔膜;2、4—针形阀;3—分流点;
5—毛细管柱;6—汽化室;7—载气入口

1) 分流进样

瞬时汽化的样品蒸气大部分从分流口排出,只使少量样品蒸气进入色谱柱的进样方式称为分流进样(split injection)。进入色谱柱样品量的比例由分流口载气流速与色谱柱中载气流速之比——分流比(split ratio)决定。分流进样的主要目的是获得窄的初始带谱宽度,也可防止溶剂峰的严重拖尾。分流进样器如图 10-5 所示,经预热的载气分为两路:一路向上冲洗注射隔膜;另一路以较快的速度进入汽化室,此处样品与载气混合,在毛细管柱入口处进行分流。分流比一般为(50~500):1。

2) 不分流进样

进样后经过一段时间再打开分流阀的进样方式称为不分流进样(splitless injection)。目前的分流/不分流进样器的分流阀可由操作者设定时间程序关闭或打开。不分流进样的基本步骤如下:①关闭分流口;②注入样品,经过一个不分流时间(splitless period),一般为 40~80 s,使样品气体随载气带入色谱柱;③打开分流口,将剩余样品气体吹出进样器,分流口流速一般为 10~20 mL/min。与分流进样器不同的是在进样时分流阀关闭,经过一段时间(40~80 s)大部分溶剂和样品进入色谱柱后,打开分流阀,把汽化室中剩余溶剂和样品通过分流阀吹走。

不分流进样的最大优点是导入色谱柱的样品增加,因而灵敏度高于分流进样法,可用于痕量分析。

另外,毛细管柱的内径很细,柱后载气流量太小,既不容易与检测器的工作条件匹配,又会在柱出口处造成较大的色谱带扩张。为此,毛细管柱后一般需增加辅助气,称为尾吹气(make-up gas)。

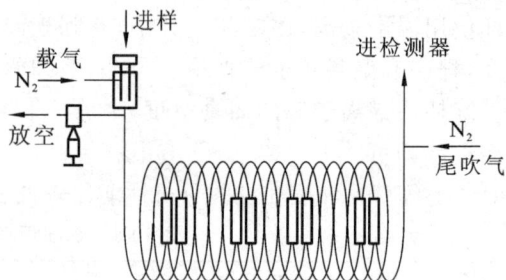

图 10-6　毛细管柱分流进样和尾吹气装置

与毛细管柱配套的分流进样和尾吹气装置如图 10-6 所示。

10.2.4　检测系统

检测器是将流出色谱柱的载气中组分的浓度(或质量)转换为电信号(电流或电压)的装置。检测器是色谱仪的关键部件,目前检测器的种类很多,常用的有五种检测器,分别是热导池检测器(thermal conductivity detector,TCD)、氢火焰离子化检测器(flame ionization detector,FID)、电子捕获检测器(electron capture detector,ECD)、氮磷检测器(NPD)和火焰光度检测器(flame photometric detector,FPD)。另外,在气相色谱与质谱联用仪(GC-MS)中,质谱也可看成气相色谱仪的检测器。检测器按相应特性可分为两大类:浓度型检测器(如 TCD 和 ECD,测量载气中组分浓度的变化)和质量型检测器(如 FID,测量载气中组分质量的变化)。

1. 性能指标

对检测器性能的要求主要有稳定性好、噪声低,灵敏度高,线性范围宽,死体积小、响应快等。为综合评价检测器,常用以下指标来衡量。

1) 灵敏度

灵敏度(sensitivity, S)又称响应值或应答值,是用来评价检测器质量的重要指标。气相色谱检测器的灵敏度是物质通过检测器时,待测组分单位浓度(或质量)的变化所引起的测定信号值的变化程度。按照 IUPAC 的规定,灵敏度是指在线性范围内标准曲线的斜率,即

$$S = \frac{\Delta R}{\Delta c(\Delta m)} \qquad (10-3)$$

式中:R 为响应值(mV);$\Delta c(\Delta m)$ 为待测组分浓度(或质量)。其实质是标准曲线的斜率,斜率越大,灵敏度越高。灵敏度单位因检测器的类型不同而异。对于 TCD、ECD 等浓度型检测器,其单位是 mV·mL/mg;对于 FID 等质量型检测器,其单位是 mV·s/mg。

2) 线性范围

定量分析的准确度与检测器的线性紧密相关。检测器的线性是指检测器内流动相中组分浓度与响应信号成正比的关系。实验中将被测物质的量与检测器产生的响应值作图。线性范围(range of linearity)是指流动相中组分浓度(Q)与检测器响应信号(R)呈线性关系的范围,如图 10-7 所示。

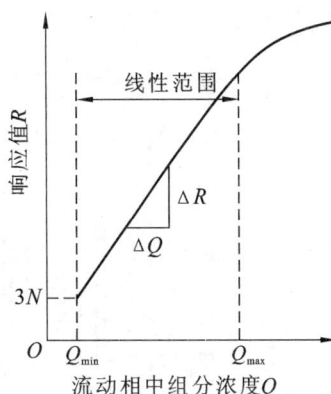

图 10-7　检测器的线性范围

3) 检出限

在没有样品进入检测器时,基线在短期内发生起伏的信号称为噪声(noise)。噪声是由仪器本身及其他操作条件所引起,如放大器的热电子,电磁波干扰,固定液的流失,进样器橡胶隔垫的流失,载气、温度、电压的波动和漏气等。

漂移(drift)是指基线随时间朝某一方向的缓慢变化,常用每小时信号变化值(mV/h)表示。良好的检测器的噪声与漂移都应该很小,它们表明检测器的稳定状况。

信号被放大器放大时,灵敏度增高,但噪声也同时放大,弱信号仍然难以辨认。因此评价一个检测器,不但要看灵敏度的高低,还要考虑噪声的大小。检出限从这两方面表征了检测器性能。规定以检测器恰能产生 3 倍于噪声的信号时(图 10-8),单位体积或单位时间引入检测器的样品量,称为检测器的检出限(detection limit, D)。其定义式为

$$D = \frac{3N}{S} \qquad (10-4)$$

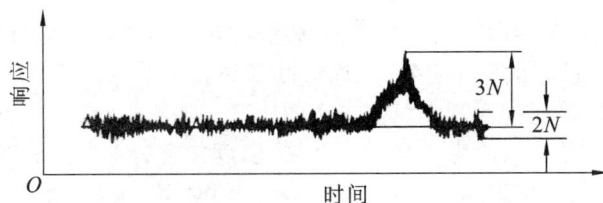

图 10-8　噪声水平和检出限的定义

2. 热导检测器

热导检测器(TCD)属于通用型检测器,应用较为广泛。它的特点是结构简单,稳定性好,灵敏度适宜,线性范围宽,对无机物和有机物都能进行分析,且不破坏样品,适用于常量分析及含量在 10^{-5} g 以上的组分分析。

TCD 的结构如图 10-9 所示。它由池体和热敏元件组成,在不锈钢块的孔道中装入热敏元件就构成热导池。热敏元件用钨丝或铼钨丝等制成,其电阻随温度升高而增高,具有较大的温度系数。将两个材质、电阻相同的热敏元件装入双腔的池体中,构成双臂热导池。一臂连接在色谱柱之前,只通入载气,称为参考臂;另一臂连接在色谱柱之后,称为测量臂。两臂的电阻分别为 R_1 和 R_2。将 R_1、R_2 与两个阻值相等的固定电阻 R_3、R_4 组成惠斯通电桥,即 $R_1R_4 = R_2R_3$,电桥处于平衡状态。

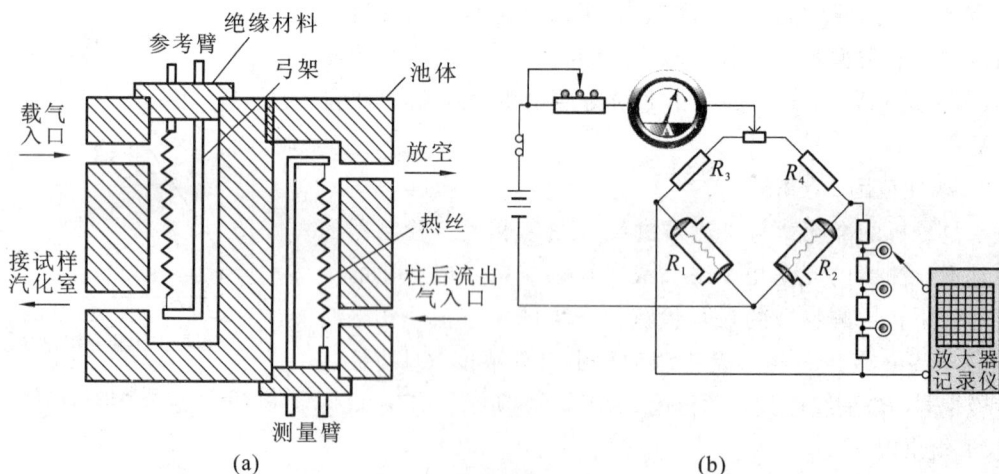

图 10-9　热导检测器示意图

当载气以恒定速度通入热导池,以恒定电压给热导池通电时,热丝所产生的热量主要经载气以热传导方式传给温度低于热丝的池体;当热量的产生与散失建立热动平衡后,热丝的温度恒定。当测量臂无样品气通入,即只通入载气时,从两个热敏元件上带走的热量相等,即两个热丝的温度相等,两池电阻变化也相等,即 $\Delta R_1 = \Delta R_2$,所以

$$(R_1 + \Delta R_1)R_4 = (R_2 + \Delta R_2)R_3$$

电桥仍处于平衡状态,则记录仪输出一条直线。

当样品经色谱柱分离后,随载气通过测量池时,各组分与载气的导热系数不同,它们带走的热量与参比池中仅有载气通过时带走的热量不同,即 $\Delta R_1 \neq \Delta R_2$,所以 $(R_1 + \Delta R_1)R_4 \neq (R_2 + \Delta R_2)R_3$,电桥平衡被破坏,因而记录仪上有信号(色谱峰)产生。

TCD 是基于不同物质具有不同导热系数的原理制成的,载气与样品的导热系数相差越大,热导池的灵敏度就越高。由于一般物质的导热系数较小,因此宜采用导热系数较大的气体(H_2 或 He)作载气。但氦气价格昂贵,氢气操作起来易燃易爆,在实际应用中不常用。而氮气价格低廉,使用安全,广泛应用于气相色谱中作载气。

气体的导热系数 λ 是在温度为 0 ℃或 100 ℃,温度梯度为 1 ℃/cm 时,通过 1 cm² 截面每秒钟传导的热量(卡),其单位为 cal/(cm · ℃ · s),使用时用 $\lambda \times 10^5$ 表示。通常相对分子质量小的气体导热系数高,相对分子质量相近或相同时,则受分子结构因素的影响。表 10-6 为一些气体的导热系数。

表 10-6　某些气体 100 ℃时的导热系数

气 体 名 称	$\lambda \times 10^5 /[\text{cal}/(\text{cm} \cdot ℃ \cdot \text{s})]$	气 体 名 称	$\lambda \times 10^5 /[\text{cal}/(\text{cm} \cdot ℃ \cdot \text{s})]$
氢	224.3	甲烷	45.8
氦	175.6	乙烷	30.7
氮	31.5	丙烷	26.4
空气	31.5	甲醇	23.1
氧	31.9	乙醇	22.3
氩	21.8	丙酮	17.6

　　热导池的灵敏度 S 与热敏元件的电阻 R 及桥路电流 I 的关系为 $S \propto I^3 R^2$。当 R 一定时，增加桥路电流，灵敏度迅速增加；但电流太大，噪声增大，热丝易烧断。一般桥电流控制在 $100 \sim 200$ mA。当桥路电流一定时，热丝温度一定，若池体温度低，它和热丝的温差大，灵敏度提高；但池体温度不能太低，否则待测组分容易在检测器内冷凝。一般池体温度应不低于柱温。

　　3. 氢火焰离子化检测器

　　氢火焰离子化检测器（FID）只对碳氢化合物产生信号，应用较广泛。它的特点是死体积小，灵敏度高（比 TCD 高 $100 \sim 1000$ 倍），稳定性好，响应快，线性范围宽，适合于痕量有机物的分析，但样品被破坏，无法进行收集，不能检测永久性气体以及 H_2O、H_2S 等。

　　从图 10-10 可以看出，FID 的主要部件是离子室，H_2 与载气在进入喷嘴前混合，空气作为助燃气由一侧引入。在火焰上方的筒状收集电极（作为正极）和下方

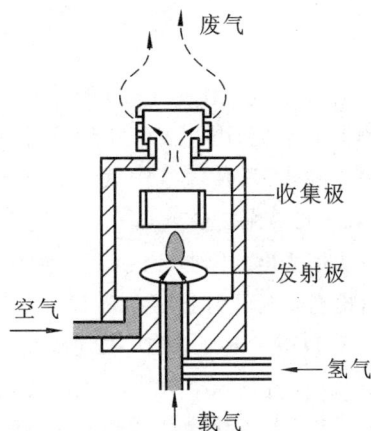

图 10-10　氢火焰离子化检测器示意图

的圆环状极化电极（作为负极）之间施加一个恒定的电压，当待测有机物被载气携带从色谱柱流出进入火焰后，在高温火焰（2000 ℃左右）下电离，产生许多阳离子和电子。这些阳离子和电子在外电场作用下，在两极间定向移动，形成微电流（该电流的大小与待测有机物的含量呈线性关系），微电流经放大器放大后，由记录仪记录下来。

　　选择 FID 的操作条件时应注意所用气体流量和工作电压。载气（一般为氮气，其流速约为 30 L/min）、燃气（H_2）和空气三者之比约为 $1:1:10$，极化电压一般为 $100 \sim 300$ V。

　　FID 对在火焰中不能电离的化合物，例如 CO、CO_2、SO_2、N_2、NH_3、CS_2 等不能检测。它对空气和水没有响应，适合于分析大气污染物和含水样品，如酒精、饮料等。FID 对 CS_2 响应较低，因此在用 FID 时 CS_2 可作为溶剂。

　　4. 电子捕获检测器

　　电子捕获检测器（ECD）是一种高选择性、高灵敏度的检测器。它只对具有电负性的物质，如含卤素、S、P、O、N 的物质有响应，而且电负性越强，检测器的灵敏度越高。它可以检测出 10^{-14} g/mL 的电负性物质，因此可测定痕量的电负性物质，如多卤、多硫化合物，甾族化合物，金属有机物等。

　　ECD 的结构如图 10-11 所示。在两极之间施加直流或脉冲电压，当只有载气（一般为高

纯度 N_2)进入检测器时,由放射源释放出的 β 射线使载气电离,产生阳离子和慢速低能量的电子,在电场的作用下,阳离子和电子向极性相反的电极运动,形成恒定的本底电流——基流;当载气携带电负性物质进入检测器时,电负性物质捕获低能量的电子,使基流降低,产生负信号形成倒峰,检测信号的大小与待测物质的浓度呈线性关系。ECD 的线性范围较窄($10^2 \sim 10^4$),故进样量不可太大。

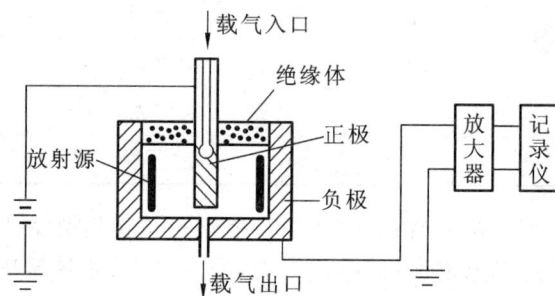

图 10-11　电子捕获检测器示意图

通常用氮气作为 ECD 的载气,由于氮气中常含有微量氧和水等电负性杂质,会严重降低检测器的基流,因此需使用纯度在 99.99% 以上的高纯氮,或将氮气通过加热至约 480 ℃的紫铜屑以除去氧,使氮气中氧含量降至 1×10^{-6} 以下。

5. 火焰光度检测器

火焰光度检测器(FPD)是一种只对含硫、磷的化合物具有高选择性、高灵敏度的检测器,也称为硫磷检测器。可用于 SO_2、H_2S、石油精馏物含硫量及有机磷、有机硫农药痕量残留物的分析。

FPD 的原理如图 10-12 所示。它实际上是一个简单的火焰发射光谱仪,含硫、磷的化合物在富氢焰(氢气与空气中的氧的比例大于 3∶1)中燃烧,分解成有机碎片,从而发出不同波长的特征光谱(含硫化合物发出 394 nm 特征光,含磷化合物发出 526 nm 特征光),通过滤光片获得较纯的单色光,经光电倍增管把光信号转换成电信号,经放大后由记录仪记录下来。

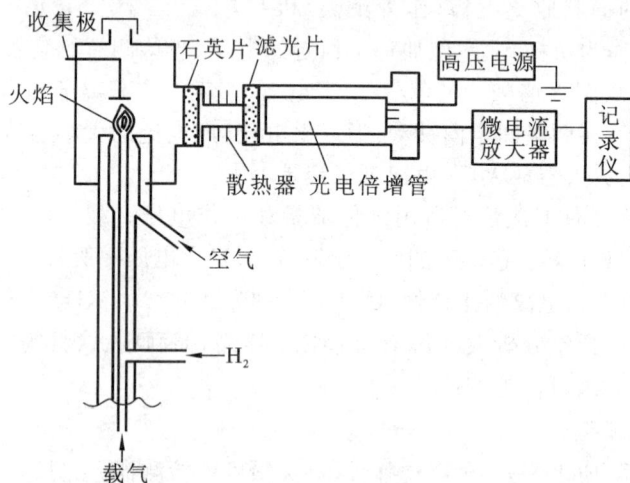

图 10-12　火焰光度检测器示意图

10.2.5　记录系统

目前用普通计算机与专用色谱数据处理软件进行数据处理。专用色谱数据处理软件除能进行色谱峰积分外,还有很多功能,如色谱定性和定量,绘制标准曲线,计算样品含量、理论塔板数及其他色谱参数等。如果色谱数据处理软件还具有控制仪器操作参数,如柱温、载气流速等功能时,则称其为色谱工作站。

色谱数据处理软件常用的有下列几个主要参数。

1. 斜率

斜率(slope)也称为色谱峰测定灵敏度,是测定峰面积的重要参数,它决定了峰面积积分的起点和终点。斜率值设定太小时,峰面积积分过早,导致峰面积积分值偏大并容易受噪音的影响;反之,斜率值设定太大时,峰面积积分过迟,导致峰面积积分值偏小。数据处理系统常设有自动斜率测定(S,Test)功能,在基线平稳后,自动测试一段时间(常为 50 s),将基线波动的斜率最大值自动设定,用于判断色谱峰积分起点与终点。也可根据具体情况,人为设定斜率值,或根据色谱图手动调节积分的起点与终点。

2. 半峰宽

半峰宽(peak width at half-height)是指设定的最窄色谱峰的峰高一半处的宽度,单位为 s(秒)。设定此值,用于控制数据处理报告中峰的数量,小于设定峰宽的窄峰将不出现在报告中。

3. 最小峰面积

最小峰面积(minimum peak area)是指设定的色谱峰面积分值的最小值。它也是用于控制数据处理报告中峰数量的参数,小于最小峰面积值的色谱峰不出现在报告中。

4. 锁定时间和停止时间

锁定时间(lock time)是指启动色谱数据处理系统后只记录图谱不收集数据的一段时间。实际应用中,操作者常设定一段锁定时间来排除色谱报告中的溶剂峰或非待测定峰,使色谱报告简单、明晰,所以也称为溶剂延迟时间。

停止时间(stop time)是指色谱数据处理系统启动到停止收集数据的时间。每次进样、启动色谱数据处理系统后,到时自动停止,完成一次色谱操作的数据采集过程。

5. 漂移

漂移(drift)是用以补偿基线漂移的参数。应视基线漂移的具体情况设定它的大小。当基线漂移不太严重时,将漂移设定在自动状态可得到满意结果。

10.2.6　温控系统

色谱柱恒温箱、汽化室和检测器都需要加热和控温。因各部分要求的温度不同,故需要三套温控装置。一般情况下汽化室温度比色谱柱恒温箱温度高 10～30 ℃,以保证试样能瞬间汽化;检测器温度与色谱柱恒温箱温度相同或稍高于后者,以防止试样组分在检测室内冷凝。

柱温是气相色谱操作的最重要的参数之一,它与柱效和分离度都直接相关。良好的柱温控制对毛细管色谱柱更为重要,毛细管色谱柱的柱径细,对温度变化更为敏感。操作时根据被测试样的具体情况(主要参考组分的沸点)设定柱温。最高柱温应低于固定液最高使用温度20～50 ℃,以防止固定液流失。

1. 恒温操作

恒温操作常用于一个或几个组分的分析。分析周期内柱温保持在某一恒定温度。在保证被测组分充分分离的前提下,尽量设定较高柱温,以缩短分析时间。

2. 程序升温

程序升温用于组分沸点范围很宽的试样。所谓程序升温,是指每一个分析周期内柱温连续由低温向高温有规律地变化。柱温变化可根据试样具体情况设计,可以是线性变化(一种升温速率),也可是非线性(在不同时间段采用不同升温速率)的变化。

10.3　色谱操作条件

10.3.1　载气及其流速的选择

选用何种载气,可从以下两个方面考虑。首先,考虑检测器的适应性,例如 TCD 常用 H_2、He 作载气,FID、FPD 和 ECD 常用 N_2 作载气;其次,要考虑流速的大小,由速率方程可知,当流速较小时,分子扩散项(B/u)是色谱峰扩张的主要因素,应采用相对分子质量较大的载气如 N_2、Ar 等(组分在载气中的扩散系数小),当流速较大时,传质阻力项(Cu)起主要作用,宜采用相对分子质量较小的载气如 H_2、He 等。不同载气及流速对柱效的影响如图 10-13 所示。

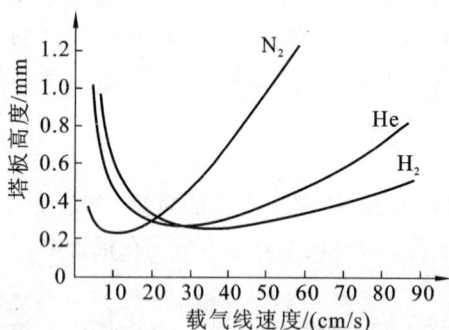

图 10-13　不同载气的线速度对柱效的影响

载气流速严重影响分离效率和分析时间,当色谱柱和组分一定(K 一定)时,由速率方程可计算出最佳流速,此时柱效最高,但在此流速下,分析时间较长。一般采用稍高于最佳流速的载气流速,以加快分析速度。

10.3.2　柱温的选择

在气相色谱中,柱温对分离度影响很大。较低的柱温使试样有较大的分配系数,选择性好,但分析时间延长,峰形变宽,柱效下降;提高柱温可改善传质阻力,提高柱效,缩短分析时间,但同时也将加剧纵向扩散效应,降低柱子的选择性。

柱温的具体选择首先要考虑到每种固定液都有一定的使用温度,柱温应介于固定液的最低使用温度和最高使用温度之间,否则不利于分配或容易造成固定液流失。

在实际工作中常通过实验来选择最佳柱温,既能分离各组分,又不使峰形扩张、拖尾。柱温一般选择各组分沸点的平均温度或更低。对于高沸点的混合物(沸点 300～400 ℃),柱温可选 200～230 ℃,采用 1%～3% 的低含量固定液和高灵敏度检测器;对于沸点不太高的混合物(沸点 200～300 ℃),柱温可选 150～180 ℃,固定液含量为 5%～10%;对于沸点在 100～200 ℃ 的混合物,柱温可选在 70～120 ℃,固定液含量为 10%～15%;对于气体、气态烃等低沸点物质,柱温可选在其沸点或沸点以上,以便能在室温或 50 ℃ 以下分析,固定液含量一般在 15%～25%。对于宽沸程(沸程大于 100 ℃)样品,宜采用程序升温色谱法,即按预定的程序连续地或分阶段地进行升温。这样能兼顾高、低沸点组分的分离效果和分析时间,使不同沸点的组分基本上都在其较合适的温度下得到良好分离。如图 10-14 所示。

10.3.3　其他条件的选择

1. 汽化室温度

汽化室温度取决于样品的挥发性、沸点及进样量。为保证迅速完全汽化,汽化室温度一般要高于试样的沸点,但也不宜太高,以防样品分解。

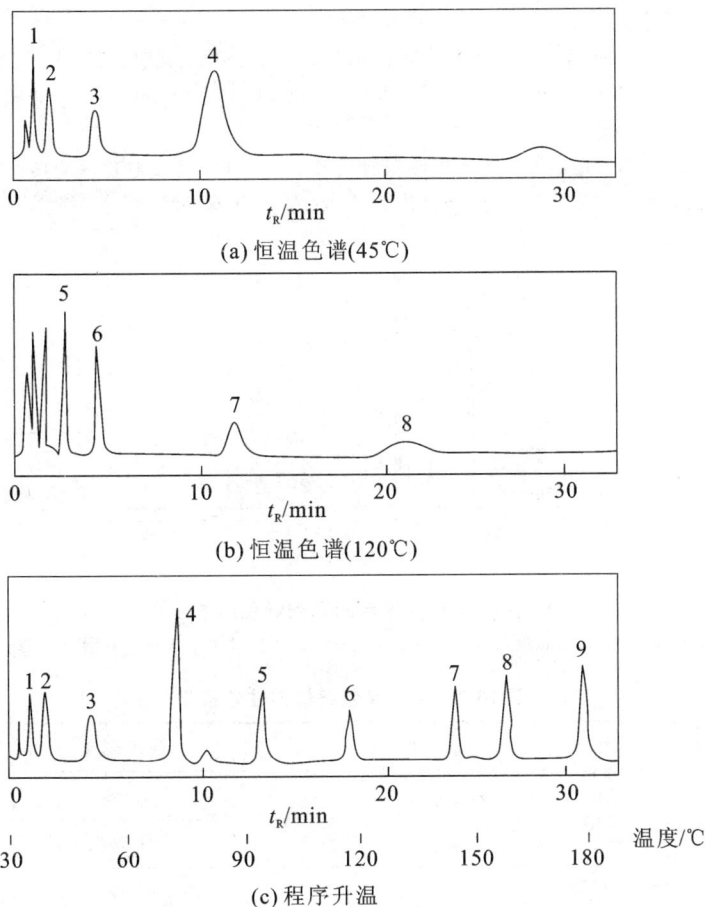

(a) 恒温色谱(45℃)

(b) 恒温色谱(120℃)

(c) 程序升温

图 10-14　恒温和程序升温的色谱图比较

1—丙烷(-42.1 ℃);2—丁烷(0.5 ℃);3—戊烷(36.1 ℃);4—己烷(68.7 ℃);5—庚烷(98.4 ℃);
6—辛烷(125.7 ℃);7—壬烷(150.8 ℃);8—癸烷(174.1 ℃);9—十一烷(195.9 ℃)

2. 检测室温度

为了使色谱柱的流出物不在检测器中冷凝而污染检测器,检测室温度需要高于柱温。一般可高于柱温 $10\sim20$ ℃,或等于汽化室温度。

3. 进样量

进样量的大小直接影响谱带的初始宽度,进样量越大,谱带初始宽度越大,经分离后的色谱峰更宽,不利于分离。因此在检测器灵敏度足够的前提下,应尽量减少进样量。对于填充柱,气体样品以 $0.1\sim1$ mL 为宜,液体样品进样量应小于 40 μL(TCD)或小于 20 μL(FID)。毛细管柱需用分流进样,分流后的进样量为填充柱的 $1/100\sim1/10$。

【例 10-1】 苯、甲苯、二甲苯的气相色谱分析。

解 (1) 仪器与试剂:SP-6800A 气相色谱仪,0.25 mm×30 m 石英毛细管空柱。甲苯(分析纯),工业甲苯;苯(分析纯);邻二甲苯(化学纯);间二甲苯(分析纯);对二甲苯(分析纯);乙苯(分析纯);正癸烷(分析纯);异丙苯(化学纯)。固定液(PEG-20M)。

(2) PEG-20M 毛细管色谱柱的制备:先把 0.25 mm×30 m 石英毛细管色谱柱清洗干净,用超细载体制成 SCOT 柱。PEG 脱活后,在 280 ℃下吹干,配成 8 mg/mL 的二氯甲烷溶液,加入适量的交联剂。静态法涂渍固定液于色谱柱内壁。室温下吹干后 180 ℃交联 2 h,再用 5 mL 二氯甲烷洗柱后,从 50 ℃程序升温至 250 ℃,老化 10 h。

（3）甲苯的毛细管色谱分析。

色谱条件：汽化温度 160 ℃，柱温 85 ℃，检测温度 160 ℃，FID 检测；载气（N_2）柱前压力 0.06 MPa，分流比约为 150∶1，尾吹气流量 25 mL/min，空气流量 300 mL/min，H_2 流量 30 mL/min。灵敏度为 3，衰减为 001，进样量为 0.3 μL。

图 10-15 是甲苯的毛细管色谱图。柱效检测报告见表 10-7。甲苯毛细管色谱法具有分离能力强、峰形对称、分析时间短等优点，且 C_8 芳烃中的同分异构体乙苯、对二甲苯、间二甲苯、邻二甲苯等都能达到基线分离。

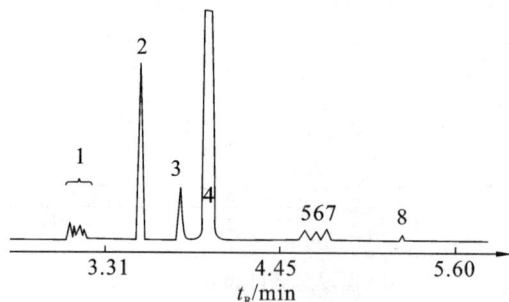

图 10-15　甲苯的毛细管色谱图

1—非芳烃；2—苯；3—正癸烷；4—甲苯；5—乙苯；6—对二甲苯；7—间二甲苯；8—邻二甲苯

表 10-7　毛细管色谱柱的柱效检测

t_R/min	组　分	理论塔板数/m^{-1}	拖尾因子	分　离　度
3.546	苯	5190	1.080	7.696
3.813	正癸烷	4060	0.820	5.736
3.989	甲苯	3960	0.820	3.338
4.618	乙苯	4520	1.060	11.127
4.697	对二甲苯	5460	0.930	1.509
4.761	间二甲苯	5110	1.080	1.499
5.267	邻二甲苯	4410	1.110	8.106

（4）苯和二甲苯的毛细管色谱分析。

色谱条件同上。高含量苯、间二甲苯和邻二甲苯的毛细管色谱图分别见图 10-16、图 10-17、图 10-18。由图可见，其中的杂质都达到有效分离。

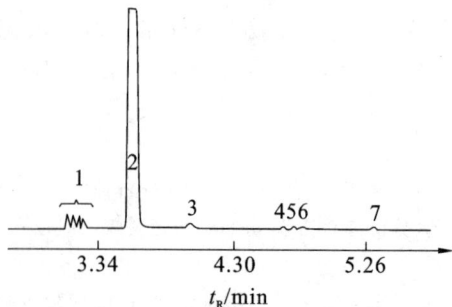

图 10-16　苯的毛细管色谱图

1—非芳烃；2—苯；3—甲苯；4—乙苯；
5—对二甲苯；6—间二甲苯；7—邻二甲苯

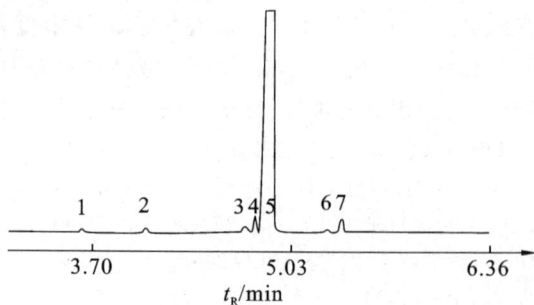

图 10-17　间二甲苯的毛细管色谱图

1—苯；2—甲苯；3—乙苯；4—对二甲苯；
5—间二甲苯；6—异丙苯；7—邻二甲苯

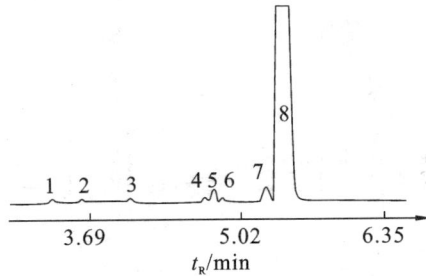

图 10-18　邻二甲苯的毛细管色谱图

1—非芳烃；2—苯；3—甲苯；4—乙苯；5—对二甲苯；6—间二甲苯；7—异丙苯；8—邻二甲苯

　　苯、甲苯和二甲苯中的杂质主要是烷烃和芳烃，一般可以用标样对照定性。由于苯系物中主要杂质的 FID 质量校正因子基本相同，对高含量苯、甲苯和二甲苯可直接用面积归一化法计算含量。某石化公司生产的甲苯，用毛细管色谱法测定 6 次，质量分数平均值为 99.24%，标准偏差为 0.05%，变异系数为 0.05%。在甲苯中加入 0.124% 的苯，测得回收率为 98.9%。

10.4　定性和定量分析方法

试样经色谱分离得到色谱图后，就可利用色谱图所提供的信息进行定性或定量分析。

10.4.1　定性分析方法

常用的气相色谱定性分析方法有保留值定性、仪器联用定性等。

1. 保留值定性

保留值定性可利用已知物对照，也可以利用保留指数（参见 9.4.1 节中第 2）部分）。不同实验室测定的保留指数重现性较好，精度可达 0.03 个指数单位。同一物质在同一柱上的保留指数与柱温的关系通常是线性的。利用这一规律可以用内插法求出不同温度下的保留指数。如某物质的保留指数，在 100 ℃时为 654，150 ℃时为 688，用内插法可求得在 125 ℃时为 671。由于不同物质的这一线性关系往往是不平行的，因此可利用两个或三个不同温度时的保留指数进行对照，使定性分析的结果更为可靠。

　　如图 10-19 所示，将未知试样（a）与已知标准物质（b）在同样色谱条件下得到的色谱图直接进行比较，可以推测未知样品中峰 2 可能是甲醇，峰 3 可能是乙醇，峰 4 可能是正丙醇，峰 7 可能是正丁醇，峰 9 可能是正戊醇。这些结论还只是初步判断，因为在利用保留时间直接比较定性时，要求载气的流速、载气的温度和柱温保持恒定，即使是微小的波动，都会使保留值改变，从而影响定性结果。为了避免载气流速和温度变化对分析结果的影响，可采用以下方法。

　　（1）用相对保留值定性。在相同色谱条件下，相对保留值是被测组分与加入的参比组分的调整保留值之比，不受载气流速和温度变化的影响。在柱温和固定相一定时，相对保留值（r）为定值，可作为定性分析的可靠参数。

　　（2）用已知物增加峰高法定性。在得到未知物样品的色谱图后，在未知物样品中加入一定量的已知纯物质，然后在同样的色谱条件下作色谱图。对比两张色谱图，哪个峰加高了，它就是已知纯物质的色谱峰。这一方法既可避免载气流速变化对保留时间的影响，又可避免色谱图图形复杂时准确测定保留时间的困难。这是确认某一复杂样品中是否含有某一组分的最好办法。

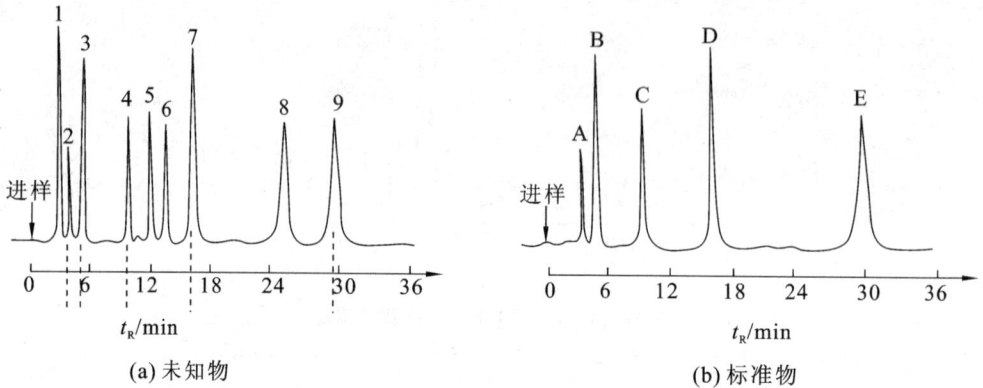

图 10-19　以已知纯物质对照进行定性

已知纯物质 A—甲醇；B—乙醇；C—正丙醇；D—正丁醇；E—正戊醇

2. 仪器联用定性

将毛细管色谱柱与傅里叶红外光谱仪联用(GC-FTIR)或与质谱联用(GC-MS)是现代仪器分析的重要工具。国际奥委会医学委员会就规定体育运动中的兴奋剂检测唯一能用做确认的仪器是 GC-MS。一般兴奋剂检测实验室都用 GC-MS 作初步筛选，如有怀疑的样品必须重新检测，并根据样品与同样条件下比对物全扫描提供的质谱图的一致性、保留时间的一致性进行定性分析。图 10-20 和图 10-21 是检测运动员尿样中的激素时得到的质谱图。图 10-20 是 5-α-和 5-β-雄烷-3-α-醇-17-酮-2TMS 的质谱图，图 10-21 是 5-α-和 5-β-雄烷二醇-2TMS 的质谱图。

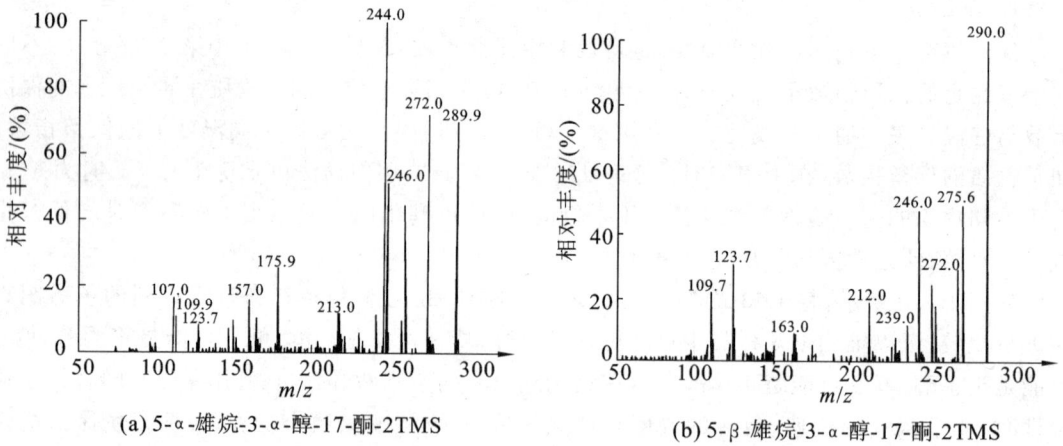

图 10-20　5-α-和 5-β-雄烷-3-α-醇-17-酮-2TMS 的质谱图

有时用 GC-MS 和保留值仍然很难定性。如一些挥发油中的 α-反香柠檬烯和 β-丁香烯保留时间仅仅相差 0.03 min，这时可用 GC-FTIR 来进一步分析。还有一些同分异构体，特别是顺反异构体的质谱图差别很小，仅用质谱图很难分析。例如，叶醇是 6 个碳原子的不饱和醇，在其 GC-MS 的总离子流色谱图上的 4 个峰几乎没有差别，这时可作 GC-FTIR 补充分析。图 10-22 为叶醇的 GC-FTIR 红外重建色谱图。图 10-23 是图 10-22 中两组一大一小 4 个色谱峰对应的红外光谱图。

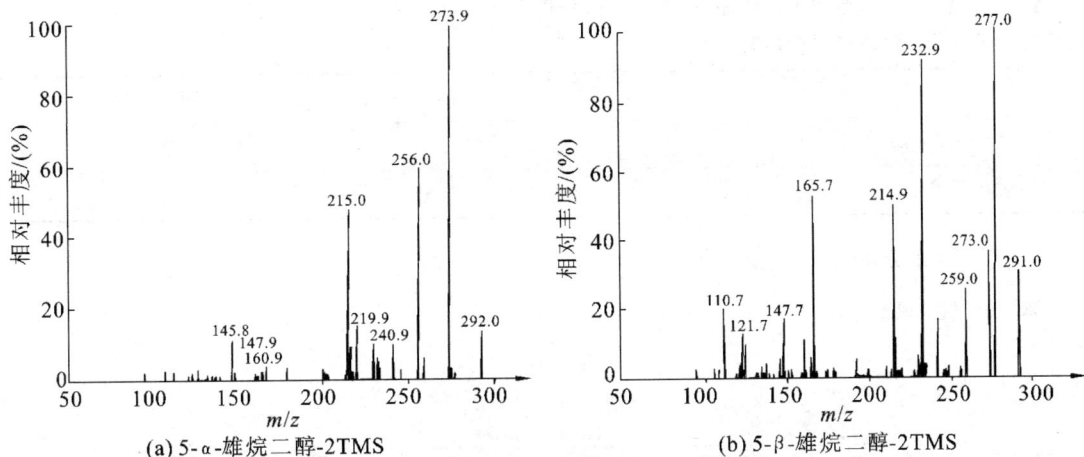

(a) 5-α-雄烷二醇-2TMS

(b) 5-β-雄烷二醇-2TMS

图 10-21　5-α-和 5-β-雄烷二醇-2TMS 的质谱图

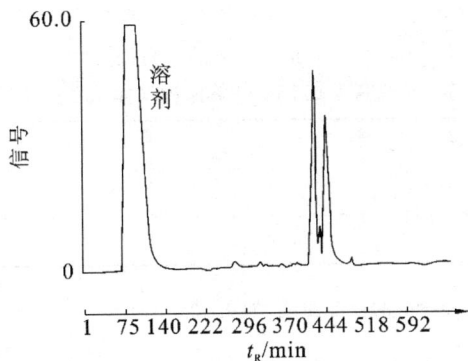

图 10-22　叶醇的 GC-FTIR 红外重建色谱图

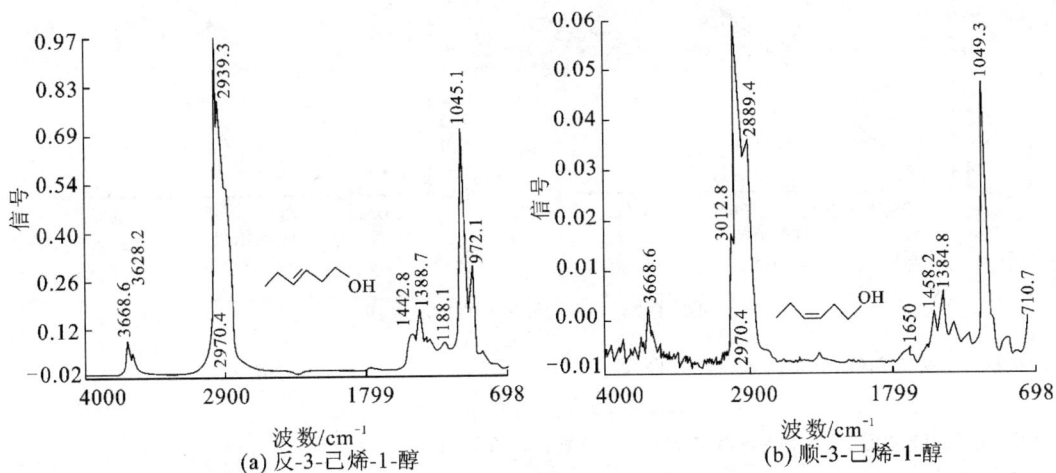

(a) 反-3-己烯-1-醇

(b) 顺-3-己烯-1-醇

图 10-23　叶醇的红外光谱图

10.4.2　定量分析方法

气相色谱定量的方法主要有面积归一化法、外标法和内标法。下面举例说明。

【例 10-2】 设在适当的色谱条件下,气相色谱分析只含二氯乙烷、二溴乙烷及四乙基铅三组分的试样,其相对校正因子与色谱峰面积数据如下:

组　　分	二氯乙烷	二溴乙烷	四乙基铅
峰面积/(μV·s)	1.50×10^5	1.01×10^5	2.32×10^5
相对校正因子	1.05	1.65	1.75

试计算三个组分在试样中的质量分数。

解 依题意,根据公式 $w_i = \dfrac{f_i A_i}{f_1 A_1 + f_2 A_2 + \cdots + f_n A_n} \times 100\%$,得

$$w_{二氯乙烷} = \frac{1.50 \times 10^5 \times 1.05}{1.50 \times 10^5 \times 1.05 + 1.01 \times 10^5 \times 1.65 + 2.32 \times 10^5 \times 1.75} \times 100\% = 21.6\%$$

$$w_{二溴乙烷} = \frac{1.01 \times 10^5 \times 1.65}{1.50 \times 10^5 \times 1.05 + 1.01 \times 10^5 \times 1.65 + 2.32 \times 10^5 \times 1.75} \times 100\% = 22.8\%$$

$$w_{四乙基铅} = \frac{2.32 \times 10^5 \times 1.75}{1.50 \times 10^5 \times 1.05 + 1.01 \times 10^5 \times 1.65 + 2.32 \times 10^5 \times 1.75} \times 100\% = 55.6\%$$

【例 10-3】 用外标法分析某原料气中 H_2S 与 SO_2 的含量。用不同体积的纯气与氮气配成不同浓度的标准气体,在选定的色谱条件下进样 1 mL,出峰后记录各峰的峰高值,数据如下。分析原料气样品时,同样进样 1 mL,这时 H_2S 的峰高为 13.6,SO_2 的峰高为 0.75。计算两种气体的百分含量。

标气浓度	20%	40%	60%	80%
H_2S	4.0	8.0	12.0	16.0
SO_2	0.6	1.2	1.8	2.4

解 依题意,分别作出 H_2S 和 SO_2 的标准曲线,如图 10-24 所示。

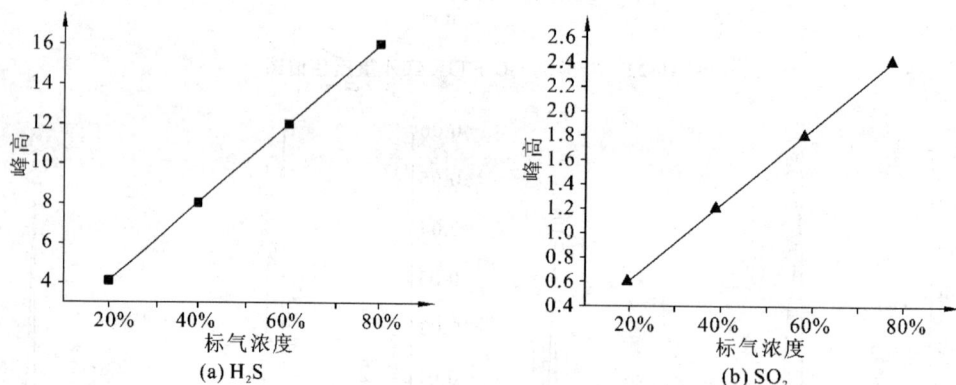

图 10-24 H_2S 和 SO_2 的标准曲线

根据以上标准曲线,分别得到线性方程,即

$$H_{H_2S} = 20 C_{H_2S}, \quad H_{SO_2} = 3 C_{SO_2}$$

试样中 H_2S 的峰高为 13.6,SO_2 的峰高为 0.75,分别代入方程得

$$C_{H_2S} = \frac{13.6}{20} = 68\%, \quad C_{SO_2} = \frac{0.75}{3} = 25\%$$

【例 10-4】 以内标法测定食品中防腐剂的含量。取 0.500 g 试样,经乙醚提取及相关处理后,加入 0.500 mg 邻苯二甲酸二乙酯内标物后,再用乙醚定容至 2.0 mL,然后进行气相色谱分析。对某榨菜试样的分析结果如下,试求试样中山梨酸和苯甲酸的含量。

组　　分	山梨酸	苯甲酸	内标物
峰面积/($\mu V \cdot s$)	1.50×10^4	1.38×10^4	3.88×10^4
相对校正因子	1.109	1.024	1.000

解　依题意得

$$w_{山梨酸} = \frac{1.50 \times 10^4 \times 1.109}{3.88 \times 10^4 \times 1.000} \times \frac{0.500}{0.500} \text{ mg/g} = 0.429 \text{ mg/g}$$

$$w_{苯甲酸} = \frac{1.38 \times 10^4 \times 1.024}{3.88 \times 10^4 \times 1.000} \times \frac{0.500}{0.500} \text{ mg/g} = 0.364 \text{ mg/g}$$

在气相色谱中,当无法找到更好的内标物时,常用正构烷烃作内标物。

10.5　应用与示例

气相色谱法在生物科学、环境保护、医药卫生、食品检验等领域的应用非常广泛。气相色谱法不仅可以对生物体中的氨基酸、脂肪酸、维生素和糖等组分进行分离分析,还可以分析生物体组织液、尿液中的毒物,如农药、低级醇、丙酮等,以及痕量的动、植物激素等。

【示例 10-1】　气相色谱法分析测定核糖核酸。

(1)核糖核酸(RNA)的相对分子质量较大,且没有挥发性,须先用衍生化试剂 N,O-双(三甲基硅烷)三氟乙酰胺(BSTFA)将其变成低沸点的三甲基硅烷(TMS)衍生物。

(2)色谱条件:2 m×4 mm 玻璃柱,内充 3%OV-101 或 3%OV-17 涂渍的 100~120目 Chromosorb W HP(AW-DMCS);柱温160 ℃(嘧啶碱基)、190 ℃(嘌呤碱基)、260 ℃(核苷);汽化室温度280 ℃(核苷)、250 ℃(嘧啶,碱基);载气 Ar,60 mL/min;检测器 FID。

(3)分析结果:如图 10-25 所示。

【示例 10-2】　多糖水解单糖腈乙酸酯衍生物的气相色谱分析。

(1)多糖水解单糖腈乙酸酯衍生物的制备:在多糖水解物中加入 10 mg 盐酸羟胺,用 0.5 mL 吡啶溶解后封管,在 90 ℃水浴中反应 30 min,冷却至室温,加入 0.5 mL 无水乙酸酐,封管后于 90 ℃水浴中反应 30 min,冷却后用氯仿萃取 3次,合并氯仿层,减压抽干后加入 1 mL 氯仿溶解,进行气相色谱分析。

(2)色谱条件:OV-17 毛细管柱;FID 检测器;升温程序:150 ℃(7 ℃/min)—190 ℃(15 ℃/min)—250 ℃;进样口温度 280 ℃;检测器温度 260 ℃;空气与氢气流量比 300:30,载气流速10 mL/min;进样量 10 μL。

(3)分析结果:如图 10-26 所示。

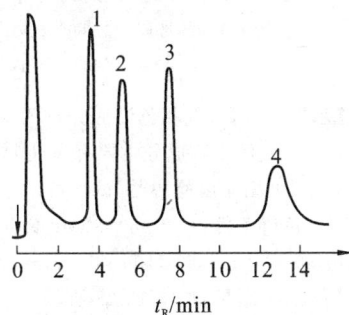

图 10-25　RNA 的 TMS 衍生物色谱图
1—尿嘧啶;2—腺嘌呤;3—鸟嘌呤;4—胞嘧啶

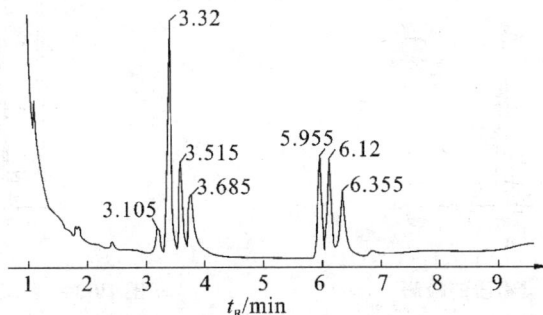

图 10-26　混合单糖腈乙酸酯衍生物的色谱图
果糖—3.105 min;鼠李糖—3.32 min;阿拉伯糖—3.515 min;木糖—3.685 min;
甘露糖—5.955 min;葡萄糖—6.12 min;半乳糖—6.355 min

用气相色谱可以测定农副产品、食品、水质中的农药残留量。

【**示例 10-3**】 气相色谱法分析有机氯农药。

(1) 有机氯农药主要有 DDT 及七氯、艾氏剂、狄氏剂等环戊二烯系农药。这类农药化学性质稳定，在生物体内不易降解，且不易排出。

(2) 色谱条件：2 m×2 mm 玻璃柱，内充 3％DC-200（或 SE-30）涂渍的 100～120 目 Gas Chrom Q；柱温 170 ℃；汽化室温度 250 ℃；载气（N_2）3 mL/min；检测器 ECD。

(3) 分析结果：如图 10-27 所示。

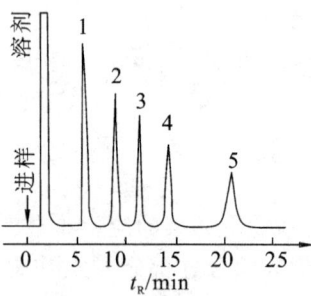

图 10-27 艾氏剂、狄氏剂等农药色谱图

1—林丹；2—七氯；3—艾氏剂；

4—环氧七氯；5—狄氏剂

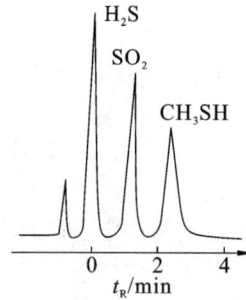

图 10-28 大气硫化物色谱图

【**示例 10-4**】 气相色谱法分析测定大气中污染物。

(1) 大气污染物成分主要有卤化物、氮化物、硫化物以及芳香族化合物等，浓度一般在 $10^{-9}～10^{-6}$ g/L 水平，使用火焰光度检测器，试样可以不经浓缩直接进行监测。

(2) 色谱条件：1.25 m×3 mm 聚四氟乙烯柱，内装石墨化炭黑，预涂 1.5％H_3PO_4 减尾；柱温 40 ℃；汽化室温度 40 ℃；载气（N_2）100 mL/min；检测器 FPD，140 ℃。

(3) 分析结果：如图 10-28 所示。

【**示例 10-5**】 气相色谱法对水质的分析。

(1) 水质色谱分析对象包括可溶性气体、农药、多卤联苯、酚类、有机胺等。

(2) 色谱条件：3 m×3 mm 玻璃柱，填充 1.5％OV-17、2％QF-1 涂渍的 100～120 目 Chromosorb W；柱温 195 ℃；汽化室温度 200 ℃；载气（N_2）40 mL/min；检测器 ECD。

(3) 分析结果：如图 10-29 所示。

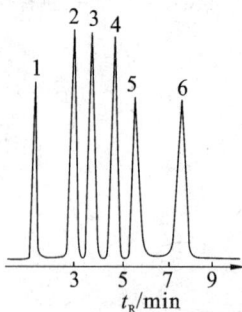

图 10-29 水中酚类物质的检测

1—o-氯酚；2—2,4-二氯酚；3—2,3-二氯酚；

4—2,4,6-三氯酚；5—2,4,5-三氯酚；6—2,3,4-三氯酚

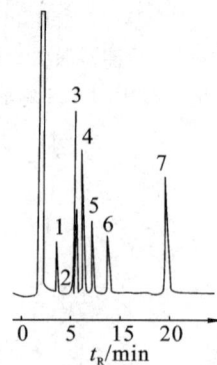

图 10-30 菜籽油中脂肪酸含量分析

1—软脂酸甲酯；2—硬脂酸甲酯；3—油酸甲酯；

4—亚油酸甲酯；5—γ-亚麻酸甲酯；

6—花生酸甲酯；7—芥酸甲酯

利用气相色谱可以对食品中的各种组分、添加剂(防腐剂、抗氧化剂、发色剂等)及食品中的污染物进行分离分析。

【示例 10-6】 气相色谱法测定油脂中脂肪酸含量。

(1) 检测菜籽油等油脂中的脂肪酸,先将油脂皂化,再将脂肪酸转变为其甲酯衍生物。

(2) 色谱条件:PEG-20M 毛细管柱(19 m×0.21 mm);柱温 200 ℃;汽化室温度 230 ℃;载气(N_2)40 mL/min;检测器 FID。

(3) 分析结果:如图 10-30 所示。

【示例 10-7】 气相色谱法测定白酒中乙酸乙酯、杂醇油含量。

(1) 乙酸乙酯、杂醇油作为白酒中重要的呈香呈味物质,其含量的高低直接影响着白酒的风格。

(2) 色谱条件:毛细管柱(25 m×0.32 mm,白酒专用,兰州化学物理研究所);N_2,6.1 mL/min;H_2,48.9 mL/min;Air,358.2 mL/min;起始柱温 70 ℃,保持 2 min,再以 6 ℃/min 的升温速率升至 100 ℃,保持2 min;FID 检测器温度 180 ℃;进样器温度 180 ℃。

(3) 分析结果:如图 10-31 所示。

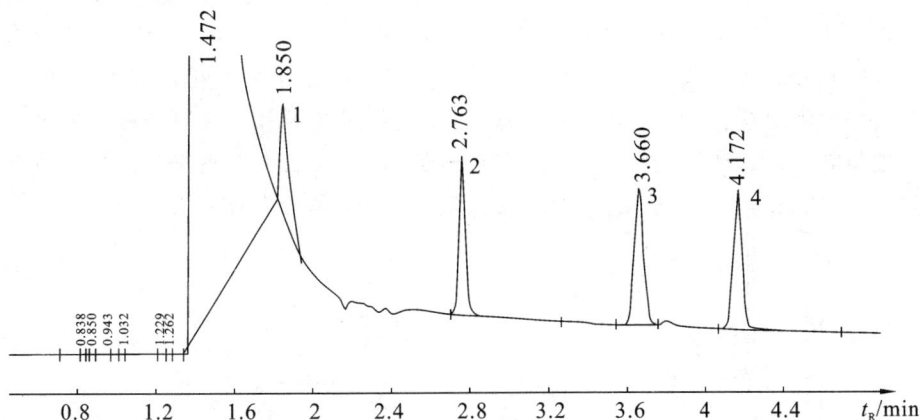

图 10-31　酒样色谱图

1—乙酸乙酯;2—正丁醇;3—异戊醇;4—正戊醇

气相色谱在化工产品的新产品开发、检测等方面应用非常广泛。

【示例 10-8】 正己烷的气相色谱法分析。

(1) 正己烷结构式为 $CH_3(CH_2)_4CH_3$,相对分子质量为 86.17,为无色透明易挥发液体,沸点为 68.70 ℃。正己烷是一种用途广泛的化工产品,主要用做丙烯等烯烃聚合时的溶剂、食用植物油的提取剂、橡胶和涂料的溶剂,用于医药中间体萃取、电子清洁行业,在化妆品、化学有机合成方面也有应用。

(2) 色谱条件:SE-30 毛细管柱(30 m×0.25 mm×0.50 μm),起始柱温 40 ℃,保持 5 min,再以 3 ℃/min的升温速率升至 100 ℃;汽化室温度 220 ℃;FID 检测器温度 220 ℃;进样器温度 180 ℃。H_2,35 mL/min;Air,320 mL/min;载气(N_2)流速 30 mL/min;尾吹气流速 25 mL/min;分流比 50:1。

(3) 分析结果:如图 10-32 所示。

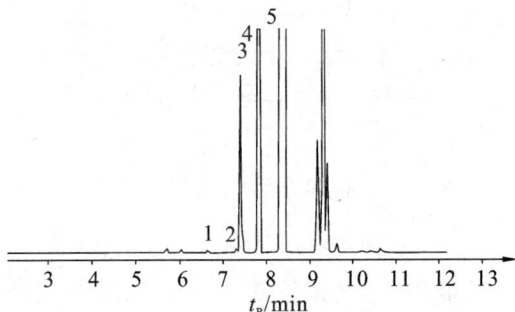

图 10-32　正己烷成品谱图

1—2,2-二甲基丁烷;2—2,3-二甲基丁烷;3—2-甲基戊烷;4—3-甲基戊烷;5—正己烷

10.6　气相色谱的其他分析技术

10.6.1　顶空气相色谱法

顶空气相色谱法(headspace gas chromatography,HSGC)是一种测定液体或固体中挥发性组分的间接方法,它有静态和动态两种方式。

静态顶空分析是分析在密闭系统中的蒸气相,此蒸气相要与被分析的固体或液体样品达到热平衡,样品是平衡气相的一部分,一般只需要将被分析的样品置于密闭的容器中使液相或固相达到平衡,然后用微量进样器吸取蒸气样品注入色谱柱中。图 10-33 是静态顶空进样瓶示意图。一些样品中(如油漆、食品、塑料等)既含有挥发性组分,又含有不挥发组分,可用最简单的静态手工进样方式分析其中的挥发性组分。

动态顶空分析则不针对平衡状态,所以称为吹扫-捕集分析或气体鼓泡(清洗技术),要求的设备条件要比静态复杂,一般如图 10-34 所示。它用一种惰性气体在规定时间内恒速鼓泡经过液相或固相样品,蒸气收集在吸附阱中,待加热时脱吸附进入气相色谱中,所以动态顶空分析仪备有解热吸附器、热解器、顶空采样器、自动热解采样器等。这种分析方法可以免去冗长的预处理步骤,大大节省人力和时间,同时可避免水、高沸点物质或非挥发性物质进入色谱柱,而引起柱的超载或对色谱系统的污染,尤其适用于分析聚合物中可挥发性组分。

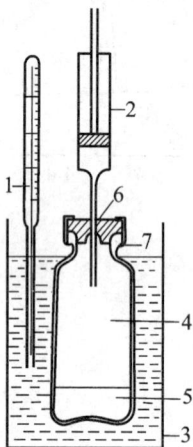

图 10-33　静态顶空进样瓶
1—温度计;2—注射器;3—恒温浴装置;
4—容器;5—样品;6—隔膜;7—螺帽

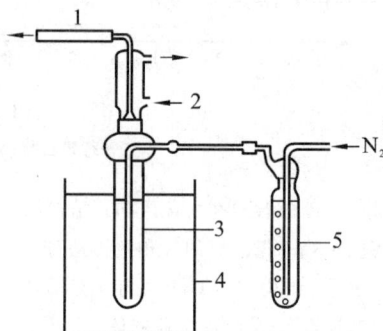

图 10-34　吹扫-捕集顶空进样
1—捕集管;2—冷却水;3—样品管;
4—水浴装置;5—洗气瓶

10.6.2　程序升温气相色谱

对于含组分较少且沸点范围不宽的样品,采用恒定的柱温进行分析,效果较好。对于含组分较多且沸点范围较宽的样品,如仍采用恒定的柱温,则会出现两种情况:一种是采用较低的柱温,使高沸点组分保留时间较长,这样不但使峰形宽而矮平,而且会延长分析时间;另一种是采用较高柱温,使低沸点组分流出过快,色谱峰尖而重叠,影响相互间的分离。因此,对这类样品应采用程序升温气相色谱法(programmed temperature gas chromatography),即在分离过程中柱温按预定的程序随时间呈线性或非线性增加。这样既可保证低沸点组分的分离效果,又改善了高沸点组分的峰形,并缩短分析时间。

10.6.3　裂解气相色谱法

裂解气相色谱(pyrolysis gas chromatography),就是将聚合物置于裂解器中加热至几百摄氏度或更高温度,聚合物的大分子受热裂解为若干易挥发的小分子物质(碎片),再将此裂解产物进行气相色谱分析。聚合物在特定温度下所得的裂解产物,其组成有一定规律,碎片组成和相对含量与被测物质的结构、组成有一定的对应关系。各种物质的裂解色谱图具有各自的特征,称为指纹裂解图谱,可作为定性的依据,也可利用裂解图谱中能反映物质结构、组成的特征碎片来定性或定量地分析混合物中的各组分。

目前裂解色谱已在高聚物、医学和生物化学方面得到广泛的应用。如用于高聚物的定性鉴别,共聚物的定量分析,聚合物和共聚物微观结构的研究,聚合物热稳定性、热降解机理和动力学研究,以及色谱峰指纹鉴定等。

聚合物的裂解在裂解器中进行,裂解器的重要参数如下。

(1)样品加热到预定裂解温度所需时间:样品的温度上升时间将影响裂解所得的产物。

(2)与样品接触部分所用材料:在裂解温度下,有的物质(如铁、石英等)对裂解可起催化作用,使裂解产物的分布发生改变。那些不起催化作用的物质如金、铂等,则可作为制造裂解器的常用材料。

(3)裂解产物的体积应尽可能小,方便裂解产物马上进入载气中,并保持在均匀的温度下。

常用的裂解器有蒸气相裂解器、管式炉裂解器(图 10-35)、热丝裂解器、带状裂解器、居里点裂解器、激光裂解器等。

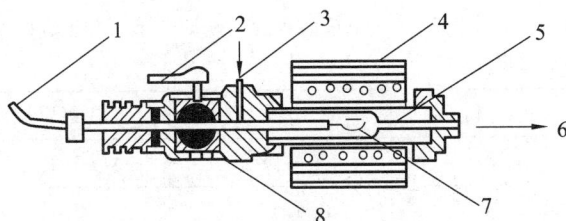

图 10-35　管式炉裂解器示意图
1—热电偶;2—手柄;3—载气;4—管式炉;5—石英管;6—色谱柱;7—铂舟;8—球阀

思考题与习题

1. 简述气相色谱仪的分析流程。

2. 气相色谱仪一般由哪几部分组成? 各有什么作用?

3. 试述热导检测器、氢火焰离子化检测器和电子捕获检测器的检测原理,它们各有什么特点?

4. 试比较红色担体和白色担体的性能。

5. 试比较分离效率(柱效)和分离度的概念。有人说:"在色谱分离中,塔板数越多,分配次数就越多,柱效能就越高,两组分的分离就越好。"你认为对不对?

6. 毛细管柱与一般填充柱有哪些区别?

7. 在色谱定量中,峰面积为什么要用校正因子? 在什么情况下可以不用校正因子?

8. 在气相色谱中,引起谱带扩张的因素主要有哪些? 为什么在气相色谱的速率方程的 H-u 曲线上有一个最低点?

9. 判断下列情况对色谱峰形的影响:

(1)进样速度慢;(2)汽化室温度低,样品不能瞬间汽化;(3)增加柱温;

(4)增大载气流速;(5)增加柱长;(6)固定相颗粒变粗。

10. 二氯甲烷、三氯甲烷和四氯甲烷的沸点分别是 40 ℃、62 ℃、77 ℃,试推测它们的混合物在阿皮松 L 柱上和邻苯二甲酸二壬酯柱上的出峰顺序。

11. 用皂膜流量计测得载气的流速为 10 mL/min,已知柱前压力为 $2 \times 1.013 \times 10^5$ Pa,出口压力为 1.013×10^5 Pa,$p_w = 2.3 \times 10^3$ Pa(20 ℃),柱温为 120 ℃,室温为 20 ℃,求柱后载气实际流速 F_0 和柱内载气平均流速 F_a。

12. 某色谱峰的保留时间是 60 s,如果理论塔板数为 1000,那么该色谱峰的半峰宽是多少? 如果柱长为 50 cm,那么塔板高度是多少?

13. 在某气相色谱柱上得到的色谱图有以下四个峰:空气(2.20 min)、正己烷(8.50 min)、环己烷(14.60 min)、正庚烷(15.90 min)。试计算环己烷在该色谱柱上的保留指数。

14. 一根以聚乙二醇 400 为固定液的色谱柱,柱长为 6 m,测得甲丙酮(3-甲基-2-丁酮)在该柱上的保留时间为 930.6 s。不被固定液溶解的甲烷在该柱上的保留时间为 87.6 s。量得甲丙酮的半峰宽为 25.2 s,求该柱对甲丙酮的理论塔板数和塔板高度、有效塔板数和塔板高度。

15. 气相色谱分析乙苯和二甲苯的混合物,色谱数据如下:

组　　分	乙　苯	对二甲苯	间二甲苯	邻二甲苯
峰面积/cm²	70	90	120	80
校正因子(f)	0.97	1.00	0.96	0.98

试计算各组分的质量分数。

16. 测定试样中一氯甲烷、二氯甲烷、三氯甲烷的含量。称量试样 1.440 g,加入内标物甲苯 0.1200 g,混匀后,取 1 μL 进样,得到以下数据:

组　　分	甲　苯	一氯甲烷	二氯甲烷	三氯甲烷
峰面积/cm²	1.08	1.48	1.17	1.98
校正因子(f)	1.00	1.15	1.47	1.65

计算各组分的质量分数。

17. 用一根甲基硅橡胶(OV-1)柱分析,柱温为 120 ℃。测得纯物质的保留时间:甲烷 4.9 s、正己烷 84.9 s、正庚烷 145.0 s、正辛烷 250.3 s、正壬烷 436.9 s、苯 128.8 s、正己酮 230.5 s、正丁酸乙酯 248.9 s、正己醇 413.2 s,某正构饱和烷烃 50.6 s。(1)求出这些化合物的保留指数;(2)未知的正构饱和烷烃为何种物质?

第 11 章　高效液相色谱法

高效液相色谱法(high performance liquid chromatography,HPLC)是 20 世纪 70 年代初发展起来的一种新型色谱分离分析技术。该法是在传统液相色谱法基础上,引入气相色谱的理论,具有分离效能高、选择性好、灵敏度高、操作自动化程度高、分析速度快等特点,目前已经成为一种应用极广的分离分析方法。与气相色谱法相比,液相色谱法具有如下优点。

(1)气相色谱法只适用于分析少部分(约占总量的 20%)、相对分子质量较小、沸点较低的有机物,液相色谱法适用于大部分(约占总量的 80%)、相对分子质量较大、难汽化、不易挥发或对热敏感的有机物的分离分析。

(2)气相色谱法的流动相(载气)是色谱惰性的永久性气体,不参与分配平衡过程,与样品分子无亲和作用,样品分子只与固定相相互作用。而在液相色谱法中,流动相采用各种不同极性的液体,它们能与样品分子相互作用,并参与固定相对组分作用的选择竞争,因此可通过选择不同性质的流动相来提高分离的效果。例如,液相色谱法经常选用不同比例的两种或两种以上的液体作流动相,以增强分离的选择性。

(3)气相色谱法一般在较高的温度下进行分离分析,而液相色谱法通常在室温条件下进行工作。

(4)液相色谱法不仅可用于分离分析,还可用于制备纯样品。液相色谱法的馏分比气相色谱法易于收集,回收样品也比较容易,而且回收常常是定量的,便于为红外、核磁等方法确定化合物结构提供纯样进行检测,这也是气相色谱法难以做到的。

与传统液相色谱法相比,高效液相色谱法的最大优点在于高速、高效、高灵敏度、高自动化。传统的液相色谱法,其流动相在常压下输送,所用的固定相柱效低,分析周期长。高效液相色谱法针对传统液相色谱法存在的缺点作了很大改进。例如:将流动相的常压输送改为高压输送,加快了分析速度;采用了更小粒径(几微米至几十微米)、均匀、规则的固定相,传质阻力小,提高了柱效;采用高灵敏度紫外、荧光等检测器,分析灵敏度高达 $10^{-11} \sim 10^{-9}$ g。

11.1　高效液相色谱法的主要类型

按分离机理,液相色谱法可分为下述几种类型:液-固吸附色谱法、液-液分配色谱法、离子交换色谱法、尺寸排阻色谱法与亲和色谱法等。本节主要介绍前四种类型。

11.1.1　基本原理

1. 液-固吸附色谱法

液-固吸附色谱法(liquid-solid adsorption chromatography,LSAC)是以固体吸附剂为固定相的一种吸附色谱法,也是最古老的色谱法。该法是利用不同性质分子(组分)在固定相(吸附剂)上吸附能力的差异而分离的。在不同溶质分子间、同一溶质分子中不同官能团之间以及溶质分子和流动相分子之间都存在固定相活性吸附中心上的竞争吸附。由于这些竞争作用,形成了不同溶质在吸附剂表面的吸附-解吸平衡,这就是液-固吸附色谱法的选择性吸附分离原理。固定相表面发生的竞争吸附可用下式表示:

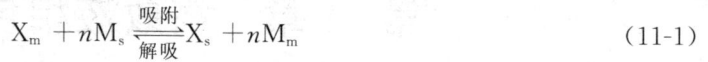

$$X_m + nM_s \xrightleftharpoons[\text{解吸}]{\text{吸附}} X_s + nM_m \qquad (11\text{-}1)$$

式中:X_m 和 X_s 分别表示在流动相中和吸附剂表面上的溶质分子;M_m 和 M_s 分别表示在流动相中和在吸附剂上被吸附的流动相分子;n 表示被溶质分子取代的流动相分子的数目。达平衡时,吸附平衡常数(吸附系数)K_a 为

$$K_a = \frac{[X_s][M_m]^n}{[X_m][M_s]^n} \qquad (11\text{-}2)$$

K_a 值大表示组分在吸附剂上保留强,难于洗脱;K_a 值小则保留弱,易于洗脱。试样中各组分据此得以分离。K_a 值可通过吸附等温线数据求出。吸附剂吸附试样组分的能力主要取决于吸附剂的比表面积和理化性质、试样的组成和结构以及洗脱液的性质等。组分与吸附剂的性质相似时,易被吸附,呈现高的保留值;当组分分子结构与吸附剂表面活性中心的刚性几何结构相适应时易于吸附;不同的官能团具有不同的吸附能力。因此,液-固吸附色谱法适用于分离极性不同的化合物、异构体和进行族分离。

2. 液-液分配色谱法

在液-液分配色谱法(liquid-liquid partition chromatography,LLPC)中,流动相和固定相均为液体,作为固定相的液体涂在很细的惰性载体上。它能适用于各种类型样品的分离分析,包括极性和非极性的、水溶性和油溶性的、离子型和非离子型的化合物。

液-液分配色谱的分离原理是根据物质在两种互不相溶液体中溶解度的不同,而有不同的分配系数。

根据所使用的流动相和固定相的极性程度,液-液分配色谱可分为正相分配色谱和反相分配色谱。如果采用流动相的极性小于固定相的极性,称为正相分配色谱,它适用于极性化合物的分离,其流出顺序是极性小的先流出,极性大的后流出;如果采用流动相的极性大于固定相的极性,称为反相分配色谱,它适用于非极性化合物的分离,其流出顺序与正相分配色谱恰好相反。

由于液-液分配色谱法是采用物理浸渍法将固定液涂渍在载体表面,在分离过程中,载体表面的固定液易发生流失,因此,为了解决固定液的流失问题,将各种有机基团通过化学反应键合到载体(通常是硅胶)表面的游离羟基上,而生成化学键合固定相,进而发展成化学键合相色谱法(chemically bonded phase chromatography,CBPC)。该方法根据固定相和流动相的极性分为正相键合相色谱法和反相键合相色谱法。在正相键合相色谱法中,共价结合到载体上的基团都是极性基团,如氨基、氰基、二醇基等。流动相溶剂是与吸附色谱中的流动相很相似的非极性溶剂,如庚烷、己烷及异辛烷等。在反相键合相色谱法中,一般采用非极性键合固定相,如硅胶-$C_{18}H_{37}$(简称 ODS 或 C_{18})、硅胶-苯基等,用强极性的溶剂作流动相,如甲醇-水、乙腈-水、无机盐的缓冲溶液等,其分离机理可用疏溶剂理论(图 11-1)来解释。

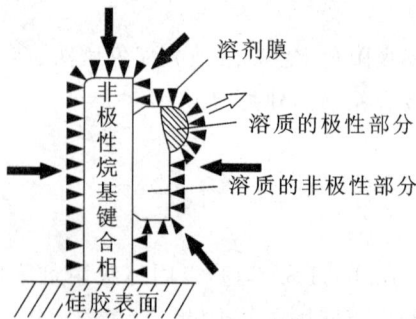

图 11-1　反相键合相色谱法分离原理示意图
➡ 疏水作用力; ⟹ 极性作用力

3. 离子交换色谱法

离子交换色谱法(ion exchange chromatography,IEC)是以能交换离子的材料为固定相,利用被分离组分离子交换能力的差别而实现分离的液相色谱方法。离子交换色谱的固定相表面含有离子官能团,因此带有电荷。这种电荷被流动相中带相反电荷的离子中和。当样品进入色谱柱后,样品离子便与流动相离子竞争固定相表面的电荷位置,并因竞争力的差异使样品组分得到分离。一般来说,离子的价数越高,原子序数越大,水和离子半径越小,则该离子越容易在离子交换固定相上保留。

离子交换色谱的固定相有阳离子交换剂和阴离子交换剂两种,可以是离子交换树脂或者离子交换键合硅胶。阳离子交换剂带有负电荷(如磺酸盐—SO_3^-、羧酸盐—COO^- 基团),用于阳离子的分离;阴离子交换剂带有正电荷(如季铵—NR_3^+、铵盐—NH_3^+ 基团),用于阴离子分离。

离子交换色谱法的流动相是具有一定 pH 值和离子强度的缓冲溶液,有时含有少量甲醇、乙腈等有机溶剂。对于离子交换树脂固定相,可以使用低浓度的强酸或者强碱作为流动相,但有机溶剂一般不超过 10%,以免溶胀。流动相的离子强度增大,其洗脱能力增强,使组分的保留值降低。pH 值的调节主要体现其对弱电解质离解的控制,溶质的离解受到抑制,其保留时间变短。

4. 尺寸排阻色谱法

尺寸排阻色谱法(size exclusion chromatography,SEC)又称凝胶色谱法(gel chromatography,GC)。与其他液相色谱方法的原理不同,它不具有吸附、分配和离子交换作用,而是基于试样分子的尺寸和形状不同来实现分离的。

尺寸排阻色谱法是按分子大小顺序进行分离的一种色谱方法。其固定相为化学惰性多孔物质——凝胶,它类似于分子筛,但孔径比分子筛大。凝胶具有一定大小的孔穴,体积大的分子不能渗透到孔穴中去而被排阻,较早地被淋洗出来;中等体积的分子部分渗透;小分子可完全渗透入内,最后流出色谱柱。这样,样品分子基本上按其分子大小先后排阻,从柱中流出。

尺寸排阻色谱分离过程中,试样相对分子质量与洗脱体积之间的关系曲线如图 11-2(a)所示,图中 V_m 为凝胶颗粒间流动相的体积,V_s 为凝胶孔穴内流动相的体积。该曲线称为相对分子质量校准曲线,曲线有两个转折点 A 和 B。若组分分子的相对分子质量比 A 点所对应的相

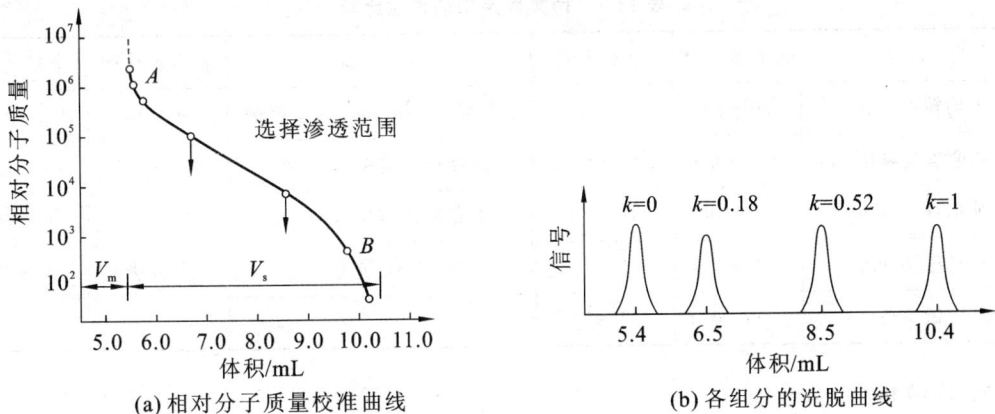

(a) 相对分子质量校准曲线　　　　(b) 各组分的洗脱曲线

图 11-2　尺寸排阻色谱法示意图

对分子质量大,则全部被排斥在凝胶孔外,它们都以相同的保留体积流出。A 点为排斥极限,即该固定相能够分离的组分的相对分子质量的上限,若组分分子的相对分子质量比 B 点所对应的小,则它们全部渗入凝胶孔穴内,也都以相同的保留体积流出,B 点为全渗透极限,即能分离的组分的相对分子质量的下限,只有相对分子质量介于 A、B 两个极限之间的组分才有可能被分离,它们按相对分子质量降低的次序先后洗脱,如图 11-2(b)所示,k 为分配系数,表示组分在凝胶颗粒孔内流动相与孔外流动相内浓度的比值。A 与 B 之间的线性部分称为选择渗透范围。

11.1.2　固定相和流动相

在工作过程中,色谱柱固定相和流动相对分离分析结果起着关键的作用。

1. 固定相

按照承受高压的能力,高效液相色谱固定相可分为刚性固体和硬胶类固定相两大类。刚性固体是以二氧化硅为基质所制得的直径、形状、孔隙度不同的颗粒,能承受 $7.0 \times 10^8 \sim 1.0 \times 10^9$ Pa 的高压,也是目前最广泛使用的一种固定相。可通过在二氧化硅表面键合各种官能团的方法形成键合固定相,从而扩大其应用范围。硬胶类固定相主要由聚苯乙烯与二乙烯基苯交联而成,其承受压力上限为 3.5×10^8 Pa。按照孔隙深度,固定相可分为表面多孔型和全多孔型固定相两类。

1) 表面多孔型固定相

它的基体是实心玻璃珠,在玻璃珠外面覆盖一层多孔活性材料,如硅胶、氧化铝、离子交换剂、分子筛、聚酰胺等。这类固定相的多孔层厚度小、孔浅,相对死体积小,出峰迅速,柱效高;同时颗粒较大,渗透性好,装柱容易,梯度淋洗时能迅速达到平衡,较适合作常规分析。但由于多孔层厚度薄,最大允许进样量受到限制。

2) 全多孔型固定相

它由直径为 10 nm 的硅胶微粒凝聚而成。也可由氧化铝微粒凝聚成全多孔型固定相,如国外的 Lichrosorb ALOXT。这类固定相由于颗粒很细($5 \sim 10$ μm),孔仍然较浅,传质速率大,易实现高效、高速,特别适合复杂混合物的分离及痕量分析。表 11-1 对两类固定相的性能作了比较。

表 11-1　两类固定相的性能比较

性　　能	表面多孔型	全多孔型	性　　能	表面多孔型	全多孔型
平均粒度/μm	30～40	5～10	比表面积/(m^2/g)(液固色谱)	10～15	400～600
最佳理论塔板高度/mm	0.2～0.4	0.01～0.03	键合相覆盖率 $W/(\%)$	0.5～1.5	5～25
典型柱长/cm	50～100	10～30	离子交换柱容量/$(\mu mol/g)$	10～40	2000～5000
典型柱径/mm	2～3	2～5	装柱方式	干装法	匀浆法
样品容量/(mg/g)	0.05～0.1	1～5			

2. 流动相

由于高效液相色谱中流动相是液体,它对组分有亲和力,并参与固定相对组分的竞争,直接参与分离,流动相的选择直接影响组分的分离度。

1) 对流动相的基本要求

对流动相溶剂的要求包括以下几点。

(1) 流动相对样品应有适当的溶解度,但不与样品发生化学反应,也不与固定液互溶;这就要求流动相具有合适的极性和良好的选择性,使 k 在 $1\sim10$ 范围内。

(2) 流动相溶剂应与所用检测器相匹配,不应对组分检测产生干扰作用。例如使用示差折光检测器时,要求组分折射率与溶剂有较大差异;使用紫外检测器时,不能选用在检测波长有紫外吸收的溶剂。表 11-2 列出了一些常用溶剂的紫外截止波长。

(3) 流动相的纯度要高(至少为分析纯)、价格低、毒性小。由于高效液相色谱灵敏度高,对流动相溶剂的纯度要求也高。不纯的溶剂会引起基线不稳,或产生"伪峰"。

(4) 化学稳定性好。清洗与更换方便,可缩短更换溶剂时的间隔时间。

(5) 黏度适中。若使用高黏度溶剂,势必增高压力,不利于分离。常用的低黏度溶剂有丙酮、甲醇和乙腈等。使用低黏度流动相可以降低柱压,提高柱效,但黏度过低的溶剂也不宜采用,例如戊烷和乙醚等,它们容易在色谱柱或检测器内形成气泡,影响分离。

表 11-2　一些常用溶剂的紫外截止波长

溶　　剂	正己烷	四氯化碳	苯	氯仿	二氯甲烷	四氢呋喃	丙酮	乙腈	甲醇	水
紫外截止波长/nm	190	265	210	245	233	212	330	190	205	187

2) 选择流动相的一般方法

要达到理想的分离状态,样品的分离度 R 是一个关键指标。影响 R 的因素主要有三个,即柱效 n、分离因子 α 和容量因子 k。n 由色谱柱(固定相)性能决定,α 主要受溶剂种类的影响,k 受溶剂配比的影响。如果以影响分离度的因素来作为选择流动相的原则,则如图 11-3 所示。

在图 11-3 中,用整个三角形代表所有的溶剂,首先排除一些物理性质(沸点、黏度、紫外吸收)不适宜的溶剂(三角形底部用横线画的部分面积),在

图 11-3　流动相选择示意图

剩下的物理性质适宜的溶剂中,选择洗脱强度适当的溶剂,即选择能使被分析样品中组分的容量因子 k 在 $1\sim10$ 范围内的溶剂。对含多种组分的样品,k 可扩展至 $0.5\sim20$ 范围内。这样又排除了图中打交叉线部分的面积。最后选择分离因子 α 大于 1.05 的溶剂,这样只有位于顶部的空白面积才能满足要求。当选择了合适分离因子 α 和容量因子 k 的溶剂后,还必须与柱效 n 高的色谱柱结合才能获得满意的分离度。

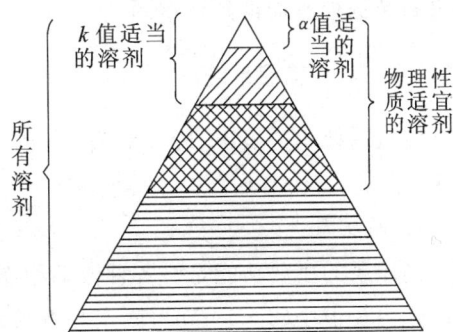

11.2　高效液相色谱仪

根据其功能不同,高效液相色谱仪可分为分析型、制备型和专用型三类。无论色谱仪属于何种类型,其基本构成均包括四部分,即由输液系统、进样系统、分离系统、检测系统组成。此外还配有自动进样系统、预柱、流动相在线脱气装置和自动控制系统等装置。典型的高效液相

色谱仪结构如图 11-4 所示。其主要部件包括溶剂储存器、高压泵、进样器、色谱柱、检测器和记录仪等。其中高压泵、色谱柱、检测器是关键部件。

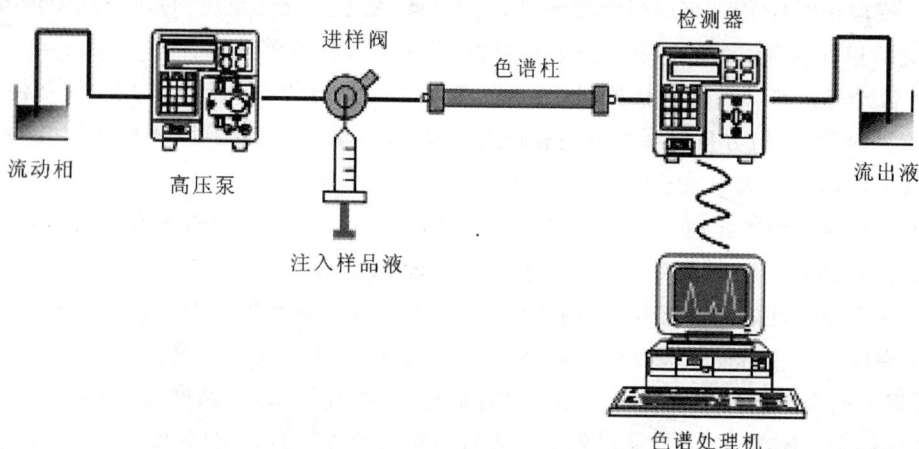

图 11-4　高效液相色谱仪的基本结构示意图

高效液相色谱仪的工作过程如下：将具有一定极性的单一溶剂或不同比例的混合溶剂作为流动相，利用高压泵将其压入装有细微固定相填充剂的色谱柱中，同时经进样阀注入的样品随流动相进入色谱柱内进行分离后依次进入检测器，由记录仪或数据处理系统记录色谱信号再进行数据处理而得到色谱图。

11.2.1　输液系统

输液系统由贮液罐、脱气装置、高压泵、过滤器、梯度洗脱装置等组成，其核心部件是高压泵。

1. 高压泵

高压泵的主要功能是将各种流动相连续地输入色谱系统。在输送流动相的过程中，由于色谱柱内径很小($2 \sim 6$ mm)，固定相颗粒极细($3 \sim 10$ μm)且填充紧密，柱内阻力极大。要实现快速、高效分离，须借助高压强制性地使流动相较快地通过色谱柱，因此要求高压泵能提供较高的压力($35 \sim 50$ MPa)。为了保证检测器稳定、高效地工作，还要求高压泵输出流量稳定，流量范围宽，且连续可调，无脉动。同时高压泵还应耐腐蚀，便于更换溶剂等。

从工作原理上来分，高压泵可分为恒流泵和恒压泵两类。液压隔膜泵、气动放大泵等属于恒压泵，可输出恒定不变的液压。但即使泵的压力恒定，流动相的流速还会随色谱柱的长度、柱温、填充物的粒度、填充情况以及流动相的黏度等的改变而变化，因此恒压泵不适合于梯度洗脱。HPLC 分析使用的是恒流泵，它是输出恒定流量的泵，包括螺旋注射泵和往复柱塞泵。即使在柱内阻力、流动相黏度发生变化的情况下，恒流泵仍可通过改变柱前压来获得稳定的流量。往复柱塞泵由于具有内体积小、易于更换溶剂和清洗的特点，因此特别适合于梯度洗脱。但在色谱体系部分堵塞的情况下，为输出恒定流量，柱内压力势必逐步升高，因此泵应有自动关闭装置，一旦设定压力达到，泵应自动关闭以保证安全。

2. 梯度洗脱装置

梯度洗脱是相对于等度洗脱而言的。在等度洗脱过程中，作为流动相的溶剂，其组成和浓度都是恒定不变的;在梯度洗脱过程中,溶剂的组成和浓度随洗脱时间按一定规律发生变化。采用梯度洗脱技术可以提高低保留组分分离度,加快分析速度,使各组分峰形充分分开,峰形锐化。图 11-5 是多组分混合物的等度洗脱和梯度洗脱色谱图,可以看出,采用梯度冲洗,可使各组分得以充分分离。

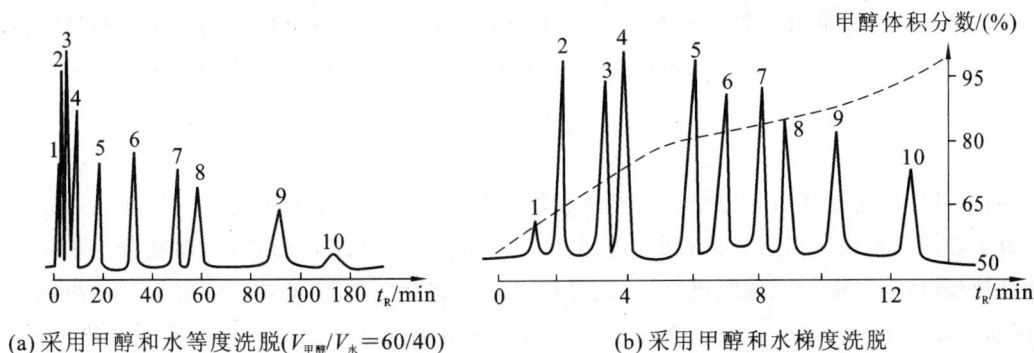

图 11-5　多组分混合物的等度洗脱和梯度洗脱色谱图

C_{18}-玻璃珠;5 μm;150 mm×φ5 mm;UV-250

1—苯甲酸;2—苯胺;3—硝基苯;4—苯;5—二苯酮;6—萘;7—联苯;8—菲;9—芘;10—蒽

梯度洗脱分为高压梯度洗脱和低压梯度洗脱两种类型(图 11-6)。高压梯度又称为内梯度,是用两个高压泵将不同强度的两种溶剂增压后送入梯度混合室,经混合后送色谱柱系统。

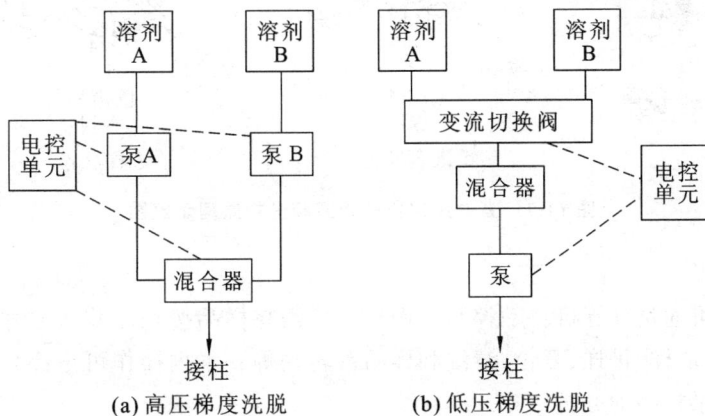

图 11-6　高压梯度洗脱和低压梯度洗脱方式

高压梯度洗脱曲线重复性好,梯度洗脱流量精度高,但设备昂贵。低压梯度又称为外梯度,是在常压下将若干种不同强度的溶剂按一定比例混合后,再由高压泵输入色谱柱。低压梯度装置成本低,受液体压缩性和混合时热力学体积的变化影响小,但低压梯度在混合前要仔细脱气(可使用超声脱气、氦脱气、在线脱气等方法),以免混合后出现气泡。

11.2.2　进样系统

进样系统是将分析试样送入色谱柱的装置。一般要求进样装置密封性好,死体积小,重复性好,要保证中心进样,同时进样时对色谱系统的压力、流量影响小,易于进行自动化操作。常用的进样方式有以下三种。

1. 隔膜注射器进样

该法与气相色谱类似,通常用微量注射器将样品注入专门设计的与色谱柱相连的进样头内,可把样品直接送到柱头填充床的中心,死体积几乎为零,可以获得最佳的柱效,且价格便宜,操作方便。但隔膜注射器进样操作压力不能过高,一般在 10 MPa 以下;隔膜容易吸附样品产生记忆效应,进样重复性差;进样头的橡皮难耐各种溶剂的侵蚀。因此,在常规分析使用中受到限制。

2. 阀进样

高压进样阀是现代液相色谱仪一种优良的进样装置,可以直接在高压下将样品送入色谱柱,由于进样体积由定量管严格控制,进样准确,重现性好,使用寿命长,因而被普遍采用。目前所用阀进样器一般为六通阀进样器,它是由圆形密封垫(转子)和固定底座(定子)组成。其工作原理如图 11-7 所示,当处在准备状态(a)时,样品经微量进样针从进样孔注射进定量环,定量环充满后,多余样品从放空孔排出;当转动转子部分后,处于进样状态(b)时,阀与液相流路接通,由泵输送的流动相冲洗定量环,推动样品进入液相色谱柱进行分析。

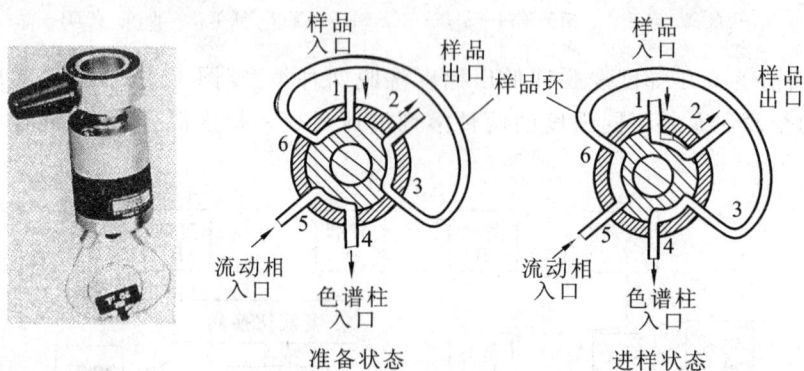

图 11-7　高效液相色谱六通阀进样原理示意图

3. 自动进样器

自动进样器可通过计算机自动控制。操作者只需将样品按顺序装入贮样装置,通过计算机设定预定程序,取样、进样、复位、清洗和样品盘转动等一系列操作可全部自动进行,因此该法特别适合于大量样品的分析。

11.2.3　分离系统

分离系统的核心部件是色谱柱,样品的分离过程是在色谱柱内完成的,故色谱柱可称为色谱仪的"心脏",其质量的优劣直接影响样品分离的效果和分析数据的准确性。一般而言,对色谱柱的要求是分离效率高、选择性好、分析速度快。这些优良性能与柱的结构、柱填料的性质和柱填充的手段及质量密切相关。

1. 色谱柱材料及规格

色谱柱由柱管、压帽、卡套(密封环)、筛板(滤片)、接头、螺丝等组成,多采用优质不锈钢材料制作。色谱柱管内壁必须经精细抛光处理,管内壁若有纵向沟槽或表面不光洁的情况,会引起谱带变宽,柱效降低。柱接头的死体积应尽可能小,以减小柱外效应。一般色谱柱长5～40 cm,内径为 1～6 mm,理论塔板数可达 5000～10000 块/m。

2. 柱的填料及填充方法

柱填料的性能决定着色谱柱的分离效率,填料一般为化学键合相。

要获得高效的色谱柱,除了选择性能佳的填料外,还与填料的填充技术直接相关。色谱柱填充方法有干法和湿法两种。当填料粒径大于 20 μm 时,可用干法填充。该法是将柱的出口装好筛板,上端与漏斗连接,填料分次小量倒入柱中,并在靠近填料表面柱壁处敲打、撞实,直至填满,然后装好筛板,接上高压泵,在高于使用的柱压下用载液进行冲洗以除去其中的气泡。

粒径小于 20 μm 的填料需用湿法装填。湿法也叫匀浆法,该过程大体如下:以合适的溶剂作为分散介质,经超声波处理,使填料微粒在介质中高度分散并呈悬浮状态,形成匀浆,然后在高压下将匀浆压入柱管中,制成具有均匀、紧密填充床的高效柱。

需要注意的是,色谱柱在填充完毕后是具有方向性的,即流动相的方向应与柱的填充方向一致。因此,在安装和更换色谱柱时,要保证使流动相按色谱柱管外箭头所指方向流动。

3. 保护柱

一般在分离柱(色谱柱)前有一个前置柱,前置柱内填充物一般和分离柱一样,但也可与分离柱不同。其作用是收集、阻断来自进样器的机械和化学杂质,以保护和延长分析柱的使用寿命。选择保护柱的基本原则是在满足分离要求的前提下,尽可能选择对分离样品保留低的短保护柱。在一般情况下,一支 1 cm 长的保护柱就能提供充分的保护作用。如选用更长的保护柱,虽能更大限度地降低进入色谱柱中污染物的含量,但会引起色谱带扩张。

11.2.4 检测系统

检测器是高效液相色谱仪中的三大关键部件(高压泵、色谱柱、检测器)之一,用于连续监测柱后流出物组成和含量的变化,并将其转化为易于测量的电信号,进而通过记录仪得出色谱图,进行定性、定量分析。

1. 检测器的分类及性能指标

按检测的对象,HPLC 检测器可分为整体性质检测器和溶质性质检测器。整体性质检测器可检测从色谱柱中流出的流动相总体性质(如折射率和电导率)的变化情况,主要包括示差折光检测器(RID)和电导检测器(CD)。此类检测器测定灵敏度低,必须用双流路进行补偿测量,同时温度和流量的波动会造成较大的漂移和噪声,因此不适合于痕量分析和梯度洗脱。溶质性质检测器只检测柱后流出液中溶质的某一物理或化学性质的变化,包括紫外吸收检测器(UVD)和荧光检测器(FD)等。它们是分别通过测量溶质对紫外光的吸收和溶质在紫外光照射下发射的荧光强度来实现分析检测的。此类检测器灵敏度高,可单流路或双流路补偿测量,对流动相流量和温度变化不敏感,同时可用于痕量分析和梯度洗脱。

一般而言,理想的 HPLC 检测器应具有灵敏度高、重现性好、响应快、线性范围宽、对温度变化和流速变化不敏感、死体积小等特性。实际上很难找到满足上述全部要求的检测器,但可据被检测物的性质、检测的目的来选择合适的检测器。表 11-3 列出了常见检测器的一些性能。

表 11-3　常见检测器的主要性能

性　　能	可变波长紫外吸收检测器	荧光检测器	示差折光检测器	电导检测器
测量参数	吸光度/AU	荧光强度/AU	折射率/RIU	电导率/(μS/cm)
池体积/μmL	1~10	3~20	3~10	1
类型	选择性	选择性	通用	选择性
噪声/测量参数单位	10^{-4}	10^{-3}	10^{-7}	10^{-3}
最小检测浓度/(g/mL)	10^{-10}	10^{-11}	10^{-7}	10^{3}
线性范围	10^{3}	10^{3}	10^{4}	10^{4}
温度影响	小	小	大	大
流速影响	无	无	有	有
可否用于梯度洗脱	能	能	不能	不能
对样品有无破坏性	无	无	无	无

2. 紫外吸收检测器

紫外吸收检测器(ultraviolet absorption detector,UV)又称紫外检测器,是一种选择性的浓度型检测器,也是 HPLC 中应用最早、最广泛的检测器。紫外检测器由光源、流通池和记录仪组成,其工作原理是进入检测器的组分对特定波长的紫外光能产生选择性吸收,吸收度与浓度的关系符合朗伯-比尔定律。根据其光路(图 11-8)可知,由光源产生波长连续可调的紫外光或可见光,经过透镜和遮光板变成两束平行光,当光路有样品通过时,由于样品对光的吸收强度不同,参比池和样品池通过的光强度不相等,从而产生不同的信号。根据朗伯-比尔定律,样品浓度越大,产生的吸收信号强度越大,进而可进行定性、定量分析。

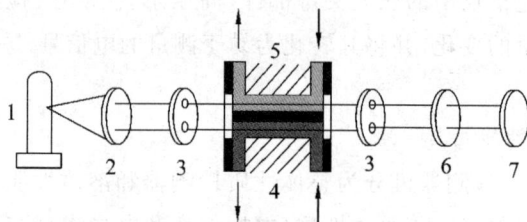

图 11-8　紫外检测器的光学系统
1—低压汞灯;2—透镜;3—遮光板;4—样品池;5—参比池;6—紫外滤光片;7—双紫外光敏电阻

紫外检测器可分为固定波长检测器、可变波长检测器和光电二极管阵列检测器(photodiode array detector,PDAD)三种类型。固定波长检测器常采用汞灯的 254 nm 或 280 nm 谱线,许多有机官能团在此波长有较强吸收。可变波长检测器实际上是用紫外-可见分光光度计作检测器。它既可测紫外区(190~350 nm)的光吸收变化,其检测范围还可向可见光区(350~700 nm)延伸。可选择的波长范围很大,既提高了检测器的选择性,又可选用组分最灵敏的吸收波长进行测定,使检测灵敏度得以提高。可变波长检测器还有停流扫描功能,可绘出组分的光吸收图谱,以进行吸收波长的选择。

光电二极管阵列检测器是 20 世纪 80 年代发展起来的一种新型紫外检测器,其结构原理如图 11-9 所示。它与普通紫外检测器不同的是,进入流通池的不再是单色光,获得的检测信号也不再是在单一波长上的,而是在全部紫外光波长上的色谱信号。它采用 1024 个或更多的光电二极管组成阵列,混合光首先被样品吸收,然后通过一个全息光栅经色散分光,得到吸收后的全光谱,并投射到光电二极管阵列上,每个光电二极管输出相应的光强信号后,在瞬间可组成吸收光谱。PDAD 的优点是可获得样品组分的全部光谱信息,同时可很快地进行定性和定量分析,但其灵敏度和线性范围均不如单波长吸收检测器,这是因为单波长吸收检测器可采用效率极高的光敏元件和光电倍增管。

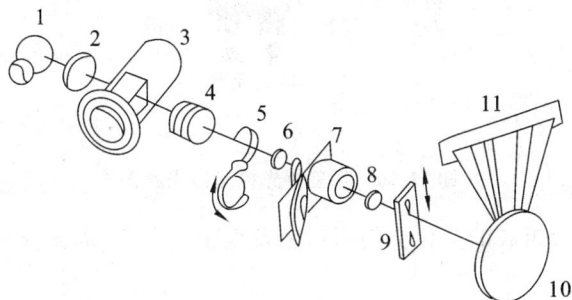

图 11-9　光电二极管阵列检测器的结构

1—钨灯;2—偶合透镜;3—氘灯;4—消色差透镜;5—光闸;6—光学透镜;7—样品流通池
8—光学透镜;9—狭缝;10—全息凹面衍射光栅;11—二极管阵列检测元件

无论何种紫外检测器,其灵敏度均较高,检出限可达 10^{-10} g/mL;线性范围广,对温度和流速不敏感,可用于梯度洗脱;不破坏样品,可用于制备,使用较为方便。其缺点是只对具有 π-π 或 p-π 共轭结构的化合物才能检测;作为流动相的溶剂都有紫外截止波长,流动相的选择有一定限制。

3. 荧光检测器

荧光检测器(fluorescence detector,FLD)是目前各种检测器中灵敏度最高的检测器之一,它是利用某些有机试样具有荧光的特性来检测的。许多有机化合物具有天然荧光活性,有些化合物可以利用柱后反应法或柱前反应法加入荧光化试剂,使其转化为具有荧光活性的衍生物。荧光活性物质在紫外光激发下就可产生荧光,荧光通过光电倍增管再转变为电信号。荧光检测器是一种选择性很强的检测器,它适合于稠环芳烃、甾族化合物、酶、氨基酸、维生素、色素、蛋白质等荧光物质的测定。该检测器灵敏度高,其检出限可达 10^{-13} g,适合于痕量分析。如果流动相的溶剂不发荧光,荧光检测器还可用于梯度洗脱。其缺点是适用范围有限,且其线性范围较窄,通常在 $10^3 \sim 10^4$。

4. 示差折光检测器

示差折光检测器(differential refractive index detector,DRID)是除紫外检测器之外应用最多的检测器,主要包括反射型和偏转型两类,其光路如图 11-10 所示。两者的检测原理稍有差别,反射式示差折光检测器的工作原理为:当一束入射光分别通过不同折射率的介质时,其透射光强度的改变也会有相应的差异。在入射角固定的情况下,当光通过仅有流动相的参比池时,其折射率是不变的;当光通过存在待测组分的工作池时,其折射率会发生改变,从而引起光强度的变化,由此可测出该组分浓度的变化。偏转式示差折光检测器的工作原理为:当一束光透过折射率不同的两种物质时,此光束会发生一定程度的偏转,其偏转程度正比于两物质折射率之差。

示差折光检测器的突出优点是通用性强,操作简便;其显著缺点是灵敏度低,对温度变化

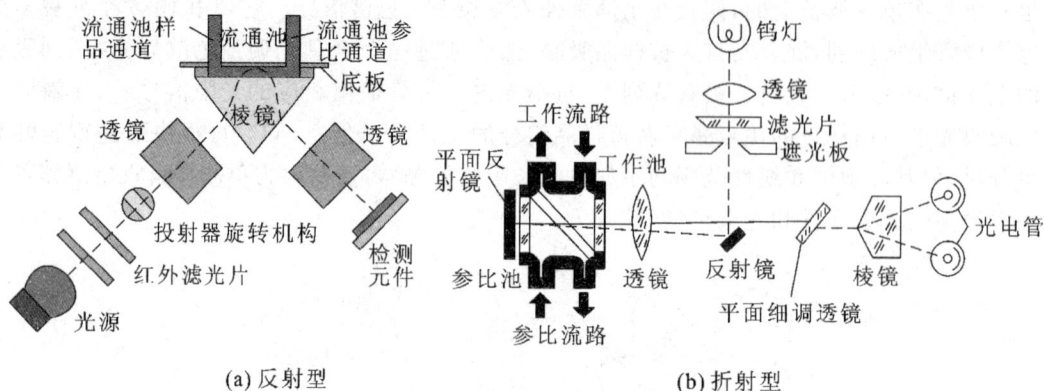

(a) 反射型   (b) 折射型

图 11-10 示差折光检测器光路图

敏感。此外,由于洗脱液组成的变化会使折射率发生很大变化,因此该检测器也不适用于梯度洗脱。

11.2.5 高效液相色谱仪的操作注意事项

在高效液相色谱仪操作过程中,应该注意如下几个方面。

1. 溶剂及 pH 值

要求用高纯度的溶剂(包括水),必要时需重新蒸馏或纯化。流动相中水的杂质常常积累于色谱柱的柱头,干扰分析结果。色谱柱的正常工作对 pH 值要求较高,特别在反相烷基键合分离法中,硅胶固定相通常要求在 pH=2~8 范围内使用,若 pH>8.5 则可能引起基体硅胶溶解。相应地也要求缓冲溶液在 pH=2~8 范围内有大的缓冲容量,背景小,与有机溶剂互溶,这样可提高平衡速度,还可掩蔽吸附剂表面上的硅醇基。

2. 样品的净化预处理

对于组成未知的复杂样品,若直接进色谱柱,可能污染色谱柱而使之失效。通常在分离柱前加一小段与分离柱填料相同的预保护柱,保护色谱柱,延长其使用寿命。但预富集在预保护柱中的杂质,可能随流动相缓慢流出而污染样品。为此对样品作适当的净化预处理是必要的。样品的净化预处理可用经典的柱色谱法,对样品按极性大小作组分预分离。操作虽然麻烦,但通常净化效果很好。

3. 系统压力

系统的压力最好低于 15 MPa。一般高效液相色谱仪可承受 30~40 MPa 甚至更高的压力。但实际工作中,最好是工作压力小于泵最大允许压力的 50%,因为若长期在高压状态下工作,泵、进样阀、密封垫的寿命将缩短。另外随着色谱柱的使用,微粒物质会逐步堵塞柱头而使柱压升高。

4. 最大样品量和最小检测质量

样品量对谱峰宽度和保留值有一定的影响。对于 25 cm 的柱子,在一般操作条件下最大允许样品量约为 100 μg,此时不会明显地改变分离情况。对检测条件不理想的情况,最小检测质量一般为 20 μg。

5. 色谱柱清洗

检测器的基线或背景噪声可能受检测条件和分离条件的影响。长时间使用,基线噪声会逐渐增大,主要原因是那些能检测到的物质(后期流出物和柱填料的降解作用)从所用色谱柱中周期性地洗脱出,使得基线发生变化。因此最好每日用强溶剂(如甲醇或乙腈)冲洗色谱柱,同时对样品进行预处理以除去其后期流出物,用梯度洗脱除去每次进样分析的后期流出物。

11.2.6　高效液相色谱仪的日常保养

在使用高效液相色谱仪的过程中,为了使仪器能正常、有效地工作,要注意对色谱仪的日常保养。

1. 操作条件

高效液相色谱仪的一般工作温度范围为 $10\sim30$ ℃,相对湿度要小于 80%,最好是恒温、恒湿,远离高电磁干扰、高振动设备。

2. 泵的保养

高压泵使用的流动相必须过滤以尽量保持清洁,进液处的砂芯过滤头要经常清洗,流动相交换时要防止沉淀,同时还要避免泵内堵塞或有气泡。

3. 进样器的保养

每次分析结束后,要反复冲洗进样口,防止样品的交叉污染,影响分析结果。

4. 柱的保养

色谱柱是高效液相色谱仪的核心部件,其性能的好坏直接影响被测组分的分离效果,因此对柱子的保护十分关键。色谱柱在任何情况下不能碰撞、弯曲或强烈震动;当柱子和色谱仪联结时,阀件或管路一定要清洗干净;要避免将高黏度的溶剂作为流动相,而且在进入色谱柱之前要注意流动相的脱气;进样样品要提纯,并在过滤后注入色谱仪,进样量也要严格控制;每天分析工作结束后,要清洗进样阀中残留的样品,并用适当的溶剂来清洗柱子;若分析柱长期不使用,应用适当有机溶剂保存并封闭。

5. 检测器(UV)的保养

检测器一般可在分析前等柱子基本平衡后才打开,分析完成后应马上关闭检测器;同时样品池也要保养。

11.3　定性与定量分析

11.3.1　分析方法的建立

高效液相色谱法的各种类型都各有其自身特点和应用范围,它们往往相互补充。应根据分离分析的目的、试样的性质和质量、现有设备条件等选择最合适的方法。在确定被分析的样品之后,一般可遵循以下四个步骤来对样品进行分析。

第一,分析方法的选择。根据被分析样品的特性,选择一种适用于样品分析的 HPLC 分析方法(分离模式)。

第二,色谱柱的选择。选择一根性能与规格适用的色谱柱,包括柱子的内径和柱长,柱内所用固定相的成分、粒径和孔径。

第三,分离操作条件的选择和优化。包括确定色谱柱柱温和柱压、流动相的组成、流速及洗脱方法等。

第四,色谱定性和定量分析。一般而言,所确定的分析方法必须具有适用、快速和准确等特点。

1. 分离模式的选择

柱分离模式的选择是高效液相色谱分析的关键,而样品的性质是柱分离模式选择的基础。一般可通过了解样品的溶解性质、样品相对分子质量的大小及分子结构和分析特性来初步确定样品的分离模式。

1)样品的溶解性质

考察样品溶解性质的介质一般是有机溶剂和水溶液,可根据样品溶解性质来初步判断其结构特点和相应的分离方式。

如果样品是油溶性物质,则可根据样品在不同极性的有机溶剂中溶解度的大小来确定分离方法。若样品溶于非极性溶剂(己烷、庚烷、戊烷等)中,则属于非极性化合物,通常可选择吸附色谱法或正相分配色谱法、正相键合相色谱法进行分析。若样品溶于极性溶剂(二氯甲烷、氯仿、乙酸乙酯、甲醇、乙腈等)中,则样品属于极性化合物,可考虑用反相分配色谱法或反相键合相色谱法进行分析。

若样品为水溶性物质,则首先检查溶液的 pH 值。如果呈中性,则为非离子型化合物,常用反相(或正相)键合相色谱分析;如果呈弱酸性,可采用抑制样品电离的方法,向流动相中加入三氟乙酸、乙酸和磷酸调节 pH=2～3,再用反相键合相色谱法分析;如果呈弱碱性,可采用离子对色谱法(在流动相中加入带相反电荷的离子对试剂,如辛烷磺酸钠、四丁基铵盐等)分析;如果呈强酸性或强碱性,则可用离子色谱法进行分析。

2)样品的相对分子质量范围

从相对分子质量大小的角度来考虑分离模式的选择时,一般以相对分子质量 2000 作为是否需要进一步详细考查样品其他性质并选定分离模式的大致"分界线"。

对于油溶性样品而言,若相对分子质量大于 2000,一般采用聚苯乙烯凝胶的排阻色谱法分析;若相对分子质量小于 2000,而被测组分相对分子质量差别很大,可用刚性凝胶的排阻色谱法或键合相色谱法分析;如被测组分相对分子质量差别不大,则可根据样品分子的"离子化"属性选用离子色谱法或吸附色谱法和键合相色谱法进行分析。

对于水溶性样品而言,若相对分子质量大于 2000,一般采用以聚醚为基体凝胶的凝胶过滤色谱法;若相对分子质量小于 2000,则可根据被测组分相对分子质量的差别大小来进行如下选择:

(1)相对分子质量差别不大,可考虑选用吸附色谱法或分配色谱法;

(2)相对分子质量差别较大,只能选用刚性凝胶的凝胶过滤色谱法进行分离与分析;

(3)相对分子质量差别较大,且为离子型化合物,则对强电离型使用离子色谱或离子对色谱法,而对弱电离型使用离子对色谱法,或者在调流动相 pH 值抑制电离的前提下用反相液相色谱法。

2. 分离操作条件的选择

确定了样品的色谱分离与分析的方法,就需要进一步确定适当的分离条件(尽量采用优化的分离操作条件),使样品中的不同组分以最满意的分离度、最短的分析时间、最低的流动相消耗和最大的检测灵敏度获得完全的分离。

1)色谱柱操作参数的选择

色谱柱操作参数有柱长、柱内径、固定相粒度、柱压降及理论塔板数。其一般的选择范围见表 11-4。

表 11-4　HPLC 柱的一般操作参数

色谱柱操作参数	数 值 范 围
柱长(L)	$10\sim25$ cm
柱内径(ϕ)	$2\sim6$ mm
固定相粒度(d_p)	$3\sim10$ μm
柱压降(Δp)	$5\sim14$ MPa
理论塔板数(n)	$(2\sim5)\times10^3\sim(2\sim10)\times10^4$ 块/m

2）样品组分的保留值和容量因子的选择

在上述常用参数选定后，对于简单样品，通常的分析时间希望控制在 $10\sim30$ min，而对于复杂组成的多组分样品，分析时间控制在 60 min 之内。

使用恒定组成的流动相洗脱，与组分保留时间相对应的容量因子 k 应尽量保持在 $1\sim10$ 之间。而对于组成复杂的样品，且混合物 k 值较宽，欲使所有组分在所希望的时间内流出色谱柱，就需要使用梯度淋洗技术，因为通过改变流动相的组成可以调节保留时间和容量因子。

3）相邻组分的选择性系数和分离度的选择

对于 HPLC 色谱而言，两组分的色谱峰达到完全分离的标志为 $R=1.5$。分离度 R 受到热力学因素（k 与 α）和动力学因素（n）的控制。经过大量的实验和计算可知：在预期的色谱柱的柱效 $n=10^3\sim10^5$ 块/m 时，若相邻组分的容量因子 $1<k<10$，且选择性系数 α 为 $1.05\sim1.10$，还是可以达到多组分优化分离的最低分离度指标 $R=1.5$ 的。

进行未知样品的分离与分析时，经常遇到的一个问题是：样品中的所有组分是否全部流出？是否有强保留组分仍被色谱固定相吸留？解决该问题的方法通常是用两种不同的分离方法来进行判断。例如：对于确定的试样，先用硅胶吸附色谱法分析，若考虑有强极性组分滞留，可再采用反相键合相色谱法分析，此时，强极性组分应首先流出，从而可判断是否存在强极性组分。以下为两个样品分析方法实例。

【例 11-1】　V_E 异构体在正相 HPLC 系统中分析条件的选择。

解　维生素 E（V_E）为苯丙二氢吡喃醇衍生物，因其苯环上有一个酚羟基，故此类化合物又称生育酚。V_E 主要有 α、β、γ 和 δ 四种异构体，其中以 α-异构体的生理作用为最强，而抗氧化能力则以 δ-异构体为最强。本例采用正相 HPLC 法即液-固吸附色谱法对其进行分离分析，组分的分离效能与诸多因素有关，如固定相种类、比表面积、物化性质、组分分子的结构、流动相的性质与组成等。本例重点是流动相的选择。

仪器与试剂：高效液相色谱仪（带紫外检测器）、超声波发生器、异丙醇、正己烷、无水乙醇、混合 V_E 样品、V_E 标准溶液。

操作步骤如下。

（1）按仪器操作说明书规定的顺序依次打开仪器各单元的电源。

（2）检查色谱柱和流动相：采用硅胶柱（Micropak Si-5 $\phi4.6$ mm×150 mm），流动相为正己烷和异丙醇。

（3）设置流动相为 100% 正己烷，流速为 1.0 mL/min，色谱柱温度为 30 ℃，检测波长为 292 nm（可经紫外-可见光光谱仪扫描确定）。

（4）检查或排除流路中的气泡，启动输液泵。

（5）待基线稳定后，用注射器通过六通阀注入混合 V_E 样品（注射器和六通阀用溶剂和样品溶液冲洗数次，并注意不要吸入气泡）。

(6) 观察 V_E 异构体分离情况,记录保留时间和半峰宽。

(7) 将流动相换成正己烷-异丙醇混合溶剂(体积比为 99.5∶0.5),待基线稳定后,注入混合 V_E 样品,重复(6)的操作。

(8) 将流动相换成正己烷-异丙醇混合溶剂(体积比为 98∶2),待基线稳定后注入混合 V_E 样品,重复(6)的操作。

(9) 比较(7)和(8),找出最佳色谱条件,注入 $\alpha\text{-}V_E$ 标样,确认混合 V_E 样品中 $\alpha\text{-}V_E$ 峰的位置。

(10) 所有样品分析完后,让流动相继续流动 10~20 min,然后停泵,关机并整理好实验台。

【例 11-2】 $\alpha\text{-}V_E$ 在反向 HPLC 上的定量分析中分析条件的选择。

解 在 V_E 的多种异构体中,$\alpha\text{-}V_E$ 是极性最弱的一种,对其进行定量分析,适合采用反相键合相色谱法,$\alpha\text{-}V_E$ 在 C_{18} 柱上有较强的保留,最后流出色谱柱。$\delta\text{-}V_E$ 极性较强,最先流出色谱柱。$\alpha\text{-}V_E$ 在 220 nm 和 292 nm 处有两个明显的吸收峰,本方法选择 292 nm 作为定量分析的检测波长,以排除其他物质的干扰,确保定量准确。

仪器与试剂:高效液相色谱仪、紫外检测器、流动相脱气装置、无水乙醇、甲醇、水、$\alpha\text{-}V_E$ 标样溶液。

操作步骤如下。

(1) 按照仪器操作说明开机。

(2) 设置色谱仪参数:色谱柱为 C_{18},流动相为甲醇-水(体积比为 100∶0),流速为 1.0 mL/min,柱温为 30 ℃,检测波长为 292 nm,进样量为 20 μL。

(3) 检查流路,确定无气泡后,启动色谱系统,待基线稳定。

(4) 注入 V_E 混合样品,待样品中所有色谱峰流出后结束分析。

(5) 将流动相配比变为甲醇-水(体积比为 97∶3),重复(4)的操作,比较分离情况。

(6) 注入 $\alpha\text{-}V_E$ 标样,用保留时间确认 V_E 混合样品中 $\alpha\text{-}V_E$ 峰位。

(7) 改变检测波长为 254 nm,重复(4)的操作,比较检测结果。

(8) 调整到最佳色谱条件(包括流动相、检测波长、流速、柱温等),待基线稳定。

(9) 稀释 $\alpha\text{-}V_E$ 标样,使浓度与 V_E 混合物中 $\alpha\text{-}V_E$ 的浓度相匹配(峰面积值相近)。

(10) 注入稀释后的 $\alpha\text{-}V_E$ 标样,重复 3 次(面积误差小于 3%),取平均值。

(11) 注入混合 V_E 样品,重复 3 次(峰面积误差小于 3%),取平均值。

(12) 按仪器操作说明关机。

3. 衍生化技术

衍生化就是将用通常检测方法不能直接检测或检测灵敏度低的物质与某种试剂(衍生化试剂)反应,使之生成易于检测的化合物。

按衍生化的方式可分柱前衍生和柱后衍生。柱前衍生是将被测物转变成可检测的衍生物后再通过色谱柱分离。这种衍生可以是在线衍生,即将被测物和衍生化试剂分别通过两个输液泵送到混合器里混合并使之立即反应完全,随之进入色谱柱;也可以先将被测物和衍生化试剂反应,再将衍生产物作为样品进样;还可以在流动相中加入衍生化试剂。柱后衍生是先将被测物分离,再将从色谱柱流出的溶液与反应试剂在线混合生成可检测的衍生物,然后导入检测器。根据分析物被衍生化后产物的性质,衍生化方法可分为紫外衍生化、可见光衍生化、荧光衍生化以及电化学衍生化等。在高效液相色谱中最主要的方法为紫外衍生化,常见的紫外衍生化实例列于表 11-5。应当注意的是,衍生化不仅使分析体系复杂化,而且需要消耗时间,因此,只有在找不到方便而灵敏的检测方法或为了提高分离和检测的选择性时才考虑用衍生化法。

表 11-5　紫外衍生化实例

化合物类型	衍生化试剂	最大吸收波长/nm	摩尔吸收系数 (254 nm)/[L/(mol·cm)]
伯、仲胺	2,4-二硝基氟苯	350	>10^4
	对硝基苯甲酰氯	254	>10^4
	对甲基苯磺酰氯	224	10^4
氨基酸	异硫氰酸苯酯	244	>10^4
羧酸	对硝基苄基溴	265	6.2×10^3
	对溴代苯甲酰甲基溴	260	1.8×10^4
	萘酰甲基溴	248	1.2×10^4
醇	对甲氧基苯甲酰氯	262	1.6×10^4
酮	2,4-二硝基苯肼	254	6.2×10^3
	对硝基苯甲氧胺盐酸盐	254	

11.3.2　定性分析方法

高效液相色谱的定性分析方法可以分为色谱鉴别法、化学鉴别法和光谱与质谱鉴别法。

1. 色谱鉴别法

该法的原理是利用同一物质在相同色谱条件下保留时间相同这一性质进行分析。因此在分析前应该比较清楚待测物的成分，即此法只适用于已知范围的未知物。操作方法为往样品中加入某已知纯物质（对照品），混匀进样。对比加入前后的色谱图，若加入后某峰相对增高，则该组分与对照品为同一物质。该方法要求色谱峰纯度很高，同时应改变色谱柱的极性和其他色谱条件来确定未知物的组成。

2. 化学鉴别法

该法是利用专属性化学反应对分离后收集的组分来进行定性分析的方法。它只能鉴别组分属于哪一类化合物。通常是收集色谱馏分，再与相应试剂反应来确定官能团的类型。

3. 光谱与质谱鉴别法

利用二极管阵列紫外检测器得到的紫外光谱可以对组分进行简单的光谱鉴别。将高效液相色谱仪与质谱仪用接口连成一个整体，实现在线检测，称为液相色谱-质谱联用仪（LC-MS）。高效液相色谱-质谱联用技术是当今最重要的分析鉴别方法，能同时给出样品的色谱图和每个组分的质谱图，获得定性、定量分析信息。详见 12.3 节。

11.3.3　定量分析方法

高效液相色谱的定量分析方法也与气相色谱法相似，但较少用归一化法，常用的定量方法有外标法、内标法和标准加入法。

1. 外标法

外标法可分为外标工作曲线法、外标一点法及外标两点法等，其原理已经在第 9 章有所介绍。一般要求待测组分能出峰、无干扰、保留时间适宜，即可用外标法进行定量分析。高效液相色谱采用六通阀定量进样，进样量精确，而且进样量较大，所得分析结果误差相对较小，所以外标法是高效液相色谱常用定量分析方法之一。

【例 11-3】 用外标一点法测定黄芩颗粒中黄芩苷含量。

采用 Zirchrom C_8(5 μm,ϕ4.6 mm×150 mm);流动相为乙腈-甲醇-水(28:18:54)(含 0.5%三乙胺,用磷酸调 pH=3.0);以黄芩苷对照品配成浓度范围为 10.3~144.2 μg/mL 的对照品溶液。进样,测得黄芩苷峰面积,以峰面积和对照品浓度求得回归方程为 $A=1.168×10^5C-1.574×10^3$,$r=0.9998$。

精密称取黄芩颗粒 0.1255 g,用 70%甲醇溶解并定容于 50 mL 容量瓶中,摇匀;精密量取 1 mL 于10 mL容量瓶中,用 30%甲醇定容得供试品溶液。平行测定供试品溶液和对照品溶液(61.8 μg/mL),得峰面积分别为 4250701、5997670。

解
$$黄芩苷的含量=\frac{A_{供试品}}{A_{对照品}}×\frac{C_{对照品}×10^{-6}×10×50}{0.1255}×100\%$$

$$=\frac{4250701}{5997670}×\frac{61.8×10^{-6}×10×50}{0.1255}=17.4\%$$

2. 内标法

内标法是选择适宜的物质作为内标物,以待测组分和内标物的峰高比或峰面积比求算试样含量的方法。内标物的选择标准与气相色谱法相同。内标法主要包括内标工作曲线法、内标对比法和内标校正因子法等。内标工作曲线法与外标法相似,是在各种浓度的对照品溶液中加入相同量的内标物进行分析的方法。内标对比法是只配制一个浓度的对照品溶液,然后在样品与对照品溶液中加入相同量的内标物,分别进样后进行分析的方法。内标校正因子法是由于在 HPLC 分析中,等量的不同物质在相同实验条件下在同一检测器上的响应值经常不同,为了校正这种响应的差别,引入了校正因子的概念再来进行分析的方法。

【例 11-4】 用内标校正因子法测定复方炔诺酮片的含量。

采用 ODS 色谱柱,甲醇-水(60:40)流动相,紫外检测器(280 nm),以对硝基甲苯为内标物。

校正因子的测定:取对硝基甲苯、炔诺酮和炔雌醇对照品适量,用甲醇制成 10 mL 溶液,进样 10 μL,记录色谱图。重复 3 次,将测得的含 0.0733 mg/mL 内标物、0.600 mg/mL 炔诺酮和 0.035 mg/mL 炔雌醇的对照品溶液的平均峰面积列于表 11-6。

试样测定:取本品 20 片,精密测定,求出平均片重(60.3 mg/片)。研细后称取 732.8 mg(约相当于炔诺酮 7.2 mg),用甲醇配制成 10 mL 供试品溶液(含内标物 0.0733 mg/mL)。将测得的峰面积列于表 11-6。计算炔诺酮的校正因子和复方炔诺酮片中炔诺酮的含量。

表 11-6　复方炔诺酮片中各成分及内标物平均峰面积　　　　　　　　(单位:μV·s)

物　　质	炔　诺　酮	炔　雌　醇	内　标　物
对照品溶液	$1.981×10^6$	$1.043×10^5$	$6.587×10^5$
供试品溶液	$2.442×10^6$	$1.387×10^5$	$6.841×10^5$

解
$$f_{酮}=\frac{m_{酮}/A_{酮}}{m_s/A_s}=\frac{0.600×10/(1.981×10^6)}{0.0733×10/(6.587×10^5)}=2.72$$

则试样中炔诺酮的量为

$$m_{酮}=f_{酮}×m_s×\frac{A_{酮}}{A_s}=2.72×0.0733×10×\frac{2.442×10^6}{6.841×10^5} \text{ mg}=7.12 \text{ mg}$$

每片含炔诺酮的量为

$$\frac{7.12}{732.8}×60.3 \text{ mg}=0.586 \text{ mg}$$

3. 标准加入法

在某些情况下,如果只需求样品中某一组分的含量,而又找不到合适的内标物,可选用样品中某已知组分的对照品加入待测样品溶液中,测定增加对照品后的溶液比原样品溶液中已知组分的峰面积增量,进而求得该组分的含量。

11.4　应用与示例

高效液相色谱法不仅具有高效、高速度、高灵敏度的特点,而且不受样品挥发性、极性、热稳定性的限制,应用范围更加广泛,已成为食品科学、生物化工、环境科学、医药科学、精细化工等领域不可缺少的分析手段。液相色谱的强大功能使其成为解决上述领域中复杂体系的分析难题中最有力的技术和方法。

1. 在生物化工领域的应用

随着生命科学和生物工程技术的迅速发展,人们对氨基酸、多肽、蛋白质及核碱、核苷、核苷酸、核酸(核糖核酸 RNA、脱氧核糖核酸 DNA)等生物分子的研究兴趣日益增加。这些生物活性分子是生物化学、生化制药、生物工程中进行蛋白质纯化、DNA 重组与修复、RNA 转录等技术中的重要研究对象,因此涉及它们的分离、分析问题也日益重要。而高效液相色谱是一种行之有效的方法。以构成生物体蛋白质的基本成分——氨基酸为例,由于生物体内的氨基酸种类繁多,要研究它们在生物体生命活动中的作用,首先就是要将其分离以便进行下一步的研究。

【示例 11-1】 反相 HPLC 分离异硫氰酸苯酯(PITC)衍生标准混合氨基酸。

标准混合氨基酸样品经与 PITC 进行柱前衍生化反应后,用反相键合相色谱柱进行分离,其中色谱柱为 NOVA-PAK C_{18}($4~\mu m$,$\phi 3.9~mm \times 150~mm$)。流动相包括:(A)0.075%三乙胺(TEA)-0.14 mol/L 乙酸钠(用冰乙酸调节 pH=6.35);(B)100%乙醇。流量为 1.0 mL/min,柱温为 30 ℃,用紫外检测器(254 nm)检测。梯度洗脱程序如表 11-7 所示,以便在最短的分析时间内获得相邻组分的最佳分离度,所得色谱图如图 11-11 所示。

表 11-7　PITC-氨基酸衍生物色谱分离的最佳梯度洗脱程序

t_R/min	0	10	20	25	32	42	50	55	60
A 体积分数/(%)	100	98	96	90	78	78	60	60	100
B 体积分数/(%)	0	2	4	10	22	22	40	40	0

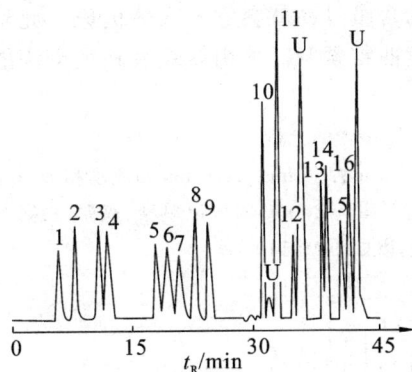

图 11-11　反相 HPLC 分离 PITC 衍生标准混合氨基酸

1—天冬氨酸(Asp);2—谷氨酸(Glu);3—丝氨酸(Ser);4—甘氨酸(Gly);5—组氨酸(His);6—苏氨酸(Thr);
7—丙氨酸(Ala);8—精氨酸(Arg);9—脯氨酸(Pro);10—酪氨酸(Tyr);11—蛋氨酸(Met)+缬氨酸(Val);
12—胱氨酸(Cys);13—异亮氨酸(Ile);14—亮氨酸(Leu);15—赖氨酸(Lys);16—苯丙氨酸(Phe);U—试剂相关杂质

2. 在医药研究中的应用

凭借其高选择性、高灵敏度等特点,高效液相色谱法在医药研究各领域的应用极为广泛,包括人工合成药物的纯化及成分的定性、定量测定,中草药有效成分的分离、制备及纯度测定,临床医药研究中人体血液和体液中药物浓度、药物代谢物的测定,新型高效手性药物中手性对映体含量的测定等。

【**示例 11-2**】　解热镇痛药 APC 的分离分析。

解热镇痛药 APC 主要含有阿司匹林(乙酰水杨酸)、非那西丁(对乙酰氨基苯乙醚)和咖啡因,使用反相键合相色谱柱为 μ-Bondapak C_{18} 柱(10 μm,ϕ3.9 mm×300 mm),流动相为 38％乙腈的 0.01％(NH_4)$_2$$CO_3$ 溶液,流量为 1 mL/min,使用紫外检测器(254 nm),在 9 min 内实现样品中相关组分的分离,如图 11-12 所示。

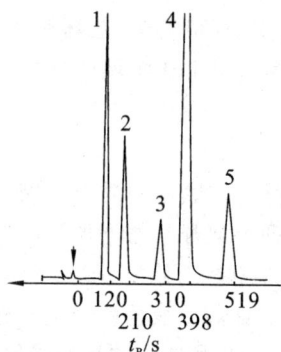

图 11-12　解热镇痛药 APC 的分离
1—阿司匹林(A);2—咖啡因(C);3—异丁基巴比妥;
4—非那西丁(P);5—对氯乙酰苯胺

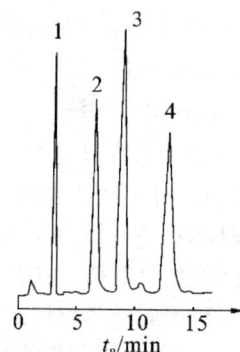

图 11-13　用反相离子对色谱分离巴比妥类药物
1—巴比妥;2—丁巴比妥;
3—5-烯丙基-5-异丙基巴比妥;4—苯巴比妥

【**示例 11-3**】　镇静药巴比妥类药物的分离分析。

用反相离子对色谱分离方法进行分离分析,色谱柱为涂布丁腈的 Lichrosorb RP-2 柱(10 μm,ϕ3.2 mm×150 mm),流动相为 0.01 mol/L 四丁基铵(TBA),pH=7.7,流量为 0.8 mL/min,检测器为紫外检测器(254 nm),所得色谱如图 11-13 所示。

3. 在食品分析中的应用

高效液相色谱分析法在食品分析中的应用日益增多。食品是人类生活中的必需品,种类繁多,各种食品具有不同的特性和营养成分,它所包含的糖、有机酸、维生素、蛋白质、脂肪等直接关系人体的健康。在食品生产过程中,往往需添加防腐剂、抗氧化剂、人工合成色素、甜味剂、保鲜剂等化学物质,它们的含量过高就会危害人体健康。此外,环境污染也会使食品沾上有害的微量元素、农药残留、黄曲霉素等。采用高效液相色谱法能简便、快速地为研究提供许多有用的信息。

【**示例 11-4**】　小麦淀粉水解产物多糖的分析。

色谱柱为 Supelcosil LC-NH₂(5 μm,ϕ4.6 mm×250 mm),流动相为 60％乙腈水溶液,流量为 1 mL/min,使用示差折光检测器(RID)检测,进样量为 20 μL,组分以单糖、双糖、三糖……十一糖的次序流出,十几种糖的分离,可在 20 min 内完成,所得色谱如图 11-14 所示。

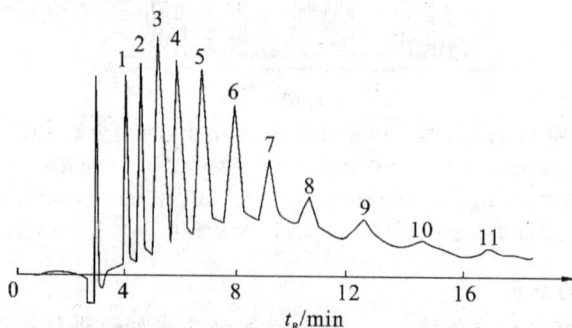

图 11-14　小麦淀粉水解产物多糖分析
1—DP₁(表示聚合度为 1 的糖,下同);2—DP₂;3—DP₃;4—DP₄;5—DP₅;
6—DP₆;7—DP₇;8—DP₈;9—DP₉;10—DP₁₀;11—DP₁₁

【示例 11-5】　水溶性维生素的分离分析。

采用反相离子对色谱分离水溶性维生素,色谱柱为 Biophase ODS(5 μm,ϕ4.6 mm×250 mm)。流动相:(A) 1%乙酸+0.5%三乙胺溶液(pH=4.5);(B)A+甲醇(体积比为 50:50)。梯度洗脱程序在 0~10 min 内,流动相 (B)由 0 增至 80%,再维持 15 min。流量为 1 mL/min,用紫外检测器(275 nm)检测。三乙胺的浓度对维生素 B_1、维 生素 B_6、烟酸和维生素 K_3 的分离影响很大;维生素 K_3 样品中应加入 Na_2SO_3,以避免 2-甲基萘醌的生成;维生素 B_{12} 和烟酸在一起时不稳定,应在测定时现配现用。样品溶于流动相(A)中进样,所得分析结果如图 11-15 所示。

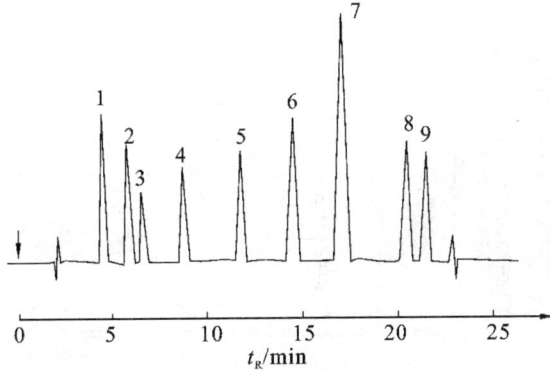

图 11-15　反相离子对色谱分离水溶性维生素

1—维生素 C;2—维生素 B_1;3—维生素 B_6;4—烟酸;5—维生素 K_3(亚硫酸氢钠甲基萘醌);
6—烟酰胺;7—对羟基苯甲酸;8—维生素 B_{12};9—维生素 B_2

4. 在环境保护中的应用

高效液相色谱方法适用于对环境中存在的高沸点有机污染物的分析,如大气、水、土壤和 食品中存在的多环芳烃、多氯联苯、有机氯农药、有机磷农药、氨基甲酸酯农药、含氮除草剂、苯 氧基酸除草剂、酚类、胺类、黄曲霉素、亚硝胺等。

【示例 11-6】　氨基甲酸酯类农药的分离分析。

采用反相键合相色谱法进行分析,色谱柱为 μ-Bondapak C_{18} 柱(10 μm,ϕ4 mm×300 mm),流动相为 20% 乙腈水溶液,进样后 20~60 min 使流动相中乙腈含量增至 60%,并保持至 80 min,检测器为紫外检测器 (220 nm),实现 23 种组分的分离,所得分析结果如图 11-16 所示。

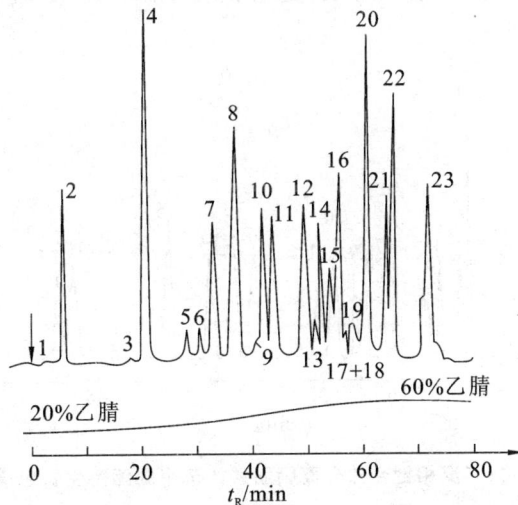

图 11-16　氨基甲酸酯类农药的分离谱图

1—溶剂;2—灭多虫;3—涕灭威;4—异索威;5—杀灭威;6—克百威丹;7—百亩威;8—甲萘威;9—混杀威;
10—苯胺灵;11—氯灭杀威;12—灭虫威;13—白克威;14—芽后苯敌草;15—Chloroprophen;16—Eplan;17—Bux;
18—敌菌丹;19—燕麦灵;20—克草猛;21—苏达灭;22—燕麦敌;23—野麦畏

【示例 11-7】 工业废水中苯酚及其衍生物的分离分析。

采用反相键合相色谱分离法进行分析,色谱柱为 Spherisorb ODS2(5 μm,φ4.6 mm×250 mm),流动相为甲醇+乙腈+四氢呋喃+水(体积比为 28.7:4:3.8:63.5)。用紫外检测器检测,检测波长在 270~287 nm,所得分析结果如图 11-17 所示。

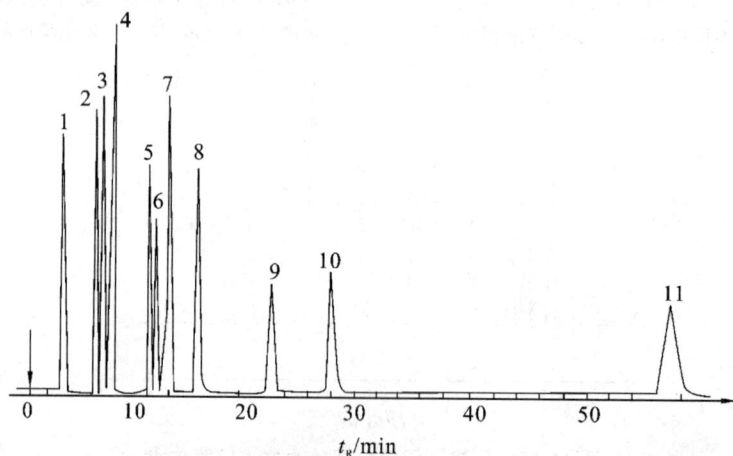

图 11-17　苯酚及其衍生物的分离谱图

1—苯酚;2—4-甲酚;3—2-甲酚;4—2-氯酚;5—4-氯酚;

6—2,6-二甲酚;7—2,4-二甲酚;8—2,6-二氯酚;

9—2,4,6-三甲酚;10—2,4-二氯酚;11—2,4,6-三氯酚

5. 在精细化工中的应用

在精细化工生产中使用的具有较大相对分子质量和较高沸点的有机化合物,都可使用高效液相色谱法进行分析。

【示例 11-8】 脂肪酸中苯甲酰酯衍生物的分离分析。

采用反相键合相色谱分离法进行分析,色谱柱为 ODS C18(4.5 μm,φ5 mm×250 mm),流动相及洗脱程序为:80%乙腈水溶液洗脱 25 min,至 40 min 增至 85%乙腈水溶液,并保持至 60 min,使用紫外检测器(254 nm)检测,所得分析结果如图 11-18 所示。

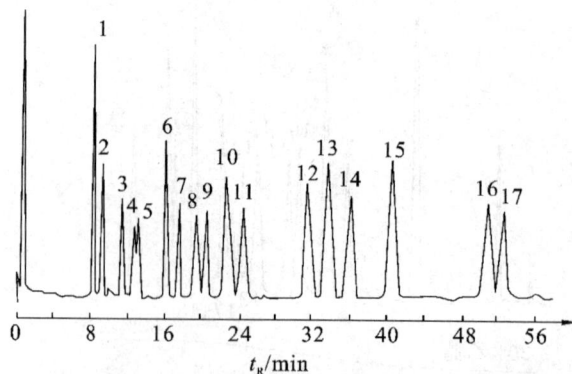

图 11-18　反相键合法分离脂肪酸的苯甲酰酯衍生物色谱图

1—月桂酸;2—肉豆蔻烯酸;3—十三烷酸;4—十五碳烯酸;5—亚麻酸;6—肉豆蔻酸;7—二十碳四烯酸;

8—反十六碳烯酸;9—亚油酸;10—十五烷酸;11—二十碳三烯酸;12—棕榈酸;13—油酸;14—反油酸;

15—十七烷酸;16—硬脂酸;17—顺二十碳烯酸

11.5　超高效液相色谱法简介

自 HPLC 诞生之后,研制兼备超快速分析和高效分离的液相色谱仪一直是研究者努力的方向。据经典液相色谱理论,当色谱柱固定相粒径≤2 μm 时,不但可以获得极高柱效,而且柱效不会随流速增大而明显减小。2004 年,Waters 公司借助于 HPLC 的理论,利用小颗粒固定相(粒径< 2 μm)、非常低的系统体积及快速检测手段等全新技术,开发出世界上第一台商品化超高效液相色谱仪(ultra performance liquid chromatography, UPLC),其分辨率、分析速度、检测灵敏度、分析通量及色谱峰容量均大大提高,从而全面提升了液相色谱的分离效能。这是液相色谱技术的一个飞跃。

与普通 HPLC 相比,超高效液相色谱技术以小颗粒固定相为基础,不仅大大提高了色谱柱的柱效,还具有超高分离度、超高分析速度、超高灵敏度等优势。

(1) 超高分离度　由液相色谱分离度方程和 van Deemter 色谱理论可知,色谱柱的分离度与柱效的平方根成正比,而柱效又与固定相粒径成反比,粒径越小,柱效和分离度越高。对于粒径为 1.7 μm 的颗粒柱而言,其柱效比普通 5 μm 颗粒柱高了 3 倍,且分离度提高了 70%。

(2) 超高速度　较小的颗粒能提高分析速度而不降低分离度。由于固定相粒径减小,柱长可以按比例缩短而保持柱效不变。而 van Deemter 理论表明,颗粒度越小,最佳流速也越大,可以通过提高流速来进一步加快分离速度。例如,1.77 μm 颗粒柱的柱长仅为普通 5 μm 颗粒柱柱长的 1/3 且柱效不变,而分析速度提高了 9 倍,分辨率提高了 2 倍,并且因分析时间缩短,试剂消耗量明显减少,降低了消耗,同时也有利于保护环境。

(3) 超高灵敏度　小颗粒技术可以得到更高柱效、更窄的色谱峰宽,以及更高的灵敏度,灵敏度相对常规 HPLC 提高了 3 倍。

与普通 HPLC 相比,实现 UPLC 需要更高的相关技术:

(1) 使用新型低粒度色谱固定相,并采用新型装填技术。固定相粒径的减小,对色谱柱的装填技术也提出了更高要求。

(2) 使用更高压力的输液泵。因为使用的色谱柱的粒径更小,输液时所需要的压力也自然成倍增大。

(3) 使用反应速度更快、更灵敏的检测器。当色谱峰通过检测器时,检测器须有一个非常高的采样速度和非常小的时间常数,使它能够在整个色谱峰内捕捉到足够的数据点,以获得准确、可重现的保留时间和峰面积。检测器的流通池死体积要尽可能小,减少谱带扩展以保持高柱效。检测器的光学通道也要能满足 UPLC 高灵敏度检测要求。

(4) 结合针内进样探头和压力辅助进样技术,使用低扩散、低交叉污染自动进样器。这样能保护色谱柱不受极端高压波动的影响,进样过程相对无压力波动,死体积足够小,可同时实现高样品容量和高速度,且可长期自动进样,在获得高灵敏度的同时,还具有极低交叉污染的小体积进样能力。

(5) 仪器整体系统优化设计。色谱工作站支持更多软件平台,实现超高效液相分析方法与高效液相分析方法的自动转换。

在 UPLC 的发展中,色谱固定相的发展是关键。进入 21 世纪以来,在亚 2 μm 固定相得到开发的同时,整体柱材料、核壳型固定相、无机与有机杂化硅胶颗粒技术等也得到发展,以适应超高效快速分析的要求。其中,整体柱的介质具有通透性高、结构多孔和比表面积大等优点,使分离分析可达到高效快速、高通量、低柱压等要求。从固定相的材质来看,硅胶整体柱力学强度高,比表面积大,具有大孔和中孔结构,孔隙率大于80%,其结构接近灌流色谱固定相,很适合于高通量分析和快速分离。通孔的存在使得硅胶整体柱具有优异的渗透性,而中孔的孔径又决定了分离度和柱效。使用整体柱进行快速高效的分离,不需要提高压力及使用特殊仪器,且具有使用寿命长等特点。整体柱串联在高流速下使用,可取得比短柱更好的分离度。

　　凭借其超强的分离能力和分析速度,UPLC已经广泛应用于食品安全、药物开发、环境安全、化妆品、全蛋白组学或代谢组学等领域。

思考题与习题

1. 何谓化学键合固定相? 它有什么突出的优点?

2. 什么是梯度洗脱? 在液相色谱法中,梯度洗脱适用于分离何种试样?

3. 简述高效液相色谱法与气相色谱法的异同点。

4. 高效液相色谱仪由几个主要部分组成? 各部分的主要功能是什么?

5. 简述六通阀进样器的工作原理。

6. 试述高效液相色谱各种检测器的特点和应用范围。

7. 高效液相色谱柱为什么一般都采用全多孔微粒型固定相?

8. 高效液相色谱中对流动相有何要求?

9. 试比较各种类型高效液相色谱法的固定相和流动相及其特点。

10. 尺寸排阻色谱的分离机理与其他色谱类型有何不同?

11. 液-液色谱为什么可分为正相色谱和反相色谱?

12. 简述高效液相色谱法建立的基本原则。高效液相色谱仪的日常维护该注意哪些方面?

13. 举例说明高效液相色谱法可以应用在哪些方面。

14. 在学习了气相色谱法、高效液相色谱法后,当你接受一个实际样品时,如何进行方法和操作条件的选择? 提出合理的分析思路(样品可自己拟定)。

15. 测定生物碱试样中黄连碱和小檗碱的含量,称取内标物、黄连碱和小檗碱对照品各0.2000 g,配制成混合溶液。测得峰面积分别为3.60 cm², 3.43 cm²和4.04 cm²。称取0.2400 g内标物和试样0.8560 g,同法配制成溶液后,在相同色谱条件下测得峰面积为4.16 cm²、3.17 cm²和4.54 cm²。计算试样中黄连碱和小檗碱的含量。

16. 准确称取样品0.100 g,加入内标物0.050 g,测得待测物A及内标物的峰面积分别为54130、71358。已知待测物及内标物的相对校正因子分别为0.90、1.00。计算样品中组分A的百分含量。

17. 盐酸普鲁卡因中杂质为对氨基苯甲酸,药典规定其含量不得超过0.5%。取盐酸普鲁卡因样品,精密称定,加水溶解并定量稀释制成每1 mL含0.2 mg的溶液,作为供试品溶液;另取对氨基苯甲酸对照品,精密称定,加水溶解并定量制成每1 mL含1 μg的溶液,作为对照品溶液。已知对氨基苯甲酸对照品谱图中峰面积为805426,盐酸普鲁卡因样品中的对氨基苯甲酸峰面积为506544,通过计算判断盐酸普鲁卡因样品的杂质含量是否符合要求。

18. 取醋酸氢化可的松对照品适量,精密称定,加甲醇定量稀释成每1 mL中约含0.35 mg的溶液。精密量取该溶液和内标溶液(0.30 mg/mL 炔诺酮甲醇溶液)各5 mL,置于25 mL容量瓶中,加甲醇稀释至刻度,摇匀,取10 μL注入液相色谱仪。另取醋酸氢化可的松样品适量,同法测定,按内标法计算含量。已知对照品取样36.2 mg,样品取样35.5 mg,测得对照液中醋酸氢化可的松和内标的峰面分别为5467824和6125843,样品液中两者的峰面积分别为5221345和6122845,求样品中醋酸氢化可的松含量。

第 12 章 其他分析技术简介

现代仪器分析方法除本书前面已介绍的方法外，还有很多，如激光拉曼光谱分析法、分子发光分析法、核磁共振波谱法、质谱法、热分析法等，并且随着科学技术的发展，联用技术也成为一种极富生命力的分析方法，具有单一仪器不可比拟的卓越性能。

本章主要介绍核磁共振波谱法、质谱法和联用技术。

12.1 核磁共振波谱法

核磁共振波谱(nuclear magnetic resonance spectroscopy，NMR)是指在外加磁场的作用下，一些具有磁性的原子核可以分裂成两个或两个以上量子化的能级，用一定频率的电磁波照射分子，便能引起原子核自旋能级的跃迁，所产生的波谱称为核磁共振波谱。

核磁共振波谱类似于红外或紫外吸收光谱，是吸收光谱的另一种形式。核磁共振波谱法与紫外吸收光谱法和红外吸收光谱法的不同之处，在于待测物必须置于强磁场中，研究其具有磁性的原子核对射频辐射(4～600 MHz)的吸收。

核磁共振现象是 1946 年由美国斯坦福大学的 F. Bloch 等人和哈佛大学的 E. M. Purcell 等人各自独立发现的，Bloch 和 Purcell 因此获得了 1952 年诺贝尔物理学奖。半个多世纪以来，核磁共振不仅形成一门有完整理论的新兴学科——核磁共振波谱学，并且各种新的实验技术不断发展，仪器不断完善，它与元素分析、紫外光谱、红外光谱、质谱等方法配合，已成为化合物结构测定的有力工具。目前核磁共振波谱的应用已经渗透到化学学科的各个领域，广泛应用于有机化学、药物化学、生物化学、环境化学等与化学相关的各个学科。

12.1.1 核磁共振波谱基本原理

1. 原子核的自旋

原子核是带正电的粒子，在自旋时产生磁矩 $\boldsymbol{\mu}$。研究证明，不同的原子核的自旋情况不同，如图 12-1 所示，原子核自旋的情况可用自旋量子数 I 表征。

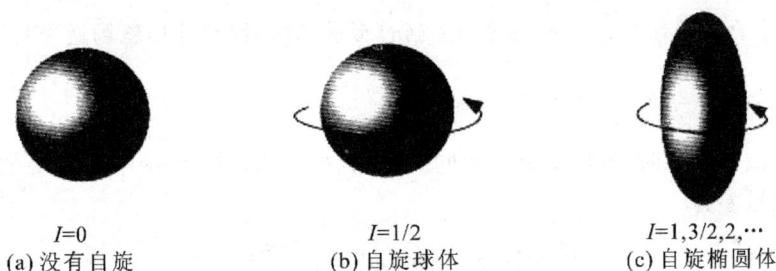

$I=0$　　　　　　　　　$I=1/2$　　　　　　　　$I=1,3/2,2,\cdots$
(a) 没有自旋　　　　　　(b) 自旋球体　　　　　　(c) 自旋椭圆体

图 12-1　自旋核电荷分布与自旋量子数的关系

自旋量子数 I 与相对原子质量(A)及原子序数(Z)有关，如表 12-1 所示。从表中可以看出，相对原子质量和原子序数均为偶数的核，当自旋量子数 $I=0$ 时，即没有自旋现象。

当自旋量子数 $I=\dfrac{1}{2}$ 时,这些核可当做电荷均匀分布的球体,它们的核磁共振现象较为简单,是目前研究的主要对象。属于这一类的原子核主要有 $_1^1H$、$_6^{13}C$、$_7^{15}N$、$_9^{19}F$、$_{15}^{31}P$。尤其是 ^1H 原子,在自然界的丰度接近 100%,核磁共振容易测定,而且它又是组成有机化合物的主要元素之一,因此氢核核磁共振谱的测定在有机分析中十分重要。本章主要介绍 ^1H(质子)的核磁共振谱。

表 12-1　自旋量子数与相对原子质量及原子序数的关系

相对原子质量 A	原子序数 Z	自旋量子数 I	自旋核电荷分布	NMR 信号	原子核
偶数	偶数	0	—	无	$_6^{12}C$、$_8^{16}O$、$_{16}^{32}S$
奇数	奇或偶数	$\dfrac{1}{2}$	呈球形	有	$_1^1H$、$_6^{13}C$、$_9^{19}F$、$_7^{15}N$、$_{15}^{31}P$
奇数	奇或偶数	$\dfrac{3}{2}$,$\dfrac{5}{2}$,…	扁平椭圆形	有	$_8^{17}O$、$_{16}^{32}S$
偶数	奇数	1,2,3	伸长椭圆形	有	$_1^2H$、$_7^{14}N$

2. 核磁共振现象

当氢核围绕它的自旋轴转动时产生磁场,磁场的方向可由右手螺旋定则确定,如图 12-2(a)、(b)所示。

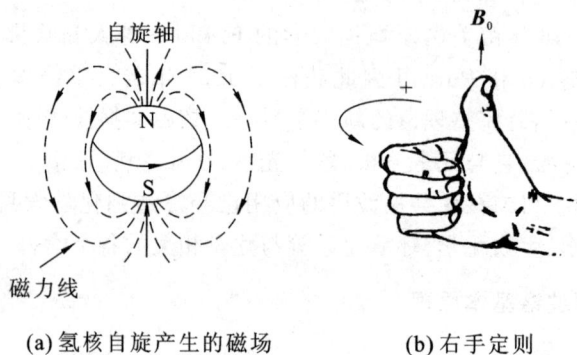

(a)氢核自旋产生的磁场　　　　　　(b) 右手定则

图 12-2　氢核自旋产生的磁场

将氢核置于外加磁场 $\boldsymbol{B}_0$ 中,则它对于外加磁场有两种取向:一种与外加磁场平行,能量较低,以自旋磁量子数 $m=+\dfrac{1}{2}$ 表征,如图 12-3(a)所示;另一种与外加磁场逆平行,能量较高,以自旋磁量子数 $m=-\dfrac{1}{2}$ 表征,如图 12-3(b)所示。

在无外加磁场存在时,核磁矩具有相同的能级,在外加磁场作用下,核磁矩发生能级裂分,两个能级的能量差为

$$\Delta E = E_{m=-\frac{1}{2}} - E_{m=\frac{1}{2}} = \frac{\gamma h}{2\pi}B_0 \tag{12-1}$$

式中:γ 为磁旋比,是各种核的特征常数;B_0 为外加磁场的磁感应强度。

当氢核置于磁场中时,核自旋产生的磁场与外加磁场相互作用,原子核的运动状态除了自旋外,还以外磁场方向为轴线进行回旋,这种回旋运动称为拉摩尔进动(这种进动方式犹如急速旋转的陀螺减速到一定程度时,其自旋轴绕重心力场方向有一夹角——倾斜,此时陀螺一边

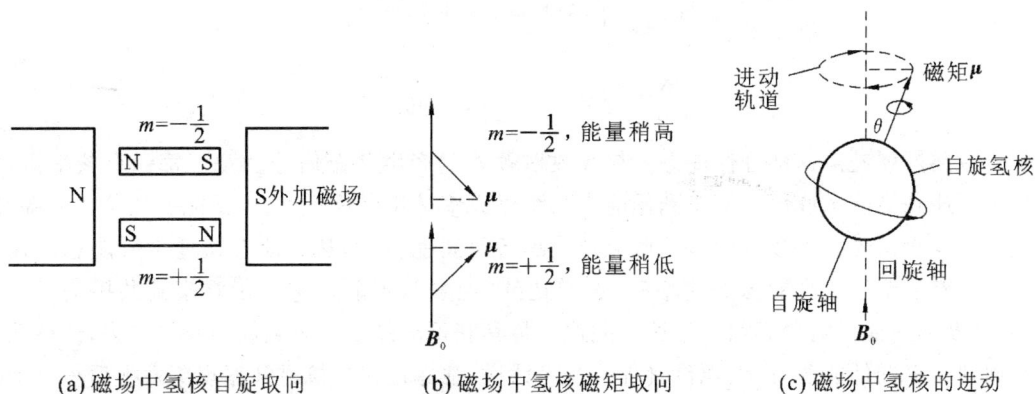

(a) 磁场中氢核自旋取向　　　　　(b) 磁场中氢核磁矩取向　　　　　(c) 磁场中氢核的进动

图 12-3　氢核在外磁场中的两种取向示意

自旋,自旋轴一边绕重心力场方向作摇头圆周运动,如图 12-3(c)所示。进动频率 ν 与外加磁场的关系可用拉摩尔方程表示,即

$$\nu_{\text{进动}}=\frac{\gamma}{2\pi}B_0 \tag{12-2}$$

当电磁波的能量符合下式时:

$$\Delta E=h\nu_0=\frac{\gamma h}{2\pi}B_0 \tag{12-3}$$

进动核与辐射光子相互作用(共振),体系吸收能量,核由低能态跃迁至高能态,由式(12-2)、式(12-3)可知,发生共振时有:光子频率=自旋核进动频率。

由式(12-3)还可说明下述几点。

(1) 产生核磁共振的条件:$I\neq0$,有 B_0 存在,辐射能量等于核磁能级差。

(2) 不同原子核,由于其 γ 不同,发生共振的条件不同,即发生共振时 ν_0 和 B_0 的相对值不同。也就是说在相同的磁场中,不同原子核发生共振时的频率各不相同,据此可以鉴别元素及同位素。

(3) 对于同一种核,γ 值一定。即当外加磁场一定时,共振频率也一定,当磁场强度改变时,共振频率也随着改变。

所以获得核磁共振谱的方法有两种:固定 B_0,进行频率扫描,得到在此 B_0 下的共振吸收频率 ν_0,这种方法称为扫频;固定 ν,进行磁强扫描,得到在此频率 ν 下产生共振吸收所需要的 B_0,这种方法称为扫场。

3. 弛豫

如前所述,^{1}H 核在磁场作用下,被分裂为 $m=+\dfrac{1}{2}$ 和 $m=-\dfrac{1}{2}$ 两个能级,处在较稳定的能级的核数比处在较不稳定的能级的核数稍多一点。处于高、低能态核数的比例服从玻耳兹曼分布,即

$$\frac{N_{\text{j}}}{N_0}=\text{e}^{-\frac{\Delta E}{kT}} \tag{12-4}$$

式中:N_{j} 和 N_0 分别代表处于高能态和低能态的氢核数;ΔE 是两种能态的能级差;k 是玻耳兹曼常数;T 是热力学温度。若将 10^6 个质子放入温度为 25 ℃、磁强度为 4.69 T 的磁场中,则处于低能态的核与处于高能态的核的数量比为

$$\frac{N_j}{N_0} = e^{-\left[\frac{2 \times 279\ \text{K} \times (5.05 \times 10^{-27})\text{J/T} \times 4.69\ \text{T}}{1.38 \times 10^{-23}\text{J/K} \times 293\ \text{K}}\right]}$$

$$\frac{N_j}{N_0} = e^{-3.27 \times 10^{-5}} = 0.999967$$

核磁共振就是由这部分低能态的核吸收射频能量产生共振信号。对于每一个核来讲，由低能态跃迁到高能态或由高能态到低能态的跃迁概率是相同的，但由于低能态的核数略高，因此仍有净吸收信号。当数目稍多的低能级核跃迁至高能态后，从高能态跃迁至低能态的速率等于从低能态跃迁至高能态的速率时，试样达到"饱和"，不能再进一步观察到共振信号。为此，被激发到高能态的核必须通过适当的途径将其获得的能量释放到周围环境中去，使核从高能态回到原来的低能态，产生弛豫过程。换句话说，弛豫过程是核磁共振现象发生后得以保持的必要条件。

由于核磁共振中氢核发生共振时吸收的能量很小，因而跃迁至高能态的氢核不可能通过发射谱线的形式失去能量而返回低能态，这种由高能态回复到低能态，由不平衡状态恢复到平衡状态而不发射原来吸收的能量的过程称为弛豫过程。弛豫过程可以分为两类：纵向弛豫和横向弛豫。

纵向弛豫也称为自旋-晶格弛豫（spin-lattice relaxation），是处于高能态的核自旋体系与其周围的环境之间的能量交换过程。当一些核由高能态回到低能态时，其能量转移到周围的粒子中去，对固体样品，则传给晶格，如果是液体样品，则传给周围的分子或溶剂。自旋-晶格弛豫的结果使高能态的核数减少，低能态的核数增加，全体核的总能量下降。

横向弛豫也称自旋-自旋弛豫（spin-spin relaxation），一些高能态的自旋核把能量转移给同类的低能态核，同时一些低能态的核获得能量跃迁到高能态，因而各种取向的核的总数并没有改变，全体核的总能量也不改变。

4. 核磁共振谱仪

按工作方式，可将高分辨率核磁共振谱仪分为两种类型：连续波核磁共振谱仪和脉冲傅里叶核磁共振谱仪。

1）连续波核磁共振谱仪

图 12-4 是连续波核磁共振谱仪的示意图。它主要由下列主要部件组成：①磁铁；②探头；③射频和音频发射单元；④频率和磁场扫描单元；⑤信号放大、接收和显示单元。后三个部件装在核磁共振谱仪内。

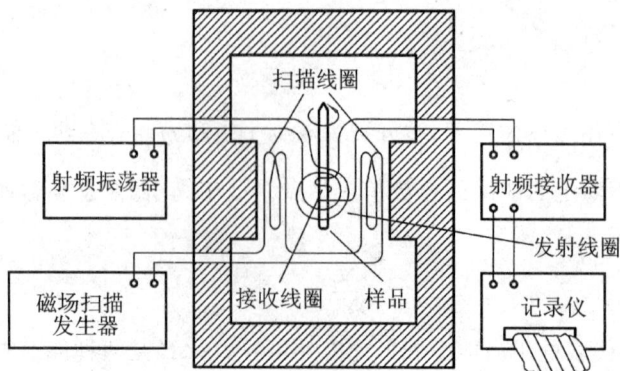

图 12-4　连续波核磁共振谱仪

（1）磁铁。

磁铁是所有核磁共振谱仪都必须具备的基本组成部件,用于提供一个强而稳定、均匀的外磁场。核磁共振谱仪使用的磁铁有三种:永久磁铁、电磁铁和超导磁铁。由永久磁铁和电磁铁获得的磁场一般不超过 2.5 T。而超导磁体可使磁场高达 10 T 以上,并且磁场稳定、均匀。目前超导核磁共振谱仪的频率对 ^{1}H 核一般在 300~500 MHz,最高可达 600 MHz 以上。但超导核磁共振谱仪价格高昂。

（2）探头。

探头装在磁极间隙内,用来检测核磁共振信号,是仪器的心脏部分。探头除包括试样管外,还有发射线圈、接收线圈及预放大器等元件。待测试样放在试样管内,再置于绕有接收线圈和发射线圈的套管内。磁场和频率源通过探头作用于试样。为了使磁场的不均匀性产生的影响平均化,试样探头还装有一个气动涡轮装置,以使试样管能沿其纵轴以每分钟几百转的速度旋转。

（3）波谱仪。

① 射频源和音频调制　高分辨率核磁共振谱仪要求有稳定的射频频率和功能。仪器通常采用恒温下的石英晶体振荡器得到基频,再经过倍频、调频和功能放大,得到所需要的射频信号源。

为了提高基线的稳定性和磁场锁定能力,必须用音频调制磁场。为此,从石英晶体振荡器中得到音频调制信号,经功率放大后输入探头调制线圈。

② 扫描单元　大部分仪器同时具有扫场和扫频这两种扫描方式。扫描速度会影响信号峰的显示情况。速度太慢,不仅延长实验时间,而且信号容易饱和;扫描速度太快,会造成峰形变宽,分辨率降低。

③ 接收单元　从探头预放大器得到的载有核磁共振信号的射频输出,经一系列检波、放大后,显示在示波器和记录仪上,得到核磁共振谱。

④ 信号累加　若将试样重复扫描数次,并使各点信号在计算机中进行累加,则可提高连续波核磁共振谱仪的灵敏度。当扫描次数为 N 时,信号强度正比于 N,而噪声强度正比于 $\sqrt{N}$,因此,信噪比扩大了 $\sqrt{N}$ 倍。考虑仪器难以在过长的扫描时间内稳定,一般 $N=100$ 左右为宜。

2）脉冲傅里叶核磁共振谱仪（PFT-NMR）

连续波核磁共振谱仪在进行频率扫描时,是单频发射和单频接收的,扫描时间长,单位时间内的信息量少,信号弱,进行扫描累加虽然可以提高灵敏度,但累加的次数有限,因此灵敏度仍不高。脉冲傅里叶核磁共振谱仪不是通过扫描频率（或磁场）的方法找到共振条件,而是在恒定的磁场中,采用时间短、强度大的设定射频脉冲,使处于不同化学环境的核同时激发,检测所有的共振信息,即时间域函数,然后以快速傅里叶变换作为"多道转换器",变换出各条谱线在频率中的位置及强度。

脉冲傅里叶变换核磁共振谱仪测定速度快,除可进行核的动态过程、瞬变过程、反应动力学等方面的研究外,还易于实现累加技术。因此,从共振信号强的 ^{1}H、^{19}F 到共振信号弱的 ^{13}C、^{15}N 核,均能测定。进一步,可使用不同的脉冲序列获得更多的结构信息。

12.1.2　核磁共振谱图及其提供的信息

1. 化学位移

1）产生及表示方法

由式(12-3)可知,质子的共振频率由外部磁场强度和核的磁旋比决定。如果固定 B_0,进行扫频,则不同原子核在不同的频率时发生共振,当仪器分辨率较低时,每一种原子核只出现一个共振峰,可以对无机化合物进行定性鉴定。随着仪器分辨率的提高,有机物中氢核的共振谱线被检测到有很多条,且存在精细结构,这些谱线及其精细结构和氢核所处的化学环境密切相关,于是核磁共振谱成为研究有机物分子结构的重要手段。

为什么氢核会出现许多的共振谱线?

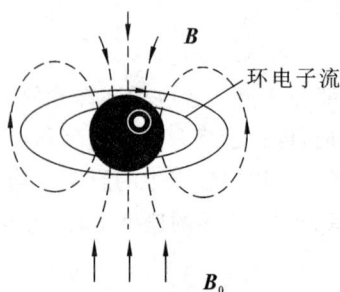

图 12-5 核外电子在外磁场中产生的次级磁场

假定氢核受到外加磁场的全部作用,当符合式(12-3)时,试样中的氢核发生共振,产生单一的峰。事实上,原子核被不断运动着的电子云包围,在外磁场作用下,核外电子会产生环电流,并感应产生一个与外磁场方向相反的次级磁场,如图 12-5 所示。

这种对抗外磁场的作用称为电子的屏蔽效应。由于电子的屏蔽效应,氢核实际上受到的磁场强度不完全与外磁场强度相同($B \neq B_0$)。此外,分子中处于不同化学环境中的质子,核外电子云的分布情况也各异,因此,不同化学环境中的质子,受到不同程度的屏蔽作用。由于屏蔽作用,质子实际上受到的磁场强度 B 为

$$B = B_0(1-\sigma) \tag{12-5}$$

式中:σ 为屏蔽常数。它与原子核外的电子云密度及所处的化学环境有关。电子云密度越大,屏蔽程度越大,σ 值也大,发生共振所需的外加磁场强度也增加;反之,则小。

因此,屏蔽常数 σ 不同的质子,其共振峰将分别出现在核磁共振谱的不同频率或不同磁场强度区域。若固定照射频率,σ 大的质子出现在高磁场处,而 σ 小的质子出现在低磁场处,这种因 σ 值不同,共振频率 ν 也不同而导致其谱线出现在谱图的不同位置的现象称为化学位移。据此可以进行氢核结构类型的鉴定。

化学位移在扫场时可用磁感应强度的改变表示,在扫频时也可用频率的改变来表示。在有机化合物中,化学环境不同的氢核化学位移的变化,只有百万分之十左右,准确测量其绝对值是很困难的。例如选用 60 MHz 的仪器,氢核发生共振的磁场变化范围为 (1.4092 ± 0.0000140) T;如选用 1.4092 T 的核磁共振谱仪扫频,则频率的变化范围相应为 (60 ± 0.0006) MHz。在确定结构时,常常要求测定共振频率绝对值的准确度达到正负几个赫兹。要达到这样的精确度,显然是非常困难的。但是,测定位移的相对值比较容易。因此,一般以适当的化合物(如四甲基硅烷,TMS)为标准试样,测定相对的频率变化值来表示化学位移,用 δ 表示;一般以 TMS 中氢核共振时的磁感应强度作为标准,人为地把它的 δ 定义为零。

用 TMS 作标准是由于下列几个原因。

(1) TMS 分子中的 12 个氢核处于完全相同的化学环境中,它们的共振条件完全一致,因此在 NMR 谱中只有一个尖峰。

(2) TMS 分子中氢核周围的电子云密度很大,受到的屏蔽效应比大多数其他化合物中的氢核都大,使得 TMS 的 ^1H 产生共振所需的磁场强度比其他大多数的 ^1H 都大,不会和待测化合物的峰重叠。

(3) TMS 是化学惰性物质,易溶于大多数有机溶剂中,且沸点低,易用蒸馏法从样品中除去。

由于 δ 数值很小,故通常乘以 10^6。这样,δ 就为一相对值,即

$$\delta = \frac{\nu_{\text{试样}} - \nu_{\text{TMS}}}{\nu_0} \times 10^6 = \frac{\Delta\nu}{\nu_0} \times 10^6 \tag{12-6}$$

因为 TMS 共振时的共振频率 ν 最低,人为把它的化学位移定义为零。δ 值较大的氢核称其处于低场,位于图谱中左面,δ 值较小的氢核称其处于高场,位于图谱中右面。δ 值与所用仪器的磁感应强度无关。如图 12-6 所示。

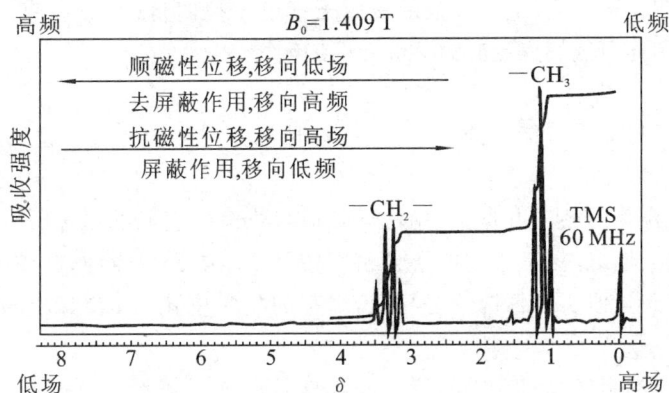

图 12-6　氢原子的化学位移

为了减少干扰,在核磁共振分析中,尽量避免使用含氢的溶剂,应使用 CCl_4、$CDCl_3$、D_2O、CS_2 等溶剂。常见的各种基团中质子的化学位移范围见表 12-2。

表 12-2　一些基团质子的化学位移

质　　子	化学位移/10^{-6}	质　　子	化学位移/10^{-6}
—CH₃	0.8～1.5	—CH₂—	1～2
—C=CH₂	3.5～5.5	—C≡CH	2～3
—C—H (O)	9～10	—C—OH (O)	9～13
R—OH	1～6	Ar—OH	无缔合时 4～7
⌬—H	约 7		缔合时 10～15

2) 影响化学位移的因素

化学位移是由核外电子云产生的对抗磁场引起的,因此,凡是使核外电子云密度改变的因素,都能影响化学位移。影响因素有内部的,如诱导效应、共轭效应和磁各向异性效应等,以及外部的,如溶剂效应、氢键的形成等。

(1) 诱导效应。

一些电负性基团如卤素、硝基、氰基等,具有强烈的吸电子能力,它们通过诱导作用使与之邻接的核的外围电子云密度降低,从而减少电子云对该核的屏蔽,使核的共振频率向低场移动。一般来说,在没有其他影响因素存在时,屏蔽作用将随相邻基团的电负性的增加而减小,而化学位移(δ)则随之增加。例如 F 的电负性(4.0)远大于 Si 的电负性(1.8),在 CH_3F 中质子化学位移为 4.26,而在 $(CH_3)_4Si$ 中质子化学位移为 0。

(2) 共轭效应。

共轭效应同诱导效应一样,也会使电子云的密度发生变化。例如在化合物乙烯醚(Ⅰ)、乙烯(Ⅱ)及 α,β-不饱和酮 3-丁烯-2-酮(Ⅲ)中,若以(Ⅱ)为标准($\delta=5.25$)来进行比较,则可以清楚地看到,乙烯醚上由于存在 p-π 共轭,氧原子上未共享的 p 电子对向双键方向推移,使 β-H 的电子云密度增加,造成 β-H 化学位移移至高场($\delta=4.21$ 和 $\delta=4.52$)。另一方面,在 α,β-不饱和酮中,由于存在 π-π 共轭,电负性强的氧原子把电子拉向自己一边,使 β-H 的电子云密度降低,因而化学位移移向低场($\delta=5.91$ 和 $\delta=6.21$)。

(3) 磁各向异性效应。

在分子中,质子与某一官能团的空间关系,有时会影响质子的化学位移,这种效应称为磁各向异性效应。

对于多重键化合物的核磁共振谱,用诱导效应很难解释它们的质子所出现的峰位。例如,炔基的氢有一定的酸性,可见其外围电子云密度较低。根据诱导效应,其质子峰应出现在烯基氢质子峰的低场方向。但实际情况恰好相反,烯基的化学位移为 $\delta=4.5\sim7.5$,炔基则为 $\delta=1.8\sim3.0$。

上述这种现象,可用这些化合物的磁各向异性效应加以解释。例如,乙炔分子是线形的,三键沿轴方向对称。当分子的对称轴与外加磁场方向一致时,键上的 π 电子将垂直于外加磁场,由此可感应出与外加磁场方向相反的对抗磁场。因此,位于键轴上的炔氢质子受到很大的屏蔽作用,如图 12-7(a)所示。很明显,在这种情况下,炔氢质子峰出现在较高的磁场位置上。当乙炔分子的对称轴与外磁场方向垂直时,即取向如图 12-7(b)所示时,由于不可能感应出次级磁场,因此也就不会对质子产生屏蔽作用。在溶液中,乙炔分子是随机取向的,各种取向都介于这两个极端取向之间。分子运动平均化所产生的总效应,使得乙炔分子有很大的屏蔽作用。

从乙烯的谱图可以看出,乙烯分子平面垂直于外加磁场,循环 π 电子流产生了一个反抗外磁场的次级磁场。但是,烯氢质子是处在次级磁场与外加磁场方向相同的位置上,因此,由循环 π 电子感应出的磁力线对其起着去屏蔽的作用,因而烯氢质子出现在较低磁场方向。用同样的道理,可以解释苯环质子和醛基质子的化学位移出现在较低磁场方向的现象。如图 12-7(c)所示。

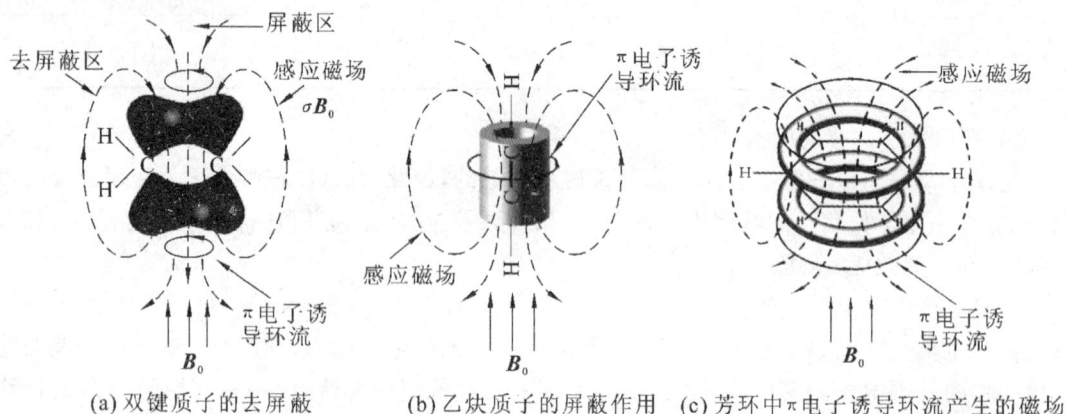

(a) 双键质子的去屏蔽　　(b) 乙炔质子的屏蔽作用　(c) 芳环中 π 电子诱导环流产生的磁场

图 12-7　磁各向异性效应

(4) 氢键。

当分子形成氢键时,氢键中质子的信号明显地移向低磁场,化学位移 δ 变大。一般认为这是由于形成氢键时,质子周围的电子云密度降低所致。

对于分子间形成的氢键,化学位移的改变与溶剂的性质以及浓度有关。在惰性溶剂的稀溶液中,可以不考虑分子间氢键的影响。这时各种羟基显示它们固有的化学位移。但是,随着浓度的增加,它们会形成氢键。例如,正丁烯-2-醇的质量分数从 1% 增至纯液体时,羟基的化学位移从 $\delta=1$ 增至 $\delta=5$,变化了 4 个单位。对于分子内形成的氢键,其化学位移的变化与溶液浓度无关,只取决于它自身的结构。

2. 自旋耦合及自旋裂分

从用低分辨率和高分辨率核磁共振谱仪所测得的乙醇(CH_3—CH_2—OH)核磁共振谱可看出,乙醇出现三个峰,它们分别代表—OH、—CH_2—和—CH_3,其峰面积之比为 1:2:3。而在高分辨率核磁共振谱图中,能看到—CH_2—和—CH_3 分别分裂为四重峰和三重峰,而且多重峰面积之比接近于整数比。—CH_3 的三重峰面积之比为 1:2:1,—CH_2 的四重峰面积之比为 1:3:3:1。如图12-8所示。

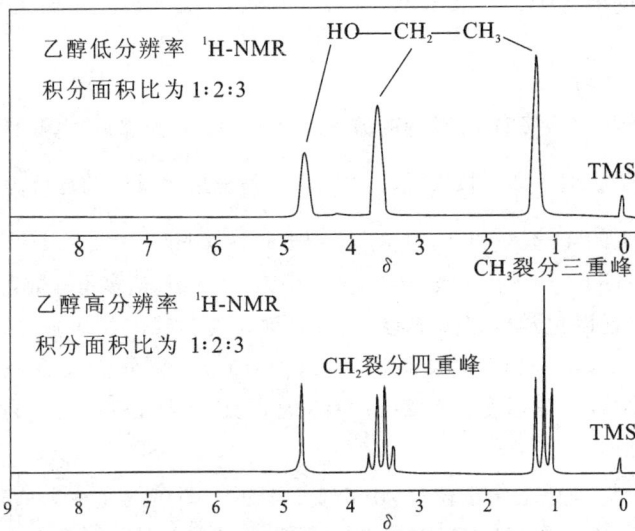

图 12-8　低分辨率和高分辨率核磁共振谱仪所测得的乙醇的核磁共振谱

为什么会出现这种现象? 以乙醇中的乙基为例来看。

氢核在磁场中有两种自旋取向,用 ↑ 表示氢核与磁场方向一致的状态,用 ↓ 表示氢核与磁场方向相反的状态。乙基中的两个氢可以与磁场方向相同,也可以与磁场方向相反。它们的自旋组合一共有四种(↑↑,↑↓,↓↑,↓↓),但只产生三种局部磁场。亚甲基所产生的这三种局部磁场,要影响邻近甲基上的质子所受到的磁场作用,其中↑↓和↓↑两种状态(Ⅱ)产生的磁场恰好互相抵消,不影响甲基质子的共振峰,↑↑(Ⅰ)状态的磁矩与外磁场一致,很明显,这时要使甲基质子产生共振所需的外加磁场较(Ⅱ)时为小;相反,↓↓(Ⅲ)磁矩与外磁场方向相反,因此要使甲基质子发生共振所需的外加磁场较(Ⅱ)时为大,其大小与(Ⅰ)的情况相等,但方向相反。这样,亚甲基的两个氢所产生的三种不同的局部磁场,使邻近的甲基质子分裂为三重峰。由于上述四种自旋组合的概率相等,因此三重峰的相对面积比为 1:2:1。

同理,甲基上的三个氢可产生四种不同的局部磁场,反过来使邻近的亚甲基分裂为四重峰。根据概率关系,可知其面积比近似为 1:3:3:1。

上述这种相邻核的自旋之间的相互干扰作用称为自旋-自旋耦合(简称自旋耦合)。由于自旋耦合,谱峰增多,这种现象称为自旋-自旋裂分(简称自旋裂分)。这种核与核之间的耦合,是通过成键电子传递的,不是通过自由空间产生的。

有两个问题需要说明。

(1)磁性核的耦合作用是通过成键电子传递的,所以磁性核之间的距离越大,耦合的程度越弱,一般两核之间的距离大于三个单键时,耦合就基本消失。

(2)被裂分核的实感磁场是受邻近磁性核的不同自旋取向的影响而产生的,所以如果邻近核是非磁性核,则不可能产生耦合和裂分现象。

1)耦合常数

自旋耦合产生峰的分裂后,两峰间的间距称为耦合常数,用 J 表示,单位是 Hz。J 的大小表示耦合作用的强弱。与化学位移不一样,J 不因外磁场的变化而改变;同时,它受外界条件如溶剂、温度、浓度变化等的影响也很小,它只是化合物分子结构的一种属性。

耦合作用是通过成键电子传递的,因此,J 值的大小与两个(组)氢核之间的键数有关。随着键数的增加,J 值逐渐变小。一般来说,间隔 3 个单键以上时,J 趋近于零,即此时的耦合作用可以忽略不计。

2)耦合作用的一般规律

(1)耦合、裂分产生多重峰时,多重峰的数目为 $2nI+1$。n 为邻近基因上等价耦合核的数目,I 为耦合核的自旋量子数。对于质子核来说,$I=\frac{1}{2}$,所以裂分后多重峰的数目为 $n+1$,称为"$n+1$"规则。如乙醇中—CH_3 上的 ^1H 被—CH_2—上的 ^1H 裂分时,—CH_2—中 2 个 ^1H 等价,故—CH_3 上的 ^1H 出现 $2+1=3$ 重峰;—CH_2—上的 ^1H 被—CH_3 上三个等价 ^1H 裂分,多重峰数目为 $3+1=4$。

(2)裂分峰的位置以化学位移为中心,左右对称。裂分峰的相对强度(即峰的相对积分面积)的比例为二项式 $(a+b)^n$ 展开式的系数,例如:$n=1$ 时,裂分为双重峰,相对强度为 $1:1$;$n=2$ 时,裂分为三重峰,相对强度为 $1:2:1$;$n=3$ 时,为四重峰,相对强度为 $1:3:3:1$;等等。

3. 核磁共振谱图

核磁共振谱图中横坐标是化学位移,用 δ 或 τ 表示。图谱的左边为低磁场,右边为高磁场(如图 12-6 所示 CH_3CH_2I 的 ^1H-NMR)。$\delta=0$ 的吸收峰是标准试样 TMS 的吸收峰。谱图上面的阶梯式曲线是积分线,它用来确定各基团的质子比。

从 ^1H-NMR 上,可以得到如下信息。

(1)吸收峰的组数,说明分子中化学环境不同的质子有几组。

(2)质子吸收峰出现的频率,即化学位移,说明分子中的基团情况。

(3)峰的分裂个数及耦合常数,说明基团间的连接关系。

(4)阶梯式积分曲线高度,说明各基团的质子比。

共振谱图上吸收峰下面所包含的面积与引起该吸收峰的氢核数目成正比,吸收峰的面积一般可用阶梯积分曲线表示。每一个阶梯的高度则与相应的质子数目成正比。由此可以根据分子中质子的总数,确定每一组吸收峰质子的个数。

【例 12-1】 某化合物分子式为 C_4H_8O,核磁共振谱上共有三组峰,化学位移 δ 分别为 1.05、2.13、2.47,积分曲线高度分别为 3、3、2 格,试问:各组氢核数为多少?

解 积分曲线总高度$=3+3+2=8$

分子中有 8 个氢,每一格相当于一个氢。

故 $\delta1.05$ 峰表示有 3 个氢,$\delta2.13$ 峰表示有 3 个氢,$\delta2.47$ 峰表示有 2 个氢。

【例 12-2】 某化合物的化学式为 $C_7H_{12}O_4$,IR 谱表明 1750 cm^{-1} 有一个很强的吸收峰,NMR 谱如下,试确定其结构。

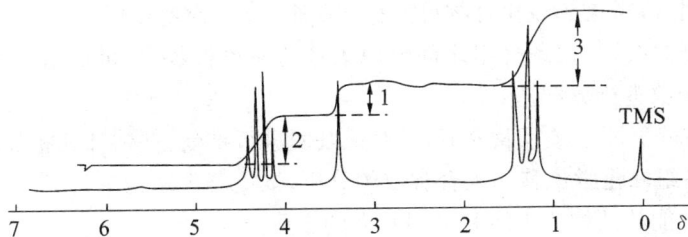

解　计算不饱和度为 2。

有三组峰，相对面积为 2∶1∶3，若分别为 2 个、1 个、3 个，则 ^{1}H 总数为 6，为分子式 12 个 ^{1}H 的一半，因此分子可能有对称性。

IR 显示 1750 cm^{-1} 有一个强峰，可能有羰基存在，且分子中有 4 个 O，则可能有 2 个羰基；$\delta 1.2$ 处有一组三重峰，可能为—CH$_3$，且受亚甲基裂分，而 $\delta 4.2$ 处有一组四重峰，与 $\delta 1.2$ 是典型的—CH$_2$CH$_3$ 组合，而 δ 较大，可能为 CH$_2$CH$_3$—O—的组合；$\delta 3.3$ 处有一个单峰，相对面积为 1，则是一个与羰基相连的孤立（不耦合）的 ^{1}H，可能为

$$
\begin{array}{c}
\text{O} \quad\quad \text{H} \\
\| \quad\quad\ | \\
-\text{C}-\text{C}- \\
| \\
\end{array}
$$

所以可能组合为

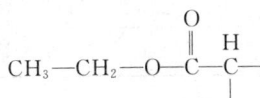

$$
\begin{array}{c}
\quad\quad\quad\quad\quad\quad\ \text{O} \quad\quad \text{H} \\
\quad\quad\quad\quad\quad\quad\ \| \quad\quad\ | \\
\text{CH}_3\!-\!\text{CH}_2\!-\!\text{O}\!-\!\text{C}\!-\!\text{C}- \\
\quad\quad\quad\quad\quad\quad\quad\quad\quad\ |
\end{array}
$$

而此结合的 ^{1}H、O 的数目为分子式的一半，而 C 原子数折半后出现半个原子，因此可以推测出整个分子以中间 C 原子为对称的结构，可能为

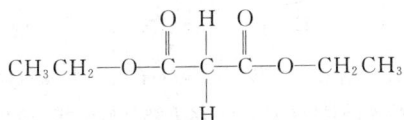

$$
\begin{array}{c}
\quad\quad\quad\quad \text{O} \quad \text{H}\ \text{O} \\
\quad\quad\quad\quad \| \quad\ |\ \ \| \\
\text{CH}_3\text{CH}_2\!-\!\text{O}\!-\!\text{C}\!-\!\text{C}\!-\!\text{C}\!-\!\text{O}\!-\!\text{CH}_2\text{CH}_3 \\
\quad\quad\quad\quad\quad\quad\ |\\
\quad\quad\quad\quad\quad\quad\ \text{H}
\end{array}
$$

以此可能结构，推测其 NMR 谱，与实验谱图比较，结果相符合。

核磁共振谱能提供的参数主要有化学位移、质子的裂分峰数、耦合常数以及各组峰的积分面积等。这些参数与有机化合物的结构有着密切的关系。因此，核磁共振谱是鉴定有机、金属有机以及生物分子结构和构象等的重要工具之一。此外，核磁共振谱还可应用于定量分析、相对分析质量的测定及应用于化学动力学的研究等。

12.1.3　核磁共振波谱法的应用

1. 样品制备

高分辨率核磁共振谱仪主要用于液体样品，测定时需要把待测试样置于样品管中配制成适合测定的溶液，还要考虑试样纯度、浓度、溶剂、样品体积的影响。一般要求用纯物质作为试样，纯度应大于 98%。试样的质量浓度为 5～10 mg/mL，否则信号峰太弱，难以获得满意的图谱。

2. 化合物结构的鉴定

分析氢谱的一般步骤如下。

（1）获取试样的各种信息和基本数据。需了解元素分析结果和相对分子质量数据或质谱数据，以获得正确的化学式。

（2）对所得 NMR 谱图进行初步观察，如谱图基线是否平整，TMS 峰是否正常，化学位移是否合理，是否有溶剂峰、杂质峰，峰形是否对称，积分曲线在信号处是否平坦等。

（3）根据被测物的化学式计算不饱和度。不饱和度即环加双键数，见式（4-7）。当不饱和

度大于或等于 4 时,应考虑到该化合物可能存在一个苯环(或吡啶环)。

(4) 根据积分曲线,找出各峰组之间氢原子数的简单整数比,再根据分子式中氢的数目,对各组峰的氢原子数进行分配。

(5) 根据每组峰氢原子数目及 δ 值,可对该基团进行推断,并估计其相邻基团。

(6) 根据对各组峰化学位移和耦合常数的分析,推出若干结构单元,最后组合为几种可能的结构式。每种可能的结构式不能和谱图有大的矛盾。

(7) 对推出的结构进行峰归属。每个官能团均应在谱图上找到相应的峰组,峰组的 δ 值及耦合裂分(峰形和 J 值大小)都应该和结构式相符。如存在较大矛盾,则说明所设结构式是不合理的,应予以去除。通过峰归属校核所有可能的结构式,进而找出最合理的结构式。峰归属是推定结构必不可少的环节。

【例 12-3】 有一未知液体,沸点为 218 ℃,分子式为 $C_8H_{14}O_4$。红外光谱指出,有 C=O 存在,无芳环结构。核磁共振谱上有三组峰,数据如下:

δ	重 峰 数	积分曲线高度	氢 原 子 数
1.3	3	6.5 格	6
2.5	1	4.2 格	4
4.1	4	4.3 格	4

试推断其结构。

解 该化合物的不饱和度为

$$\Omega = 1 + 8 + \frac{0 - 14}{2} = 2$$

化学位移 δ 为 1.3 的峰说明有—CH_3 存在。因该组峰氢原子数为 6,表明有 2 个化学环境相同的—CH_3。该峰为三重峰,且强度比为 1:2:1,故与其相连的是—CH_2—。从上述分析可知,分子中应存在 2 个—CH_2—CH_3 基团。

化学位移 δ 为 2.5 的峰,加之红外光谱指出存在 C=O 基,说明有 C=O 存在。由于该组峰相当于 4 个氢,且为单峰,因此应存在基团—CO—O—CH_2—O—CH_2—CO—。

化学位移 δ 为 4.1 的峰为四重峰,其面积之比为 1:3:3:1,可知亚甲基旁邻接甲基。

所以该化合物可能的结构式为 CH_3—CH_2—CO—O—CH_2—O—CH_2—CO—CH_2—CH_3。

【例 12-4】 化合物 $C_4H_{10}O$ 的质子核磁共振谱如下,试推测其结构。

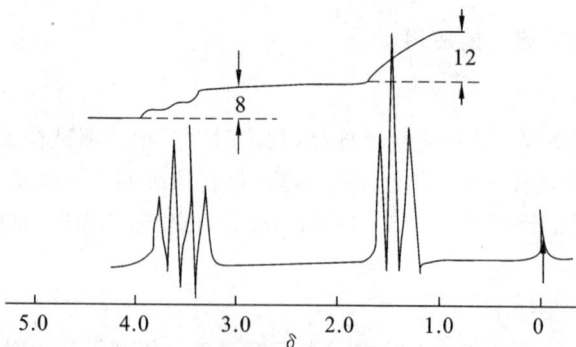

解 该化合物的不饱和度为

$$\Omega = 1 + 4 + \frac{0 - 10}{2} = 0$$

由此可知为饱和化合物。从左至右两组峰的积分高度比为 8:12,即 2:3。由于分子中有 10 个氢核,所以 $\delta = 3.3$ 处有 4 个氢核,$\delta = 1.1$ 处有 6 个氢核。从两组峰的裂分情况及耦合常数可知,分别有—CH_2 及—CH_3

存在,这是典型的—CH$_2$—CH$_3$基团耦合裂分峰,可判断有 2 个化学位移相同的乙基。从—CH$_2$的 δ 增至 3.3 可以确定—CH$_2$连在氧上。因此,该化合物的结构式为 CH$_3$—CH$_2$—O—CH$_2$—CH$_3$。

核磁共振谱能够精细地表征出各个 H 核或 C 核的电荷分布状况,通过研究配合物中金属离子与配位体的相互作用,可以从微观层次上阐明配合物的性质与结构的关系,在探讨反应机理等方面也有着广泛应用。

3. 定量分析

核磁共振谱中积分曲线高度与引起该峰的氢核数成正比,这不仅可用于结构分析,也可用于定量分析。核磁共振定量分析的最大优点是不需引进任何校正因子,且不需化合物的纯样品就可以直接测出其浓度,只要与适当的标准参照物(不必是被测物质的纯物质)相对照就可得到被测物质的含量。对标准物的基本要求是其核磁共振谱的共振峰不会与试样峰重叠。常用的标准物为核磁峰简单且易与样品区分的顺(反)丁烯二酸、邻苯二甲酸氢钾、对苯二酚、对苯二甲酸,以及部分有机硅化合物等。

4. 在高分子材料中的应用

固体核磁共振在高分子材料表征中的重要用途之一是形态研究。高分子链可以有序地排列成结晶型或无定形型,结晶型和无定形型在核磁共振中化学位移不同,可以很容易地加以区别。核磁共振技术的各种弛豫参数也可用来鉴别多相体系的结构。尤其当各相的共振峰化学位移差别很小时,弛豫参数分析相结构就显得格外重要。对于多相聚合物体系,如热塑性弹性体,其软、硬相聚集态结构和玻璃化温度存在明显差别,在固体 NMR 实验时,可利用软、硬段弛豫时间的不同分别研究软、硬相的相互作用及互溶性。

5. 在生物医学中的应用

生物大分子主要是蛋白质、多肽、核酸(包括 DNA 和 RNA)及糖类。由于生物条件下大(小)分子间的相互作用均在溶液中发生,因此用核磁共振法研究生物大分子的相互作用有特殊的优势,已经涉及这方面的研究有蛋白质与 DNA 的相互作用、蛋白质与脂质体的相互作用、抗原与抗体的相互作用等。如果小的药物分子与生物大分子存在相互作用,大分子的核磁共振谱通常会发生部分改变。这就可以在开发新药的早期用来对大量候选药物进行"筛选"。

12.2　质　谱　法

从 J. J. Thomson 制成第一台质谱仪(1912 年)至今,已有一百多年的历史了,早期的质谱仪主要是用来进行同位素测定和无机元素分析,以及研究电子碰撞过程等。20 世纪 40 年代以后开始用于有机物分析,60 年代出现了气相色谱-质谱联用仪,对复杂有机分子所得的谱图,分辨率高,重现性好,使质谱仪的应用领域大大扩展,开始成为有机物分析的重要仪器。色谱-质谱联用技术的出现也使气相色谱法高效分离混合物与质谱法高分辨率鉴定化合物的优势相结合,加上计算机的应用,大大提高了质谱法的效能,使其技术更加成熟,使用更加方便。80 年代以后又出现了一些新的质谱技术,如快原子轰击电离子源、基质辅助激光解吸电离源、电喷雾电离源、大气压化学电离源,以及随之而来并逐渐成熟的液相色谱-质谱联用仪、感应耦合等离子体质谱仪、傅里叶变换质谱仪等。这些新的电离技术和新的质谱仪使质谱分析又取得了长足进展。由于质谱分析具有灵敏度高、样品用量少、分析速度快、分离和鉴定同时进行等优点,质谱技术已经广泛地应用于化学、化工、环境、能源、医药、运动医学、刑侦科学、生命科学、材料科学等各个领域。

质谱法(mass spectrometry)按其研究对象可分为同位素质谱、无机质谱和有机质谱三个主要分支。有机质谱法起步虽晚,但发展异常迅速,是有机化合物结构分析的主要根据之一。本节主要讨论有机质谱。

12.2.1　有机质谱基本原理

质谱分析法是通过对被测样品离子的质荷比的测定来进行分析的一种分析方法。质谱分析主要包括以下三个步骤。

(1)首先将待分析的样品转化成气相离子,在离子化过程中转移给分子过多的能量可引起分子断裂。

(2)利用不同离子在电场或磁场中运动行为的不同,在质量分析器中把离子化的分子和荷电的分子断裂片段按质荷比(m/z)分开。

(3)用适当的检测器检测上述已经经过分离的离子流,通过计算机产生质谱图,如图12-9所示。

质谱图的横坐标为质荷比(m/z),纵坐标为离子峰的相对丰度。质谱图中离子的相对丰度是指某种离子强度相对于丰度最高的离子强度的百分比。图中最高的峰称为基峰。基峰的相对丰度常定为100%,其他离子峰的强度按基峰的百分比表示,质谱数据也可以用列表的方法表示。

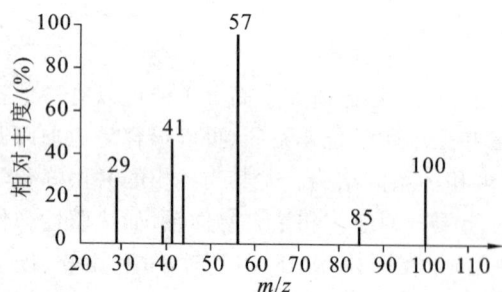

图 12-9　质谱图

12.2.2　质谱离子类型及提供的信息

质谱中主要出现的离子有四种,即分子离子、碎片离子、同位素离子和亚稳离子。研究这些离子的质荷比及强度的大小,能够分析未知物的结构。下面以电子电离源为例对这些荷电离子进行讨论。

1. 分子离子

在电子轰击下,有机物分子失去一个电子所形成的离子称为分子离子。

$$M+e \longrightarrow M^+ +2e$$

M^+是分子离子。通常把带有未成对电子的离子称为奇电子离子(OE),把外层电子完全成对的离子称为偶电子离子(EE),分子离子是奇电子离子。

分子受到电子轰击失去一个电子,成为带正电荷的分子离子。关于离子的电荷位置,一般认为有下列几种情况:如果分子中含有杂原子,则分子易失去杂原子的未成键电子而带正电荷,电荷位置可表示在杂原子上,如 $CH_3CH_2O^+H$;如果分子中没有杂原子而有双键,则双键电子较易失去,正电荷位于双键的一个碳原子上;如果分子中既没有杂原子又没有双键,其正电荷位置一般在分支碳原子上。如果电荷位置不确定,或不需要确定电荷的位置,可在分子式的右上角标"$\daleth^+$",例如 $CH_3COOC_2H_5\daleth^+$。

在电子电离源得到的质谱图中,分子离子峰一般位于质荷比最高的位置,是质谱中最主要,也是最重要的离子,因为它代表化合物的准确相对分子质量,而相对分子质量是确定化合物的重要参数,需要注意的是并不是所有的化合物都能得到分子离子峰,因为许多离子源的能量除了产生分子离子外,尚有足够的能量致使化学键断裂,形成带负、正电荷和中性的碎片。分子离子峰的出现与否、强度大小跟化合物的结构有关。环状化合物比较稳定,不易碎裂,因而分子离子峰较强。支链较易碎裂,分子离子峰就弱,有些稳定性差的化合物经常看不到分子离子峰。

一般规律是,化合物分子稳定性差,键长,分子离子峰弱,有些酸、醇及支链烃的分子离子峰较弱甚至不出现,相反,芳香化合物往往都有较强的分子离子峰。分子离子峰强弱的大致顺序是:芳环>共轭烯>烯>酮>直链烃>醚>酯>胺>酸>醇>支链烃。

大气压电离源 ESI、APCI,以及基质辅助激光解吸电离源的质谱中,分子离子峰常以 $[M+H]^+$、$[M+Na]^+$,甚至 $[2M+H]^+$ 的形式出现,还可以在阴离子模式下得到 $[M-H]^-$ 峰。

2. 同位素离子

自然界中许多元素都是由具有一定天然丰度的同位素组成的。这些元素形成化合物后,其同位素就以一定的丰度出现在化合物中。因此,在高分辨率质谱中,化合物就会出现不同同位素形成的离子峰,通常把由丰度较小的同位素形成的离子峰称为同位素峰。例如,在天然碳中有两种同位素,即 ^{12}C 和 ^{13}C。二者丰度之比为 100:1.1,如果由 ^{12}C 组成的化合物质量为 M,那么,由 ^{13}C 组成的同一化合物的质量则为 $M+1$。同样一个化合物生成的分子离子会有质量为 M 和 $M+1$ 的两种离子。如果化合物中含有一个碳原子,则 $M+1$ 离子的强度为 M 离子强度的1.1%;如果含有二个碳原子,则 $M+1$ 离子强度为 M 离子强度的 2.2%。这样,根据 M 与 $M+1$ 离子强度之比,理论上可以粗略估计出碳原子的个数。表 12-3 是几种常见元素同位素的相对原子质量及天然丰度。

表 12-3　几种常见元素同位素的相对原子质量及天然丰度

元素	同位素	确切相对原子质量	天然丰度/(%)	元素	同位素	确切相对原子质量	天然丰度/(%)
H	^{1}H	1.007825	99.98	P	^{31}P	30.971761	100.00
	^{2}H(D)	2.014102	0.015	S	^{32}S	31.972072	95.02
C	^{12}C	12.000000	98.9		^{33}S	32.971459	0.85
	^{13}C	13.003355	1.07		^{34}S	33.967868	4.21
N	^{14}N	14.003074	99.63		^{35}S	35.967079	0.02
	^{15}N	15.000109	0.37	Cl	^{35}Cl	34.968853	75.53
O	^{16}O	15.994915	99.76		^{37}Cl	36.965903	24.47
	^{17}O	16.999131	0.03	Br	^{79}Br	78.918336	50.54
	^{18}O	17.999159	0.02		^{81}Br	80.916290	49.46
F	^{19}F	18.998403	100.00	I	^{127}I	126.904477	100.00

1963 年 Beynon 把 C、H、O、N 元素组成的化合物各种相对分子质量可能产生的结构排列,计算出 $(M+1)/M×100$ 及 $(M+2)/M×100$ 并制成表,利用此表结合实验所得质谱图,可推测其分子式。

3. 碎片离子峰

对分析离子,电子轰击的能量除使之成为分子离子外,剩余能量可使分子离子化学键发生断裂,形成质量更小的离子,称为碎片离子。碎片离子中包含重要的结构信息。键能大小、碎片稳定性(诱导效应、π电子系统、杂原子共轭)、空间等因素导致不同的碎片离子产生。离子开裂类型有单纯开裂、重排、复杂开裂、双重重排。碎片离子的形成受化学结构的支配,所以可以根据碎片"拼凑"分子结构。

4. 重排离子峰

分子离子裂解成碎片时,有些碎片离子不是仅仅通过键的简单断裂,有时还会通过分子内某些原子或基团的重新排列或转移而形成离子,这种碎片离子称为重排离子,质谱图上相应的峰称为重排峰。重排的方式很多,其中最重要的是麦氏重排(Mclafferty rearrangement):化合物分子中含有 C=X(X 为 O、N、S、C)基团,而且与这个基团相连的链上有 γ-氢原子,这种化合物的分子离子碎裂时,此 γ-氢原子可以转移到 X 原子上去,同时 β 键断裂。例如:

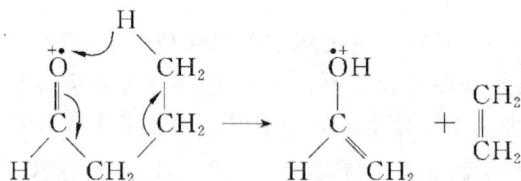

5. 亚稳离子峰

前面所阐述的离子都是稳定的离子,实际上,在电离、裂解、重排过程中有些离子处于亚稳态,这些亚稳离子同样被引出离子室。例如,在离子源中生成质量为 m_1 的离子,在进入质量分析器前的无场飞行时由于碰撞等原因很容易进一步分裂,失去中性碎片,使其质量由 m_1 变为 m_2,形成较低质量的离子。这种在离子源和质量分析器之间由于某种原因断裂产生的 m_2 离子的动能比在离子源中直接产生的 m_2 小得多,前者在磁场作用下,离子运动的偏转半径大,检测后在质谱图中的质荷比比后者小。

亚稳离子峰弱而钝,一般可跨 2～5 个质量单位,并且质荷比常常为非整数,在质谱图中很容易识别。通过对亚稳离子裂解的情况进行分析,可得到关于有机质谱的反应机制、离子结构、结构单元的连接顺序等信息。

质谱除了能通过检测分子离子的质荷比获得相对分子质量之外,还可通过碎片离子的质荷比推测有机物的结构。这相当于一个精巧的花瓶被打碎了,如果仔细地收集和归属这些碎片,然后将碎片拼构起来,就可以使花瓶复原。有机物的分子好比花瓶,使分子电离、裂解犹如打碎花瓶。按质荷比分离、记录离子就像是收集和归属碎片。而通过解析谱图得到有机物结构的过程相当于将碎片重拼花瓶的过程。各种有机物都有其特定的、可以重复的质谱图,而且从对质谱裂解过程的研究中已经发现了一些普遍适用的裂解规律,这为质谱用于有机物结构分析提供了可靠的依据。

12.2.3　质谱仪及其原理

质谱仪根据用途的不同可分为无机质谱仪、有机质谱仪、同位素质谱仪及气体质谱仪等,这些仪器在组成和应用上有很大差别,但它们都由如下组件构成。

① 离子源,把待分析样品分子转变成气相离子。

② 质量分析器,将离子源电离出的具有不同 m/z 的离子通过物理因素分开。

③ 检测器,不同的 m/z 离子经过质量分析器分离后先后被检测器检测到,通过在检测器上产生的放大电流可以作为时间的函数来测定离子强度和 m/z。

④ 真空系统,质谱仪中离子产生及经过的系统必须处于高真空状态。

1) 真空系统

质谱仪的离子源、质量分析器及检测器都必须处于高真空状态(离子源的高真空度应达到 $1.3\times10^{-4}\sim1.3\times10^{-5}$ Pa,质量分析器中应达 1.3×10^{-6} Pa),若真空度过低,会造成离子源灯丝损坏,本底增高,副反应变多,从而使图谱复杂化,干扰离子源的调节、加速及放电等。一般质谱仪都采用机械泵预抽真空后,再用分子泵获得和保持高真空。

2) 进样系统

在进样过程中要保证既能高效重复地将样品引入离子源中,又不会造成真空度的降低。目前常用的进样装置有三种类型:间歇式进样系统、直接探针进样系统、色谱进样系统与基质辅助激光解吸进样系统。一般质谱仪都配有前两种进样系统,以适应不同的样品需要。

(1) 间歇式进样系统　该系统主要适用于气体、沸点不高且易于挥发的液体。结构如图 12-10 所示。

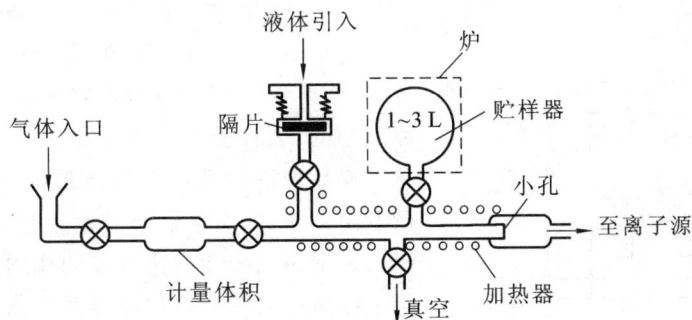

图 12-10　间歇式进样系统

贮样器抽成低真空(1 Pa),且被加热至 150 ℃,由于进样系统的低压力及贮样器的加热装置,试样由微量注射器注入之后立即汽化为蒸气,进样系统的压力比离子源的压力要大,在压力梯度下,样品离子可以通过分子漏隙(通常是带有一个小针孔的玻璃或金属膜)以分子流的形式渗透进高真空的离子源中。

(2) 直接探针进样系统　高沸点液体、固体在间歇式进样系统的条件下无法变成气体,可通过探针杆直接引入离子源中,如图 12-11 所示。

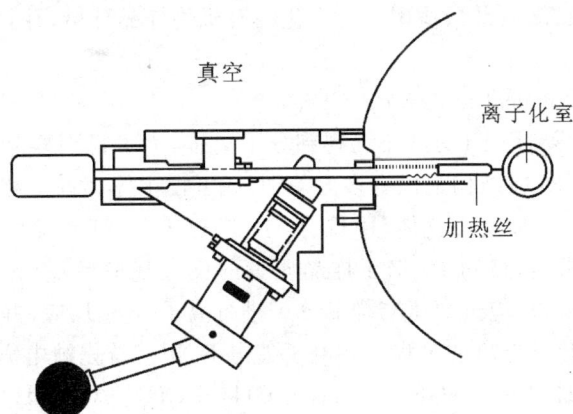

图 12-11　直接探针进样系统

（3）色谱进样系统与基质辅助激光解吸进样系统　　与气相色谱相连时,利用气相色谱的进样器作为与之相连接质谱的进样系统。与液相色谱相连时,则直接使用电喷雾电离源等大气压电离源直接进样样品溶液(见下面的电喷雾电离源等内容)。

基质辅助激光解吸进样系统需要将样品与基质溶液混合后点在靶板上,挥干溶剂后放入基质辅助激光解吸电离源中。参见下面电离源中的有关内容。

3）离子源

离子源的作用是将进样系统引入的气态样品分子转化成离子。使分子电离的手段很多,由于离子化所需要的能量随分子不同差异很大,因此,对于不同的分子应选择不同的电离方法。通常称能给样品较大能量的电离方法为硬电离方法,包括电子电离源和化学电离源;而给样品较小能量的电离方法为软电离方法,包括电喷雾电离源和大气压化学电离源(这两种统称大气压电离源),以及基质辅助激光解吸电离源等。

现介绍几种主要的离子源。

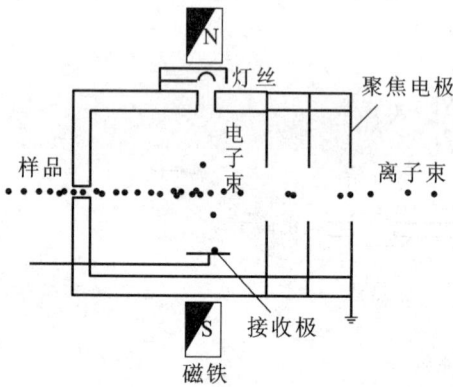

图 12-12　电子电离源原理示意图

（1）电子电离源（electron ionization,EI）。

电子电离源又称 EI 源,是应用最为广泛的离子源,它主要用于挥发性样品的电离。其结构及工作原理如图 12-12 所示。

样品由进样系统以气体形式进入离子源,由灯丝发出的电子与样品分子发生碰撞使样品分子电离。在聚焦电极和加速电极的作用下分离产生的阳离子以离子束的形式加速离开电离源进入质量分析器,一般情况下,灯丝与接收极之间的电压为 70 V,所有的标准质谱图都是以 EI 源为离子源得到的。

需要注意的是,大多数的有机化合物的化学键键能为十几电子伏特,在 70 eV 电子碰撞作用下,可能发生化学键的断裂形成碎片离子。对于一些不稳定的化合物,在 70 eV 的电子轰击下很难得到分子离子。为了得到相对分子质量,可以采用 $10\sim20$ eV 的电子能量,不过此时仪器灵敏度将大大降低,需要加大样品的进样量,而且得到的质谱图不再是标准质谱图。

电子电离源主要适用于易挥发有机样品的电离。其优点是工作稳定可靠,结构信息丰富,有标准质谱图可以检索,缺点是只适用于易汽化的有机物样品分析,并且对有些化合物得不到分子离子。

（2）化学电离源（chemical ionization,CI）。

有些化合物稳定性差,用 EI 方式不易得到分子离子,为了得到样品的分子离子峰可以采用 CI 电离方式。CI 和 EI 在结构上没有多大差别,或者说主体部件是相同的。其主要差别是 CI 源工作过程中要引进一种反应气体(甲烷、异丁烷、氨等)。灯丝发出的电子首先将反应气电离,当样品进入电离源时,被约 10^4 倍于样品质量的反应气稀释,因此样品分子直接受到高能电子轰击的概率极小。反应气离子与样品分子进行离子-分子反应,并使样品气电离。现以甲烷作为反应气,说明化学电离的过程。在电子轰击下,甲烷首先被电离：

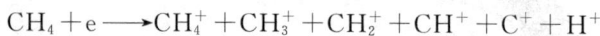

$$CH_4 + e \longrightarrow CH_4^+ + CH_3^+ + CH_2^+ + CH^+ + C^+ + H^+$$

甲烷离子与分子进行反应,生成加合离子：

$$CH_4^+ + CH_4 \longrightarrow CH_5^+ + CH_3$$

$$CH_3^+ + CH_4 \longrightarrow C_2H_5^+ + H_2$$

加合离子与样品分子反应：

$$CH_5^+ + XH \longrightarrow XH_2^+ + CH_4$$
$$C_2H_5^+ + XH \longrightarrow X^+ + C_2H_6$$

生成的 XH_2^+ 和 X^+ 比样品分子 XH 多一个 H 或少一个 H，可表示为（M±1），称为准分子离子。CI 是一种软电离方式，有些用 EI 方式得不到分子离子的样品，改用 CI 后可以得到准分子离子，因而可以求得相对分子质量。

（3）快原子轰击源（fast atomic bombardment，FAB）。

FAB 采用高能原子轰击样品，如图 12-13 所示。

轰击样品分子的原子通常为惰性稀有气体，为氙或氩。为了获得高动能，首先让气体原子电离，并通过电场加速，然后再与热的气体原子碰撞而导致电荷和能量的转移，获得快速运动的原子，它们撞击涂有样品的金属极，通过能量转移而使样品分子电离，生成二次离子。通常将样品溶于惰性的非挥发性溶剂如丙三醇中，并以单分子层覆盖于探针表面，以提高电离效率，而悬浮样品不适用。

图 12-13　快原子轰击源示意图

电离过程中不必加热汽化，因此适合于分析相对分子质量大、难汽化、热稳定性差的样品。例如肽类、低聚糖、天然抗生素、有机金属配合物等。优点是得到的分子离子或准分子离子峰强，其缺点是溶解样品的溶剂也会被电离而使图谱复杂化。

（4）电喷雾电离源（electron spray ionization，ESI）。

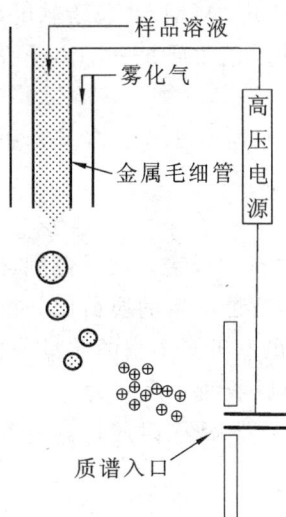

图 12-14　电喷雾电离源

样品溶液从具有雾化气（氮气）套管的毛细管流出，在流出的瞬间受到喷雾气与管端几千伏高压（相对质谱入口）的共同作用，产生电喷雾，由极性样品产生的带电雾滴在电场作用下迅速移动，伴随大气压下溶剂的迅速蒸发，液滴体积快速缩小，同时离子移向液滴表面，自身电场强度增大。当达到临界电场时，液滴表面电场排斥力大于维持液滴的表面张力，产生库仑爆炸（离子蒸发）。此过程反复进行，最终使样品离子解析出来，并在电场作用下进入质谱的质量分析器和检测器，如图 12-14 所示。

ESI 的溶剂蒸发和离子蒸发过程很容易受到溶液中共存成分的影响，电喷雾电离的离子化效率也因此常存在较明显的样品溶液基质效应。ESI 在样品浓度偏高时还会出现二聚离子（$[2M+H]^+$）甚至多聚体离子。

ESI 可以产生多电荷离子，从而降低极性大分子样品的质荷比。利用这个特点，可以用 ESI 分析研究相对分子质量高达 10^5 的生物大分子。

ESI 可在 1 μL/min～1 mL/min 流量下进行，适合于极性化合物的分析。ESI 还是液相色谱-质谱联用、毛细管电泳-质谱联用最成功的接口技术。

（5）大气压化学电离源（atmospheric pressure chemical ionization，APCI）与大气压光电

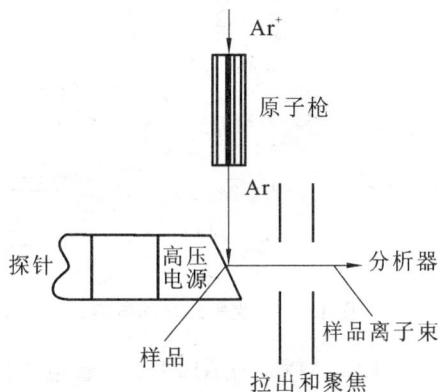

离源（atmospheric pressure photo ionization，APPI）。

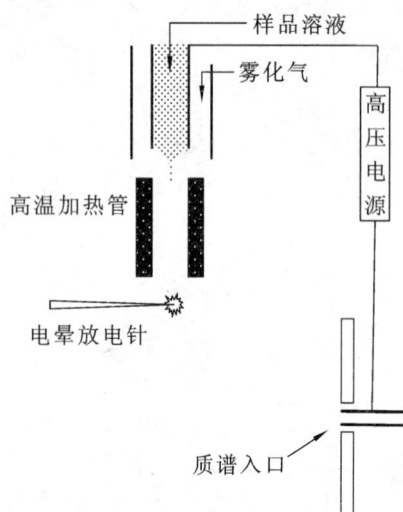

图 12-15　大气压化学电离源

APCI 有与 ESI 相似的喷雾过程，样品溶液在氮气流的作用下雾化后，高温加热汽化，经过带几千伏高压的电晕放电电极，溶剂被离子化产生反应离子，这些反应离子与待测化合物分子发生离子-分子反应，形成单电荷离子，阳离子通常是[M＋H]⁺，阴离子则是[M－H]⁻。仪器原理如图 12-15 所示。

APCI 能在 2 mL/min 流量下进行，常用于分析相对分子质量小于 1500 的小分子和弱极性的化合物，很少有碎片离子，也是液相色谱-质谱联用的重要接口之一。

APPI 则是在 APCI 的高压放点针的位置用激光来产生离子-分子反应。该离子化源主要用于非极性物质的分析，是电喷雾电离、大气压化学电离的一种补充。

ESI、APCI 与 APPI 属于软电离技术。通常不将分子裂解为更小质量的碎片离子。样品分子经离子化，产生准分子离子束，或者为质子化形式[M＋H]⁺（M＋1），或者为去质子形式[M－H]⁻（M－1）；[M＋Na]⁺（M＋23）也很常见。

（6）基质辅助激光解吸电离源（matrix assisted laser desorption/ionization，MALDI）。

MALDI 是利用一定波长的脉冲式激光照射样品使样品电离的一种电离方式。被分析的样品置于涂有基质的样品靶上，激光照射到样品靶上，基质分子吸收激光能量，与样品分子一起蒸发到气相并使样品分子电离。

MALDI 特别适合于飞行时间质谱仪（TOF），组成 MALDI-TOF。MALDI 属于软电离技术，它比较适合于分析生物大分子，如肽、蛋白质、核酸等。得到的质谱主要是分子离子、准分子离子，碎片离子和多电荷离子较少。

MALDI 需要合适的基质才能得到较好的离子产率。常用的基质有 2,5-二羟基苯甲酸、芥子酸、烟酸、α-氰基-4-羟基肉桂酸等。

4）质量分析器

质量分析器的作用是将离子源产生的离子按 m/z 顺序分开并排列成谱。质量范围、分辨率是质量分析器的两个主要性能指标。质量范围是指质量分析器所能测定的质荷比的范围；分辨率表示质量分析器分辨相邻的、质量差异很小的峰的能力。虽然不同类型的质量分析器对分辨率的具体定义存在差异，高分辨率质谱仪通常指其质量分析器的分辨率大于 10^4。用于有机质谱仪的质量分析器有磁扇面质量分析器、四极杆质量分析器、离子阱质量分析器、飞行时间质量分析器、傅里叶变换离子回旋共振质量分析器等。

（1）磁扇面质量分析器。

磁扇面质量分析器是最早使用的质量分析装置，是通过磁场 m/z 的大小将离子进行分离的，包括单聚焦质量分析器和双聚焦质量分析器两种。

① 单聚焦质量分析器。

单聚焦质量分析器实际上是处于扇形磁场中的真空扇形容器，因此，也称为磁扇形质量分析器。常见的单聚焦质量分析器采用 180°、90°或 60°的圆弧形离子束通道。图 12-16(a)为

90°单聚焦质量分析器质谱仪的结构示意图,图 12-16(b)为 180°单聚焦质量分析器原理示意图。

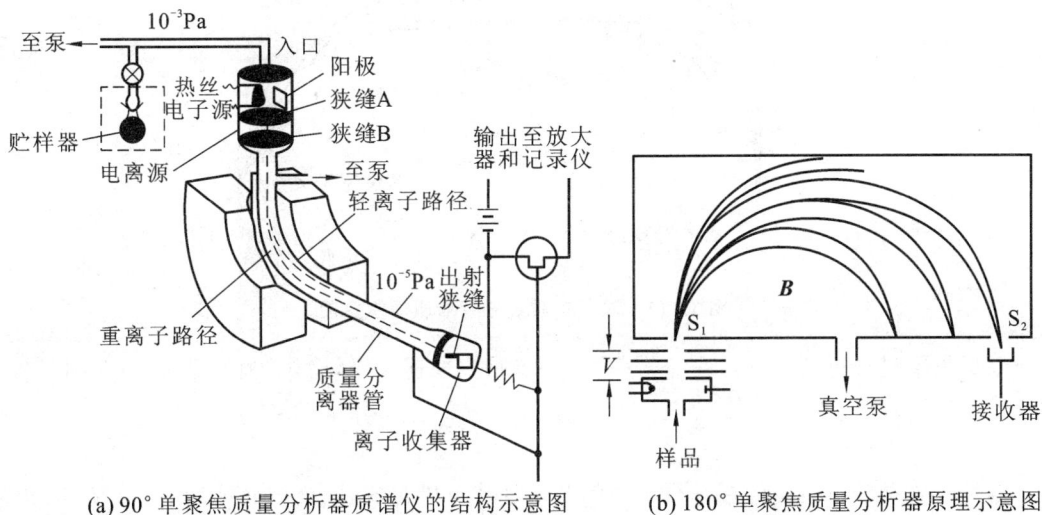

(a) 90°单聚焦质量分析器质谱仪的结构示意图 (b) 180°单聚焦质量分析器原理示意图

图 12-16 单聚焦质量分析器

离子进入分析器后,由于磁场的作用,其运动轨道发生偏转改做圆周运动。其运动轨道半径 R(cm)可表示为

$$R=\frac{1.44}{B}\times\sqrt{\frac{m}{z}V} \tag{12-7}$$

式中:m 为离子质量(amu);z 为离子电荷量,以电子的电荷量为单位;V 为离子加速电压(V);B 为磁场强度(T)。

由式(12-7)可知,在一定的 B、V 条件下,不同 m/z 的离子其运动半径不同,这样,由离子源产生的离子经过分析器后可实现质量分离,这称为质量色散,而对于相同质量、以不同方向进入磁扇形质量分析器的离子有会聚作用,起到方向聚焦的作用,而且仅有方向聚焦,故称为单聚焦质量分析器。

对于一定的质谱仪来说,离子源的出口狭缝 S_1 及分析器出口狭缝 S_2 的位置是固定的,离子收集器(检测器)的位置也是固定的,表明 R 是一定的。进行质谱分析时,可以用固定的加速电压 V 而连续改变磁场强度 B 或固定 B 而连续改变 V,使不同 m/z 的离子依次通过 S_2 到达检测器,而获得质谱图。前者称为磁场扫描,后者称为电压扫描。

单聚焦质量分析器结构简单,操作方便,但其分辨率很低,不能满足有机物的分析要求,目前只用于同位素质谱仪和气体质谱仪。单聚集质量分析器分辨率低的主要原因在于它不能克服离子初始能量分散对分辨率造成的影响。

② 双聚焦质量分析器。

为了消除离子能量分散对分辨率的影响,通常在扇形磁场前加扇形电场,扇形电场是一个能量分析器,不起质量分离作用。对于能量相同的离子,通过扇形静电场分析器后又会聚在一起,在分析器的焦面上按能量高低的次序排列起来,实现了能量(或速度)的聚焦。然后进入磁分析器,通过设计和加工磁分析器的极面,使静电场分析器按不同能量分散开的而 m/z 相同的离子通过磁分析器后又会聚在一起,然后进行检测,实现了能量(或速度)和方向的双聚焦。

图 12-17 为双聚焦质量分析器原理示意图。

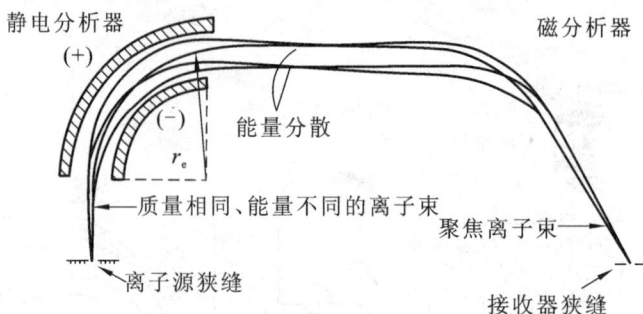

图 12-17　双聚焦质量分析器原理示意图

双聚焦质量分析器的优点是分辨率高,缺点是扫描速度慢,操作、调整比较困难,而且仪器造价也比较昂贵。

(2)四极杆质量分析器。

四极杆质量分析器由四根平行排列的金属杆状电极组成,电极截面理论上最好是双曲线,实际上很好装配的圆柱形电极已能完全满足要求。

直流电压(U)和射频电压($U_0\cos(\omega t)$)作用于电极上,相对的一对电极是等电位的,两对电极之间的电位则是相反的,从而形成高频振荡电场(四极场)。在特定的直流电压和射频电压条件下,一定质荷比的离子可以稳定地穿过四极场,到达检测器,如图 12-18 所示。改变直流电压和射频电压大小,但维持它们的比值恒定,可以实现质谱扫描。

四极杆质量分析器可检测的相对分子质量上限通常是 4000,分辨率约为 10^3。四极杆质量分析器简便可靠,是目前应用最多的质量分析器。

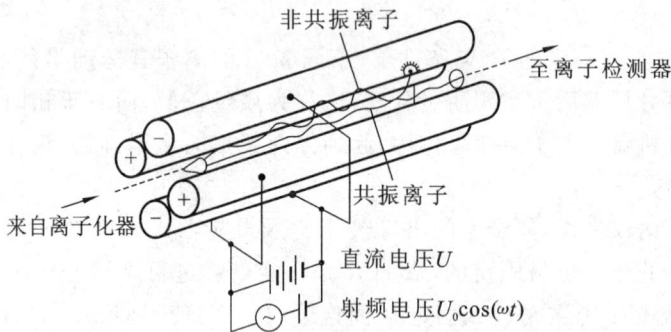

图 12-18　四极杆质量分析器

(3)离子阱质量分析器。

离子阱由两个端盖电极和位于它们之间的环电极组成,就像四极杆中的一对电极连成环状。端盖电极处在地电位,而环电极上施加射频电压,形成三维四极场。选择适当的射频电压,可以使四极场储存质荷比大于某特定值的所有离子。然后通过提高射频电压值,将离子按质量从高到低依次射出离子阱。挥发性待测成分的离子化和质量分析可以在同一四极场内完成。通过设定时间序列,单个四极离子阱可以实现多级质谱(MS^n)的功能。

线性离子阱(LIT)结构与四极杆质谱非常相似,由两组双曲线形极杆和两端的两个极板组成,具有更好的离子储存效率和储存容量、可改善的离子喷射效率及更快的扫描速度和较高的检测灵敏度。

离子阱质量分析器与四极杆质量分析器具有相近的质量上限及分辨率。

（4）飞行时间质量分析器（TOF）。

具有相同动能、不同质量的离子，因飞行速度不同而实现分离。当飞行距离一定时，离子飞行需要的时间与质荷比的平方根成正比，质量小的离子在较短时间到达检测器。

为了测定飞行时间，将离子以不连续的组引入质量分析器，以明确起始飞行时间。离子组可以由脉冲式离子化（如基质辅助激光解吸离子化）产生，也可通过门控系统将连续产生的离子流在给定时间引入飞行管。通过在检测器前面加上一组静电场反射电极，可以减少因离子初始能量不同而降低分辨能力的问题，如图 12-19 所示。

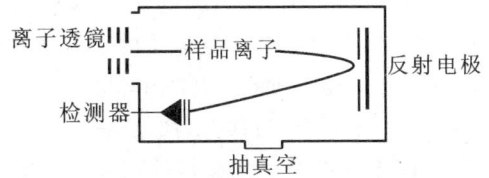

图 12-19　飞行时间质量分析器

目前飞行时间质量分析器的相对分子质量分析上限约为 15000，离子传输效率高（尤其是谱图获取速度快），质量分辨率 $>10^4$。

（5）傅里叶变换离子回旋共振质量分析器（FT-ICR）。

在高真空（约 10^{-7} Pa）状态下，离子在超导磁场中做回旋运动，运行轨道随着共振交变电场而改变。当交变电场的频率和离子回旋频率相同时，离子被稳定加速，轨道半径越来越大，动能不断增加。关闭交变电场，轨道上的离子在电极上产生交变的感应电流。利用计算机进行傅里叶变换，将感应电流信号转换为频谱信号，获得质谱。

待测化合物的离子化和质量分析可以在同一分析器内完成。离子回旋共振质量分析器的相对分子质量分析上限 $>10^4$，分辨率高达 10^6，质荷比测定精确到千分之一以下，还可以进行多级质谱（MS^n）分析。

（6）串联质谱（MS/MS）。

串联质谱是时间上或空间上两级以上质量分析的结合，测定第一级质量分析器中的前体离子（母离子）与第二级质量分析器中的产物离子（子离子）之间的质量关系。通常为两个四极杆质量分析器，或者一个四极杆质量分析器与一个飞行时间质量分析器串联。

分析时可以采用产物离子扫描、前体离子扫描、中性丢失扫描、选择反应检测（SRM）、多反应检测（MRM）等不同的检测模式。

12.2.4　质谱分析法的应用

质谱是纯物质鉴定的有力工具之一，其中包括相对分子质量测定、化学式确定、结构鉴定和定量分析等。

1. 相对分子质量的测定

利用质谱图上分子离子峰的 m/z 可以准确地确定该化合物的相对分子质量。一般来说，除同位素峰外，EI 源的分子离子峰一定是质谱图上质量数最大的峰，它应该位于质谱图的最右端。但是，由于有些化合物的分子离子峰稳定性较差，分子离子峰很弱或不存在，因此只有正确识别分子离子峰才能确定被测物的相对分子质量。而软电离的 ESI、APCI 与 APPI 通常很少将分子裂解为更小质量的碎片离子，主要产生 $[M+H]^+$（$M+1$）或 $[M-H]^-$（$M-1$），$[M+Na]^+$（$M+23$）也很常见。对于 EI 源得到的质谱，在判断分子离子峰时应注意以下几点。

1) 分子离子稳定性的一般规律

分子离子的稳定性与分子结构有关。碳数较多、碳链较长(有例外)和有支链的分子,分裂概率较大,其分子离子峰的稳定性较差;具有 π 键的芳香族化合物和共轭链烯,分子离子稳定性较好。

2) 分子离子峰必须符合氮规律

在只含有 C、H、O、N 的化合物中,含有偶数(包括零)个氮组成的化合物,其相对分子质量必为偶数,含有奇数个氮原子的化合物的相对分子质量为奇数。这是因为在由 C、H、O、N、S、P 卤素等元素组成的化合物中,只有氮原子的化合价为奇数而质量数为偶数。这个规律称为"氮律"。不符合"氮律"的离子峰一定不是分子离子峰。

3) 利用碎片峰的合理性判断分子离子峰

在离子源中,化合物分子电离后,分子离子可以裂解出游离基或中性分子等碎片。若裂解出一个 ·H 或 ·CH$_3$、H$_2$O、C$_2$H$_4$ 碎片,对应的碎片峰为 $M-1$、$M-15$、$M-18$、$M-28$ 等,这称为存在合理的碎片峰。若出现 $M-3$ 至 $M-14$,$M-21$ 至 $M-25$ 范围内的碎片峰,称为不合理碎片峰,则说明分子离子峰的判断有错。表明试样中可能存在杂质或者把碎片峰错误判断为分子离子峰。

4) 利用同位素峰识别分子离子峰

有些元素如 ^{35}Cl、^{79}Br、^{32}S 的同位素 ^{37}Cl、^{81}Br、^{34}S 相对丰度较大,其 $M+2$ 同位素峰十分明显,通过 M、$M+2$ 等质谱峰来推断分子离子峰,当分子中含一个氯原子时,M 峰与 $M+2$ 峰的强度比为 3∶1;当分子中含一个溴原子时,M 峰与 $M+2$ 峰强度比为 1∶1,这是因为 M 峰与 $M+2$ 同位素峰强度比与分子中同位素种类、丰度有关。

5) 由分子离子峰强度变化判断分子离子峰

在电子轰击离子源(EI)中,适当降低电子轰击电压,分子离子裂解减少,碎片离子减少,则分子离子峰的强度应该增加;在上述措施下,若峰强度不增加,说明不是分子离子峰。逐步降低电子轰击电压,仔细观察 m/z 最大峰是否在所有离子峰中最后消失,若最后消失即为分子离子峰。

【例 12-5】　在质谱图中可利用同位素峰及分子离子峰的强度判断分子离子峰,如图 12-20 所示。

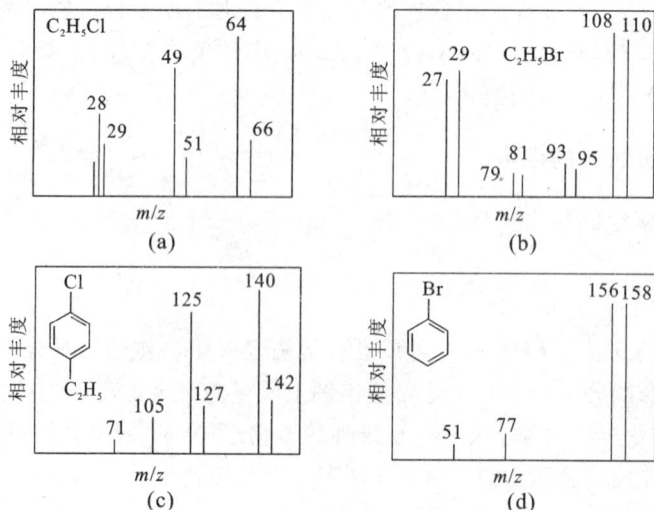

图 12-20　例 12-5 图

解　从四幅图中可以看到分子中含一个氯原子时,M 峰与 $M+2$ 峰的强度比为 3:1,分子中含一个溴原子时,M 峰与 $M+2$ 峰强度比为 1:1,而芳香族化合物的 M 峰较强,一般为基峰。

2. 化学式的确定

用质谱法确定有机化合物的化学式,一般是通过同位素峰相对强度法来确定。各元素具有一定天然丰度的同位素,从质谱图上测得分子离子峰 M、同位素峰 $M+1$ 和 $M+2$ 的强度,并计算其 $(M+1)/M$、$(M+2)/M$ 强度百分比,根据拜诺(J. H. Beynon)质谱数据表查出可能的化学式,再结合其他规律,确定化合物的化学式。

【**例 12-6**】　某化合物的质谱数据如下,试确定该化合物的化学式。

m/z	$M(150)$	$M+1(151)$	$M+2(152)$
与 M 强度比/(%)	100	9.9	0.9

解　(1) 根据分子离子的质荷比,可知此化合物相对分子质量为 150。

(2) $(M+2)/M$ 强度百分比为 0.9%,$M+2$ 强度弱,说明不含 Cl,Br,S。

(3) 查阅拜诺表(可查阅相关化学手册),相对分子质量为 150 的化学式共有 29 个,其中 $M+1$ 峰的强度百分比在 9%～11% 的化学式共有七种:

化 　学 　式	$\dfrac{M+1}{M}$/(%)	$\dfrac{M+2}{M}$/(%)
①$C_7H_{10}N_4$	9.25	0.38
②$C_8H_8NO_2$	9.23	0.78
③$C_8H_{10}N_2O$	9.61	0.61
④$C_8H_{12}N_3$	9.98	0.45
⑤$C_9H_{10}O_2$	9.96	0.84
⑥$C_9H_{12}NO$	10.34	0.68
⑦$C_9H_{14}N_2$	10.71	0.52

利用氮规律,此化合物相对分子质量为 150,偶数,N 应为偶数,②、④、⑥排除,剩下①、③、⑤、⑦,根据 $M+1$、$M+2$ 与 M 的强度比可知该化合物为⑤,即 $C_9H_{10}O_2$。

3. 结构式的确定

在确定了未知化合物的相对分子质量和化学式以后,首先根据化学式计算该化合物的不饱和度,确定化合物化学式中双键和环的数目。然后,应该着重分析碎片离子峰、重排离子峰和亚稳离子峰,确定分子断裂方式,提出未知化合物结构单元和可能的结构。最后用全部质谱数据复核结果。必要时应该考虑试样来源、物理化学性质以及红外、紫外、核磁共振等分析方法的波谱信息,确定未知化合物的结构式。

【**例 12-7**】　某化合物 $C_{14}H_{10}O_2$ 的 EI 质谱图如图 12-21 所示,红外光谱数据表明化合物中含有酮基,试确定其结构式。

解　(1) $m/z=210$,分子离子峰;

(2) 不饱和度为 10;

(3) 质谱图上出现苯环的系列峰 $m/z=51,77$,说明有苯环存在;

(4) $m/z=105 \rightarrow m/z=77$ 的断裂过程为

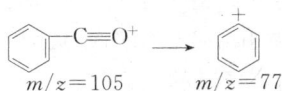

$$m/z=105 \qquad m/z=77$$

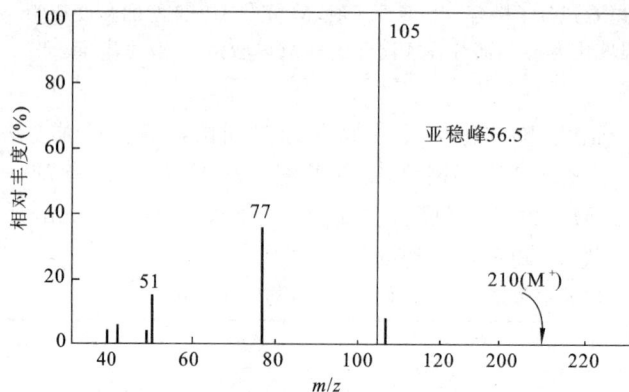

图 12-21　例 12-7 图

（5）$M \rightarrow m/z = 105$ 正好是分子离子峰质量的一半，故具有对称结构。
其结构式为

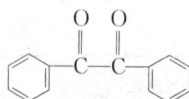

近年来质谱技术发展很快。随着质谱技术的发展，质谱技术的应用领域也越来越广。质谱分析具有灵敏度高、样品用量少、分析速度快、分离和鉴定同时进行等优点，因此，质谱技术广泛地应用于化学、化工、环境、能源、医药、运动医学、刑侦科学、生命科学以及材料科学等各个领域。

12.3　联用技术

联用技术指的就是将两种或两种以上的分析技术结合起来，重新组合成一种更快速、更有效地分离和分析的技术。

目前常用的联用技术是将分离能力最强的色谱技术与质谱或光谱检测技术相结合，可综合色谱法的分离技术和后者优异的鉴定能力，使之成为分析复杂混合物的有效方法。这种色谱联用技术的后一级仪器可以看成色谱仪的一种特殊的检测器，而色谱仪也可以看成后一级仪器的进样器。

12.3.1　色谱-质谱联用技术

质谱法可以进行有效的定性分析，但对复杂有机化合物的分析就显得无能为力；色谱法对有机化合物是一种有效的分离分析方法，特别适合于进行有机化合物的定量分析，但定性分析则比较困难。因此，这两者的有效结合就成为一个进行复杂有机化合物高效定性、定量分析的工具。

色质联用仪器包括气相色谱-质谱联用仪（GC-MS）和液相色谱-质谱联用仪（LC-MS）。一般来说，可用 GC 分析的样品优先考虑用 GC-MS 进行分析，因为 GC-MS 使用 EI 源，得到的质谱信息多，可以进行谱图数据库检索，毛细管柱的分离效果也较好。如果不能用 GC 分析，则需要用 LC-MS 分析，此时主要得到相对分子质量信息，如果是串联质谱，还可以得到一些结构信息。如果是生物大分子，主要利用 LC-MS 和 MALDI-TOF 分析，主要得到相对分子质量信息，对于蛋白质样品，还可以测定氨基酸序列。

1. 气相色谱-质谱联用技术

气相色谱-质谱联用仪器(简称气质联用,GC-MS)是分析仪器中较早实现联用技术的仪器。从气相色谱柱分离后的样品呈气态,流动相也是气体,与质谱仪的进样要求相匹配,很容易实现联用,从 1975 年霍姆斯(J. C. Holmes)和莫雷尔(F. A. Morrell)首次实现气相色谱和质谱联用以来,这一技术得到长足的发展。在所有联用技术中,GC-MS 发展最完善,应用最广泛。目前从事有机物分析的实验室常常把 GC-MS 作为主要的定性确认手段之一,在很多情况下也用 GC-MS 进行定量分析。

1) GC-MS 仪器系统组成

GC-MS 仪器一般由气相色谱仪、接口、质谱仪组成,如图 12-22 所示。

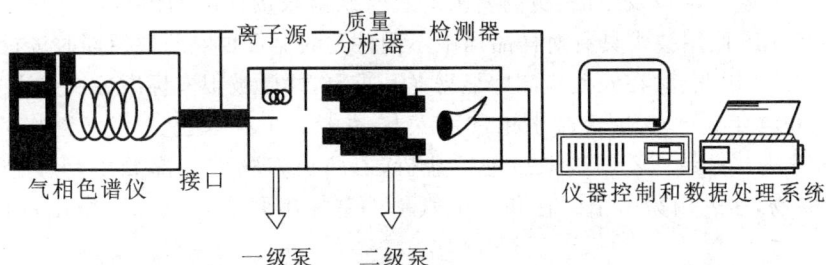

图 12-22　GC-MS 联用仪器的基本组成部件

气相色谱仪由进样器、色谱柱、检测器(质谱仪)及控制色谱条件的微处理机组成。与气相色谱仪联用的质谱仪器类型很多,主要体现在质量分析器的不同,目前市售的有机质谱仪、磁质谱仪、四极杆质谱仪、离子阱质谱仪、飞行时间质谱仪、傅里叶变换质谱仪等均能与气相色谱仪联用。

GC-MS 联用的主要困难在于两者工作压力的差异,气相色谱仪的柱出口压力一般为大气压,而质谱仪是在高真空下工作,压差达到 100 倍以上,所以必须有一个接口使两者压力基本匹配。这种结构通常称为分子分离器。目前,在使用毛细管气相色谱柱及高容量质谱真空泵的情况下,色谱流出物可通过两根对准但不接触的毛细管,利用组分相对分子质量大、不易扩散的特点,直接引入质谱仪。

综上所述,GC-MS 各组件的作用如下:气相色谱仪是分离样品中的各组分,起着样品制备的作用;接口把气相色谱仪流出的各组分送入质谱仪进行检测,是气相色谱仪和质谱仪之间的适配器,由于接口技术的不断发展,接口在形式上越来越小,也越来越简单;质谱仪对接口依次引入的各组分进行分析。

2) GC-MS 联用仪和气相色谱仪的主要区别

与气相色谱法相比,GC-MS 除了高效的分离能力和准确的定性鉴定能力外,还具有以下优点。

(1) 定性参数增加,定性结果更加可靠。GC-MS 方法不仅能够提供与 GC 方法一样的定性参数——保留时间,还能提供质谱图,分子离子峰、碎片离子峰、同位素离子峰等信息使其定性结果更可靠。

(2) 质谱仪总离子流检测作为一种通用型检测器,灵敏度优于 GC 方法中的其他通用检测器。而选择离子检测(SIM)方法的灵敏度则可以与 GC 中的 ECD 和 FID 等选择性检测器相当或者更优,且可以选择性检测各种不同成分。

(3) 可同时对多种化合物进行测量。

（4）在 GC 方法中，经过一段时间的使用，某些检测器需要清洗。在色质联用中，常需要清洗的是离子源。

（5）GC-MS 使用选择离子检测（SIM）方法能够检测尚未分离的色谱峰。

3）GC-MS 联用技术的应用

GC-MS 联用在分析检测和研究的许多领域中起着越来越重要的作用，特别是在许多有机化合物常规检测工作中成为一种必备的工具。

（1）GC-MS 联用在农药残留中的分析。

农药残留分析是对复杂混合物中痕量农药的母体化合物、有毒代谢物、降解产物和农药杂质进行的分析，是一种需要精细的微量操作手段和高灵敏度的痕量检测技术。随着人们对食品、环境安全的日益关注以及新的、更高要求的农药残留限量标准的出台，农药残留分析技术发展迅速。GC-MS 联用技术具有对样品当中不同种类的上百种农药残留同时进行快速扫描、定性、定量的优势，因此，它在农残检测中显得尤其重要，并已被很多标准分析方法采用。

我国在 2000 年就已经开始对水果和蔬菜样品中 251 种农药及其代谢物的残留使用 GC-MS 检测方法。样品用乙腈提取后进行盐析，乙腈提取物的一部分用 C_{18} 固相萃取净化柱除去共提取物，然后用另一个碳柱和一个氨基丙基柱串联进行第二次净化，用 GC-MS 进行检测。

2016 年 12 月，我国颁布的 GB 23200.8—2016 食品安全国家标准（代替 GB/T 19648—2006）中，使用 GC-MS 法同时测定苹果、柑橘、葡萄、甘蓝、芹菜、西红柿中 500 种农药及相关化学品的残留量。

（2）GC-MS 联用在法医毒物领域的应用。

GC-MS 技术适合于低分子化合物，尤其适合于挥发性成分如环境空气、水样中污染物的分析。

国家环境保护标准 HJ 639—2012 使用 GC-MS 法结合吹扫捕集法测定水中 57 种挥发性有机物；标准 HJ 644—2013 使用 GC-MS 法结合吸附管采样-热脱附法测定环境空气中的 35 种挥发性有机物；标准 HJ 646—2013 使用 GC-MS 法测定环境空气和废气的气相和颗粒物中的 16 种多环芳烃。

（3）GC-MS 联用在印染行业中的应用。

随着人们环境保护意识和安全健康意识的提高，纺织品中可能存在的各种有害物质越来越受到消费者和业界的关注。有证据表明，纺织品中的有害物质会直接对人体产生伤害，如引起过敏、致癌及破坏基因等。

目前市场上流通的合成染料品种约有 2000 种，其中约 70% 是偶氮化合物，它们中可能还原出致癌芳香胺的禁用染料品种（包括某些染料和非偶氮染料）约为 210 种。如果在纺织品的生产、制造和加工过程中，使用了含致癌芳香胺的偶氮染料，这些偶氮染料就可能在特殊情况下发生还原反应，而分解出致癌芳香胺，并经过活化作用改变人体的 DNA 结构，引起人体病变和诱发癌症。因此，对禁用偶氮染料的监控已成为国际纺织品服装贸易中重要的品质控制项目之一，也是生态纺织品基本的质量指标之一。在 Oeko-Tex Standard 100 中，规定了 24 种禁用芳香胺化合物，限量为 20 mg/kg；在欧盟指令（2002/61/EC）和德国政府关于食品及日用消费品法中，规定了 22 种禁用芳香胺的限量为 30 mg/kg。

除了测定禁用的染料外，GC-MS 还用于测定纺织品中有机氯、含氯酚类和有机锡化合物等成分。国家标准 GB/T 24281—2009 采用 GC-MS 法结合固相微萃取-顶空采样技术测定纺织品中总有机挥发物、总芳香烃化合物以及氯乙烯等。

2. 液相色谱-质谱联用技术

液相色谱-质谱(LC-MS)联用技术应用范围更广。与 GC-MS 联用技术相比,LC-MS 需要在样品组分进入质谱仪的同时除去大量的流动相,形成适合质谱分析的气态离子,对接口的要求更加苛刻。ESI 和 APCI 用于 LC-MS 接口,解决了流动相快速汽化和样品电离的问题,使 LC-MS 成为被广泛应用的仪器。

包括 ESI、APCI、APPI 等离子化方法的大气压离子化接口技术是目前 LC-MS 广泛采用的接口技术,其中 ESI 使用最多。这些接口兼具离子化功能,将图 12-14 或者图 12-15 中通过样品溶液的金属毛细管与 HPLC 的流动相出口连接,即可组成 LC-MS。通常 LC-MS 比较适合的流量在 0.2~0.3 mL/min,所以常用与该流速匹配的 2 mm 内径的色谱柱。

与 GC-MS 采用 EI 或 CI 方法容易获得碎片的指纹信息不同,LC-MS 使用的都是软电离接口,样品更容易获得相对分子质量信息,但缺少碎片离子,可以通过在源内进行碰撞诱导离解(CID)获得碎片离子的结构信息。也可以使用串联质谱(MS/MS)、在第一级质谱后使用 CID 获得选定质谱峰的碎片信息,用于结构分析。商品化的 LC-MS/MS 还可以通过选择母离子/子离子获得更好的信噪比,实现待测成分的高灵敏度检测。这也使 LC-MS/MS 得到了更快的发展,成为痕量成分定量分析的重要技术。

LC-MS 使用的 ESI、APCI 以及 APPI 接口,都是大气压电离离子源接口。HPLC 流出的含有待测组分的流动相在很短的时间内快速汽化和离子化。流动相中的各种成分很容易影响待测成分的离子化效率。样品中与待测组分同时流出的各种共存成分都可能通过影响离子化效率而影响质谱的响应,从而显示出样品的基质效应。可以通过计算基质存在下的峰面积(由空白基质提取后加入分析物和内标测得)与不含基质的相应峰面积(分析物和内标的纯溶液)的比值,计算每一种分析物和内标的基质效应因子。

根据待测组分质谱峰强度与其在样品中含量的线性关系,可以用外标法或内标法定量测定其含量。内标化合物可以是待测化合物的结构类似物或其稳定同位素(如 ^{2}H、^{13}C、^{15}N)标记物。使用稳定同位素标记物作为内标时,其离子化效率与待测成分几乎相同,可以获得更好的分析精密度和准确度。同位素内标在 GC-MS 中也常用。

为减少对质谱的污染,避免化学噪声和电离抑制,用于 LC-MS 的流动相中所含的缓冲盐或添加剂通常应具有挥发性,例如常用的缓冲溶液是甲酸-甲酸铵和乙酸-乙酸铵,避免使用难挥发的磷酸盐和离子对试剂。

1) LC-MS 与 GC-MS 的区别

(1) GC-MS 是最早商品化的联用仪器,适宜于分析小分子、易挥发、热稳定、能汽化的化合物。通常样品极性较小。用 EI 得到的谱图,可与标准谱库对比。

(2) LC-MS 可用于难挥发性成分、极性成分、热不稳定成分的分析,以及极性大分子(包括蛋白质、多肽、多聚物等)的分析。一般没有商品化的谱库可对比查询。目前 LC-MS 在定性方面主要用于提供相对分子质量信息,或者有标准物质参照情况下的定性识别。

2) LC-MS 的应用

(1) LC-MS 在药物分析中的应用。

LC-MS 兼具高效液相色谱高分离度与质谱高灵敏度的优势,为中药成分分析、药物杂质与体内代谢物分析等提供了一种更高效、更可靠的方法。

LC-MS 促进了中药指纹图谱的研究,使用 LC-MS/MS 可以直接识别指纹图谱中的部分已知化学成分,并将其作为指纹图谱的特征峰。

LC-MS 是当前鉴别检查中药制剂中违法掺入化学药物的有效分析方法。例如降糖中药中掺入的二甲双胍、中成药中添加的激素类化学药泼尼松等。

LC-MS/MS 能够在线快速获得化合物的丰富片段信息和分子组成信息,为药物中有关物质的结构鉴定提供了快速方法,为最终确定结构提供重要信息。借助对药物代谢物 LC-MS/MS 结果的分析可有效推测代谢物的结构。LC-MS/MS 高灵敏度检测与专属性高的特点,已经使其成为体内药物与代谢物分析的主要方法。

(2) 兴奋剂、毒品检验。

兴奋剂是影响运动成绩的禁用药物,这些药物在体内主要以代谢产物形式存在。例如,阿片类含有酚羟基或醇基等,很容易与人体内的葡萄糖醛酸结合;合成类固醇在体内以睾酮形式代谢。兴奋剂、毒品检测主要是测定尿液或血液中相应代谢产物的浓度。LC-MS/MS 已被证明是分析体液中这些兴奋剂及其代谢物的有力工具。

利尿剂是一类用于重量项目运动的兴奋剂,并有稀释尿液、规避检测的作用,因此在赛内、赛外均被禁用。LC-MS 对利尿剂的检测已列入常规检查。处理后的尿样经 LC-MS 分析后,依据分析物的分子离子峰及相应的保留时间与对照品或阳性化合物对照,进行初步判断。如认为可疑,则提取其在样品中的质量色谱峰谱图,与对照品或阳性化合物比对;对有样品基质干扰且初步判断为阳性的色谱峰,可采用 MS/MS 调节 CID 的碰撞能量进行对应的特定碎片离子扫描,获取子离子的碎片质谱图;或增加 CID 电压,获取质谱图,并与其对照品的相应碎片谱图对照,进行比较而最终确认。

(3) 生物大分子分析。

LC-MS 可实现蛋白质的快速、高灵敏度鉴别和测定。蛋白质酶解后,产生多个肽段,经过 HPLC 分离,用 MS/MS 可获得肽的质量谱图(肽图),用于蛋白质的初步定性识别,还可对肽段进行鉴别和测定,通过蛋白质序列数据检索,可得出蛋白质序列信息。

(4) 食品安全分析。

现行原料乳与乳制品中三聚氰胺检测方法的国家标准 GB/T 22388—2008 中,规定了原料乳、乳制品以及含乳制品中三聚氰胺的 HPLC、LC-MS/MS、GC-MS 和 GC-MS/MS 法。其中 HPLC 法的定量限为 2 mg/kg,LC-MS/MS 的定量限为 0.01 mg/kg,GC-MS 的定量限为 0.05 mg/kg,GC-MS/MS 的定量限为 0.005 mg/kg。但 GC-MS 和 GC-MS/MS 需要在测定前硅烷化衍生,且目前 GC-MS/MS 仪器不多。因此,实际检测确认掺假时,LC-MS/MS 使用较多。

国家标准 GB/T 21981—2008 使用 LC-MS/MS 法测定猪肉、猪肝、鸡蛋、牛奶、牛肉、鸡肉和虾等动物源食品中 50 种激素的残留,定量测定的低限(LOQ)为 0.4~2.0 μg/kg。

12.3.2 气相色谱-傅里叶变换红外光谱联用技术

色谱法是物质分离和定量分析的有效手段,但在未知物的结构鉴定方面存在困难,仅靠保留时间或保留指数定性未知物非常不可靠,而红外光谱法能提供丰富的分子结构信息,是理想的定性鉴定工具,但是红外光谱法原则上只适用于纯化学物质,对混合物常常无能为力。如果将这两种技术取其所长,即将色谱技术的高效分离及定量检测能力与红外光谱独特的结构鉴定能力结合起来,用于复杂试样的分析,则无疑是一种具有很高实用价值的分离鉴定手段。

色谱-红外光谱联用技术最初出现在 20 世纪 50 年代末,最早采用的是色谱分馏捕集技术,即将色谱馏分低温冷凝在红外光谱仪的窗片上,或用冷阱冷凝,再用微量转移技术将馏分转移至微量吸收池中,然后经红外光谱仪检测。这种方法费时且易污染样品,只是一种非在线的联用技术。为实现在线联机检测,20 世纪 60 年代有人用截流阀实时截断色谱馏分的方法,保证单一馏分进入红外吸收池进行红外光谱检测。色散型红外光谱仪存在技术缺陷,难以实现与 GC 的联用,而干涉型傅里叶变换红外光谱仪的出现为色谱-红外光谱联用创造了条件。与色散型红外光谱仪相比,干涉型傅里叶变换红外光谱仪光通量大,检测灵敏度高,能够检测微量组分,扫描速度快,可同步跟踪扫描气相色谱馏分。70 年代,窄带汞镉碲(MCT)检测器代替了热释电(TGS)检测器,内壁镀金硼硅玻璃光管代替了早期的不锈钢光管,这两项关键技术使气相色谱-红外光谱联用技术进入了实用阶段。这些突破性的发展,使 GC-FTIR 联用仪器的检出限降低了大约 3 个数量级。

1. 气相色谱-傅里叶变换红外光谱联用系统

气相色谱-傅里叶变换红外光谱联用系统(GC-FTIR)由以下几个单元组成,各单元工作原理如图 12-23 所示。

(1) 气相色谱单元,对试样进行气相色谱分离;

(2) 联机接口,GC 馏分在此检测;

(3) 傅里叶变换红外光谱仪,同步跟踪扫描、检测 GC 各馏分;

(4) 计算机数据系统,控制联机运行及采集、处理数据。

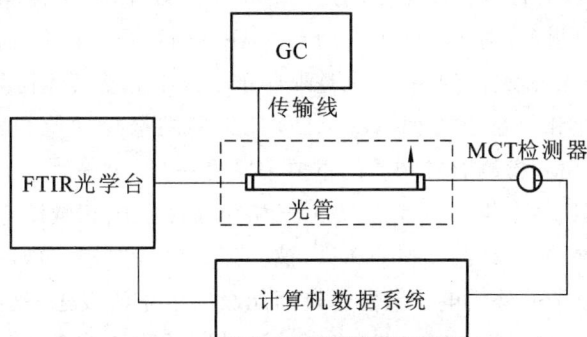

图 12-23　GC-FTIR 各单元工作原理图

GC-FTIR 联机检测的工作流程如下:试样经气相色谱分离后各馏分按保留时间顺序进入接口,与此同时,经干涉仪调制的干涉光会聚到接口,与各组分作用后干涉信号被汞镉碲(MCT)液氮低温光电检测器检测。计算机数据系统存储采集到的干涉图信息,经快速傅里叶变换得到组分的气态红外光谱图,进而可通过谱库检索得到各组分结构信息。

2. 气相色谱-傅里叶变换红外光谱联用技术的应用

随着 GC-FTIR 联用技术的不断发展与完善,目前它已成为复杂有机混合物定性、定量分析的有效手段,在环保、医药、化工、石油工业、食品、香料和生化等领域得到广泛的应用。现举例说明 GC-FTIR 联用技术在药物分析中的应用。

GC-FTIR 联用技术已经广泛应用于药物挥发性组分的研究,特别是在对其挥发油成分的分离及结构鉴定方面发挥了重要作用。中草药的挥发油成分一般都很复杂,常常含有异构体,在对其进行结构鉴别时 GC-MS 具有一定的局限性,而 GC-FTIR 可以提供准确的信息。红外光谱鉴定芳烃取代基异构体、顺反异构体以及含氧萜类化合物的可靠性明显优于质谱。研究证实,白花前胡、马山前胡两种植物挥发油的主要化学成分为蒎烯等化合物,并鉴定出其中的同分异构体;通过对这两种植物挥发油成分的对比,为中药前胡的质量研究与资源开发提供了科学数据。

12.3.3 其他联用技术

1. 气相色谱-原子发射光谱联用技术

同一元素的不同价态和不同形态在某方面的作用是有差别的,例如 Cr^{3+} 是人体必需的微量元素,而 Cr^{6+} 则是致癌物。一些重金属的有机化合物比其无机盐的毒性大得多,如甲基汞、四乙基铅、烷基砷等都远比其相应的无机态重金属毒性强得多。因此在测定金属含量时,应该测定出它们的价态和存在的形态,才更有意义。

气相色谱-原子发射检测联用技术(gas chromatography-atomic emission detector hyphenated technique,GC-AED)是测定不同价态和不同形态的微量元素的常用而有效的方法之一。GC-AED 利用 GC 对不同价态和不同形态的微量元素进行分离,然后利用原子发射光谱测量这些微量元素的含量。

用于气相色谱的检测器中,常用的有电子捕获检测器(ECD)、氮磷检测器(NPD)、火焰光度检测器(FPD)、电导检测器(ELCD)、红外检测器(IRD)、氢火焰离子化检测器(FID)等。这些检测器在气相色谱分析中均得到了广泛的应用,但它们都具有一个相同的缺点,即响应值均与化合物的结构有关,没有标准样时定量测定十分困难。另外,对于有毒有害的金属有机化合物、金属元素,例如汞的测定,则无能为力。而 GC-AED 则弥补了这方面的不足。GC-AED 已对几十种元素,包括氧、铅、汞、硅和锡,特别是那些难于或不能被其他检测器检测的元素,进行了深入研究。在选择性和灵敏度方面,GC-AED 比常用的选择性检测器有更好的性能。因此,GC-AED 已成为分离和检测有毒物质的重要手段之一。

GC-AED 系统如图 12-24 所示。它主要由气相色谱柱系统和微波等离子体检测器组成。其基本原理如下:被分析样品经色谱柱分离后,被分离组分依次进入微波等离子体腔,等离子体的能量把流入组分原子的外层电子激发至较高能级的电子激发态,被激发的电子跃迁至较低的电子能级时就发射出特征光。用分光光度计测量原子特征波长处的发射光谱的强度,从而对被分离组分进行定性和定量分析。

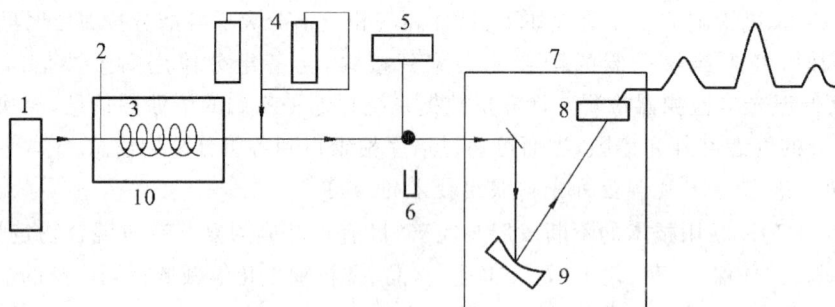

图 12-24　GC-AED 系统示意图

1—氢气钢瓶;2—注射口;3—色谱柱;4—试剂气;5—微波发生器;
6—等离子体腔;7—分光光度计;8—光传感器;9—光栅;10—色谱炉

因此,凡能进行气相色谱分离的物质都可以用原子发射检测器进行检测。难于进行气相色谱分析的有机金属化合物,通过衍生化等手段处理也可以用原子发射检测器来测定。

2. 液相色谱-原子光谱联用

不同形态的含金属成分,其挥发性常常比较差,液相色谱-原子光谱联用具有更好的适用性。目前与液相色谱联用的原子光谱主要为等离子原子发射光谱、原子荧光光谱等。

1）液相色谱-等离子原子发射光谱联用（LC-ICP-AES）

等离子原子发射光谱（ICP-AES）灵敏度高、选择性好，结合 HPLC 的高效分离能力，可以对样品中特定元素的不同形态进行全面分析。ICP-MS 对不同元素的灵敏度存在差异，LC-ICP-AES 用于金属元素的形态分析时具有较高的灵敏度。

通常 HPLC-ICP-AES 采用常规气动雾化器接口，将色谱流出液用一根聚四氟乙烯管或简单连接装置直接输送至 ICP 的常规气动雾化器入口，简单方便。但操作中要注意两者流量的匹配。ICP-MS 的适宜进样流量稍高于通常的 HPLC 流量，一方面可以通过提高 HPLC 流量或者在柱后加辅助流的方法解决；另一方面也开发出适用于与 HPLC 联用的微型雾化器接口、无雾室气动雾化器接口、烧结玻璃气动雾化器接口、超声雾化器接口、热喷雾化器接口等。

由于常规 ICP-AES 的进样分析方式与 HPLC 所要求的瞬时信号连续检测之间存在差异，还需要对 ICP-AES 采样软件中稳态信号的积分处理方式进行修改，以满足采集色谱信号的要求。

另外，ICP 还可以作为离子源与质谱联用，它对不同元素的检测限通常可降低 3 个数量级，灵敏度更好。ICP-MS 仪器目前也在逐渐用于常规检测实验室。LC-ICP-MS 联用还具有多元素同时分析、线性范围宽，以及可分析同位素的优点，近来逐渐引起关注。

2）液相色谱-原子荧光联用

原子荧光分析，在 Hg 及结合氢化物原子化的 As、Se、Sn 元素的分析方面有较高的检测灵敏度，且仪器便宜。

高效液相色谱通过一根聚四氟乙烯管同样可以连接原子荧光仪。操作中也要注意两者流量的匹配。通常原子荧光仪的适宜进样流量稍低于常规的 HPLC 流量。

使用氢化物原子化器作为接口时，液相色谱流出的含待测组分的流动相先与强氧化剂（如 $K_2S_2O_8$ 等）溶液混合，经紫外光解或微波消解，再加入稀酸（如稀盐酸）混合，然后与 $NaBH_4$ 反应生成氢化物，经气液分离，挥发性的氢化物被载气送入原子化器进行荧光测定。

还可以使用超声雾化器接口，在氢化之前通入氩气超声雾化，可以减小峰宽、降低记忆效应，灵敏度也大大提高。

3. 液相色谱-核磁共振波谱联用（LC-NMR）

NMR 是功能强大的化合物结构分析手段，可以解决多数有机物的化学结构分析问题，而且通用性好，对多数含检测核（如 ^1H）的化合物都有响应。这使得 LC-NMR 受到广泛关注。

LC-NMR 联用可以使用普通的色谱柱，可以使用酸、碱、各种缓冲盐，以及离子对试剂等流动相添加剂。在线联用时建议使用氘代试剂作为流动相，成本较高。离线联用时则在 HPLC 部分没有特别要求，但在进行 NMR 分析时与普通 NMR 测试一样需要少量氘代试剂。

该方法的主要问题是 NMR 分析的检测灵敏度低，对色谱分离度的要求高，从而对复杂样品的分析存在难度。而且实验中使用溶剂抑制技术（溶剂峰压制），会损失附近的样品信号。

LC-NMR 联用包括连续流动、停流操作，以及峰存储三种操作模式。

连续流动模式随着色谱分离连续获得 NMR 谱图，一次分析可以得到 HPLC 所有分离组分的 NMR 信息。但由于组分浓度低、采样时间短，难以获得良好的 NMR 谱图。

停流操作模式是在组分浓度最高点（色谱峰最高处）到达 NMR 探头检测池中心时，停止流动相的流动，进行 NMR 分析采样，直至获得良好的 NMR 谱图，再启动流动相的流动，继续下一个色谱峰的测定。这样可以得到较好的 NMR 谱图，但停流时在色谱柱中存在组分扩散问题。

　　连续流动和停留操作模式是在线联用方法,需要特殊的 NMR 探头将 HPLC 流出液通过毛细管引入 NMR 仪器的检测区。

　　峰存储操作模式是在正常色谱分离、检测到色谱峰时,将含有待测组分的流出液收集暂时储存,由 NMR 逐一离线测定。这样既不影响 HPLC 分离,又可以获得各组分的良好 NMR 谱图,而且这种离线联用方法不需要特殊的 NMR 探头。

　　在峰存储操作模式的基础上进一步改进,将 HPLC 流出物接入固相萃取(SPE)小柱,接入 SPE 小柱前可以与水混合,以加强组分在 SPE 小柱上的保留。然后用气体把流动相溶剂吹出,用氘代试剂将保留的组分洗脱到 NMR 管中,测定 NMR 谱图。由此发展出的 LC-SPE-NMR 联用模式不需要特殊的仪器接口,操作简便灵活,实用性好,而且可以通过 SPE 和多次色谱收集提高 NMR 测定时的组分浓度,成为近来值得关注的方法。

思考题与习题

1. 试述产生核磁共振的条件是什么?

2. 下列原子核中,哪些核无自旋角动量?

^7_3Li, ^4_2He, $^{12}_6C$, $^{19}_9F$, $^{31}_{15}P$, $^{16}_8O$, ^1_1H, ^2_1D, $^{14}_7N$, $^{32}_{16}S$。

3. 解释下列术语:核进动频率、弛豫。

4. 什么是化学位移?它是如何产生的?影响化学位移的因素有哪些?为什么乙烯质子的化学位移比乙炔质子大?

5. 简述自旋裂分的机理。

6. 在下列化合物中,比较 H_a 和 H_b,哪个具有较大的 δ 值? 为什么?

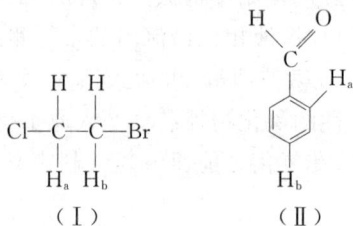

（Ⅰ）　　　　　　　　　　（Ⅱ）

7. 根据 ^1H NMR 谱中的什么特点,可以鉴别下列两种异构体 Ⅰ 和 Ⅱ?

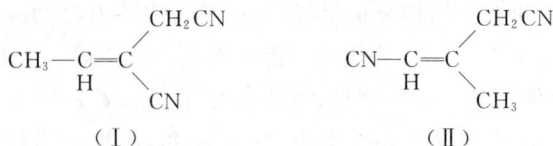

（Ⅰ）　　　　　　　　　　（Ⅱ）

8. 由下面的 ^1H NMR 图谱,确定该化合物的结构。已知它是一种常用止痛剂,化学式为 $C_{10}H_{13}NO_2$。

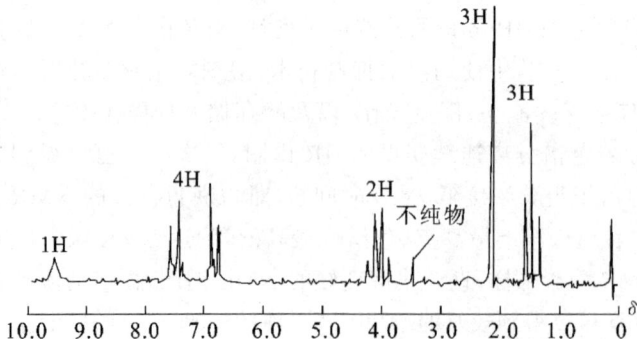

9. 质谱仪由哪几部分组成？各部分的作用是什么？（画出质谱仪的方框示意图）

10. 离子源的作用是什么？试述几种常见离子源的原理及优缺点。

11. 单聚焦质量分析器的基本原理是什么？双聚焦质量分析器的优越性表现在哪些方面？

12. 简述四极杆质量分析器、离子阱质量分析器、飞行时间分析器、傅里叶变换离子回旋共振分析器的原理，它们各有什么特点？

13. 有机化合物在电子轰击离子源中有可能产生哪些类型的离子？从这些离子的质谱峰中可以得到一些什么信息？

14. 识别质谱图中的分子离子峰应注意哪些问题？如何提高分子离子峰的强度？

15. 某化合物为 C_8H_8O，其质谱图如下，试推断其结构，并写出主要碎片离子的断裂过程。

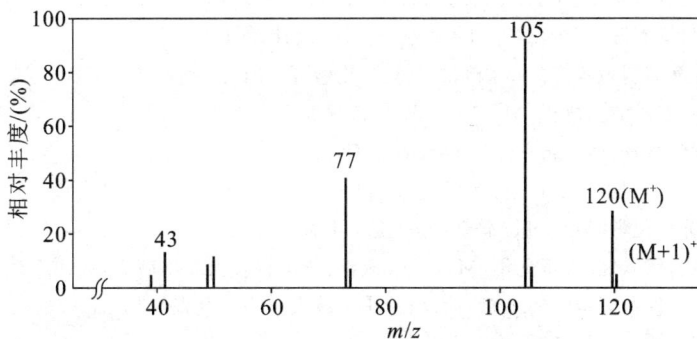

16. 常用的色谱联用技术有哪些？

17. 色谱与质谱联用后有什么突出特点？

18. 用 GC-MS 法定量分析与 GC 法定量分析有什么相同与不同之处？

参 考 文 献

[1] 武汉大学化学系. 仪器分析[M]. 北京:高等教育出版社,2001.

[2] 曾元儿,张凌. 仪器分析[M]. 北京:科学出版社,2008.

[3] 胡育筑. 分析化学(下册)[M]. 4 版. 北京:科学出版社,2018.

[4] 潘祖亭,李步海,李春涯. 分析化学[M]. 北京:科学出版社,2010.

[5] 胡育筑. 分析化学简明教程[M]. 3 版. 北京:科学出版社,2012.

[6] 孟令芝,龚淑玲. 有机波谱分析[M]. 4 版. 武汉:武汉大学出版社,2016.

[7] 李克安. 分析化学教程[M]. 北京:北京大学出版社,2005.

[8] 陈恒武. 分析化学简明教程[M]. 北京:高等教育出版社,2010.

[9] 柴逸峰,邸欣. 分析化学[M]. 8 版. 北京:人民卫生出版社,2016.

[10] 廖力夫,刘晓庚,邱凤仙. 分析化学[M]. 2 版. 武汉:华中科技大学出版社,2016.

[11] 李丽华,杨红兵. 仪器分析[M]. 2 版. 武汉:华中科技大学出版社,2014.

[12] 蔡明招. 分析化学[M]. 北京:化学工业出版社,2009.

[13] 张水华. 食品分析[M]. 北京:中国轻工业出版社,2008.

[14] 杭太俊. 药物分析[M]. 8 版. 北京:人民卫生出版社,2016.

[15] 杜江燕. 分析化学学习指导[M]. 南京:南京师范大学出版社,2006.

[16] 王洪英,万其进. 分析化学水平应试习题详解[M]. 武汉:武汉大学出版社,1993.

[17] 华中师范大学,东北师范大学,陕西师范大学,等. 分析化学(下册)[M]. 4 版. 北京:高等教育出版社,2012.

[18] 朱明华,胡坪. 仪器分析[M]. 4 版. 北京:高等教育出版社,2008.

[19] Kellner R, Mermet J M, Otto M,等编著. 分析化学[M]. 李克安,金钦汉,等译. 北京:北京大学出版社,2001.

[20] 邓勃. 应用原子吸收与原子荧光光谱分析[M]. 2 版. 北京:化学工业出版社,2007.

[21] 北京大学化学系仪器分析教学组. 仪器分析教程[M]. 北京:北京大学出版社,1997.

[22] 高向阳. 新编仪器分析[M]. 4 版. 北京:科学出版社,2013.

[23] 孙凤霞. 仪器分析[M]. 2 版. 北京:化学工业出版社,2016.

[24] 杨根元. 实用仪器分析[M]. 4 版. 北京:北京大学出版社,2010.

[25] 刘约权. 现代仪器分析[M]. 2 版. 北京:高等教育出版社,2006.

[26] 李吉学. 仪器分析[M]. 北京:中国医药科技出版社,2000.

[27] 杜一平. 现代仪器分析方法[M]. 2 版. 上海:华东理工大学出版社,2015.

[28] 王立新. 冶金仪器分析技术与应用[M]. 北京:化学工业出版社,2010.

[29] 王世平. 现代仪器分析原理与技术[M]. 哈尔滨:哈尔滨工程大学出版社,1999.

[30] 石杰. 仪器分析[M]. 2 版. 郑州:郑州大学出版社,2003.

[31] 刘志广. 仪器分析学习指导与综合练习[M]. 北京:高等教育出版社,2005.

[32] 温金莲. 分析化学笔记[M]. 北京:科学出版社,2010.

[33] 田丹碧. 仪器分析[M]. 2 版. 北京:化学工业出版社,2015.

[34] 于世林. 图解高效液相色谱技术与应用[M]. 北京:科学出版社,2009.

[35] 邹红海,伊冬梅. 仪器分析[M]. 银川:宁夏人民出版社,2007.

［36］ 方惠群，于俊生，史坚．仪器分析［M］．北京：科学出版社，2002．

［37］ 魏福祥．仪器分析及应用［M］．北京：中国石化出版社，2009．

［38］ 曹国庆．仪器分析技术［M］．2 版．北京：化学工业出版社，2018．

［39］ 叶宪曾，张新祥．仪器分析教程［M］．2 版．北京：北京大学出版社，2007．

［40］ 陈培榕．李景虹，邓勃．现代仪器分析实验与技术［M］．2 版．北京：清华大学出版社，2006．

［41］ 张兰英，饶竹，刘娜，等．环境样品前处理技术［M］．北京：清华大学出版社，2008．

［42］ 张承圭，王传怀，袁玉荪，等．生物化学仪器分析及技术［M］．北京：高等教育出版社，1990．

［43］ 王玉枝．色谱分析［M］．北京：中国纺织出版社，2008．

［44］ 赵文宽．仪器分析［M］．北京：高等教育出版社，2001．

［45］ 严凤霞．现代光学仪器分析选论［M］．上海：华东师范大学出版社，1992．

［46］ 刘密新，罗国安，张新荣，等．仪器分析［M］．2 版．北京：清华大学出版社，2018．

［47］ 曹成喜．生物化学仪器分析基础［M］．北京：化学工业出版社，2008．

［48］ 邓芹英，刘岚，邓慧敏．波谱分析教程［M］．2 版．北京：科学出版社，2007．

［49］ 卢小泉，薛中华，刘秀辉．电化学分析仪器［M］．北京：化学工业出版社，2010．

［50］ 陈浩．仪器分析［M］．3 版．北京：科学出版社，2016．

［51］ 高向阳．新编仪器分析［M］．4 版．北京：科学出版社，2013．

［52］ 武汉大学．分析化学（上册）［M］．6 版．北京：高等教育出版社，2016．

［53］ 武汉大学．分析化学（下册）［M］．5 版．北京：高等教育出版社，2007．

［54］ 朱鹏飞，陈集．仪器分析教程［M］．北京：化学工业出版社，2016．

［55］ 许柏球，丁兴华，彭珊珊．仪器分析［M］．北京：中国轻工业出版社，2011．

［56］ 国家药典委员会．中华人民共和国药典［M］．北京：中国医药科技出版社，2015．

［57］ 董慧茹．仪器分析［M］．3 版．北京：化学工业出版社，2016．

［58］ 袁存光，祝优珍，田晶，等．现代仪器分析［M］．北京：化学工业出版社，2012．

［59］ 吕玉光．仪器分析［M］．2 版．北京：中国医药科技出版社，2016．

［60］ 李磊，高希宝．仪器分析［M］．北京：人民卫生出版社，2015．

［61］ 魏继中．光谱化学分析［M］．呼和浩特：内蒙古人民出版社，1978．

［62］ 干宁，沈昊宇，贾志舰，等．现代仪器分析［M］．北京：化学工业出版社，2015．

［63］ 宁永成．有机化合物结构鉴定与有机波谱学［M］．3 版．北京：科学出版社，2017．